面向新工科
普通高等教育系列教材

工程CAD基础应用

中望版

杨　雪　纪运广　主编
王淑琼　刘育青　范红丽　副主编
杨松林　主审

化学工业出版社
·北京·

内容简介

本书以中望CAD 2024版为平台，尽可能做到体现CAD技术的先进性、实用性、适用性、通用性，理论联系实际，书中所有二维、三维图形和源程序均已通过上机调试。

本书共分17章及3个附录。分别介绍工程CAD绪论、CAD文件操作、简单图形绘制、图形环境设置、图形编辑、精确绘图、复杂绘图、尺寸标注及设置、图形输入输出与工程训练、CAD工程制图有关国家标准简介、二维参数化编程绘图、三维简单图形绘制、三维实体编辑、三维精确绘图、常用机械工程CAD图形绘制方法及实例、CAD制图技术在化学工程设计中的应用以及环境工程CAD图形绘制方法及实例。附录中提供了中望CAD快捷键、CAD上机考试模拟试卷及客观题参考答案，可供读者参考学习。

本书既可作为高等工科院校本专科学生的学习用书，又可供相关工程设计人员参考学习。

图书在版编目（CIP）数据

工程CAD基础应用：中望版/杨雪，纪运广主编. —北京：化学工业出版社，2024.8
面向新工科普通高等教育系列教材
ISBN 978-7-122-45736-3

Ⅰ. ①工… Ⅱ. ①杨… ②纪… Ⅲ. ①工程制图-AutoCAD软件-高等学校-教材 Ⅳ. ①TB237

中国国家版本馆CIP数据核字（2024）第107635号

责任编辑：廉　静　李玉峰　　　装帧设计：王晓宇
责任校对：王鹏飞

出版发行：化学工业出版社
（北京市东城区青年湖南街13号　邮政编码100011）
印　　装：三河市双峰印刷装订有限公司
787mm×1092mm　1/16　印张18¼　字数442千字
2024年9月北京第1版第1次印刷

购书咨询：010-64518888　　　售后服务：010-64518899
网　　址：http://www.cip.com.cn
凡购买本书，如有缺损质量问题，本社销售中心负责调换。

定　　价：58.00元

前言
PREFACE

工程 CAD（Engineering Computer Aided Design）是将计算机 CAD 技术应用到工业及工程设计领域中，包括制图、计算、分析、优化、技术经济分析等，工程 CAD 技术的应用与普及，彻底改变了传统的设计方法，无论在设计速度、精度、图面质量、出错率以及在社会效益和经济效益等方面都具有传统设计方法无法比拟的优点。到目前为止，工程设计领域技术人员已经基本淘汰了绘图板，正在向着标准化、自动化、三维化方向发展。

从 20 世纪 50 年代末 CAD 技术产生到现在，其间已经历了近 70 多年发展，它在机械、建筑、电气自动化、化工、环保、纺织等工程建设各行各业日益广泛和深入。作为高等工科院校，如何大面积、标准化、规范化将二维工程 CAD 制图、设计技术普及深入，使得学生通过工程 CAD 课程学习，能够熟练地掌握 CAD 上机操作技能，并将其应用于各行各业一直是我们探索的课题；本书作者在工程 CAD 技术教学和培训的多年历程中，形成了以中望 CAD 软件为平台，结合工程设计实际问题，运用单元化、模块化的方法，进行课堂精讲、自学、分单元实例训练、专业工程训练、网络化标准化 CAD 上机考试的教学模式。工程 CAD 课程理论联系实际，二维+三维并学，突出并重视上机实践，通过这种模式为社会培养了大量 CAD 操作应用型人才。

本书以中望 CAD 2024 版为平台，分 17 章及 3 个附录进行编写。第 1 章 工程 CAD 绪论；第 2 章 CAD 文件操作；第 3 章 简单图形绘制；第 4 章 图形环境设置；第 5 章 图形编辑；第 6 章 精确绘图；第 7 章 复杂绘图；第 8 章 尺寸标注及设置；第 9 章 图形输入输出与工程训练；第 10 章 CAD 工程制图有关国家标准简介；第 11 章 二维参数化编程绘图；第 12 章 三维简单图形绘制；第 13 章 三维实体编辑；第 14 章 三维精确绘图；第 15 章 中望 CAD 常用机械工程图形绘制方法及实例；第 16 章 CAD 制图技术在化学工程设计中的应用；第 17 章 环境工程 CAD 图形绘制方法及实例；附录 A 中望 CAD 快捷键；附录 B CAD 上机考试模拟试卷；附录 C 客观题参考答案。本书尽可能做到体现 CAD 技术的先进性、实用性、适用性、通用性，尽量做到理论联系实际，它既可作为高等工科院校本专科学生的学习用书，又可作为相关工程设计人员的参考书，书中所有二维、三维图形和源程序均已通过上机调试。

全书由杨雪、纪运广负责统稿，杨松林负责审稿，各章编者分工：河北科技大学杨雪编写第 1～5 章及附录 A；河北科技大学纪运广编写第 6～9 章；衡水学院王淑琼编写第 10～12 章及附录 B；石家庄职业技术学院（石家庄开放大学）范红丽编写第 13～15 章及附录 C；北京国联万众半导体科技有限公司刘育青编写第 16、17 章。

由于作者水平有限，书中难免存在缺点和不足，衷心希望广大读者给予批评和指正。

特别感谢广州中望龙腾软件股份有限公司技术支持。

编者

2024 年 3 月

目录
CONTENTS

第1章

工程CAD绪论

1.1 工程CAD技术及其发展

1.1.1 概述

工程计算机辅助设计（Engineering Computer Aided Design，简称工程CAD）是用计算机硬件、软件系统辅助工程技术人员进行产品或工程设计、修改、显示、分析或优化、输出的一门多学科的综合性应用新技术。它是随着计算机、外围设备及其软件的发展而逐步形成的高技术领域。经过多年的发展，CAD技术在国内外已被广泛应用于机械、电子、航空、建筑、纺织、化工、建筑设计、地理信息系统、环保及工程建设等各个领域。

从20世纪80年代开始，CAD技术应用工作在我国逐步得到开展，经历了“六五”探索，“七五”技术攻关，“八五”普及推广，“九五”深化应用四个阶段，取得了明显的经济效益。采用CAD技术后，工程设计行业提高工效3～10倍，航空、航天部门二科研试制周期缩短了1～3倍，机械行业的科研和产品设计周期缩短了1/3～1/2，提高工效5倍以上；特别是近些年，我国在CAD应用和开发方面，取得了相当大的进展，二维CAD技术已经趋于成熟，三维CAD技术正处于快速发展及其不断成熟时期。当然，从总体水平上讲，我国三维CAD技术水平与国外工业发达国家相比还有一定的差距。

推广CAD技术的重要意义在于：它是加快经济发展和现代化的一项关键性技术，是提高产品和工程设计的技术水平，降低消耗，缩短科研和新产品开发以及工程建设周期，大幅度提高劳动生产率的重要手段；是科研单位提高自主研究开发能力，企业提高应变能力和管理水平，参与国际合作和竞争的重要条件；也是进一步向计算机辅助制造（CAM）、计算机集成制造系统（CIMS）、三维数字化产品设计、工程或工厂三维数字化设计、智能化发展的重要基础。CAD技术及其应用水平已成为衡量一个国家科技现代化和工业现代化水平的重要标志之一。了解CAD的发展历史，有助于更好地、更有效地应用这门新兴技术。

1.1.2 CAD的基本概念

1973年，当CAD处于发展初期的时候，国际信息技术联合会就给CAD一个广义的定义：“CAD是将人和计算机混编在解题专业组中的一种技术，从而将人和计算机的最佳特性结合起来。”人具有图形识别的能力，具有学习、联想、思维、决策和创造能力，而计算机具有巨大的信息存储和记忆能力，有丰富灵活的图形和文字处理功能以及高速精确的运算能力，上述人和计算机最佳特性的结合是 CAD 的目的。

CAD 有广义和狭义之分，广义 CAD 即指国际信息联合会给 CAD 定义的一切设计活动；而狭义的 CAD 是指工程 CAD，是在产品及工程设计领域应用计算机系统，协助工程技术人员完成产品及工程设计的整个过程。

在方案设计及技术设计阶段，CAD 应用尤为广泛。计算机辅助设计系统则是指进行 CAD 作业时，所需的硬件及软件两大部分集合。一个完整 CAD 系统的硬件部分应包括主机、图形输入设备、图形显示器及绘图设备。它区别于一般事务处理计算机系统之处，主要在于 CAD 系统具有较强的图形处理能力。在计算机辅助设计工作中，计算机的任务实质上是进行大量的信息和图形的加工、管理和交换。也就是在设计人员初步构思、判断、决策的基础上，由计算机对数据库中大量设计资料进行检索，根据设计要求进行计算、分析及优化，将初步设计结果显示在图形显示器上，以人机交互方式反复加以修改，经设计人员确认后，在绘图机或打印机上输出设计结果。

1.1.3 CAD 技术发展历程

计算机辅助设计（CAD）技术的发展历程是与计算机技术的进步紧密相关的，以下是 CAD 技术自诞生以来的主要发展历程。

（1）初期阶段（1950 年—1970 年）

1957 年：最早的 CAD 系统可以追溯到这个时期，当时由 General Motors 的研究部和 IBM 联合开发的 DAC-1（设计自动化中心）成为第一个功能性的 CAD 系统。

20 世纪 60 年代中期：麻省理工学院的 Sutherland 博士开发了 Sketchpad，这是一个革命性的程序，它支持交互式图形处理，被认为是现代 CAD 系统的雏形。

（2）商业化和软件发展（1970 年—1990 年）

20 世纪 70 年代：随着个人计算机的普及，CAD 软件开始进入工程公司和设计办公室，AutoCAD 等软件的推出标志着 CAD 技术的商业化起步。

1982 年：AutoDesk 公司推出了 AutoCAD，这是第一个面向 PC 的 CAD 软件，它的推出极大地推动了 CAD 技术在工程和建筑领域的普及。

（3）技术进步与集成（1990 年—2000 年）

20 世纪 90 年代：这一时期 CAD 软件开始支持 3D 建模，软件如 SolidWorks 和 CATIA 成为工业设计中的重要工具。

集成化：CAD 技术开始与计算机辅助制造（CAM）和计算机辅助工程（CAE）集成，形成更加完整的设计到制造的解决方案。

网络化：互联网的兴起使得 CAD 数据更容易被团队成员远程访问和共享，促进了协同工作。

（4）从 2D 到 3D 的转变与数字化集成（2000 年—2010 年）

三维设计：三维设计变得越来越普遍，工程师和设计师开始利用更复杂的三维 CAD 系统来进行详细设计。

PLM 系统：产品生命周期管理（PLM）系统的集成进一步推动了设计数据的管理和跟踪，帮助企业管理从设计到生产的每一个环节。

（5）现代化与新技术融合（2010 年—现在）

云计算：CAD 软件和数据存储开始利用云技术，提供更好的可访问性和协作工具。

移动技术：随着移动设备的普及，CAD应用也开始向移动平台扩展，使得设计师可以在任何地方进行工作。

增强现实（AR）和虚拟现实（VR）：这些新技术被应用于CAD领域，为用户提供沉浸式的设计体验，改善设计的视觉化和理解。

CAD技术的发展历程反映了技术进步和市场需求的动态变化，随着技术的不断进步，未来的CAD系统将更加智能、高效和用户友好。

1.2 CAD技术的现状

随着科技的迅速发展，计算机辅助设计（CAD）技术的现状已经展现出多方面的进步和创新。CAD不仅在传统的工程、建筑和制造行业中扮演着核心角色，还在新兴领域如生物医学、时尚设计以及影视制作中发挥着越来越重要的作用。以下是CAD技术当前的主要特点和发展趋势。

（1）三维建模和可视化

高级三维建模：现代CAD系统能够支持复杂的三维建模，包括NURBS（非均匀有理B样条）、参数化建模和直接建模。这些功能使得从简单零件到复杂产品的设计都变得更为精确和灵活。

实时渲染与可视化：利用高级图形处理技术，现代CAD软件能够提供近乎真实的图像和动画，这对于产品设计的演示、评审和营销非常有帮助。

（2）软件集成与系统互操作性

CAD与CAE/CAM集成：现代CAD系统通常与计算机辅助工程（CAE）和计算机辅助制造（CAM）软件集成，形成无缝的设计到生产流程。这种集成可以优化产品设计、验证和制造过程。

跨平台数据交换：通过支持多种文件格式（如STEP, IGES等），现代CAD软件能够与其他系统（如PLM软件）进行高效的数据交换，确保不同部门和供应商之间的协同工作。

（3）云计算和移动技术

云基础CAD：越来越多的CAD解决方案开始基于云计算平台，提供在线访问、文件存储和协作工具。这种模式降低了软件的入门门槛，使得小型企业和个人设计师也能轻松使用高级CAD工具。

移动应用：随着移动设备性能的提升，许多CAD软件也推出了移动版本，使得设计师可以在任何地点进行工作和沟通。

（4）自动化与人工智能

设计自动化：通过使用宏、API接口和自定义工具，设计流程中的许多重复或标准化任务现在可以自动化，提高效率和准确性。

AI集成：人工智能（AI）被集成到CAD系统中，用于模式识别、设计优化甚至自动生成设计方案。AI可以分析历史数据和设计偏好，提供设计建议，减少设计迭代时间。

（5）增强现实和虚拟现实

AR和VR应用：增强现实（AR）和虚拟现实（VR）技术被应用于CAD领域，为用户提供沉浸式的设计体验。这些技术特别适用于复杂组件的装配、大型设施的布局规划以及在设计初期阶段的客户参与。

1.3 CAD 技术未来发展趋势

随着技术的快速进步，计算机辅助设计（CAD）的未来发展趋势展示出了强大的潜力，这些发展不仅将推动设计效率和效果的提升，也将更加深入地影响制造、建筑、医疗和许多其他行业。下面是一些预见的未来发展趋势。

（1）增强的集成与互操作性

未来的 CAD 系统将更加强调与其他工程工具如计算机辅助工程（CAE）、计算机辅助制造（CAM）以及产品生命周期管理（PLM）的无缝集成。这种集成将实现从概念设计到产品退役的全生命周期管理，提高数据的一致性和可追溯性。

（2）智能化与自动化

随着人工智能和机器学习技术的发展，CAD 系统将能够提供更智能的设计辅助，例如自动化的设计优化建议、错误检测和修正建议。AI 可以帮助设计师识别设计中可能的结构弱点或材料使用不当，并提供改进建议。

（3）云计算和协作

云基础的 CAD 平台将变得更加普及，使得团队成员可以实时协作，即使他们身处世界各地。云平台也将使得 CAD 工具更加易于访问，包括通过订阅服务提供高级功能，降低小型企业和个人用户的入门门槛。

（4）更高级的模拟与测试

随着计算能力的提升，CAD 系统能够整合更复杂的模拟工具，帮助设计师在实际制造或建造之前，进行更加精细和全面的测试。例如，通过仿真可以在早期阶段测试产品的耐用性、功能性和用户交互。

（5）实时数据和反馈

将物联网（IoT）技术与 CAD 系统结合，可以实时收集使用中的产品数据，并反馈到设计阶段。这种实时数据可以帮助设计师了解产品在实际使用中的表现，并据此调整设计。

（6）增强现实（AR）和虚拟现实（VR）

AR 和 VR 技术进一步融入 CAD 领域将改变设计的呈现和评审方式。设计师和客户可以通过虚拟现实更直观地看到最终产品的样子，或通过增强现实在实际环境中查看设计的外观和功能。

（7）可持续性和环保设计

随着全球对环保和可持续性的重视增加，未来的 CAD 系统将更多地集成环境影响评估工具，帮助设计师评估其设计对环境的影响，如能耗、材料利用和回收潜力。这将促进更环保的设计方案和材料的使用。

（8）定制化和个性化设计

随着消费者需求的多样化，CAD 技术将更多地用于支持定制化和个性化的产品设计。通过灵活的设计参数和模块化设计，CAD 系统可以快速调整产品以满足个别客户的具体需求。

这些发展趋势预示着 CAD 技术将继续在提高设计质量、降低成本和缩短产品上市时间等方面发挥关键作用，同时也将开启新的创新可能性，推动多个行业的转型和进步。

1.4　CAD技术的内涵

计算机辅助设计（CAD）技术的内涵涉及多个方面，包括它的核心功能、所采用的方法论、技术实现以及其对工程和设计行业的影响。以下是详细探讨CAD技术内涵的几个关键点。

（1）定义与基本功能

定义：CAD是使用计算机和专门软件以可视化和分析的方式支持设计活动的技术。它允许设计师在计算机上进行高精度的图形设计与建模，而不是传统的手绘方法。

基本功能：包括绘图（二维构图和三维建模）、编辑（修改图形属性）、测量（几何尺寸和距离）以及模拟和分析（对设计的机械性能、流体动力学等进行评估）。

（2）核心组件

图形用户界面（GUI）：一个直观的界面，让用户能够交互式地创建、修改和查看设计。

几何建模引擎：CAD软件的心脏，处理所有的几何计算，支持从简单的二维图形到复杂的三维模型的创建和修改。

数据库和数据管理：CAD系统存储设计数据的方式，使设计数据可以被重复使用、修改和管理。

（3）技术实现

参数化设计：允许用户通过改变参数值快速调整设计规格。

自动化与脚本：用户可以编写脚本或使用内置的自动化工具来执行重复的任务，提高设计效率。

文件和版本控制：支持多版本控制和文件管理，确保设计的历史记录被保留和跟踪。

（4）方法论

设计迭代：CAD提供了一个快速迭代设计的环境，设计师可以轻易修改设计并立即看到结果，从而优化设计解决方案。

协作：多用户协作功能，让位于不同地点的团队成员可以同时工作在同一个项目上。

标准化与规范遵循：CAD系统通常包含对各种工业标准的支持，如ANSI、ISO等，确保设计满足特定的行业规范。

（5）应用领域与影响

广泛的应用领域：CAD技术被广泛应用于机械设计、建筑设计、土木工程、电子工程、航空航天等多个领域。

影响：CAD技术极大地提高了设计的精确度、效率和产品质量，同时减少了材料浪费和生产成本，提高了整体工程项目的可持续性。

（6）未来展望

集成其他技术：随着技术的进步，如人工智能、增强现实和虚拟现实的融入，CAD系统预计将变得更加智能和互动，进一步增强设计体验和效率。

总体而言，CAD技术的内涵不仅仅局限于其作为一个工具的功能，更体现在其如何通过高级计算机图形、数据管理和智能算法改变传统的设计和制造流程。这使得CAD成为现代工程和设计不可或缺的一部分。

1.5 CAD 的工作过程及特点

1.5.1 传统产品的设计过程

讨论 CAD 的工作过程以前应对传统产品设计过程有所了解。传统产品设计过程可概括为以下几个阶段。

（1）提出设计任务

通常人们是根据市场或社会需求提出任务的。产品设计的目的就是将提供的资料（如原材料、能源等）设法转化为具有某种功能的技术装置，以满足社会需求。因而，产品设计任务的提出应以社会需求为前提和目标。

（2）明确设计要求

根据设计任务，通过对现有同类产品资料的检索及调查研究，对所设计产品的功能、生产率、可靠性、使用寿命、生产成本等方面，提出明确而详细的量化指标，形成具体的设计任务书。

（3）方案设计

在满足设计要求的条件下，由设计人员构思多种可行的方案，并用方案图和原理图表达出来。经过对各种方案的比较和筛选，从几个可行方案中优选出一个功能满足要求、工作原理可靠、结构设计可行、成本低廉的方案。

（4）技术设计

在既定设计方案的基础上，完成产品的总体设计、部件设计、零件设计。将设计结果以工程图纸及计算说明形式确定下来。

（5）加工制造及试验

经过加工制造、样机试验或生产现场，将加工、试验过程中发现的问题反馈给设计人员作为进一步修改的依据。

设计过程可以图 1-1 表示。由图中产品设计工作流程可见，产品设计是多次“设计—评价—再设计（修改）”的反复过程，它是以满足社会客观需要及提高社会生产力为目标的一种创造性劳动。设计工作是新产品研制的第一道工序，设计工作的质量和水平，直接关系到产品质量、性能、研制周期和技术经济效益。因而，在商品竞争激烈的市场经济条件下，使设计方法及手段科学化、系统化、现代化是十分必要的。应用计算机辅助设计就是实现设计现代化的重要途径之一。

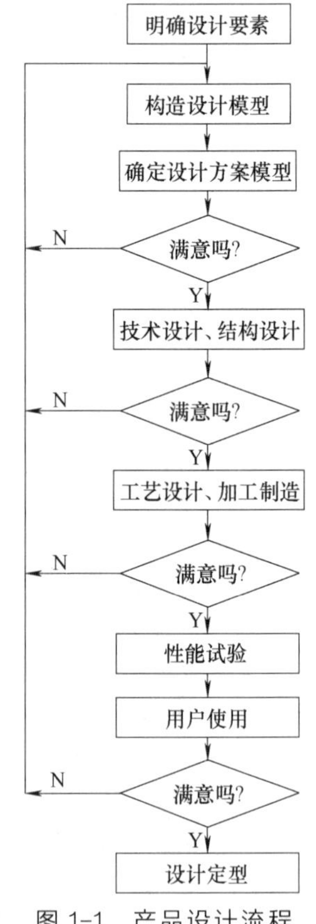

图 1-1 产品设计流程

1.5.2 CAD 工作过程

计算机辅助设计（CAD）作为一种广泛应用于多种工程和设计领域的技术，它的工作过程和特点体现了其在设计和生产流程中的核心作用。下面详细介绍 CAD 的工作过程及其主要特点。

（1）需求分析与规划

项目开始前，设计师和工程师会集合用户需求和项目目标，明确设计的功能、性能标准、成本限制和市场定位。

（2）初步设计

使用 CAD 软件创建初步设计草图。这一阶段通常涉及绘制基本的二维线条图或简单的三维模型，设计师可以快速调整尺寸和形状。

（3）详细设计与建模

基于初步设计，进一步发展成详细的三维模型。在这一阶段，会加入更多细节，如精确的尺寸、材料属性、组件界面等。

设计师使用 CAD 软件的高级功能进行参数化建模，确保设计的灵活性和可修改性。

（4）分析与优化

利用与 CAD 集成的计算机辅助工程（CAE）工具，如有限元分析（FEA）、计算流体动力学（CFD）等，对设计进行性能分析。

根据分析结果，对设计进行必要的调整和优化，以满足性能要求和安全标准。

（5）协同与审查

在设计过程中，团队成员和相关利益方可利用 CAD 系统的协作工具查看和审查设计进展。

这可以包括在线共享模型、进行实时修改和反馈。

（6）制备生产文件

完成设计后，使用 CAD 软件生成详细的工程图纸和生产文件，如组装图、零件图和剖面图等。

这些文件将用于制造过程，确保设计按照精确的规格被实现。

（7）后续追踪与更新

项目完成后，CAD 文件可以存档并用于未来的维护、更新或作为新项目的基础。

1.5.3 CAD 的特点

（1）精确性与标准化

CAD 软件提供高度精确的绘图和建模功能，减少人为错误，确保设计符合行业标准。

（2）效率与速度

相较于传统手工绘图，CAD 大大提高了设计的速度和效率。设计修改和迭代可以迅速完成，节省时间和成本。

（3）可视化能力

强大的三维建模和可视化工具使设计师和客户能够在生产前清晰地看到产品的最终外观。

（4）协作功能

现代 CAD 系统支持云存储和在线协作，使得地理位置分散的团队可以实时共享和编辑设计，提高项目的协调性。

（5）多功能性与扩展性

CAD 软件不仅限于绘图和建模，还可以扩展到模拟分析、数据管理和生产准备，形成一个完整的设计到生产的解决方案。

（6）可持续性

CAD 技术通过优化设计和减少材料浪费，支持更可持续的设计和生产方式。

这些工作过程和特点显示了 CAD 技术在现代设计和制造中不可或缺的角色，它不仅提高了设计质量和生产效率，还促进了创新和协作。随着技术的进一步发展，CAD 系统将继续改变工程和设计领域的工作方式。

1.5.4 CAD 技术的优点

计算机辅助设计（CAD）技术的应用带来了多方面的优点，这些优点不仅改进了设计流程，还增强了产品开发的效率和质量。以下是 CAD 技术的主要优点详细描述。

（1）提高精确性

高度精确的绘图与建模：CAD 软件提供精确的工具和功能来创建细节丰富的设计，包括复杂的几何形状和尺寸，减少了人为错误和误差。

减少重复性错误：计算机生成的图纸和模型具有高度一致性，避免在手动绘图过程中可能出现的重复性错误。

（2）增强效率

快速修改与迭代：设计师可以迅速修改设计并查看结果，大大加速了设计过程中的试验和修改阶段。

自动化常规任务：许多常见的设计任务，如维度标注和布局安排，可以自动化执行，释放设计师的时间以专注于更复杂的设计问题。

（3）提升设计质量

复杂度和精细度：CAD 软件能够处理极其复杂的设计，允许创建精细和高度详细的模型，这些在传统手绘方法中往往难以实现。

设计一致性：CAD 系统通过使用标准化的设计模板和库来确保设计的一致性，有助于维持质量控制。

（4）强大的可视化工具

三维建模和视觉化：CAD 软件可以生成精确的三维模型，使设计师和客户能够在实际制造之前全面审查产品设计。

动态演示：动态和交互式的视觉化功能使利益相关者能更容易理解和评估设计。

（5）促进协作

文件共享和远程工作：CAD 文件易于电子方式共享，支持远程团队协作设计，这对分布在全球的设计团队尤其重要。

云基础 CAD 平台：越来越多的 CAD 软件提供云服务，允许用户在任何设备上访问和编辑设计，进一步促进团队协作。

（6）成本效益

减少物理原型的需求：通过在产品制造前进行详尽的虚拟测试和预览，CAD 可以减少制造和测试物理原型的次数，从而节省成本。

节省材料和资源：优化的设计过程可以减少材料浪费，通过更精确的材料和组件使用预测，减少生产过程中的资源消耗。

（7）支持标准化与合规

遵循行业标准：CAD 软件通常包括对行业标准的支持，帮助设计师确保其设计符合适用的规范和标准。

文档和审计跟踪：CAD 系统提供了完整的设计修改和审计跟踪功能，有助于项目管理和合规性记录。

（8）适应性和扩展性

多领域适用性：CAD 技术广泛应用于机械、建筑、电子、航空等多个领域，显示了其广泛的适应性。

集成其他技术：CAD 系统可以与其他技术（如 CAE、CAM）集成，为整个产品开发周期提供支持。

通过上述优点，CAD 技术不仅提高了设计和制造的效率和效果，还为各种工程项目提供了可靠的技术支持，推动了整个行业的技术进步和创新。

1.6 CAD 系统组成

1.6.1 CAD 硬件系统

当前的计算机辅助设计（CAD）系统对硬件的需求主要取决于所处理的设计任务的复杂性。例如，进行简单的二维绘图与进行复杂的三维模型创建、渲染和分析相比，后者通常需要更高性能的硬件配置。以下是一般 CAD 系统所涉及的关键硬件组件。

（1）处理器（CPU）

强大的处理器：CAD 系统通常受益于多核处理器，能够快速处理复杂的计算和数据。对于更高端的 3D 建模和渲染任务，更高频率或更多核心的 CPU 会提供更好的性能。

（2）图形处理单元（GPU）

专业级图形卡：对于 3D 建模和渲染，专业级图形卡（如 NVIDIA Quadro 或 AMD Radeon Pro 系列）提供了优化的图形处理能力，可以显著提升渲染效果和速度。

足够的 GPU 内存：高级图形任务需要大量的 GPU 内存来快速处理和渲染复杂的场景和纹理。

（3）内存（RAM）

大容量内存：CAD 应用程序通常需要大量内存以便快速访问和处理设计数据。对于高级设计任务，至少 16GB RAM 是推荐的起始点，而更复杂的项目可能需要 32GB 或更多。

（4）存储设备

快速硬盘：使用固态驱动器（SSD）可以显著提高系统的整体响应速度，尤其是在加载大型 CAD 应用程序和文件时。

大容量存储：设计文件经常很大，因此需要足够的硬盘空间来存储项目文件、备份和档案。多个存储解决方案，包括本地和网络存储，可以根据需要配置。

（5）显示器

高分辨率显示器：高分辨率和大尺寸显示器可以提供更广阔的视图和更细致的图像，有助于精确绘图和细节编辑。

多显示器配置：多显示器配置允许设计师同时查看多个视图或应用程序，提高工作效率和多任务处理能力。

（6）输入设备

高精度鼠标：一个具有高精度和可定制按钮的鼠标对于提高 CAD 操作的效率至关重要。

数位板和笔：对于某些设计工作，如自由手绘或精细编辑，数位板和笔提供了更自然和直观的输入方式。

（7）网络连接

稳定的网络连接：对于使用云基础 CAD 工具或需要访问在线资源和协作工具的用户来说，快速稳定的网络连接是必需的。

这些硬件组件共同构成了一个高效的 CAD 工作站，能够处理从基本图形设计到复杂的三维模型和仿真的各种任务。随着技术的进步，CAD 系统的硬件配置也在不断更新，以适应更高的性能需求。

1.6.2 CAD 硬件系统分类

CAD（计算机辅助设计）系统的硬件可以按照使用需求和性能级别进行分类。这些分类通常基于所需执行任务的复杂性，以及所需软件的特定需求。以下是 CAD 硬件系统的几种常见分类。

（1）基础级 CAD 系统

用途：适用于执行基本的二维绘图和轻量级三维建模任务。

硬件要求：

处理器：入门级或中级多核处理器，如 Intel i5 或 AMD Ryzen 5。

内存：至少 8GB RAM，推荐 16GB。

存储：256GB 以上的 SSD。

图形卡：集成图形或入门级独立显卡。

显示器：至少 1080p 分辨率的单一显示器。

（2）中级 CAD 系统

用途：适用于更复杂的三维建模、小规模渲染作业以及初级工程分析。

硬件要求：

处理器：中高级处理器，如 Intel i7 或 AMD Ryzen 7。

内存：16GB 至 32GB RAM。

存储：512GB 以上的 SSD，可能需要额外的 HDD 用于存储大量数据。

图形卡：中级专业图形卡，如 NVIDIA Quadro 或 AMD Radeon Pro 系列。

显示器：高分辨率或多显示器配置。

（3）高级 CAD 系统

用途：适用于执行大规模三维建模、复杂的渲染和高级工程仿真分析。

硬件要求：

处理器：高端处理器，如 Intel i9 或 AMD Ryzen 9，具备多核和高处理速度。

内存：32GB 以上，可能需要 64GB 或更多。

存储：1TB 或更大容量的 SSD，以及可选的额外 HDD 或网络存储解决方案。

图形卡：高端专业图形卡，具备大量 GPU 内存和优化的渲染性能。

显示器：多个高分辨率显示器，支持 4K 分辨率。

（4）移动CAD工作站

用途：为需要在多个地点工作的设计师提供便携解决方案。

硬件要求：

处理器：高性能的移动处理器，如Intel的移动i7或i9。

内存：16GB至32GB RAM。

存储：大容量SSD以保证速度和响应。

图形卡：移动版专业图形卡，如NVIDIA Quadro移动版。

显示器：内置高分辨率显示屏。

（5）云基础CAD系统

用途：依赖云服务提供计算和存储资源，适合远程工作和团队协作。

硬件要求：

主要依赖稳定的网络连接和访问云平台（如AWS、Azure或专门的CAD云服务）。

这些分类不仅体现了不同性能水平的需求，还反映了不同用户和企业的具体应用场景。用户可以根据自己的具体需求和预算选择合适的CAD硬件系统配置。

1.6.3 CAD软件系统

CAD（计算机辅助设计）软件系统的构成和功能是多元化的，涵盖了从简单的二维制图到复杂的三维建模和工程分析。以下是详细介绍CAD软件系统的几个关键方面。

（1）CAD软件的类型

二维CAD软件：主要用于简单的平面制图，常用于建筑平面图、工程图、电子电路图等。例如，AutoCAD 2D部分、DraftSight、LibreCAD等。

三维CAD软件：用于创建复杂的三维模型和设计，应用于机械设计、建筑建模、产品开发等。例如，SolidWorks、Autodesk Inventor、CATIA等。

综合CAD软件：既包含二维制图又包含三维建模功能，适用于多种工程和设计任务。AutoCAD是这方面的典型代表。

（2）CAD软件的核心功能

绘图与制图：提供各种工具，用于绘制线条、圆、矩形、曲线等基本几何形状，并支持添加尺寸、注释和图层管理。

三维建模：包括实体建模、曲面建模和参数化建模，允许用户创建复杂的三维形状和结构。

设计分析与验证：一些CAD软件集成了简单的分析工具，如质量计算、重心分析、干涉检查等，帮助设计师在早期阶段验证设计。

输出与文档生成：CAD软件可以生成工程图、组装图、剖面图，以及各种生产和制造所需的文件。

（3）CAD软件的扩展与集成

插件和扩展：许多CAD软件支持插件或扩展功能，使用户可以添加特定的工具和功能，例如工程分析、特定行业应用等。

与其他软件集成：CAD系统通常与其他工程和制造软件集成，包括计算机辅助制造（CAM）、计算机辅助工程（CAE）和产品生命周期管理（PLM）等。

（4）CAD软件的用户界面

直观的图形用户界面：现代CAD软件提供直观的图形用户界面，具有工具栏、菜单、属性面板等，方便用户交互。

可定制性：用户可以自定义界面布局、快捷键和工具栏，以提高工作效率。

（5）CAD 软件的协作与云功能

云基础服务：许多 CAD 软件提供云功能，允许用户在云上存储和共享设计文件，并支持在线协作。

多用户协作：CAD 软件支持多用户同时工作在同一个项目上，促进团队协作和设计流程的协同。

（6）CAD 软件的标准化与兼容性

支持标准文件格式：CAD 软件通常支持各种标准文件格式，如 DWG、DXF、STEP、IGES 等，以确保与其他软件和平台的兼容性。

遵循行业标准：CAD 软件支持工程和设计领域的标准和规范，确保设计的合规性和可靠性。

（7）CAD 软件的应用领域

多行业适用性：CAD 软件被广泛应用于机械、建筑、土木工程、电子工程、航空航天、工业设计等领域。

特定行业应用：一些 CAD 软件提供针对特定行业的功能和工具，例如建筑信息模型（BIM）功能、电子设计自动化（EDA）工具等。

通过上述关键方面，CAD 软件系统提供了丰富的功能和工具，支持从简单的二维制图到复杂的三维建模和工程分析。CAD 软件的多样性和灵活性使其成为许多行业的核心工具，为设计和工程流程带来效率和创新。

1.6.4 典型 CAD 软件介绍

CAD（计算机辅助设计）软件广泛应用于工程、建筑、制造等多个行业，用于创建详细的设计图纸和三维模型。以下是一些典型的 CAD 软件及其主要特点和用途。

（1）AutoCAD

开发商：Autodesk

特点：AutoCAD 是市场上最知名的 CAD 软件之一，广泛用于建筑、工程、制造和建造行业。它支持高度详细的二维图纸和复杂的三维模型。AutoCAD 提供了丰富的绘图工具、模型库和定制功能。

用途：建筑设计、机械设计、电气设计等。

（2）SolidWorks

开发商：Dassault Systèmes

特点：SolidWorks 是一个强大的三维 CAD 和 CAE（计算机辅助工程）软件，特别适用于机械设计和工程领域。它以其参数化设计功能和易用的界面而闻名，支持用户通过定义几何和功能约束来创建复杂的模型。

用途：产品设计、机械设计、系统集成等。

（3）CATIA

开发商：Dassault Systèmes

特点：CATIA 是一个专业的多平台软件，用于 CAD、CAM 和 CAE。它广泛应用于汽车、航空航天以及其他要求高度复杂的三维设计的行业。CATIA 提供了高级的建模、仿真、优化和制造工具。

用途：汽车设计、航空航天工程、复杂系统设计等。

（4）Revit

开发商：Autodesk

特点：Revit是专门用于建筑信息建模（BIM）的软件，支持建筑师、结构工程师和施工团队共同在单一的项目文件中协作。Revit使用户能够在设计过程中模拟建筑和工程的各个方面，并自动更新相应的模型和文件。

用途：建筑设计、结构工程、MEP工程等。

（5）Fusion 360

开发商：Autodesk

特点：Fusion 360是一个基于云的3D CAD、CAM和CAE工具，适用于产品设计和制造。它提供了从概念到生产的集成工作流程，并支持团队协作和远程共享。

用途：产品设计、机械工程、协同工作等。

（6）SketchUp

开发商：Trimble Inc.

特点：SketchUp以其用户友好和直观的三维建模能力而受到欢迎，特别适合初学者和专业人士进行快速原型设计。它广泛用于建筑设计、室内设计和景观设计。

用途：建筑可视化、室内设计、景观设计等。

（7）Creo

开发商：PTC

特点：Creo是一个高级的CAD软件，提供从初步设计到成品制造的一系列工具。它包含强大的三维建模、仿真、可视化和协作功能。

用途：产品开发、工程设计、制造流程等。

（8）CAXA

开发商：北京数码大方科技股份有限公司

特点：CAXA是自主可控，易学易用，高效协同、贯通集成，制造透明，过程可控，产教融合，大赛常备。

用途：研发设计、分析仿真、工艺设计、数控编程、维修运维等。

（9）中望3D软件

开发商：广州中望龙腾软件股份有限公司

特点：为客户提供了从入门级的模型设计到全面的一体化解决方案。拥有独特的Overdrive混合建模内核，支持A级曲面，支持2-5轴CAM加工。

用途：从概念设计到生产制造的产品开发全流程。

这些软件各有千秋，选择时应根据具体需求、预算以及用户界面和功能的偏好来决定。许多CAD软件也提供专业认证和培训，帮助用户更好地掌握工具并提高工作效率。

1.6.5　CAD系统的选型原则

选择合适的计算机辅助设计（CAD）系统对于确保设计工作的效率和质量至关重要。以下是一些重要的CAD系统选型原则，可以帮助企业和个人选择最适合其特定需求的CAD软件。

（1）设计需求和功能性

行业特定需求：不同行业可能需要特定的 CAD 功能。例如，机械设计通常需要强大的三维建模和仿真功能，而建筑设计可能更侧重于建筑信息建模（BIM）功能。

软件功能：考虑您需要哪些功能，如二维绘图、三维建模、渲染、仿真分析等，并检查目标 CAD 软件是否提供这些功能。

（2）用户友好性和界面

易用性：软件的用户界面是否直观易用、新用户的学习曲线，这些因素会直接影响设计师的工作效率。

定制能力：软件是否允许用户定制工具栏、菜单和快捷键，以适应特定的工作流程和偏好。

（3）兼容性和标准支持

文件格式：软件是否支持行业标准的文件格式，如 DWG、DXF、STEP 或 IGES 等，确保与其他系统或合作伙伴的兼容性。

系统兼容性：软件是否支持操作系统、硬件配置、与其他工具（如 CAE、CAM、PLM 软件）集成良好，这些因素是选择软件的重点。

（4）可扩展性和技术支持

软件扩展：检查软件是否提供插件或附加模块，以扩展其功能以满足未来的需求。

技术支持：软件提供商是否提供及时有效的技术支持，用户社区、教程和培训资料是否丰富。

（5）成本考虑

预算：CAD 软件的成本可以从免费到数千美元不等，根据您的预算选择合适的软件。

许可模式：软件是一次性购买还是订阅制；长期成本如何；订阅制可能包括持续的更新和支持。

（6）协作功能

团队协作：如果项目需要团队协作，考虑软件是否支持多用户协作、文件共享和云服务。

远程工作能力：特别在当前远程工作普遍的环境下，软件是否支持在线访问和云基础的设计功能。

（7）试用和评估

试用期：在最终购买前，利用试用版评估软件的功能和性能是否符合您的需求。

用户反馈和评价：研究其他用户的反馈和评价，了解软件的实际表现和潜在问题。

通过考虑这些原则，可以更有针对性地选择 CAD 系统，从而最大化投资回报，确保设计工作的高效和高质量完成。选择合适的 CAD 工具是提升设计效率、降低成本和推动创新的关键步骤。

第2章 CAD文件操作

2.1 中望CAD软件系统简介

中望CAD是国产CAD平台软件的领导品牌，其界面、操作习惯和命令方式、文件格式也可高度兼容，并具有国内领先的稳定性和速度，是CAD正版化的首选解决方案。

广州中望龙腾软件股份有限公司是国内领先的CAD/CAE/CAM软件与服务提供商，专注于工业设计软件超过20年，建立了以“自主二维CAD、三维CAD/CAM、流体/结构/电磁等多学科仿真”为主的核心技术与产品矩阵，拥有中国广州、武汉、上海、北京、西安及美国佛罗里达六大研发中心，多年的行业应用经验及强大的研发实力，可为全球各行业用户的不同业务发展需求提供高性价比的CAD/CAE/CAM解决方案。2002年，中望龙腾震撼推出主打产品、具有完全自主知识产权的“中望CAD”平台软件。中望CAD具有很高的性价比和贴心的本土化服务，深受用户欢迎，被广泛应用于通信、建筑、煤炭、水利水电、电子、机械、模具等勘察设计和制造业领域，本章以中望CAD 2024版为平台，介绍其二维CAD制图技术。

2.2 中望CAD软件启动及界面认识

启动方法：双击中望CAD 2024版图标或从开始菜单启动中望CAD 2024版软件系统，进入图2-1所示的工作界面。其实还有其他启动方法请读者思考。

2.2.1 经典界面的介绍

界面认识：中望CAD 2024版系统主要由标题栏、下拉菜单、工具栏、作图区、十字光标、坐标系图标、命令提示窗口、状态行等组成。

（1）标题栏

标题栏位于中望CAD 2024版界面的第一行，左侧显示中望CAD的图标和当前图形文件名，右侧有窗口的最小化、最大化和关闭三个按钮。

（2）下拉菜单

下拉菜单位于中望CAD 2024版界面的第二行，下拉菜单与Windows界面相似。将鼠标指针移至菜单名上，并单击左键，即可打开该菜单，通过下拉菜单左键命令名称，可执行中望CAD的大部分命令。

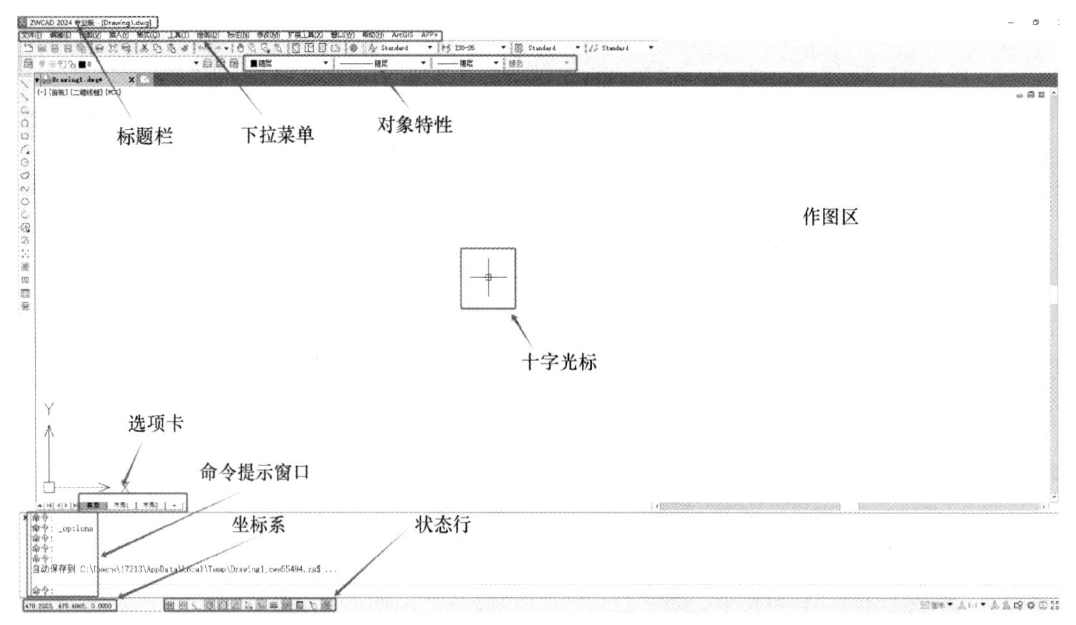

图 2-1 中望 CAD 2024 版工作界面

（3）标准工具栏、工具条

在界面的第三行及作图区，中望 CAD 2024 版提供了标准工具栏及很多工具条，它们均由常用命令工具按钮组成，鼠标左键按钮可以方便地实现各种常用的命令操作。点击右键或者利用下拉菜单“工具”中的“自定义”下的“工具栏…”对话框可对工具条进行管理。

（4）对象特性工具栏

用于显示当前图形对象及环境的特性，如图层、颜色、线型、线宽等信息。

（5）作图区

界面中间进行绘图操作的区域。周围布置了各种工具栏，可以根据需要打开或关闭各工具栏，以加大作图区域。

（6）十字光标

当光标位于作图区时，为十字套方框形状，称为“十字光标”。十字线的交点为光标的当前位置。随着鼠标的移动，可以清楚地看见状态栏上坐标的跟随变化。绘图操作时，光标变成十字形状，编辑时光标变成方框状，主要用于区分绘图、编辑等不同操作状态。

（7）坐标系图标

它表示当前所使用的坐标系以及坐标方向等。用户可以通过设置 UCSICON 系统变量将图标关掉。

（8）命令提示窗口

显示键盘输入的命令和提示信息的区域。缺省设置命令行窗口为 6 行，显示最后 4 次所执行的命令和提示信息。可以根据需要改变命令行窗口的大小，用 F2 可以切换作图区和命令窗口。该区域是中望 CAD 软件与用户交流的重要地点，对于初学者来说，它是最容易被忽视的。

（9）选项卡

显示当前的作图空间。用户可以选择“模型”和“布局”在模型空间和布局中切换，通常用于三维绘图、投影操作，一般在二维作图不动。

（10）状态行

即状态栏，是显示或设置当前的绘图状态。状态栏显示了当前光标的坐标，当前是否启用了捕捉模式、栅格显示、正交模式、极轴追踪、对象捕捉、对象捕捉追踪、动态UCS、动态输入等功能，以及是否显示线宽和当前绘图空间等信息。（注：可设置图标或者汉字显示。）

（11）快捷菜单

在屏幕作图区，单击鼠标右键，可以弹出快捷菜单，注意右键单击的时候分为两种情况，单击实体或无实体，此时弹出的快捷菜单不一样，注意其区别。

（12）使用帮助 F1

当用户不会使用某个命令或对执行该命令有疑问，可以操作 F1 键，此时可以显示出该命令的帮助文档，协助用户查阅其操作方法及其含义，尤其自学一些内容的时候很需要考虑它的应用。

2.2.2 “二维草图与注释”界面介绍

“二维草图与注释”界面（如图 2-2）就是 Ribbon 界面（Ribbon 即功能区）。在其界面中，功能区包含一些用于创建、编辑、插入、工具、输出等上下文工具。它是一个集中分类收藏了命令按钮和图示的面板。它把命令组织成一组“标签”，每一组包含了相关的命令。每一个应用程序都有一个不同的标签组，展示了程序所提供的功能。由于本书主要强调键盘操作，故仍以经典界面介绍为主要，Ribbon 界面不再详细介绍！

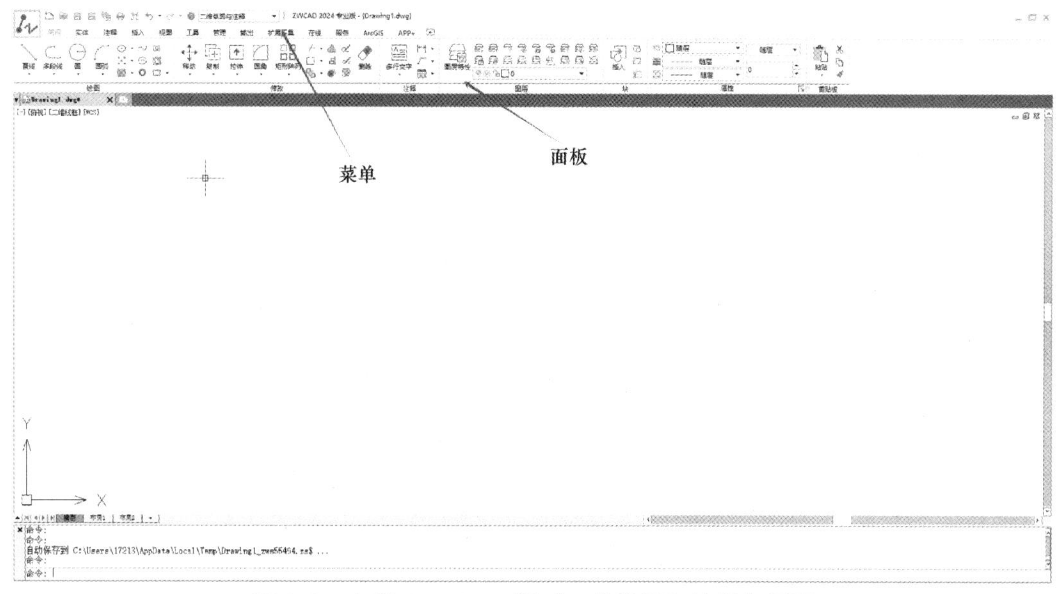

图 2-2　中望 CAD 2024 版“二维草图与注释”界面

Ribbon 界面与经典界面的切换（如图 2-3）：“二维草图与注释” 界面与经典界面的切换可以点击软件右下角的蓝色齿轮符号，然后选择界面模式，在中望 CAD 2024 版中有：“ZWCAD 经典”（即经典界面）和“二维草图与注释”（即 Ribbon 界面）。

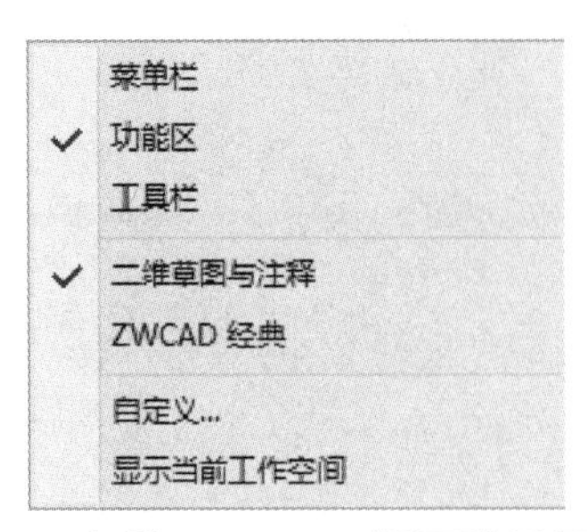

图 2-3　中望 CAD 2024 版两种界面切换

2.3　CAD 文件基本操作

2.3.1　创建新图形

命令操作：左键图标或 new ␣（注意：␣代表空格键）

快捷命令：Ctrl+N ␣

出现创建新图形对话框（如图 2-4，此时注意选择 zwcadiso.dwt 文件打开即可）。

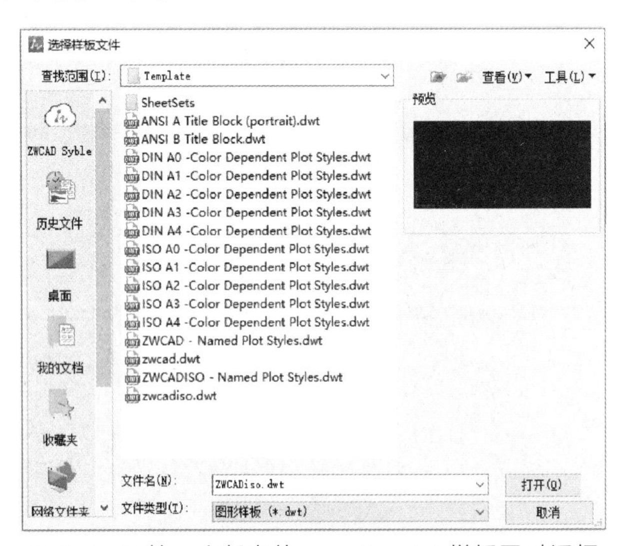

图 2-4　开始一个新文件 zwcadiso.dwt 样板图对话框

注意当前进入的空间为 A3 图幅（420×297）。

2.3.2　常用输入命令方法

在中望 CAD 2024 版中，可以使用的输入设备有 2 种：键盘、鼠标。输入操作以键盘和工具条最为常用。

1）使用鼠标输入命令

用鼠标控制中望 CAD 2024 版的光标和屏幕指针。现在鼠标通常分为左、中、右键：左键通常启动工具条上的命令或选择绘图区实体时用；中键用于缩放显示图形操作；右键常用于结束命令或弹出快捷菜单。

2）使用键盘输入命令

大部分的中望CAD 2024版功能都可以通过键盘输入命令全称或简称完成，键盘是输入文本对象、命令参数、对话框参数的唯一方法；通常为了快捷操作中望CAD系统，鼠标+键盘，或键盘操作的熟练是非常重要的。

2.3.3　图形文件操作

图形文件操作包括新建、打开、快存、另存图形文件，退出系统等操作。如表2-1所述。

表2-1　图形文件操作

序号	命令	图标	下拉菜单	功能	说明
1	new		文件→新建…	新建图形文件	执行命令后，弹出图2-4所示的“选择样板文件”对话框。在大文本框中选择“zwcadiso.dwt”，“打开”即可
2	open		文件→打开…	打开图形文件	打开已经存在的图形文件
3	save		文件→保存	同名保存	将当前图形以原文件名存盘
4	qsave(as)		文件→另存为…	更名保存	将当前图形以新的名字存盘
5	exit	✕	文件→退出	退出中望CAD	退出中望CAD绘图环境

2.3.4　子目录建立

双击“我的电脑”，双击“某盘符”（如D:），在空白处单击鼠标右键，单击“新建”，单击“文件夹”，键入子目录名称（如0210001），回车即可。其实还有其他许多方法建立子目录，请读者自己思考。

2.3.5　动态输入开关设置

命令操作：dynmode␣

快捷命令：dynm␣（注意：␣代表空格键）

输入dynmode的新值 <3>:1

知识点：如果dynmode的设置为1、2或3，可以通过按下F12键来临时关闭动态输入功能，该系统变量设置为其当前值的相反数。再次按下F12键可以恢复之前的设置（如表2-2）。

表2-2　dynmode设置值表

设置值	设置结果
负数	临时关闭动态输入功能，但其设置会储存
0	关闭动态输入，包括动态提示信息等
1	只打开指针输入
2	只打开标注输入
3	同时打开指针和标注输入

2.3.6 画直线

命令操作：左键图标╲或 line └┘

快捷命令：L └┘

line 指定第一个点：左键 p1，命令行提示指定下一点或[角度(A)/长度(L)/放弃(U)]，接续操作如下：

（1）指定下一点左键 p2，指定下一点左键 p3…C └┘（闭合）；

（2）A └┘ 输入角度，输入长度…；

（3）L └┘ 输入长度，输入角度…。

知识点：①理解命令全称显示和简称键入；②理解中望 CAD 系统用文字提示与用户交互，初学者需养成多看提示的习惯；③方括号外左侧为缺省提示，可立即响应，里面为可选择提示信息，可键入参数响应，如 C└┘封口或 U└┘撤销；④在直线命令执行过程中键入 U└┘，可撤销上一步操作，俗称小 U；⑤p3 点输入后，系统完成两条直线以上绘制，此时键入 C└┘，可使图形首尾点封闭，并结束直线命令，这点请初学者牢记。

2.3.7 存盘

命令操作：左键图标▤或键入 save └┘

快捷命令：Ctrl+S └┘

弹出对话框（如图 2-5），此时选择三个要素，即名称、地址、格式，单击“保存”即可。

图 2-5 图形保存对话框

知识点：①给出图名，最好是有意义的名称。②注意该图形的位置，即存放在哪个子目录中。③当前格式是默认的中望 CAD 版本的 dwg 格式，它是二进制的，还可以存为其他格式，例如 AutoCAD2000、2004、2007、2010 等版本格式，或 dxf（十进制）、dwt（样板图）格式等。存盘三要素，缺一不可，但三个选项都可以改变。④另存操作：如果当前图为新图，左键存盘按钮，按对话框操作即可；如果是打开一张图修改或浏览另存，不能单击存盘按钮，需要键入 QSAVE 或菜单操作“另存为”。

2.3.8　打开图形

命令操作：左键图标或 open ⊔

快捷命令：Ctrl+O ⊔

出现对话框（如图 2-6），注意选择名称、地址、格式三要素，或双击文件名即可。

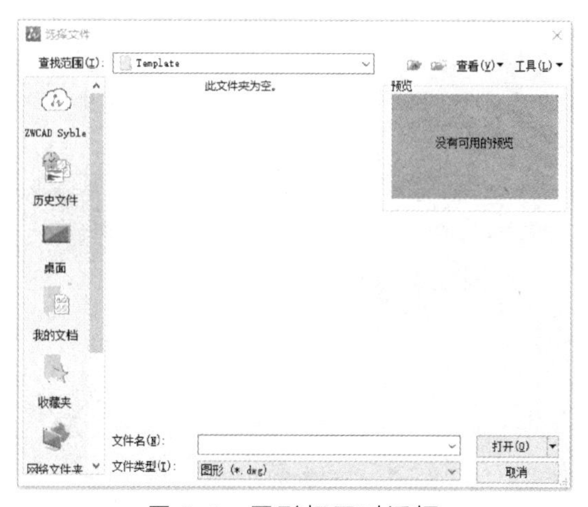

图 2-6　图形打开对话框

知识点：①在中望 CAD 系统未启动状态下，也可通过双击图形文件名称打开系统，并打开该图形。②高版本中望 CAD 系统可以打开低版本、同版本文件，即系统向下兼容，反之则不行。③如果打开的图形文件文字变成问号，通常说明是字库不对应，需要改动字体设置。

2.3.9　画中心点半径圆

命令操作：左键图标或 circle ⊔

快捷命令：C ⊔

circle ⊔，左键圆心，鼠标拖出半径（或键入半径值）。

知识点：①几乎 90%的情况下用此方法画圆；②可以键入 D 直接输入圆的直径；③画圆共有 4 种方法，其他方法我们在后面介绍。

2.3.10　栅格及捕捉

命令操作：打开栅格显示 F7，关闭 F7；或在状态行鼠标左键栅格 即可；打开与之相应的栅格捕捉功能操作 F9，关闭 F9，或在状态行左键捕捉。

知识点：①栅格显示及捕捉功能是在绘图命令过程中约束光标在栅格点上移动。②它们可为用户提供栅格，帮助用户迅速、方便地做出对称、标准、美观的工程用图形符号、规整尺寸示意图。③栅格及其捕捉大小可以设置：其方法是在命令行键入 grid ⊔（栅格设置）或 snap ⊔（捕捉设置），直接设置其大小即可；或右键单击状态行栅格和捕捉相应位置，弹出对话框（如图 2-7）进行设置，注意最好将二者大小设置的一致。

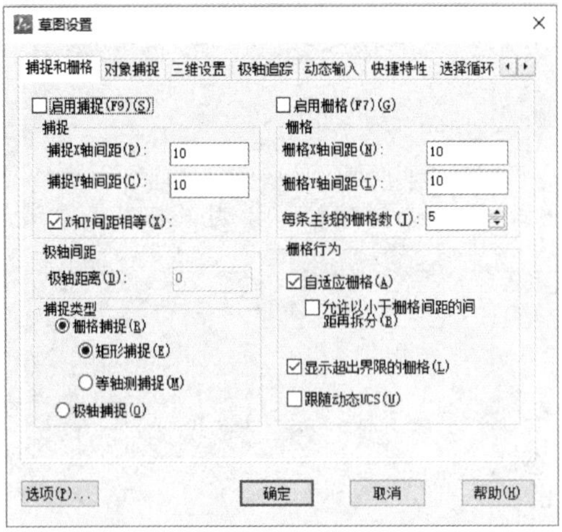

图 2-7 栅格及捕捉设置对话框

2.3.11 U 的含义

大 U 命令操作：在提示行“命令：”提示状态下，键入 U ␣（或单击撤销图标）。

知识点：①该操作的含义是取消刚刚结束的整个命令操作；②无论上一个命令用的是什么，都整个取消；③多次使用它，可以将当前图所有操作命令全部取消，但不能关闭当前图；④从图面上观察效果，就好像所有的图形被擦除的效果。

小 U 命令操作：在直线和多义线命令执行过程中，键入 U ␣。

知识点：①该操作的含义是取消刚刚结束的上一步操作；②多次使用它，可以撤销命令的所有操作步骤，直到仅剩下第一步；③不能撤销整个命令；④连续撤销一批命令读者可参考 UNDO 命令；⑤从图面上显示所绘直线一条一条被擦除的效果。

2.3.12 Esc 键的含义

当执行一个命令茫然不知所措的时候，或希望中断命令执行时，只需按键盘左上角的 Esc 键。

知识点：初学者经常会在没有启动任何命令的时候，用鼠标左键在屏幕上拖动光标画线，此时线肯定不能画出，初学者此时不理解系统选择实体方式，此时用 Esc 键即可取消；然后启动画直线命令即可画线了，熟知这一点对初学者很重要。

2.3.13 E 功能（简单擦除）

命令操作：左键图标或 erase ␣

快捷命令：E ␣

命令行出现“选择对象：”的提示，此时光标变为小方框。

知识点：①左键单选，实体亮虚，多次左键单选，直至完成，或右键快捷菜单选删除。②先左键选择图形实体，右键快捷选删除；或左键删除图标即可。③选择实体的方法很多，我们在后面将详细介绍。④e ␣，all ␣擦除非常快。

2.3.14　结束及重复命令

一些绘图命令需要强迫结束，如直线、多义线等，可直接空格键、Enter（回车）键、右键结束命令。

知识点：①在许多命令执行过程中，命令结束通常可以采用这三键操作，这三键操作很重要！②初学者用鼠标右键最好。③熟练者可能需用空格键。④如果将鼠标右键快捷菜单设置为取消菜单模式，则这项操作用鼠标右键可能更快。⑤注意有些命令（如椭圆、圆弧、圆、矩形等命令）是自然结束，不用此法。⑥写文字时候显然也不能用空格键。

完成操作命令后，可直接空格或回车命令，重复刚刚结束的一个命令操作与结束命令相同，这一点毫无疑问很重要，快速绘制操作离不开它。

2.3.15　退出中望 CAD 系统

命令操作：exit ␣或 quit ␣

快捷命令：Alt+F4

知识点：①退出中望 CAD 系统还有很多方法，例如鼠标关闭标题行、左键下拉菜单文件\退出。②需要用户注意出现的对话框，是否将图形改动保存，还是取消这种操作选项含义。

【思考题】

1．启动 CAD 软件的操作是________CAD 软件图标。

A．左键单击　　B．左键双击

C．右键单击　　D．右键双击

2．中望 CAD 软件的标题栏所处位置是屏幕上方________。

A．第 1 行　　B．第 2 行

C．第 3 行　　D．第 4 行

3．中望 CAD 软件的对象特性工具栏含义是相对________而言的。

A．图形实体　　B．软件系统

C．作图状态　　D．硬件系统

4．下拉菜单包含了 CAD 系统________命令。

A．90%　　B．大部分

C．100%　　D．全部

5．启动中望 CAD 后，出现哪个对话框？________

A．打开图形　　B．无

C．选用样板　　D．开始新图形

6．浮动工具条位于 CAD 软件系统________位置。

A．下拉菜单区　　B．状态行

C．标题行　　D．作图区

7．坐标系图标说明了________。

A．坐标点　　B．旋转方向

C．坐标轴 XY 方向　　D．什么也没说明

8．作图区的光标是由________组成的。

A．十字线　　B．拾取框

C．十字线和拾取框　　D．箭头

9．命令输入及提示区系统默认是占________行。

A．4　　B．3

C．6　　D．5

10．作图与文本窗口切换用________功能键。

A．F1　　B．F2

C．F3　　D．F4

11．状态行是显示当前的________。

A．系统状态　　B．作图状态

C．栅格显示　　D．正交绘图

12．中望 CAD 系统的在线帮助是________功能键。

A．F4　　B．F3

C．F2　　D．F1

13．一次启动 CAD 软件并在多个图形窗口工作是在下拉菜单的________位置切换。

A．文件　　B．绘图

C．窗口　　D．帮助

14．经常使用________方法输入命令。

A．下拉菜单　　B．工具条

C．键盘　　D．工具条和键盘

15．L、A、C 回车绘制的是________图形实体。

A．椭圆、直线、圆弧　　B．多义线、直线、射线

C．直线、圆弧、圆　　D．矩形、椭圆、圆弧

16．另存命令名称是________。

A．Line　　B．Scale

C．Qsave　　D．Stretch

17．打开栅格显示是________功能键。

A．F6　　B．F7

C．F8　　D．F9

18．打开栅格捕捉是________功能键。

A．F6　　B．F7

C．F8　　D．F9

19．打开正交按钮是________功能键。

A．F6　　B．F7

C．F8　　D．F9

20．打开坐标显示是________功能键。

A．F6　　B．F7
C．F8　　D．F9

21．在命令执行过程中，U回车的含义是________。
A．取消该命令　　B．取消上一步操作
C．撤销　　D．重新绘制

22．在命令结束，退到命令状态，此时U回车的含义是________。
A．撤销　　B．取消上一步操作
C．取消刚刚结束的命令　　D．重新绘制

23．Esc键的含义是________。
A．取消该命令　　B．取消上一步操作
C．撤销　　D．重新绘制

24．E回车的含义是________。
A．编辑　　B．复制
C．取消　　D．擦除

25．重复刚刚结束的命令________操作。
A．左键　　B．回车
C．双击　　D．单击

26．结束一个画线命令进行________操作。
A．左键　　B．回车
C．双击　　D．单击

上机习题

完成如下操作内容：

（1）在硬盘的指定分区上建立一个学生姓名子目录。

（2）启动CAD软件。

（3）熟悉CAD软件界面，了解标题栏、下拉菜单、标准工具栏、对象特征工具栏、作图区、工具条、十字光标、坐标系图标、模型空间图纸空间选项卡、命令输入提示区、状态行等对象的功能。

（4）参考CAD软件书中的命令操作步骤，练习绘制一些简单图形实体，比如直线、圆、圆弧、椭圆、矩形、多边形、写文字等。

（5）将上述练习作为第一张新图，以XCAD2-1.dwg为名保存到学生姓名子目录下。

（6）在当前CAD软件安装目录的Sample子目录下，打开一张后缀为DWG的图形，并将其另存到学生姓名子目录下，其文件名为XCAD2-2.dwg。

第3章

简单图形绘制

本章的重点学习内容是学习绘制水平、垂直直线；安装线型；绘制圆、圆弧、椭圆、文字、多边形、修剪、变线宽、视觉缩放；绘制精确矩形、三角形等重要命令方法和技巧。难点是熟练掌握学习内容、方法、技巧，并融会贯通；听懂、看懂、会操作、操作熟练是掌握这部分内容的四个要素。

3.1 绘制水平和垂直直线

绘制水平、垂直直线方法很多，现介绍常用的三种方法。

（1）左键状态行上“正交”按钮 ∟ 或 F8 按钮，直接启动绘制直线命令即可，在这种情况下，所绘直线被约束在水平或垂直方向，而不能再绘制其他方向线。

（2）打开 F7、F9 按钮，在栅格捕捉的状态下，按照水平竖直的方向画线即可。

（3）在正交或栅格捕捉情况下，启动画线命令，鼠标引导水平垂直方向，键入长度，可以绘制精确长度的直线。绘制某一角度方向的精确直线将在后面介绍。

3.2 线型安装

CAD 系统中实体对象的最重要特性通常是颜色、线型、线宽等。

命令操作：左键“对象特性”工具条上的线型管理下拉框（如图 3-1），左键“添加线型...”，弹出“线型管理器”对话框（如图 3-2），单击“加载”，弹出“添加线型”对话框（如图 3-3），查找并左键合适线型（如 Center），连续确定；再从线型管理下拉框中切换合适线型即可。

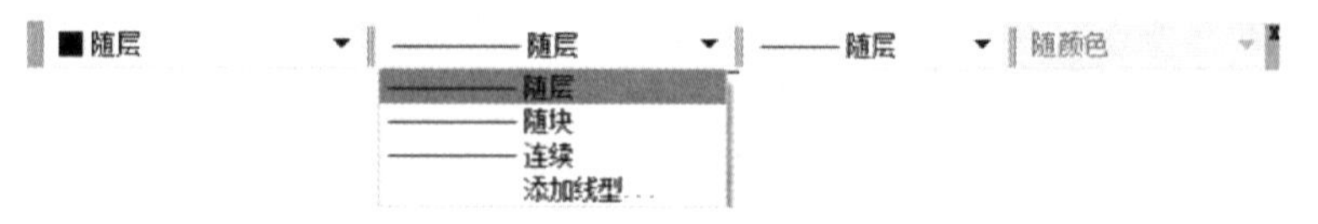

图 3-1　对象特性加载线型管理下拉框

知识点：①这是在同一张电子图纸上绘制不同线型；它与后面讲到的不同图层对应不同线型的做法是不一样的；②希望绘制其他线型的时候，如果当前系统没有，则重复上述步骤再次加载，如果系统当前已经有此线型则直接切换即可；③每次绘制不同线型都需要先切换合适的线型后才能绘制。

图 3-2 “线型管理器”对话框

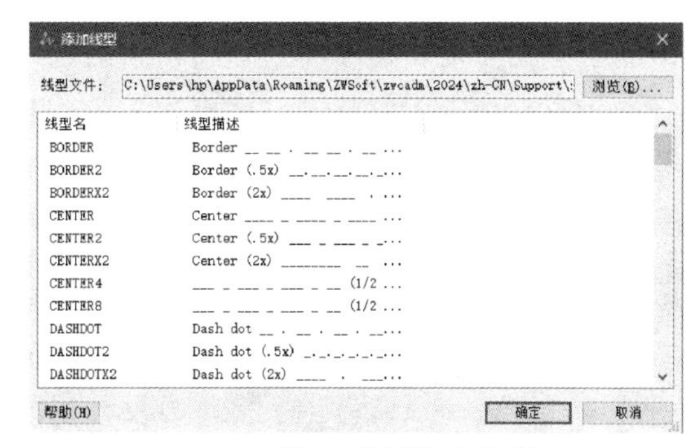

图 3-3 “添加线型”对话框

3.3　画圆

画圆系统提供了四种方法，以下介绍其命令操作和知识点。

命令操作：左键图标或 circle ␣

快捷命令：C ␣

（1）circle：指定圆的圆心或[三点(3P)/两点(2P)/切点、切点、半径(T)]：圆心

指定圆的半径或[直径(D)]：半径␣（注意最常用）。

（2）3p ␣，p1，p2，p3（p 代表点）

三点圆，条件是不在一条直线上的 3 个点，可利用切点捕捉绘制三角形的内切圆。

（3）2p ␣，p1，p2（两点直径圆，以直径两个端点为直径的圆）。

（4）t ␣，指定对象与圆的第一个切点，指定对象与圆的第二个切点，r ␣（两个切点目标、一个半径圆）。

知识点：①目标实体类型可以是直线、圆弧、圆等多种绘图实体。②还有圆环（donut），该命令可以绘制带有线宽的圆，注意它的内直径、外直径和线宽的关系表达式是：外直径-内直径=2×线宽。由于线宽可以利用对象特性工具条进行设置了，该命令现在不常用了，有兴趣读者可通过帮助文件学习。③圆还可以理解为长轴和短轴相同的椭圆，用椭圆命令也可达绘制圆的效果。

3.4　画椭圆

画椭圆系统提供了三种方法，以下介绍其命令操作和知识点。

命令操作：左键图标或 ellipse ␣

快捷命令：EL ␣

指定椭圆的第一个端点或[弧(A)/中心(C)]。

（1）三点定椭圆：p1，p2，p3

第 1、2 点是椭圆一个轴上两个端点，第 3 点是另外一个半轴长度点。

（2）一个中心两个点椭圆：c ␣，p1，p2

椭圆中心点 c，p1、p2 两点为两个半轴长度点。

（3）两点一个转角椭圆：p1，p2，r ␣，　角度值␣

p1、p2 为椭圆一个轴上两个端点，r 是角度提示参数；这种情况相当于以 p1、p2 为直径的圆，绕着该直径旋转某一角度后得到的椭圆。

知识点：①大部分情况使用第一、二种方法；②对于椭圆弧绘制命令，可以通过绘制椭圆并进行修剪得到，由于该命令使用较少，有兴趣读者可通过帮助文件学习。

3.5 画三点弧

画三点弧，系统提供了多种方法，以下只介绍三点弧的画法。

命令操作：左键图标或 arc ␣

快捷命令：A ␣

p1，p2，p3

知识点：①绘制轴的截断线通常用三条圆弧组成；②在栅格打开状态下，可以通过三点弧绘制半圆，其技巧是第 1、2 点之间和第 2、3 点之间橡筋线需是 45° 或 135°；③在中望 CAD 系统下拉菜单中有很多其他方法绘制圆弧，因不常用，请有兴趣读者通过帮助文件学习。

3.6 写字

1）多行文字

命令操作：左键图标或 mtext ␣

快捷命令：MT ␣

左键文字方框两个角点，弹出对话框，注意在字体下拉框中设置字体名称，键入字高，最后键入文字，输入完毕左键确定。

知识点：①文字的大小写。②空格键的作用就是空格，不再是回车或结束。③回车“↙”代表换行。④书写文字还有 text 和 dtext 两个命令。它们可以写出一种简单的、可带转角的、单一字体的单行或多行文字，其文字实体类型与 mtext 不一致，且不能写两种或多种混排字体，但有时编程或简单写字的时候这个命令有它的特殊用途。

2）单行文字（注意，用完直接调出了各个图层，文字打在了文字层）

命令操作：text ␣

快捷命令：DT ␣

指定文字的起点：p1

指定高度：h1

指定文字的旋转角度：θ_1

输入需要的文字：(输入文字)

知识点：①文字的起点是指文字的左下角点，和手写的起点不一样。②空格键的作用就是空格，不再是回车或结束。③回车“↙”代表换行。④连续两次回车，结束命令。⑤在表格中需要我们用到左中（或正中）对齐，应为键入 DT ␣，J ␣，ML(或 MC) ␣，选择起点 p1，文字高度 h1，指定文字的旋转角度 θ_1，输入需要的文字。该命令共有 14 种对齐模式，这里不一一讲述了。

3.7　存盘

存盘需要复习、熟练，尤其对初学者，分清新图存盘、打开图形编辑快存、另存的含义和操作很重要。以下介绍其命令操作和知识点。

命令操作：save ␣ 或下拉菜单“保存”

知识点：①三要素“图名、地址、格式”一定要记牢！②存盘不熟练在考试和实际工作中将前功尽弃，还有可能出现只读文件！③快存含义是三要素不变，快速存盘，可以直接操作存盘符。④另存含义意味着三要素可能发生变化，应该知道如何改变三要素。⑤如果用户希望以不变应万变，只要在键盘输入 save ␣ 即可。⑥只读问题的解决：当一张图被同时打开两次以上的时候，就会在第二次打开以后，系统提示以只读模式打开，出现这个问题的时候，首先应该意识到该文件已经打开，考虑是否需要，一般不需要二次打开；一旦出现此问题，记住不要在只读文件中作图，而应在第一次打开的文件中作图，并想方设法快存，并及时关闭只读文件。

3.8　修剪

用当前绘制的图形实体作为剪刀，将相交、多余的图形修剪是经常使用、非常重要的命令，以下介绍其命令操作和知识点。

命令操作：左键图标 -/- 或 trim ␣

快捷命令：TR ␣

左键选剪刀（可多选），选完␣（这一步初学者通常容易忽略，尤其需要注意）

左键欲剪掉部分（可多选、可撤销 U␣）

知识点：①这个编辑命令经常使用，而且可以修剪出很好的图形效果，非常重要，必须熟练掌握！②选择剪刀的技巧是：如果希望快选则将所有实体当作剪刀，但可能修剪后还需要配合删除命令。③如果苛刻地去选择，可能不需要删除某些多余就可以达到希望得到的效果。

3.9　画多边形

从三角形一直到 1024 边形，系统为用户提供了多边形绘制功能，以下介绍其命令操作和知识点。

命令操作：左键图标⬠或 polygon ␣

快捷命令：POL ␣

1）边数␣，中心点，I ␣，半径␣（点角距）

I 的含义是给出中心点到多边形角点距离，简称点角距；此即为内接圆。

2）边数␣，中心点，C ␣，半径␣（点边距）

C 的含义是给出中心点到多边形边距离，简称点边距；此即为外切圆。

3）边数␣ ，e ␣，p1，p2（两点给边长）

E 的含义是给多边形的边长，p1、p2 是通过输入两点给出边长。

4）M↙，以下步骤同 1）、2）、3）方法

M 的含义是连续画多个相同的多边形。

5）W↙，以下步骤同 1）、2）、3）方法

W 的含义是给出多边形的线宽。

知识点：①缺省状态下输入半径值，则多边形水平放置，如果希望垂直放置可以配合极坐标使用；知道点边距键入 C；已知点角距键入 I；如果两个都知道一般输入 I。②四、五、六边形用得较多。

3.10　变线宽

变线宽操作有两种方法，一种是在线宽设置栏直接设置+状态行线宽按钮≡显示，这种方法设置的线宽简单，但屏幕上所见非打印所得；另一种是通过命令 pline 设置，稍微麻烦一些，它的特征是屏幕所见即打印所得。以下介绍对象特性设置线宽命令操作和知识点。

命令操作：在对象特性工具栏中，左键线宽设置栏，设置 0.3 或以上，左键状态行上线宽按钮，则后续绘制的实体即可显示当前设置线宽。

知识点：①这种设置方法快捷、方便，但有不足，显示的线宽不精确，所见与打印出来的效果不一致。②随着视觉缩放 zoom 的变化，线宽显示也在发生变化。③如果图形需要做成网页格式，可能线宽信息丢失。④如果希望得到精确显示线宽，需要用 pline 多义线实体绘制，或通过 pedit 命令改变所绘实体为多义线实体。⑤注意线宽切换：单击线宽设置栏 byLayer，通常为细实线显示，这一点许多初学者容易忽略。

3.11　绘制精确的正方形、矩形、国标图幅及三角形举例

精确矩形绘制方法：打开正交 F8，启动画线命令，左键起点，鼠标拖动方向（重要），键入距离；注意撤销和 C 封口结束命令。

（1）A3 幅面绘制举例：绘制 A3 图纸幅面外框。L ⊔，起点 0，0，鼠标水平向右拖，键入 420 ⊔，垂直拖，键入 297 ⊔，再水平向左拖，键入 420 ⊔，键入 C ⊔，封口并结束命令，一个 A3 幅面外框绘制完成。

（2）绘制 A3 图纸幅面内框：PL ⊔，起点 25，5，W ⊔，起点线宽 0.7 ⊔，终点线宽 0.7 ⊔，鼠标水平向右拖，键入 390 ⊔，垂直拖，键入 287 ⊔，再水平向左拖，键入 390 ⊔，键入 C ⊔，封口并结束命令，一个 A3 幅面内框绘制完成。

（3）带角度斜线绘制方法：关闭正交，启动画线命令，给起点，键入“＜角度⊔”，键入距离，可以绘制任意角度直线；也可以绘制精确的三角形。

（4）精确等边三角形绘制举例（边长 100）：L ⊔，鼠标给点，＜60 ⊔，键入长度 100 ⊔，＜－60 ⊔，键入长度 100 ⊔，键入 C ⊔，封口并结束命令。

（5）后面还将介绍三钮联动绘制矩形和图幅的多种方法。

3.12　视觉缩放

命令操作：zoom└┘

快捷命令：Z └┘

1）z └┘，左键 p1，p2（窗口放大）

2）z └┘，p └┘（返回上一窗口）

3）z └┘，a └┘（在 limits 设置范围显示当前图形）

4）z └┘，e └┘（在当前窗口最大显示所有图形，双击鼠标中键即可）

知识点：①放大、缩小的是视觉效果或相当于照相机的焦距，而不是实际对象；②真正实体缩放应该是 scale 命令；③在常用工具条中有缩放图标、返回图标，注意它们的使用方法。

3.13　鼠标滚轮应用

对于三键鼠标，鼠标中键即滚轮特别有用。

知识点：①滚轮向前滚动是放大，向后滚动是缩小；②按下滚轮拖动光标变为手形，即移动图纸；③双击中键相当于 z └┘，e └┘，把当前所有图形放到最大；④滚轮滚动量大小可以设置，通过键入 zoomfactor 系统变量即可。

3.14　不圆变圆

命令操作：re └┘（regen）图形重新生成

知识点：有时 CAD 软件为了快速显示复杂图形，将其中的圆形用多边形来显示，此时并非圆形变成了多边形，而是为了快速显示，如果此时想其变为圆形，键入 regen 简称即可。

3.15　图形窗口切换

中望 CAD 系统可同时打开多个 CAD 文件，多个文件之间切换可以直接用鼠标选择界面相应的文件名（如图 3-4），这个更直观；或者通过用鼠标点击下拉菜单的“窗口”菜单进行切换；或者用 Ctrl+Tab 组合键进行，这种操作为用户带来了高效率。

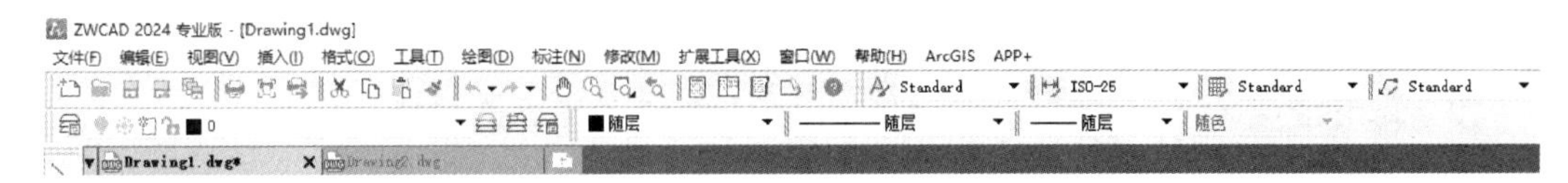

图 3-4　同时打开多个文件时的界面

【思考题】

1．绘制水平中心线哪种方法更合适？________

A．栅格显示　　B．栅格显示与栅格捕捉

C．正交按钮关闭　　D．永久捕捉打开

2．加载中心线型是指的哪一种？________

A．Hidden　　B．Continuous

C．Center　　D．Dot

3．显示线宽按钮是在________位置。

A．下拉菜单区　　B．状态行

C．作图区　　D．对象特性工具栏

4．绘制圆弧命令是________。

A．circle　　B．arc

C．erase　　D．scale

5．绘制圆有几种方法？________

A．6　　B．5

C．4　　D．3

6．绘制椭圆有三种方法，最常用的是第________种方法。

A．1　　B．2

C．3　　D．没有

7．书写多行文字命令是________。

A．text　　B．mtext

C．dtext　　D．ltext

8．绘制多边形polygon命令过程中，已知中心点到边的距离，其多边形绘制方式是________方式。

A．I　　B．C

C．I1　　D．C1

9．视觉放大图形后返回上一窗口的命令操作是________。

A．z ⊔ p ⊔　　B．z ⊔ a ⊔

C．z ⊔ e ⊔　　D．z ⊔ p1，p2

10．用pline命令画线操作，正确的步骤应该是________。

A．p1，W ⊔，线宽，p2，...pn　　B．p1，p2，W ⊔，p3...pn

C．W ⊔，线宽，p1，...pn　　D．p1，W ⊔，p2，线宽，p3...pn

11．变线宽操作有________种方法。

A．1　　B．2

C．3　　D．4

12．用line或pline命令绘制多边形的最后封口并结束命令的操作应该是________。

A．Z ⊔　　B．D ⊔

C．C ⊔　　D．D ⊔ Z ⊔

13．焦距缩放命令是________。

A．limits　　B．zoom

C．scale　　D．zoomfactor

14．设置图幅的命令是________。

A．limits　　B．zoom

C．scale　　D．zoomfactor

15．正确绘制两点圆的操作是________。

A．c ⊔，2p ⊔，p1，p2　　B．c ⊔，2p ⊔，圆心，半径

C．c ⊔，2p ⊔，p1，p2，p3　　D．c ⊔，3p ⊔，p1，p2，p3

16．字体的设置命令简称是________。

A．dt　　B．tr

C．st　　D．mt

17．修剪实体的命令是________。

A．text　　B．trim

C．st　　D．mtext

18．单行文字的快捷命令是________。

A．MT　　B．DT

C．TX　　D．XT

上机习题

（1）实验说明：①该单元上机习题与上机实验配套；2 个学时。②实验名称：简单图形绘制。③上机前学生应该提前预习，最好提前搞清楚各个实体的栅格点坐标位置，并在习题上进行坐标标注，效果最好。④教师课上最好演示一下习题整个绘制过程。⑤上机之前应该让学生建立自己姓名的子目录，以备存放习题结果。

（2）掌握的操作技能：①熟悉栅格打开、捕捉、关闭、居中。②学会安装线型。③熟悉直线、圆弧、圆、椭圆、矩形、正方形、多边形、半键槽型的绘制。④学会修剪、擦除、撤销等编辑手段。⑤暂时将状态行上的极轴（F10）、对象捕捉（F3）、对象追踪（F11）先行关闭。⑥学会线宽设置及显示，学会切换线宽显示。⑦简单学习实体上的冷热点（即蓝色和红色点）调整直线、圆弧、圆的位置和大小调整，以备图形修改需要。⑧按习题规定名称存盘到指定位置，不用加后缀 dwg。⑨close 命令可以关闭系统当前显示的图形文件。⑩尽量避免多次打开中望 CAD 系统，否则将在屏幕底部出现多个 CAD 系统图标；学会通过绘图区上方与特性工具栏交界处的多个图形文件名，或 Ctrl+Tab 组合键，或下拉菜单的“窗口”等三种方法切换显示多个图形文件的方法。⑪身体坐正，左手操作键盘，右手操作鼠标。左手大拇指要控制空格键；左手其余四指控制键盘左侧的字母、数字键。这样可以形成良好的习惯，且可以操作迅速、准确。

【3-1】建立新图形，完成的图形如图 3-5 所示。

（1）打开栅格 F7 与捕捉 F9，且 z ⊔，a ⊔。

（2）绘制中心线，线型为 Center。

（3）设置线宽，打开线宽按钮，绘制轮廓线宽 0.3。

（4）标注文字（DT），“CAD3　SCALE　1∶10”，字高 15。

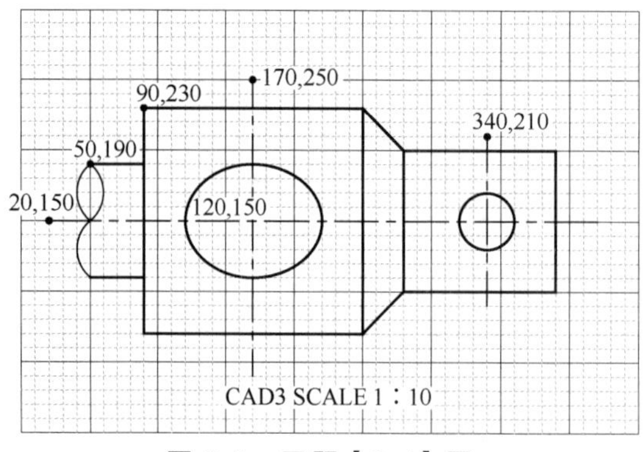

图 3-5 习题【3-1】图

将完成的图形以 XCAD3-1.dwg 为名保存到学生姓名子目录下。

【3-2】建立新图形，完成的图形如图 3-6 所示。

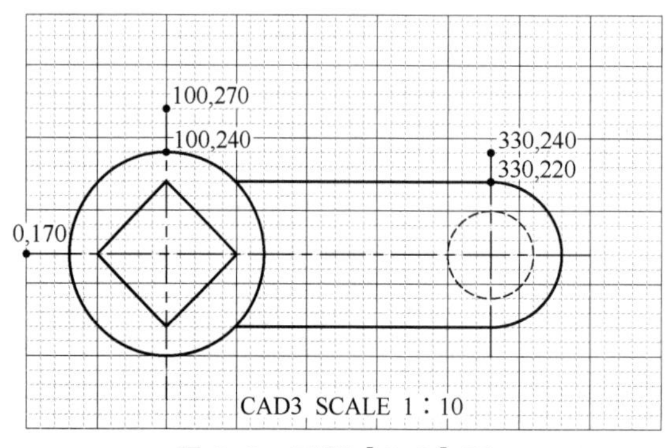

图 3-6 习题【3-2】图

（1）打开栅格 F7 与捕捉 F9，且 z ␣，a ␣。

（2）绘制中心线，线型为 Center。

（3）绘制虚线圆，线型为 Hidden。

（4）设置线宽，打开线宽按钮，绘制轮廓线宽 0.3。

（5）标注文字（DT），“CAD3 SCALE 1∶10”，字高 15。

将完成的图形以 XCAD3-2.dwg 为名保存到学生姓名子目录下。

【3-3】建立新图形，完成的图形如图 3-7 所示。

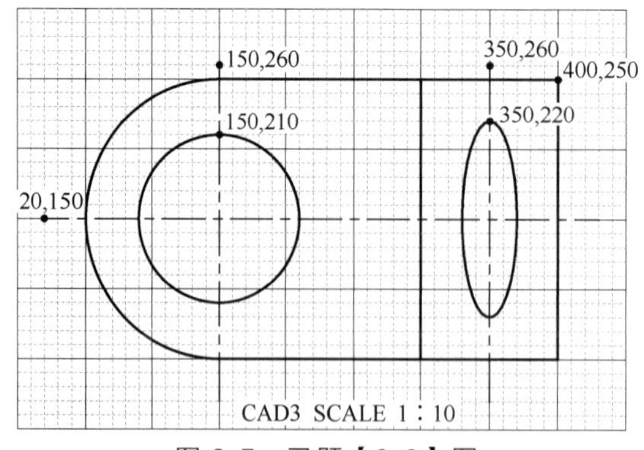

图 3-7 习题【3-3】图

（1）打开栅格 F7 与捕捉 F9，且 z ⊔，a ⊔。
（2）绘制中心线，线型为 Center。
（3）设置线宽，打开线宽按钮，绘制轮廓线宽 0.3。
（4）标注文字（DT），“CAD3 SCALE 1∶10”，字高 15。
将完成的图形以 XCAD3-3.dwg 为名保存到学生姓名子目录下。
【3-4】建立新图形，完成的图形如图 3-8 所示。

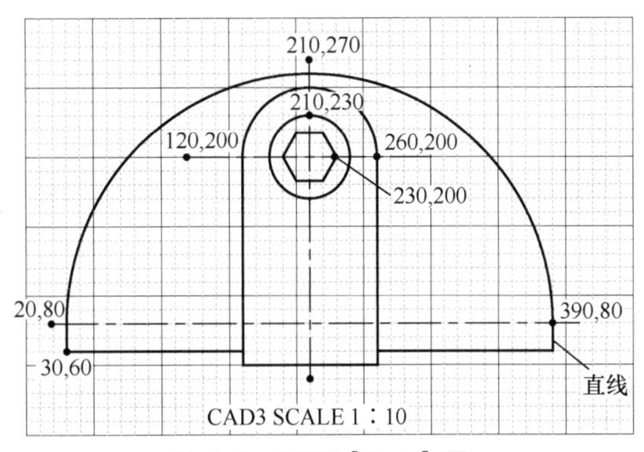

图 3-8 习题【3-4】图

（1）打开栅格 F7 与捕捉 F9，且 z ⊔，a ⊔。
（2）绘制中心线，线型为 Center。
（3）设置线宽，打开线宽按钮，绘制轮廓线宽 0.3。
（4）标注文字（DT），“CAD3 SCALE 1∶10”，字高 15。
将完成的图形以 XCAD3-4.dwg 为名保存到学生姓名子目录下。
【3-5】建立新图形，完成的图形如图 3-9 所示。

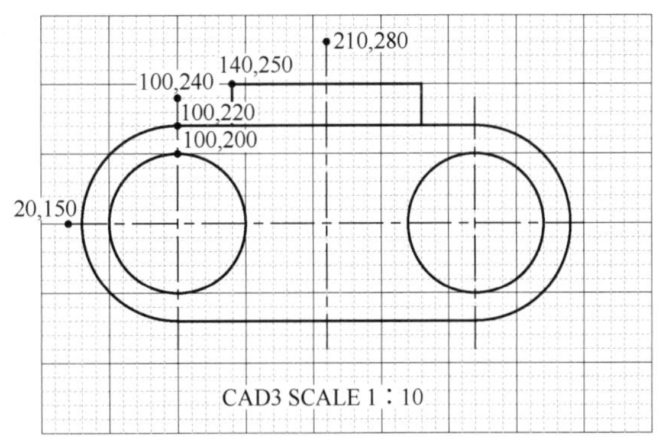

图 3-9 习题【3-5】图

（1）打开栅格 F7 与捕捉 F9，且 z ⊔，a ⊔。
（2）绘制中心线，线型为 Center。
（3）设置线宽，打开线宽按钮，绘制轮廓线宽 0.3。
（4）标注文字（DT），“CAD3 SCALE 1∶10”，字高 15。
将完成的图形以 XCAD3-5.dwg 为名保存到学生姓名子目录下。
【3-6】建立新图形，完成的图形如图 3-10 所示。

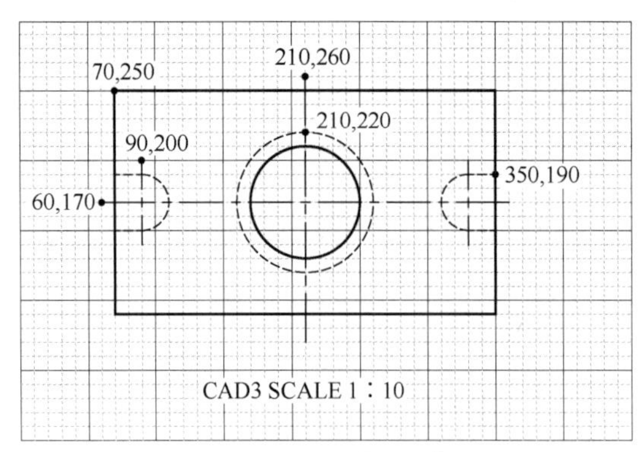

图 3-10 习题【3-6】图

（1）打开栅格 F7 与捕捉 F9，且 z ⊔，a ⊔。

（2）绘制中心线，线型为 Center。

（3）绘制虚线，线型为 Hidden。

（4）设置线宽，打开线宽按钮，绘制轮廓线宽 0.3。

（5）标注文字（DT），“CAD3 SCALE 1：10”，字高 15。

将完成的图形以 XCAD3-6.dwg 为名保存到学生姓名子目录下。

第4章

图形环境设置

本章的重点内容是学习图形单位设置；电子图幅设置；图层、颜色、线型、线宽设置；线型比例设置；字体设置；多义线绘制矩形；国家标准图幅绘制；实体切点捕捉等命令及其方法与技巧；以及对上一章学习内容的巩固。难点是：①学习内容的熟练掌握；②养成良好的上机操作习惯，即键盘+鼠标，强调多用键盘的操作要领。

4.1 设置图形单位 units 命令

图形单位是指绘图系统度量方法、精度设置、坐标系方向设置等内容，以下介绍其命令操作和注意点。

命令操作：units └┘ 或下拉菜单：格式\单位

快捷操作：UN └┘

出现对话框，如图 4-1 所示。

（1）设置长度单位：左键长度类型下拉框即可选择。它包括分数、工程、建筑、科学、小数五种类型，工程 CAD 制图中通常采用小数制，即十进制；精度通常采用保留 0、1、2 位小数。

（2）设置角度单位：左键角度类型下拉框选择即可。它包括百分度、度分秒、弧度、勘测单位、十进制度数五种类型，工程上常用十进制度数、度分秒；精度通常采用保留 0、1、2 位小数。

（3）设置坐标系 0 度方向：左键“方向...”按钮，弹出“方向控制”对话框，如图 4-2 所示，以东为 0 度方向，可以根据工程设计实际设置其他方向，但除非万不得已，通常尽量不动！

注意点：这一步设置通常只需设置长度和角度即可，其余缺省、不动。角度设置还包括顺时针正角度设置，也尽量不动。

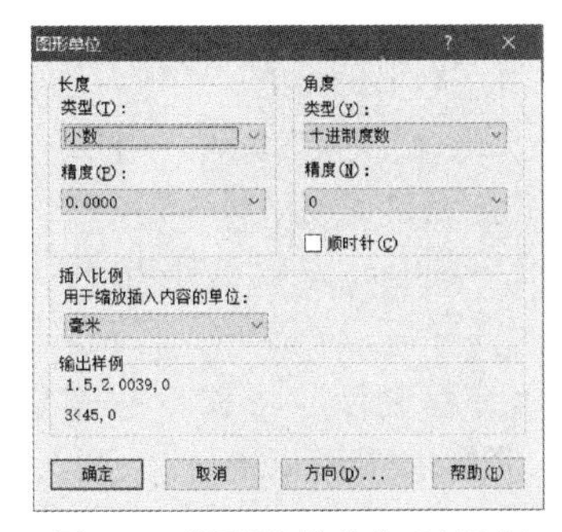

图 4-1 “图形单位”对话框

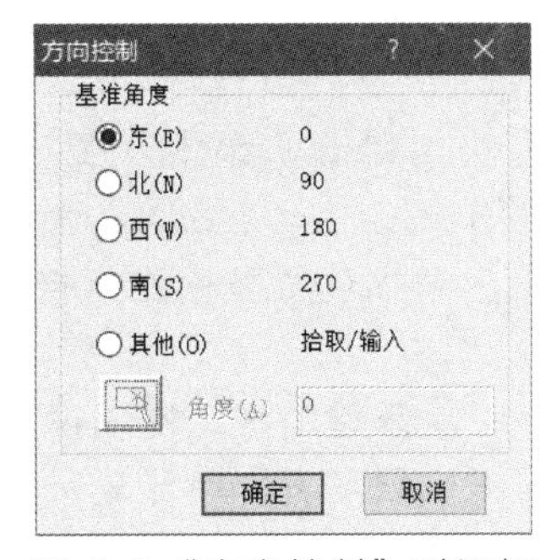

图 4-2 “方向控制”对话框

4.2 电子图幅设置

电子图幅设置是工程 CAD 图纸幅面大小设置重要基础，以下介绍其命令操作和注意点。

命令操作：limits └┘ 或下拉菜单：格式\图形界限

重新设置模型空间界限：

指定左下点或限界[开(ON)/关(OFF)] <0,0>:左下角点

指定右上点 <420,297>: 右上角点

注意点：①电子图幅的设置是以矩形方框的两个角点坐标来进行的，通常左下角设置为 0,0；这样我们就可以按照国家标准图纸幅面尺寸推算出两个角点的坐标值了。②方括号内 ON 含义是打开图形界限限制，不允许将图形绘制超出图形界限；当然 OFF 含义反之；且缺省情况是 OFF。③电子图幅设置必须配合 F7、F9 栅格显示及捕捉以及焦距缩放命令（z └┘，a └┘）操作才能看得清楚，这是初学者往往容易忽略之处。

4.3 图层、颜色、线型、线宽的设置

中望 CAD 系统给用户提供了方便的图层功能，对用户来讲无论从视觉效果，还是打印出图、管理使用图形都是非常重要的，以下介绍其概念、好处、命令操作和注意点。

（1）图层概念：想象有无数层的透明玻璃纸叠加在一起，而每一层上只有一种颜色、线型、粗细的线条，其效果等同于在一张图纸上做各种各样的颜色、粗细的线条组成图形的效果。

（2）图层设置的好处：①便于 CAD 软件对图形进行管理；②通过换层方便地改变线型、颜色、线宽；③可以打开、关闭某些图层，尤其对复杂图形的修改特别有用；④可以冻结、加锁某些图层，特别对不需要修改内容有用，可减少内存或硬盘数据运算量，加快图形显示。

（3）图层、颜色、线型、线宽的设置（如图 4-3～图 4-6 所示）。

命令操作：左键图标或 layer └┘

快捷操作：LA └┘

出现“图层特性管理器”对话框，点击图标，出现“图层 1”亮条，可键入层名；单击颜色方块，弹出“选择颜色”对话框，选择合适颜色，确定；单击相应“连续”名称，弹出“添加线型”对话框，选择合适线型，确定；若无合适线型，可点击“加载...”，其操作与上一章加载线型操作一样；点击“——默认”，弹出线宽设置下拉框，可以选择图层线宽。

注意点：①理论上讲，可以设置无数图层。②实际工程设计应根据专业需要设置，简单工程图只需 5 层左右，中等复杂图形 10～15 层，非常复杂图形可能会出现 20～30 层以上情况。③工程 CAD 图层设置国家有相应的推荐标准，具体请参考工程 CAD 制图规则介

绍。④应熟练掌握换层，打开、关闭图层，线宽显示的操作方法。⑤首次打开图层特性管理器时已有设置好的图层，可以拿来直接利用，需要设置线宽。

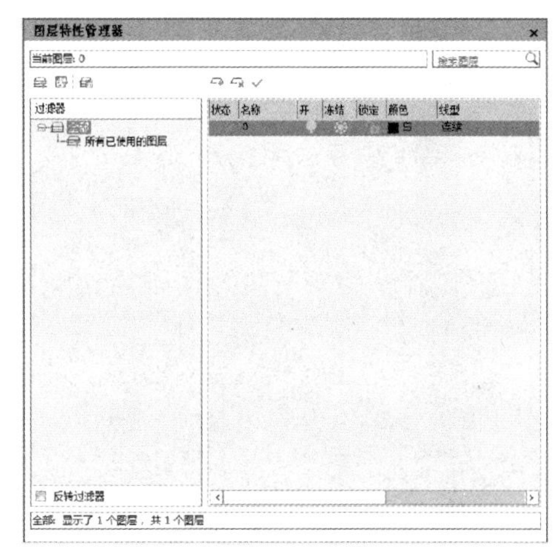

图 4-3 图层特性管理器

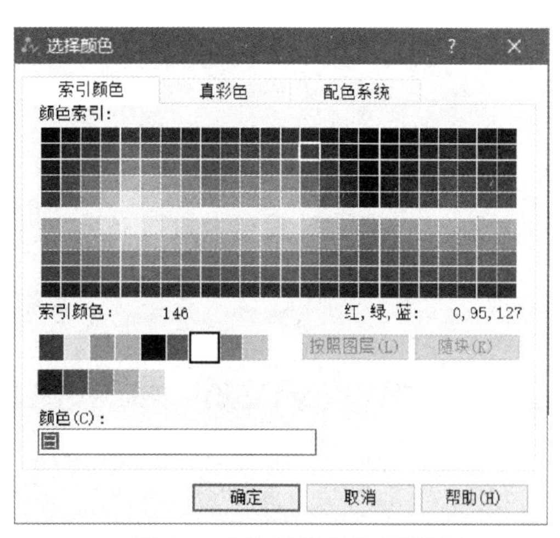

图 4-4 “选择颜色”对话框

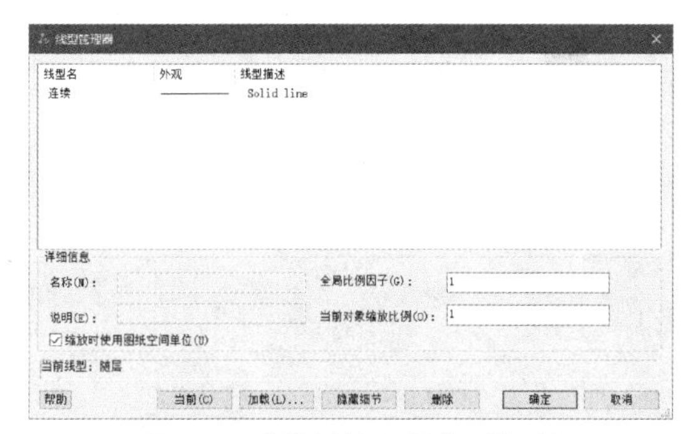

图 4-5 “线型管理器”对话框

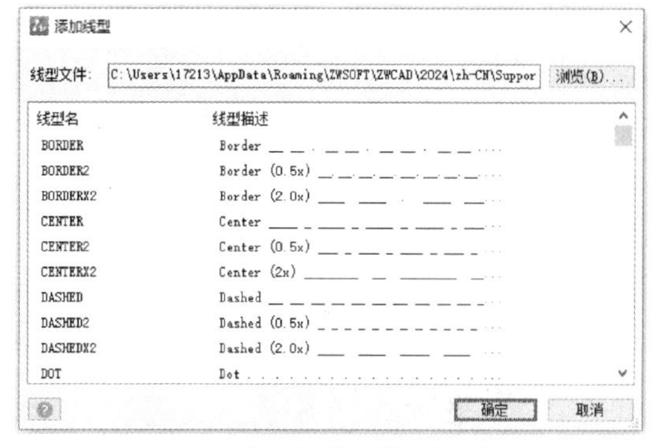

图 4-6 “添加线型”对话框

4.4 线型比例设置

线型比例是中望 CAD 系统针对不同图幅，为同一种类、非连续线型的显示效果而设置的命令，它是一个大概数值，需要计算。以下介绍其命令操作和注意点。

命令操作：ltscale ␣（无图标）

快捷操作：LTS ␣

输入 ltscale 的新值 <1.0000>：比例值␣

注意点：①线型比例是相对的概念，以 3#图为 1，其余做相应变化。②当绘制的图形中某些线条（虚线、点划线等）无法正常显示时，有可能是线型比例与图幅不符，这时需要设置线型比例。③线型比例计算公式=图幅长度/420。④国家标准图幅比例值选取 A4=0.7，A3=1，A2=1.4，A1=2，A0=2.8。

4.5　字体设置

中望 CAD 系统为用户提供了丰富、大量的西文和中文字体，其设置关键是理解字型名和字体名，以及二者相互关系，以下介绍其命令操作和注意点。

命令操作：左键图标A或 style ␣ 或下拉菜单：格式\文字样式

快捷操作：ST ␣

出现“文字样式管理器”对话框，如图 4-7 所示。

（1）左键新建钮，弹出“新文字样式”对话框，如图 4-8 所示，键入字型名，方便切换不同字体用，它是人为的，最好有意义。

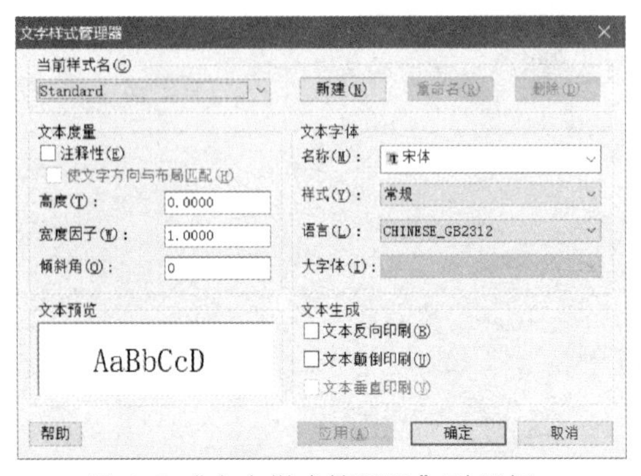

图 4-7 “文字样式管理器”对话框

图 4-8 “新建文字样式”对话框

（2）左键字体下拉框，选中用户需要的字体名称。

（3）设置字体的宽度系数，即宽度与高度之比，通常为 0.7～0.8。

（4）设置完毕，单击应用、关闭按钮。

（5）其他选项可以不动。

注意点：①汉字字体通常有两种类型，一种字体横写用，在字体名下拉列表下部，例如仿宋；另一种带@的同名字体竖写用，在字体名下拉列表上部，例如@仿宋，在这一点请大家注意。②西文字体通常采用 ic-romas.shx、ic-romand.shx、ic-simplex.shx 等三种。③字体切换只需切换字型名。④汉字文字竖写。许多专业工艺流程图经常有文字竖写情况，此时汉字设置一定是带@的汉字字体。除此之外，还需设置转角 270 度或−90 度。其次还要考虑与横写文字大小、宽高匹配问题，比如横写仿宋体字高 3.5，宽高比 0.8，则相匹配的竖写@仿宋体字高 2.8，宽高比 1.2，不同的字体可能有不同的匹配关系，需要试验得出。

4.6　多义线和矩形

在中望 CAD 系统中，多义线（pline 命令）被称为多段线，该命令可以做出多种含义（同宽、不同宽、带圆弧、箭头）一体化的线段，由于变化较多，在这里只讲用多义线如何绘制带有线宽的矩形和键槽。

1）pline 命令绘制矩形

命令操作：左键图标 或 pline └┘

快捷操作：PL └┘

起点，指定下一点或[圆弧(A)/半宽(H)/长度(L)/撤销(U)/宽度(W)]: W └┘，起点宽└┘，终点宽└┘，下一点…，最后一笔 C └┘。这个命令主要可以用于国家标准图纸幅面内框的绘制，第一次起点和终点宽度设置完毕，如果线宽不变，重复使用不用再次设置线宽。

2）pline 命令绘制键槽

命令操作：左键图标 或 pline └┘

快捷操作：PL └┘

左键第 1 点，第 2 点（绘制直线），“A└┘”（画弧），第 3 点，“L└┘”（画直线），第 4 点，“A└┘”（画弧），“CL”（用弧封口，并结束该命令）。

3）矩形命令绘制矩形

该命令绘制矩形最为方便，尤其是已知矩形的两个角点坐标之时，甚至它可以绘制出带有圆角、斜角、线宽的矩形，其实它就是多义线类型实体，且是多义线的变型，该命令是绘制标准图幅最快的手段。

命令操作：左键图标 或 rectang └┘

快捷操作：REC └┘

指定第一个角点或[倒角(C)/标高(E)/圆角(F)/旋转(R)/正方形(S)/厚度(T)/宽度(W)]：第一角点（0,0）└┘

指定其他的角点或[面积(A)/尺寸(D)/旋转(R)]：另一角点（420,297）└┘

通过括号角点坐标可知，它绘制了一个标准 A3 图幅的外框。

注意点：①缺省线宽是 0，宽度可以键入 W 设置。②标准图幅的内框有线宽，通常设置为 0.7。③标准图幅内框角点需要计算。④可以键入 C 设置倒角距离，可以键入 F 设置圆角半径。

4.7　绝对、相对、极坐标

在二维空间，中望 CAD 系统为绘图方便，给用户提供了三种坐标，它们分别是绝对坐标、相对坐标、极坐标，以下分别介绍三种坐标的表达方式及操作注意点。

（1）绝对坐标表达式：X，Y（X 和 Y 坐标用逗号分隔，务必注意）

（2）相对坐标表达式：@ΔX，ΔY（ΔX 是两点 X 坐标差，ΔY 同理，逗号分隔）

（3）极坐标表达式：@长度<角度（< 号是分隔符）

注意点：①只有命令中需要点的时候才能够使用。②绘制线条的起点肯定用鼠标定点或绝对坐标，不会用后两者，原因请大家考虑。③相对坐标主要用于已知两点相对坐标关系，不知道角度和长度关系的情况。例如矩形（或轴）的角点 45 度倒斜角。尤其在拷贝一些十字线的时候有妙用，但其相比其他两种坐标用得较少。④极坐标使用频率较高，尤其是在绘制精确图形的时候。⑤相对坐标和极坐标必须相对前一点而言，没有前一点谈不上这两种坐标。

4.8　绘制国家标准图幅

国家标准图幅尺寸，带有装订边，a 代表左侧装订边内外框距离，c 代表其余三侧内框与外框距离。熟记它们并学会转换对制作国家标准图幅非常有用。

根据表 4-1 中所列尺寸，可以方便地采用 L、PL、rectang 命令绘制各种图幅。下面以 A3 国家标准图幅绘制为例介绍绘制国家标准图幅方法。

表 4-1　图纸幅面、内外框距离、角点、线宽换算表

图纸幅面	内外框距离	外框角点	内框角点	内框线宽
A0=1189×841	a=25　c=10	①0,0；②1189,841	①25,10；②1179,831	0.7
A1=841×594	a=25　c=10	①0,0；②841,594	①25,10；②831,584	0.7
A2=594×420	a=25　c=10	①0,0；②594,420	①25,10；②584,410	0.7
A3=420×297	a=25　c=5	①0,0；②420,297	①25,5；②415,292	0.7
A4=297×210	a=25　c=5	①0,0；②297,210	①25,5；②292,205	0.7

1）用 line 和 pline 命令绘制方法

（1）外框绘制

① 绝对坐标：L ␣，0,0 ␣，420,0 ␣，420,297 ␣，0,297 ␣，c ␣

② 相对坐标：L ␣，0,0 ␣，@420,0 ␣，@0,297 ␣，@-420,0 ␣，c ␣

③ 极坐标：L ␣，0,0 ␣，@420<0 ␣，@297<90 ␣，@420<180 ␣，c ␣

（2）内框绘制（只以极坐标为例，其他坐标计算及绘制方法请读者思考）

PL ␣，25,5 ␣，W ␣，0.7 ␣，0.7 ␣，@390<0 ␣，@287<90 ␣@390<180 ␣，c ␣

其余只要算出尺寸，操作相同，不再赘述。

2）用矩形命令绘制方法

外框绘制：rectang↙，0,0↙，420,297↙

内框绘制：rectang↙，W↙，0.7↙，25,5↙，415,292↙

两种方法均可采用，只是矩形命令绘制更简单一些。但 L、PL 等命令毕竟是基本功，应该逐步用快、用好、用熟、用巧。

4.9　实体切点的捕捉

栅格捕捉是将光标约束在栅格点上，可以理解为光标捕捉栅格点；与此不同的是中望 CAD 系统所绘制的实体上有很多特殊点可以用对象捕捉工具条捕捉到。在图 4-9 对象捕捉对话框中可以清晰地观察各种特殊点的图标，这些点必须用对象捕捉的方法捕捉到。例如，当需要捕捉一个圆上的切点时，需用鼠标左键首先点击一次切点图标，再将鼠标滑过圆或圆弧实体上相应切点的大致位置，当出现切点符号时，左键即可，此时相当于系统自动捕捉设计者的这种意图。其实各种捕捉点（后面还将详细介绍）操作与切点相同，其操作方法可总结为：左键点图标+鼠标滑过+显现点符+左键。只是初学者需要注意，这种操作通常是在绘制或编辑命令中需要点出现的时候采用，它不能当作一个命令单独使用。

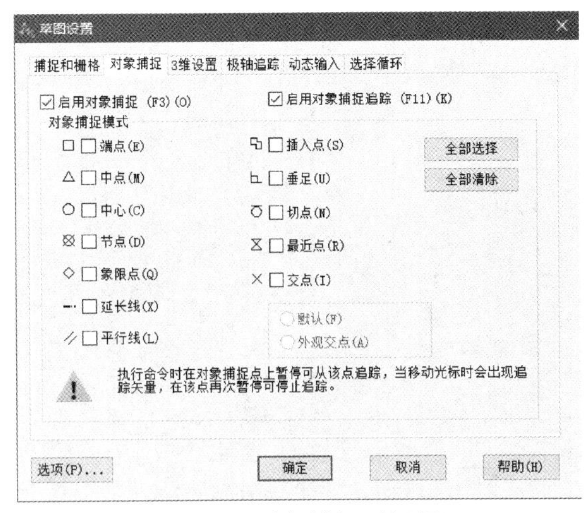

图 4-9　对象捕捉对话框

4.10　上机实验操作要点

（1）对于学习内容的熟练掌握：①需要教师简明扼要讲解，学生听懂。②教师课上重点操作和习题演示，学生看懂。③学生上机操作，教师和学生课代表耐心辅导，学生学会操作。④课外学生上机复习，大量训练，学生熟练掌握。上述四个步骤完成得好，学生掌握得快，缺少其中的某些步骤，学生掌握操作的速度和质量将受到影响。

（2）养成良好的上机操作习惯：①身体正对计算机屏幕。②右手通常操作鼠标，左手轻放在键盘上，大拇指主要用来操作空格键（它相当于回车、重复、结束命令等操作）。大部分绘制命令可用命令简称，用左手其余手指操作。③常用命令简称：直线 L、多义线 PL、圆弧 A、圆 C、椭圆 EL、多边形 POL、写字 DT 或 MT、图案填充 H、擦除 E、拷贝 CO、镜像 MI、偏移 O、阵列 AR、移动 M、旋转 RO、缩放 SC、拉伸 S、修剪 TR、延伸 EX、打断 BR、斜角 CHA、圆角 F、分解 X 等。如果没有命令简称，再采用工具条命令图标。④快捷操作方法：命令简称+空格是最快的操作方法，一步到位。当然初学者刚开始感觉慢一些，但随着时间的推移，会越来越快，最终可以实现 CAD 制图快速盲画和设计的目的。从硬件角度看，即键盘+鼠标，以键盘输入字符、数字为主，鼠标控制大部分点的做法将是最为快捷、方便的。

【思考题】

1．设置图形单位的命令是________。

A．Unit　　B．Units

C．Uni　　D．Dw

2．设置电子图幅大小是________。

A．List　　B．Limit

C．Limits　　D．Lm

3．层是 CAD 软件系统用来干什么的？

A．更换线宽　　B．管理图形

C．更换颜色　　D．更换线型

4．隐藏线线型对应的名称是________。

A．Center　　B．Hidden

C．Continuous　　D．Dot

5．A4 图幅线型比例值应该是________。

A．0.8　　B．0.7

C．1.2　　D．1

6．线型比例命令是________。

A．Ltcale　　B．Ltscae

C．Ltscale　　D．Bili

7．字体设置命令是________。

A．Stle　　B．Style

C．Tyle　　D．Styl

8．文字样式名称是________。

A．固定的　　B．人为的、可变的

C．不可变的　　D．与字体名称相同的

9．文字字体名称是________文件。

A．固定的　　B．人为的、可变的

C．准确的　　D．与字型名称相同的

10．A4 图幅大小是________。

A．1189×841　　B．841×594

C．594×420　　D．297×210

11．A3 图幅大小是________。

A．1189×841　　B．420×297

C．594×420　　D．297×210

12．用 Line 命令绘制矩形的最好方法是用________。

A．绝对坐标　　B．相对坐标

C．极坐标　　D．打开正交，鼠标导引给长度

13．栅格缺省两点距离是________毫米。

A．5　　B．12

C．10　　D．15

14．实体圆弧切点的捕捉是在________情况下实现的。

A．显示栅格　　B．捕捉栅格

C．打开 F3　　D．画线需要点及切点图标帮助

15．水平书写单行文字的宽高比通常是________的。

A．大于 1　　B．小于 1

C．等于 1　　D．大于等于 1

16．垂直书写文字的宽高比通常是________的。

A．大于 1　　B．小于 1

C．等于 1　　D．大于等于 1

上机习题

【4-1】建立新图形，完成图形环境设置及图形绘制如图 4-10 所示。

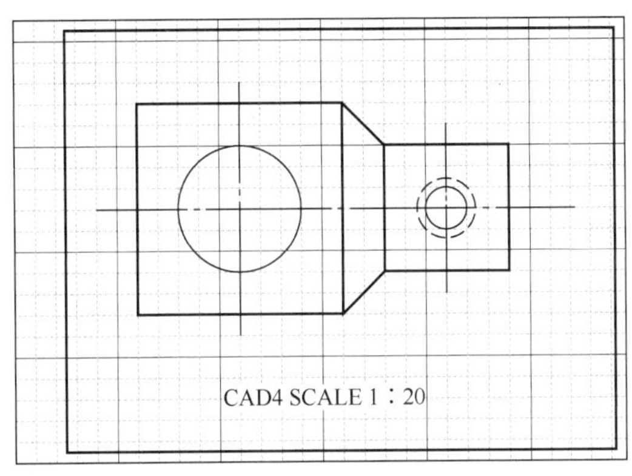

图 4-10　习题【4-1】图

（1）设置图形单位。长度单位采用小数，精度为小数点后两位；角度单位采用十进制度数，精度为小数点后三位。

（2）设置（limits）电子图幅，大小为 A4（297×210），左下角点为（0,0），将显示范围设置的和图形极限相同（z ⊔，a ⊔）。线型比例为 0.7。

（3）用图层命令设置：

① 建立新层 L1，线型为 Center，颜色为红色，线宽为缺省值；

② 建立新层 L2，线型为 Hidden，颜色为黄色，线宽为缺省值；

③ 建立新层 L3，线型为 Continuous，颜色为绿色，线宽为 0.3；

④ 建立新层 L4，线型为 Continuous，颜色为洋红，线宽为缺省值。

（4）设置文字样式：样式名 S，字体名 ic-romand.shx，宽高比为 0.8，字高为 10，其余参数使用缺省值。

（5）在 0 层绘制图框内外边框，内框线宽 0.7；在 L1 层绘制中心线；在 L2 层绘制虚线；在 L3 层绘制轮廓线；在 L4 层标注文字。图形大小及位置根据栅格数确定。

（6）调整线型比例，使中心线和虚线有合适的显示效果。

将完成的图形以 XCAD4-1.dwg 为名保存在学生姓名子目录下。

【4-2】建立新图形，完成图形环境设置及图形绘制如图 4-11 所示。

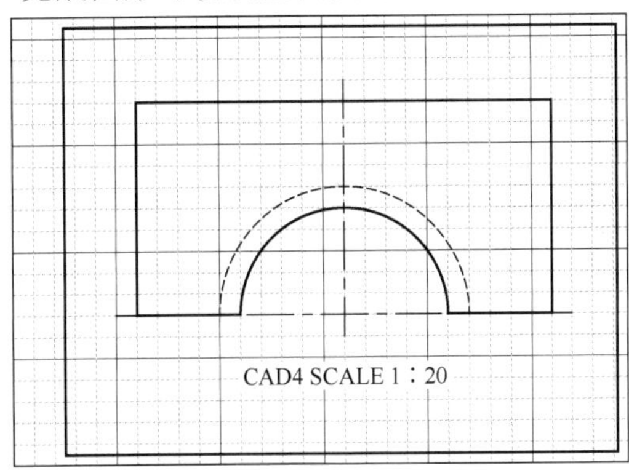

图 4-11　习题【4-2】图

（1）设置图形单位。长度单位采用小数，精度为小数点后两位；角度单位采用十进制度数，精度为小数点后三位。

（2）设置（limits）电子图幅，大小为 A4（297×210），左下角点为（0,0），将显示范围设置的和图形极限相同（z ⊔，a ⊔）。线型比例为 0.7。

（3）用图层命令设置:

① 建立新层 L1，线型为 Center，颜色为红色，线宽为缺省值；

② 建立新层 L2，线型为 Hidden，颜色为黄色，线宽为缺省值；

③ 建立新层 L3，线型为 Continuous，颜色为绿色，线宽为 0.3；

④ 建立新层 L4，线型为 Continuous，颜色为洋红，线宽为缺省值。

（4）设置文字样式：样式名 S，字体名 romand.shx，宽高比为 0.8，字高为 10，其余参数使用缺省值。

（5）在 0 层绘制图框内外边框，内框线宽 0.7；在 L1 层绘制中心线；在 L2 层绘制虚线；在 L3 层绘制轮廓线；在 L4 层标注文字。图形大小及位置根据栅格数确定。

（6）调整线型比例，使中心线和虚线有合适的显示效果。

将完成的图形以 XCAD4-2.dwg 为名保存在学生姓名子目录下。

【4-3】建立新图形，完成图形环境设置及图形绘制如图 4-12 所示。

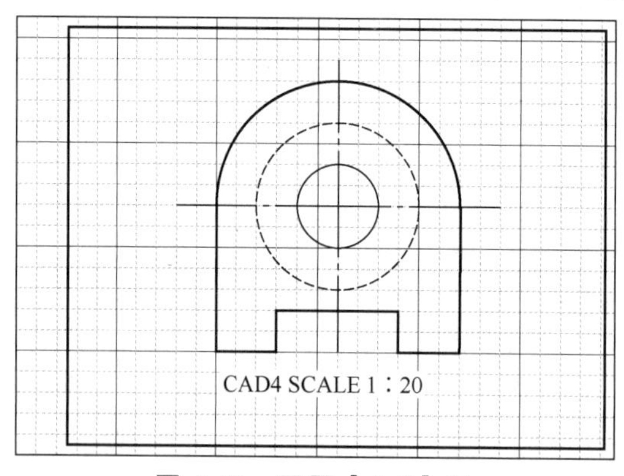

图 4-12 习题【4-3】图

（1）设置图形单位。长度单位采用小数，精度为小数点后两位；角度单位采用十进制度数，精度为小数点后三位。

（2）设置（limits）电子图幅，大小为 A4（297×210），左下角点为（0,0），将显示范围设置的和图形极限相同（z ⊔，a ⊔）。线型比例为 0.7。

（3）用图层命令设置：

① 建立新层 L1，线型为 Center，颜色为红色，线宽为缺省值；

② 建立新层 L2，线型为 Hidden，颜色为黄色，线宽为缺省值；

③ 建立新层 L3，线型为 Continuous，颜色为绿色，线宽为 0.3；

④ 建立新层 L4，线型为 Continuous，颜色为洋红，线宽为缺省值。

（4）设置文字样式：样式名 S，字体名 romanc.shx，宽高比为 0.8，字高为 10，其余参数使用缺省值。

（5）在 0 层绘制图框内外边框，内框线宽 0.7；在 L1 层绘制中心线；在 L2 层绘制虚线；在 L3 层绘制轮廓线；在 L4 层标注文字。图形大小及位置根据栅格数确定。

（6）调整线型比例，使中心线和虚线有合适的显示效果。

将完成的图形以 XCAD4-3.dwg 为名保存在学生姓名子目录下。

【4-4】建立新图形，完成图形环境设置及图形绘制如图 4-13 所示。

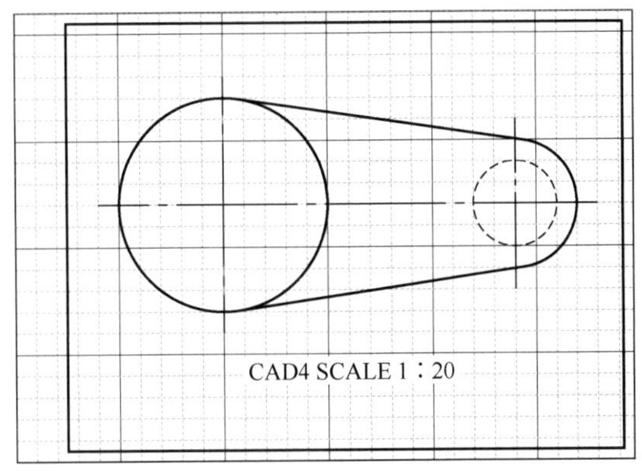

图 4-13　习题【4-4】图

（1）设置图形单位。长度单位采用小数，精度为小数点后两位；角度单位采用十进制度数，精度为小数点后三位。

（2）设置（limits）电子图幅，大小为 A3（420×297），左下角点为（0,0），将显示范围设置的和图形极限相同（z ⨆，a ⨆）。线型比例为 1。

（3）用图层命令设置：

① 建立新层 L1，线型为 Center，颜色为红色，线宽为缺省值；

② 建立新层 L2，线型为 Hidden，颜色为黄色，线宽为缺省值；

③ 建立新层 L3，线型为 Continuous，颜色为绿色，线宽为 0.3；

④ 建立新层 L4，线型为 Continuous，颜色为洋红，线宽为缺省值。

（4）设置文字样式：样式名 S，字体名 italic.shx，宽高比为 0.8，字高为 10，其余参数使用缺省值。

（5）在 0 层绘制图框内外边框，内框线宽 0.7；在 L1 层绘制中心线；在 L2 层绘制虚线；在 L3 层绘制轮廓线；在 L4 层标注文字。图形大小及位置根据栅格数确定。

（6）调整线型比例，使中心线和虚线有合适的显示效果。

将完成的图形以 XCAD4-4.dwg 为名保存在学生姓名子目录下。

【4-5】建立新图形，完成图形环境设置及图形绘制如图 4-14 所示。

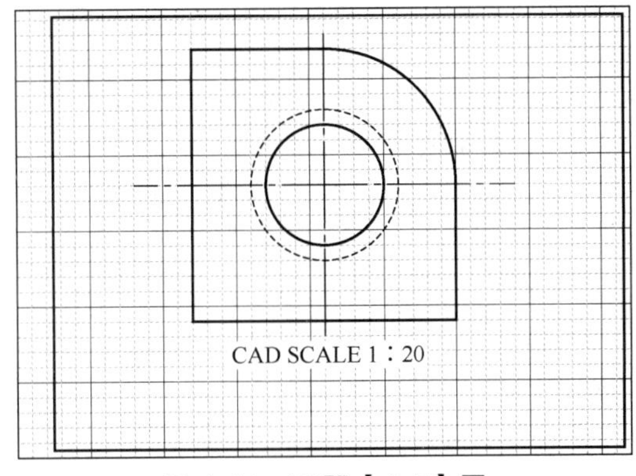

图 4-14　习题【4-5】图

（1）设置图形单位。长度单位采用小数，精度为小数点后两位；角度单位采用十进制度数，精度为小数点后三位。

（2）设置（limits）电子图幅，大小为 A3（420×297），左下角点为（0,0），将显示范围设置的和图形极限相同（z ⊔，a ⊔）。线型比例为 1。

（3）用图层命令设置:

① 建立新层 L1，线型为 Center，颜色为红色，线宽为缺省值；

② 建立新层 L2，线型为 Hidden，颜色为黄色，线宽为缺省值；

③ 建立新层 L3，线型为 Continuous，颜色为绿色，线宽为 0.3；

④ 建立新层 L4，线型为 Continuous，颜色为洋红，线宽为缺省值。

（4）设置文字样式：样式名 S，字体名仿宋，宽高比为 0.8，字高为 20，其余参数使用缺省值。

（5）在 0 层绘制图框内外边框，内框线宽 0.7；在 L1 层绘制中心线；在 L2 层绘制虚线；在 L3 层绘制轮廓线；在 L4 层标注文字。图形大小及位置根据栅格数确定。

（6）调整线型比例，使中心线和虚线有合适的显示效果。

将完成的图形以 XCAD4-5.dwg 为名保存在学生姓名子目录下。

【4-6】建立新图形，完成图形环境设置及图形绘制如图 4-15 所示。

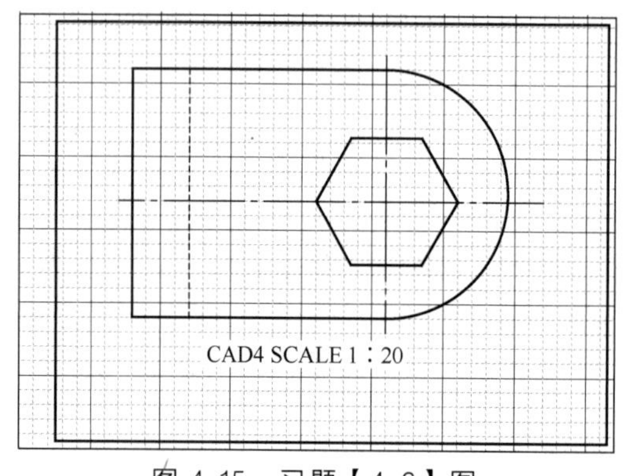

图 4-15 习题【4-6】图

（1）设置图形单位。长度单位采用小数，精度为小数点后两位；角度单位采用十进制度数，精度为小数点后三位。

（2）设置(limits)电子图幅，大小为 A4(420×297)，左下角点为（0,0），将显示范围设置的和图形极限相同（z ⊔，a ⊔）。线型比例为 1。

（3）用图层命令设置:

① 建立新层 L1，线型为 Center，颜色为红色，线宽为缺省值；

② 建立新层 L2，线型为 Hidden，颜色为黄色，线宽为缺省值；

③ 建立新层 L3，线型为 Continuous，颜色为绿色，线宽为 0.3；

④ 建立新层 L4，线型为 Continuous，颜色为洋红，线宽为缺省值。

（4）设置文字样式：样式名 S，字体名 romand.shx，宽高比为 0.8，字高为 15，其余参数使用缺省值。

（5）在 0 层绘制图框内外边框，内框线宽 0.7；在 L1 层绘制中心线；在 L2 层绘制虚线；在 L3 层绘制轮廓线；在 L4 层标注文字。图形大小及位置根据栅格数确定。

（6）调整线型比例，使中心线和虚线有合适的显示效果。

将完成的图形以 XCAD4-6.dwg 为名保存在学生姓名子目录下。

第5章

图形编辑

本章主要学习常用图形编辑命令，重点是掌握擦除 erase、复制 copy、移动 move、修剪 trim、拉伸 stretch、倒圆角 fillet、测距 dist、倒斜角 chamfer、实体缩放 scale、镜像 mirror、旋转 rotate、有边界延伸 extend、无边界延伸 lengthen、分解 explode、偏移 offset、打断 break 等命令操作。难点是：①熟练操作；②灵活应用到合适场合。

5.1 擦除 erase 命令

擦除命令在第 2 章已经做过简单介绍，在这里介绍其深入应用和选择实体常用方式。以下是其命令操作和注意点。

命令操作：

（1）“先命后选”方法：左键图标 或 e ⊔，左键点选或框选… ⊔。

（2）“先选后命”方法：左键点选或框选…，左键图标 或 e ⊔。

注意点：①两种操作方式相反；②以第 2 种方式操作为快；③该命令也可用 Delete 键代替（只能是先选后命的方式）；④选择实体方式有多种，以下分别介绍。

当提示行出现选择对象：

① 左键点选：最简单的选择方式，图形少、初学者常用。

② W 矩形方框：鼠标从左向右开窗口（或命令行键入 W ⊔），窗口线为实线，窗口内部显示蓝色，被选实体是含在口内实体，与口边相交不算数；常用于多个实体相交，希望删除其中一部分实体的场合，使用频率较高。

③ C 矩形方框：鼠标从右向左开窗口（或命令行键入 C ⊔），窗口线为虚线，窗口内部显示绿色，被选实体是含在口内与口边实体，与口边相交、含在口内都算数；局部或整体多个实体快速选择，使用频率较高。

④ 篱笆墙 F 线：选实体时用鼠标画多点直线，穿过该线的实体选中。

⑤ 多边形 WP\CP 方式：与 W/C 窗口概念一致，只是窗口形式为多边形。

⑥ 退选 R，加选 A：选择过多时，可键入R⊔，可用鼠标退选；退选过多，键入A ⊔，可再次加选。

⑦ 全选 All：键入 All，选中当前图形中所有实体，有时常用。

⑧ 上次选过的 P：选择上次刚刚用过的实体选择集，有时常用。

⑨ 刚刚绘制的 L：选择上次刚刚用过的单个实体，有时常用。

5.2 复制 copy 命令

复制命令有三种操作方法，命令全称为 copy（快捷操作：CO），以下分别介绍。

（1）单重复制操作：左键图标或 co ⊔，选实体… ⊔，o ⊔，s ⊔，基点，目标点。

（2）多重复制操作：左键图标或 co ⊔，选实体⊔，（或 o ⊔，m ⊔，）基点，目标点 1、目标点 2…⊔。

（3）指定距离操作：左键图标或 co ⊔，选实体⊔，d ⊔，给出位移值。

注意点：①精确的基点、目标点通常需要打开对象捕捉。②模糊复制不需捕捉。③单、多重复制中间加入 o ⊔，s ⊔（m ⊔）是在选择基点之前。④复制的概念是原有实体不动，复制的实体从基点移到了目标点。⑤选择位移操作实际是单重复制，只是在知道复制距离的前提下，省略了基点和目标点的选择，方向要靠正负号指引。

5.3 移动 move 命令

命令操作：左键图标或 move(快捷操作：M) ⊔，选实体… ⊔，基点，目标点。

指定距离操作：左键图标或 move ⊔，选实体…⊔，d ⊔，给出位移值。

注意点：①它与复制命令操作几乎一致。②实体直接从基点移到了目标点。③在知道复制距离的前提下，可以选择位移操作，方向要靠正负号指引。

5.4 修剪 trim 命令

其命令操作见第 3 章简单图形绘制。

5.5 拉伸 stretch 命令

命令操作：左键图标或 s ⊔，c ⊔，选欲拉伸实体⊔（可动部分全部），拉伸基点，目标点。

指定位移操作：左键图标或 s ⊔，c ⊔，选欲拉伸实体⊔（可动部分全部），d ⊔，给出位移值。

注意点：①以命令简称操作简单。②选择拉伸实体含义：用 C 窗口方式，选择需要伸长的全部部分，该操作理解稍难。③初学者经常犯的错误是选择不全或过多。④该命令不是把整个实体缩放，而是把实体中的某一部分拉长或缩短了。⑤拉伸实体通常是指直线、多义线。⑥通常该命令需要捕捉命令配合使用。

5.6 倒圆角 fillet 命令

命令操作：左键图标或 fillet⊔（快捷操作：F ⊔），命令行提示选取第一个对象或

[多段线(P)/半径(R)/修剪(T)/多个(M)/放弃(U)]。以下分别介绍几种操作方法。

（1）左键第一条线，左键第二条线（半径已经缺省设置）。

（2）r ⌴，半径值⌴（或打开对象捕捉功能，捕捉两点），左键第一条线，左键第二条线（缺省半径不对，现设置）。

（3）p ⌴，左键选择多段线（对多段线所有角倒圆角）。

（4）m ⌴，左键第一条线，左键第二条线；左键第一条线，左键第二条线...（进行多次圆角操作）。

（5）t ⌴，t ⌴（圆角后修剪之前的线段）。

（6）t ⌴，n ⌴（圆角后不修剪之前的线段）。

注意点：①第一、第二条线没有顺序。②捕捉两点设半径方法最为巧妙。③当半径大于两条直线最短边时，此操作将不能实现，请看提示。④圆弧与直线、圆弧与圆弧也可倒圆角。⑤两条直线相交，倒角半径为 0，可实现角点清理的功能。⑥不相交的两条直线也能倒圆角，请读者试一试。⑦多义线组成的多边形可同时倒圆角。

5.7 测距 dist 命令

如果希望得知图上两点之间的距离，可以用测距命令，当然最好结合实体点的捕捉。

命令操作：dist ⌴(快捷操作：DI ⌴)，捕捉两点；命令行立即显示这两点的 X、Y、Z 方向的坐标差、与 XY 面的夹角。

5.8 倒斜角 chamfer 命令

命令操作：chamfer ⌴

快捷操作：CHA ⌴

命令行提示：选择第一条直线或[多段线(P)/距离(D)/角度(A)/方式(E)/修剪(T)/多个(M)/放弃(U)]，接续几种操作分别介绍如下。

（1）p ⌴，左键选择多段线（对多段线所有角倒角）。

（2）左键第一条线，左键第二条线（默认缺省设置）。

（3）cha ⌴，d ⌴，第一倒角距⌴，第二倒角距⌴，左键第一条线，左键第二条线（现设置）。

（4）a ⌴，指定第一条线的长度⌴，指定第一条线的相对角度⌴，接续（1）操作（现设置）。

（5）m ⌴，左键第一条线，左键第二条线；左键第一条线，左键第二条线...（进行多次倒角操作）。

（6）t ⌴，t ⌴（倒角后修剪之前的线段）。

（7）t ⌴，n ⌴（圆角后不修剪之前的线段）。

（8）m ⌴ , d ⌴（按距离倒角）。

（9）m ⌴ , a ⌴（按角度倒角）。

注意点：①第一、第二条线有顺序，先操作的为第一，后操作为第二；②两个斜角距离设置为0，效果等同倒圆角半径为0；③不相交的两条直线也能倒斜角；④多义线组成的多边形可同时倒斜角。

5.9 实体缩放scale命令

命令操作：左键图标或scale ␣

快捷操作：SC ␣

命令行提示：选实体… ␣，缩放中心点（捕捉），指定缩放比例或[复制(C)/参照(R)] <1.0000>：所需比例。

注意点：①缩放中心点是不动点。②缩放倍数是相对于原来实体的，2倍即放大2倍，0.5即缩小为原来的0.5倍。③还可以按照参照长度缩放，例如指定参照长度为1.65，缩放后长度为8，系统将自动精确计算比例因子（即缩放倍数）进行缩放。④它与zoom焦距缩放有本质的区别，scale是真的将实体缩放了，实体大小有变化；而zoom是视觉缩放，实体大小没变化。⑤缩放中心点的选取通常是图形几何中心点。

5.10 镜像mirror命令

命令操作：左键图标或mirror ␣

快捷操作：MI ␣

命令行提示：选实体…␣，指定镜射线第一点，指定镜射线第二点，是否删除源对象？[是(Y)/否(N)]␣。

注意点：①通常需要对象捕捉功能找镜像线上两点。②通常不删除源实体而直接回车操作，但有时的确需要删除源实体，并注意其操作。③打开正交功能，那么两点只需捕捉一点，另一点靠着约束可不捕捉。④这个命令可以提高交互绘图效率至少一倍，一定要用熟用好。

5.11 旋转rotate命令

命令操作：左键图标或rotate ␣

快捷操作：RO ␣

命令行提示：选实体…␣，指定基点，命令行指定旋转角度或[复制(C)/参照(R)] <0>，续操作分别介绍如下。

（1）旋转角度(+−) ␣（不保留原对象）。

（2）c ␣，旋转角度(+−) ␣（保留原对象）。

（3）r ␣，参照角度(+−) ␣。

注意点：①旋转中心点通常需要对象捕捉配合；②旋转角度逆正顺负。

5.12 有边界延伸extend命令

命令操作：左键图标或extend ␣

快捷操作：EX ␣

命令行提示：左键选延伸边界（可多选），选完└┘（这一步初学者通常容易忽略，尤其需要注意）。

左键欲延伸部分（可多选、可撤销 U└┘）。

注意点：该命令通过配合 Shift 键的可以与修剪命令互换使用！

5.13 无边界延伸 lengthen 命令

命令操作：len └┘,dy └┘

命令行提示：列出选取对象长度或[动态(DY)/递增(DE)/百分比(P)/全部(T)]。

接续操作分别介绍如下。

（1）dy └┘，鼠标左键直线、圆弧等实体端点部分，即可根据用户需要，不改变方向地延伸到所需长度，可以延伸多条直线，这个命令在调整中心线长短的时候非常有用。

（2）de └┘，输入长度增量或[角度(A)] └┘，选择要修改的对象，重复点选…。

（3）p └┘，输入长度百分比└┘，选择要修改的对象，重复点选…。

（4）t └┘，指定长度或[角度(A)] └┘，选择要修改的对象，重复点选…。

5.14 分解 explode 命令

命令操作：左键图标 或 explode(快捷操作：X) └┘，选分解实体…└┘。

注意点：①该命令也称为爆炸。②pline 多义线可分解为 line。③块可以分解为多个实体。④尺寸块也可爆炸。

5.15 偏移 offset 命令

命令操作：左键图标 或 offset └┘

快捷操作：O └┘

以下有两种操作方式分别介绍：

（1）键入距离└┘，点选欲偏移实体，点击方向点，重复点选，点击… └┘。

（2）t └┘，点选欲偏移实体，点击通过点，重复点选，点击… └┘。

（3）e └┘，是否在偏移后擦除源对象是[(Y)/否(N)]。

（4）l └┘，选择偏移后新对象的图层[源(S)/当前(C)]。

注意点：①这个命令也可称为平行复制。②经常用在平行线的复制。③用在封闭形有特效：主要是指多义线类型实体（如矩形、多边形、PL 实体等），圆、圆弧、椭圆等封闭实体。

5.16 打断 break 命令

该命令有两个图标，其实是两种操作方式，一种是模糊打断，另一种是精确打断于一点，分别介绍如下。

（1）命令操作：左键图标或 br ⊔，左键第一点，左键第二点（模糊切断）。

（2）命令操作：左键图标，左键捕捉一点（精确打断于一点）。

注意点：①第一种方法经常使用，如尺寸线与尺寸文字相交时，两点只需视觉大致差不多即可；②第二种方式是将一个实体一分为二，有时恰好需要这种情况。

5.17 测点坐标 ID 命令

该命令用来测量用户所需点的坐标，有时需要捕捉。

命令操作：ID ⊔，给出合适的点 p。

注意点：指定点后，将在命令栏中显示点的 X、Y 和 Z 值，并将指定点的坐标存储为最后一点。若在接下来要求输入点的下一个提示中输入“@”，可引用最后一点。若在三维空间中捕捉对象，则 Z 坐标值与此对象选定特征的值相同。

5.18 列表显示 list 命令

该命令列出选取对象的相关特性，包括对象类型、所在图层、颜色、线型和当前用户坐标系统（UCS）的 X、Y、Z 位置。

命令操作：左键图标或 list⊔

快捷操作：LI ⊔

选择对象：选取合适对象

在命令栏或文本窗口列表显示对象类型、对象图层、相对于当前用户坐标系 (UCS) 的 X、Y、Z 位置，以及对象是位于模型空间还是图纸空间等信息。

5.19 面积显示 area 命令

该命令列出计算对象或选定区域的面积和周长。

命令操作：左键图标 ⊔

指定第一点或[对象(O)/添加(A)/减去(S)]<对象(O)>：指定一个点，其余多个点⊔。

此时可计算用户指定的多个点定义的多边形的面积和周长。

注意点：

（1）键入 o ⊔：为选定的对象计算面积和周长，可被选取的对象有圆、椭圆、封闭多义线、多边形、实体和平面。若选取的是线、弧或样条曲线，只计算周长不计算面积。

若选择的对象是开放的多义线，在计算面积时，系统会自动绘制一条直线连接多义线的起点和终点。但这条线段的长度不包含在计算的周长中。计算面积和周长（或长度）时将使用多义线的中心线。

（2）键入 a ⊔：计算多个对象或选定区域的周长和面积总和，同时也可计算出单个对象或选定区域的周长和面积。

（3）键入 s ⊔：开启“减”的模式，减去指定区域的面积和周长。

（4）area 命令新增命令分支选项，并对加减面积区域进行了着色显示。

5.20 定数等分 divide 命令

该命令沿着所选的对象放置标记。标记会平均地将对象分割成指定的分割数。可以分割线、弧、圆、椭圆、样条曲线或多段线。标记为点对象或图块。

命令操作：左键图标或 divide ␣

快捷操作：DIV␣

选择对象：选取合适对象。

输入线段数目或[块(B)]：输入分段的整数值（2 到 32,767），或输入 b。

5.21 定距等分 measure 命令

该命令沿着对象的边长或周长，以指定的间隔放置标记（点或图块），将对象分成各段。该命令会从距选取对象处最近的端点开始放置标记。

命令操作：左键图标或,measure ␣

快捷操作：ME␣

选择对象：选取合适对象。

指定线段长度或[块(B)]：指定分割的长度，或输入 b。

【思考题】

1．实体选择方式中，用鼠标在屏幕上从左向右开窗口，是________式样窗口。

A．虚线　　B．实线

C．虚实线　　D．什么也不是

2．实体选择方式中，用鼠标在屏幕上从右向左开窗口，是________式样窗口。

A．虚线　　B．实线

C．虚实线　　D．什么也不是

3．实线窗口选择实体的规则是________。

A．口边的算数　　B．口内口边算数

C．口内算数　　D．口外算数

4．虚线窗口选择实体的规则是________。

A．口边的算数　　B．口外算数

C．口内算数　　D．口内口边算数

5．复制命令的简称是________。

A．C　　B．CO

C．COP　　D．CC

6．移动命令的简称是________。

A．MY　　B．M

C．MO　　D．MM

7．精确复制通常需要________工具的协助。

A．鼠标　　B．对象捕捉
C．栅格　　D．正交

8．修剪命令的简称是________。
A．T　　B．TT
C．TR　　D．TRI

9．修剪命令是________。
A．先选实体　　B．先选切刀
C．后选实体　　D．先后都行

10．拉伸命令全称是________。
A．str　　B．stretch
C．strecth　　D．stracth

11．拉伸命令所开虚线窗口内包含的实体是________。
A．不可动的　　B．可动的
C．不知道　　D．即可动又不可动

12．倒圆角命令全称是________。
A．chamfer　　B．fillet
C．move　　D．copy

13．倒斜角命令全称是________。
A．fillet　　B．copy
C．chamfer　　D．scale

14．实体缩放命令全称是________。
A．move　　B．line
C．scale　　D．stretch

15．镜像命令全称是________。
A．move　　B．mrrror
C．mirror　　D．morror

16．旋转命令全称是________。
A．rottor　　B．rotata
C．rotate　　D．rotete

17．延伸命令全称是________。
A．exteet　　B．extent
C．extate　　D．exttee

18．分解（爆炸）命令全称是________。
A．explode　　B．expolde
C．expldeo　　D．exlpode

19．偏移命令全称是________。
A．off　　B．offset
C．offcet　　D．ofset

20．等距平行线的绘制巧妙办法是________。
A．利用正交 L 命令绘制　　B．利用平行复制命令
C．利用复制命令　　D．利用镜像

上机习题

（1）这一单元图形文件是只读属性的，为的是让学生另存而不更改。

（2）每个上机习题操作形式基本一致，只要熟练，很快即可掌握。

（3）注意打开状态行上的永久捕捉按钮，只需设置端点、交点、圆心点、线上点捕捉即可。

（4）注意鼠标中键的使用技巧，每个习题最后存盘之前都要将图形放大到当前屏幕大小。

（5）注意镜像的时候一定要捕捉一条线上两端点，否则容易出问题。

【5-1】打开图形 YCAD5-1.dwg，如图 5-1（a）所示，完成图形编辑如图 5-1（b）所示，要求如下：

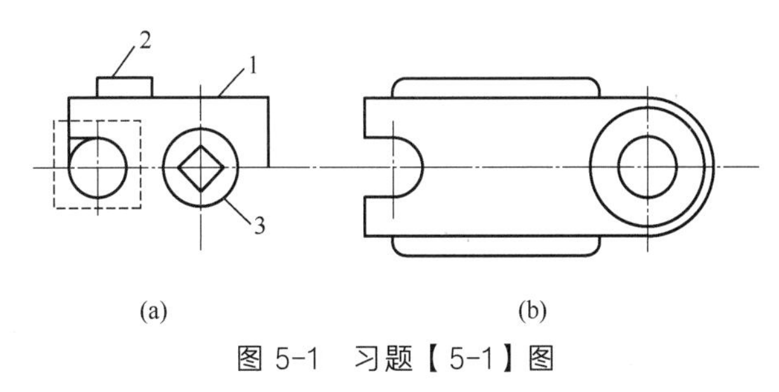

图 5-1　习题【5-1】图

（1）删除正四边形。

（2）将虚线框中的圆复制到右侧，圆心位于右侧十字线交点处。

（3）参照图 5-1（b），修剪虚线框中不需要的部分。

（4）参照图 5-1（b），将图形向右拉伸 3 个单位。

（5）将多义线 1 的右上角修圆角，圆弧与右侧两圆同心（注意测量圆心到两边的距离）；对多义线 2 修圆角，半径为 0.25。

（6）将圆 3 放大为原来的 1.5 倍。

（7）参照图 5-1（b），以水平中心线为镜像线，镜像复制出图形下半部分。

将完成的图形以 XCAD5-1.dwg 保存到学生姓名子目录下。

【5-2】打开图形 YCAD5-2.dwg，如图 5-2（a）所示，完成图形编辑如图 5-2（b）所示，要求如下：

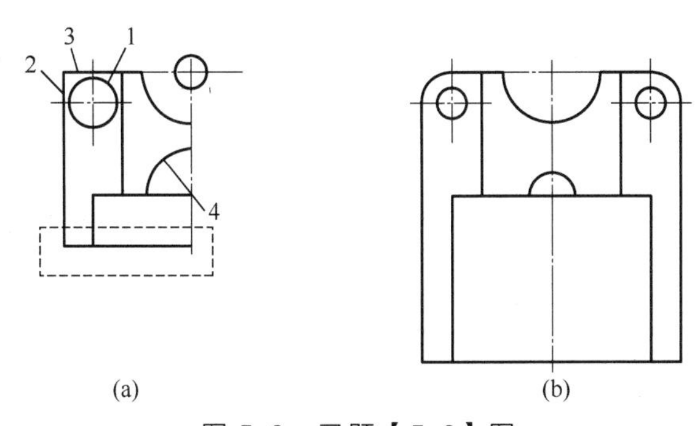

图 5-2　习题【5-2】图

（1）删除圆 1。

（2）将图形右上角小圆平移到左上角十字线交点处。

（3）参照图 5-2（b），将图（a）虚线框部分向下拉伸 2 个单位。

（4）将图形左上部分直线 2 和 3 相交处修圆角，圆弧与左上角圆同心。

（5）将圆弧 4 以圆心为基点缩小为原来的 0.5 倍。

（6）参照图 5-2（b），以垂直中心线为镜像线，镜像复制出图形右半部分。

将完成的图形以 XCAD5-2.dwg 保存到学生姓名子目录下。

【5-3】打开图形 YCAD5-3.dwg，如图 5-3（a）所示，完成图形编辑如图 5-3（b）所示，要求如下：

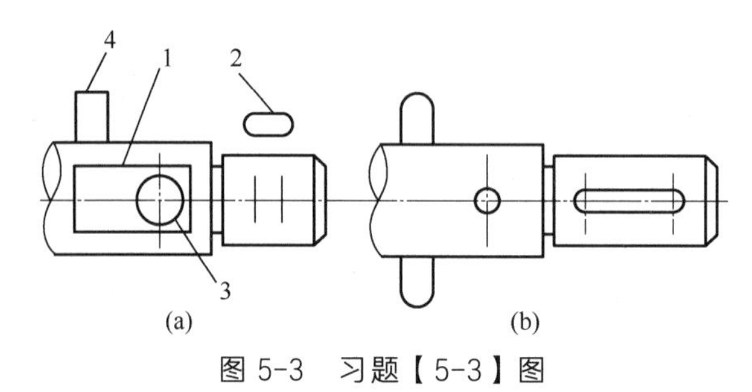

图 5-3　习题【5-3】图

（1）删除矩形 1。

（2）参照图 5-3（b），移动键槽 2，使其圆弧圆心位于图形右侧十字线交点处。

（3）参照图 5-3（b），将图形右半部分向右拉伸 1 个单位。

（4）将多义线 4 修圆角，半径为 0.25。

（5）将圆 3 以圆心为基点缩小为原来的 0.5 倍。

（6）参照图 5-3（b），以水平中心线为镜像线，镜像复制多义线 4。

将完成的图形以 XCAD5-3.dwg 保存到学生姓名子目录下。

【5-4】打开图形 YCAD5-4.dwg，如图 5-4（a）所示，完成图形编辑如图 5-4（b）所示，要求如下：

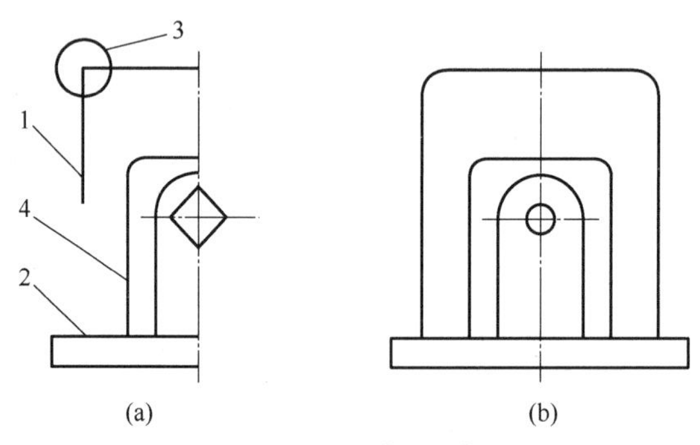

图 5-4　习题【5-4】图

（1）删除正四边形。

（2）移动圆 3，使其圆心位于中心线交点处。

（3）将多义线 1 延伸到直线 2。

（4）将多义线 1 的直角修圆角半径为 0.4。

（5）将移动后的圆 3 以圆心为基点缩小为原来的 0.5 倍。

（6）将多义线 4 分解为直线和圆弧。

（7）参照图 5-4（b），以垂直中心线为镜像线，镜像复制出图形右半部分。

将完成的图形以 XCAD5-4.dwg 保存到学生姓名子目录下。

【5-5】打开图形 YCAD5-5.dwg，如图 5-5（a）所示，完成图形编辑如图 5-5（b）所示，要求如下：

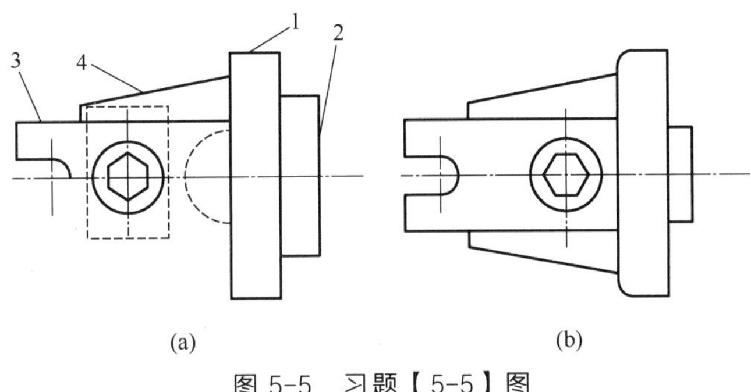

图 5-5 习题【5-5】图

（1）删除虚线表示的半圆弧。

（2）参照图 5-5（b），将图中虚线框内图形向右平移 1 个单位，擦除虚线框。

（3）将正六边形旋转 90 度。

（4）将多义线 1 的左上角和左下角修圆角，半径为 0.3。

（5）将多义线 2 缩小为原来的 0.6 倍。

（6）参照图 5-5（b），以水平中心线为镜像线，镜像复制多义线 3 和 4。

将完成的图形以 XCAD5-5.dwg 保存到学生姓名子目录下。

【5-6】打开图形 YCAD5-6.dwg，如图 5-6（a）所示，完成图形编辑如图 5-6（b）所示，要求如下：

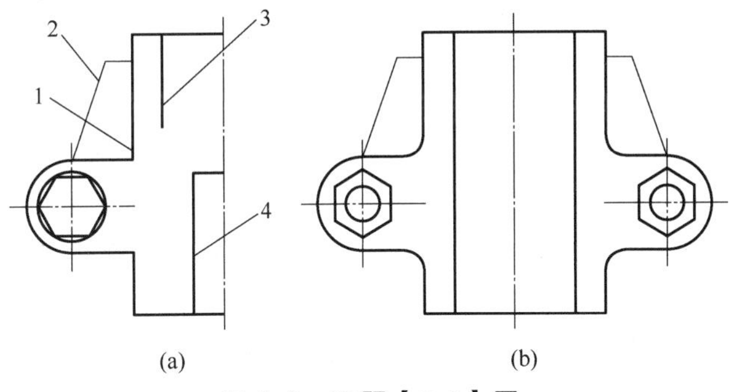

图 5-6 习题【5-6】图

（1）删除多义线 4。

（2）将正六边形旋转 90 度。

（3）将多义线 3 延伸至底边。

（4）参照图 5-6（b），将多义线 1 的两个直角修圆角，半径为 0.3。

（5）将圆以圆心为基点缩小为原来的 0.5 倍。

（6）将多义线 2 分解为直线。

（7）参照图 5-6（b），以垂直中心线为镜像线，镜像复制出图形右半部分。

将完成的图形以 XCAD5-6.dwg 保存到学生姓名子目录下。

第6章

精确绘图

本章的重点是介绍构造线 xline 命令、多线 mline 命令、多线 ML 编辑命令、多义线绘制键槽、多种实体对象捕捉、实体特性对话框、实体冷热点、过滤点、三钮联动等方法应用；介绍带有精确尺寸、具有一些几何作图问题、有一些难度的图形绘制的方法与技巧；难点是熟练应用前述所有操作方法和技巧，并融会贯通。

6.1 构造线 xline 命令

命令操作：XL ⌴（无图标）

指定构造线位置或[等分(B)/水平(H)/竖直(V)/角度(A)/偏移(O)]: 键入指定点或选项。

以下分别介绍各个选项的含义：

（1）p1 点，p2 点…⌴；构造通过两点直线。

（2）b⌴，角顶点，角起点，角端点…⌴；构造经过选定角顶点，并经过平分角起点、终点，最终构成构造线。

（3）h⌴，p1 点…⌴；构造通过一点水平直线。

（4）v⌴，p1 点…⌴；构造通过一点垂直直线。

（5）a⌴，角度值⌴，p1 点…⌴；构造通过一点的角度 a 直线。

（6）o⌴，偏移距离⌴，偏移方向⌴，…⌴；构造某一直线的偏距直线。

注意点：①构造线两端无限延长，主要用于绘制作图辅助线。②每个选项都可以重复绘制多条直线，直至回车结束。③它像直线一样可以被编辑。④与该命令对应的还有射线 RAY 命令，其功能比构造线少，且基本用得较少，有兴趣的读者请自行参考中望机械 CAD 2020 教育版帮助文件。

6.2 多种实体捕捉

捕捉操作及其含义：在命令执行过程中，需要点的时候，通过对象捕捉工具条，鼠标左键相应捕捉点图标，鼠标滑过实体对象相应区域，并看见黄色小图标出现时，左键该区域，即完成相应捕捉操作。

捕捉操作点的类型：实体上可捕捉的点类型共包括 13 种。常用的有端点、中点、交点、圆心点、象限点、切点、垂足点、线上点；其余捕捉点在工程上并不常用，可能会用在几何作图上，有兴趣的读者可自学。如图 6-1 所示。根据某些点捕捉是否经常用到，其操作方法又分为临时和永久捕捉两种。以下分别介绍其操作。

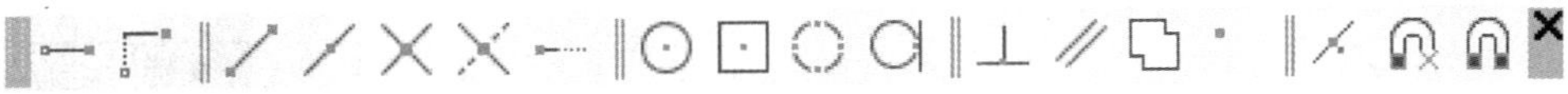

图 6-1 对象捕捉工具条

（1）临时捕捉操作：可以从对象捕捉工具条用鼠标操作，需要时点击一次。

（2）永久捕捉操作：通过状态行设置，如图 6-2 所示。对象捕捉右键，弹出“草图设置”对话框，如图 6-3 所示。一旦设定某些点永久捕捉，则这些点不用再通过临时捕捉方式，系统将在命令执行过程中，一旦出现设置点即提醒用户注意。

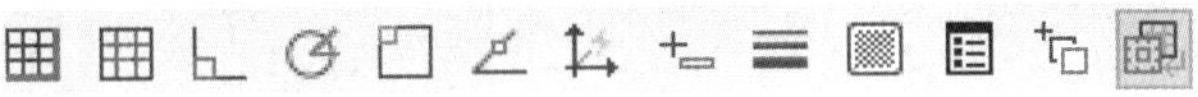

图 6-2 状态行图

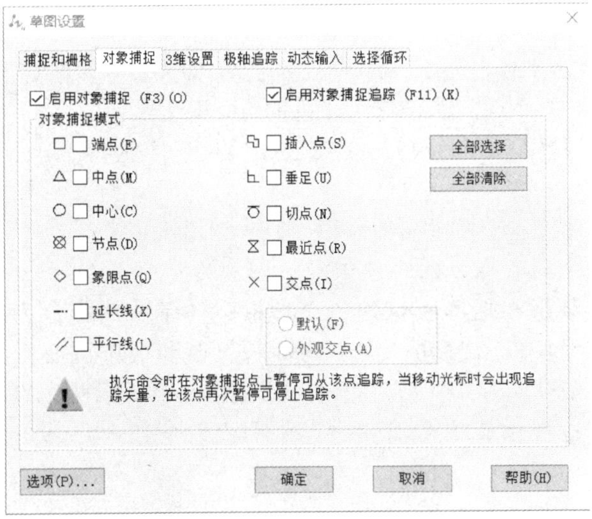

图 6-3 “草图设置”对话框

注意点：①临时捕捉点经常用在只需少量捕捉的点。②永久捕捉用在需要大量捕捉的点。③永久捕捉不要设置太多，否则系统容易误操作。④临时捕捉优先于永久捕捉。⑤永久捕捉设置完成后，其开关是 F3，熟练操作它很有用。⑥追踪捕捉：追踪捕捉是一种非常有用的捕捉。其操作方法是：TK⌴，给点 1…n⌴。这个捕捉的好处是可以省却很多的辅助线，可为快速盲画打基础。

6.3 格式刷

命令操作：鼠标左键单选源实体，左键格式刷图标（屏幕上出现一个方框带一个刷子），左键单选需要特性匹配的实体，可以多次，直至右键或回车结束。

注意点：①左键先选源实体还是格式刷都可以。②命令操作可以是 matchprop 或 painter，可以键入 s 设置匹配特性种类。③只能修改图形实体的图层、线型、颜色、比例、线宽等特性。④用在改变文字外观特别有用。

6.4　实体特性对话框

命令操作：双击图形实体，将在屏幕左上角出现实体特性对话框，如图 6-4 所示。其中包括很多的实体特性栏，在希望修改的栏目中，键入修改值，关闭对话框即可。

注意点：①如果栏目内容灰显，则其内容不能修改。②最好一次只选择一种实体。③双击文字则弹出对话框，可以修改文字内容；如果是 mtext 文字还可以修改字体、大小等内容。④对象尺寸在此修改较为合适。

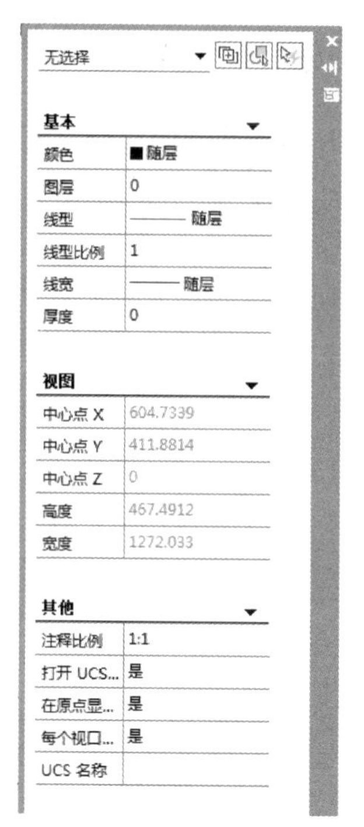

图 6-4　实体特性对话框

6.5　冷点与热点

冷点操作：左键单击实体，实体上出现蓝色的点，即为冷点。

热点操作：左键单击冷点，蓝点变为红色的点，即为热点。拖动热点可能出现几种情况，实体移动、缩放、伸长，注意其规律。

注意点：①冷点规律：直线冷点为两个端点，一个中点；圆和椭圆的冷点为一个圆心点，四个象限点；圆弧冷点为两个端点，一个弧中点；PL 线冷点为两个端点；多边形和矩形冷点为各个顶点；样条曲线冷点为两个端点和两个中间点。②热点规律：直线中间点移动，端点为伸长；圆和椭圆圆心点为移动，象限点为半径大小改变；圆弧两个端点伸缩，一个中点改变半径；PL 线两个端点改变长度；多边形和矩形改变点的位置；样条曲线两端伸缩，中间点改变曲率。③这个操作很有用，应熟练掌握。

6.6　过滤点操作及应用

概念：用一个点的 X 坐标和另一个点的 Y 坐标组成第三点坐标。以下分别介绍两个操作实例。

① 矩形中心点操作：(例如在现有矩形中心画圆)C└┘(先设置永久中点捕捉)，键入.X，捕捉矩形上(下)框线的中点(第一点)，当提示出现需要.YZ 的时候，左键捕捉矩形左(右)框线中点（第二点)，随即找到了矩形中心点，圆心（即第三点）自动产生，此时只需输入半径即可画圆了。

② 找矩形和圆的连线拐角点：从矩形右中点开始捕捉第一点画线，键入.X，捕捉圆的上部象限点（第二点)，当提示出现需要.YZ 的时候，再次捕捉矩形右框线中点，随即找到了二者连线的拐角点。

注意点：①这种方法经常用于绘制工艺流程图连线；②读者可参考后面的三钮联动方法。

6.7 三钮联动

概念：中望 CAD 系统提供了三钮联动功能，这三个按钮分别是状态行上的极轴、对象捕捉、对象追踪，在这三个按钮同时按下后启动绘图命令，如图 6-5 所示。

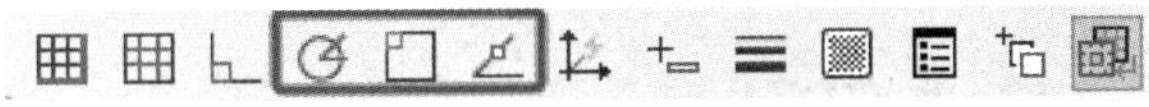

图 6-5 三钮联动状态

只要是在 0°、90°方向（还可以设置其他方向），系统会自动显示一条亮虚线，自动捕捉用户的绘图意图，三者缺一不可，这个功能为快速作图提供了重要基础。以下分别介绍几个操作实例。

（1）绘制水平矩形。（三钮同时按下）L ␣，鼠标左键起点 1，鼠标水平方向拖动，水平亮虚线，左键 2 点，鼠标垂直拖动，垂直亮虚线，左键 3 点，鼠标水平拖动，水平亮虚线，鼠标滑过起点 1，出现捕捉端点方框，滑向第 4 点，系统出现两条相交 90°亮虚线，系统自动捕捉到用户所需的第 4 点，左键第 4 点，即完成水平任意长度矩形绘制；这是系统初始默认设置可以看到的情况。如图 6-6 所示。

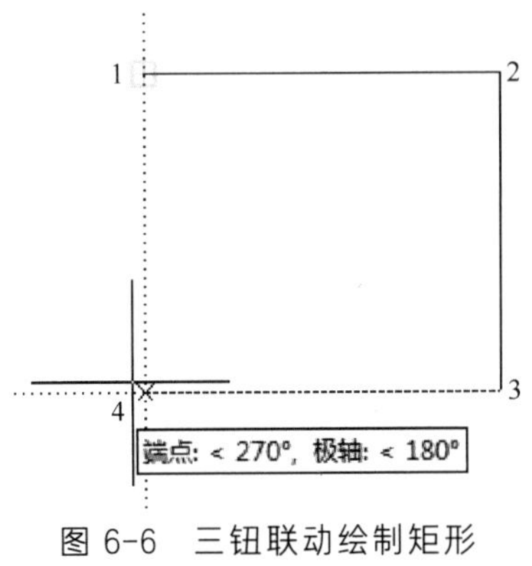

图 6-6 三钮联动绘制矩形（找左下角点）

（2）绘制等边三角形。先进行极轴设置：右键状态行“极轴”按钮，出现“草图设置”对话框，单击“用所有极轴角设置追踪”选项，左键“附加角”选项，左键“新建”选项，分别设置 60°、120°两个新的追踪角度，左键确定，设置完毕。

开始绘制：L ␣，鼠标左键起点 1，鼠标水平方向拖动，水平亮虚线，左键 2 点，鼠标沿 120°方向拖动，亮虚线，鼠标滑过起点 1，出现捕捉方框，滑向第 3 点，系统出现交角为 60°的两条亮虚线，在亮虚线交点处，左键第 3 点，即完成等边三角形绘制。

（3）三钮联动找矩形中心点。设置中点捕捉，鼠标滑过两个中点，其外观效果如图 6-7 所示。

（4）三钮联动找中间连接点。鼠标滑过圆心点，其外观效果如图 6-8 所示。

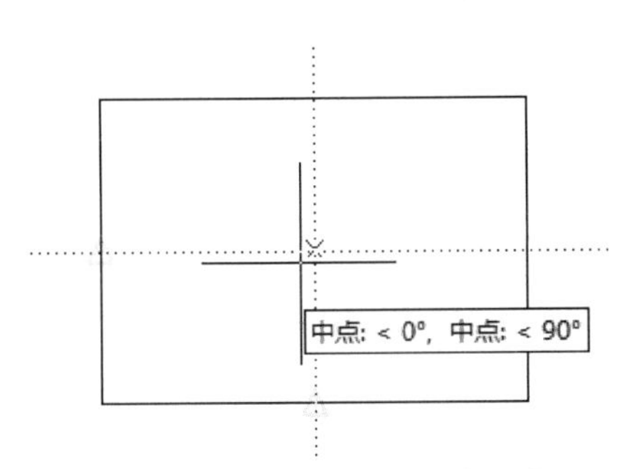

图 6-7 三钮联动找矩形中心点

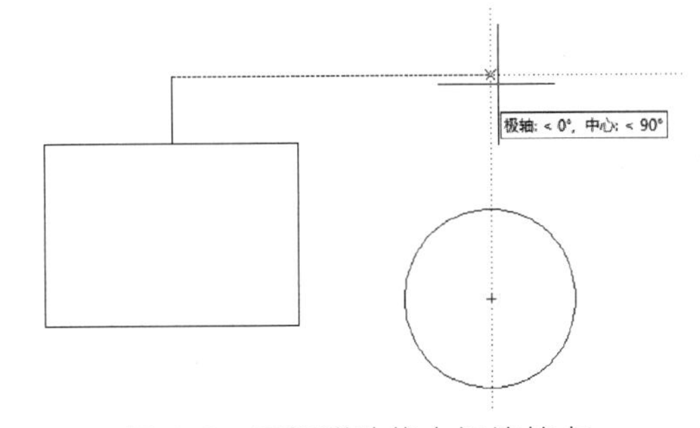

图 6-8 三钮联动找中间连接点

注意点：①系统初始默认是 0°和 90°；②所有极轴角设置追踪默认系统包括：90°、

45°、30°、22.5°、18°、15°、10°、5°等，不够可以再进行设置；③极轴、对象捕捉、对象追踪三钮要同时按下；④学会鼠标滑动，这一点非常重要，它是追踪用户意图的最重要的一步操作；⑤如果配合键入长度、C 封口等，可以更迅速地作图；⑥三钮联动可以解决过滤点操作问题，这一点请读者考虑；⑦三钮联动用好了，可以产生很好的效果，可以省却了许多辅助线，大大提高作图效率，但是需要用户耐心、仔细磨炼。

6.8 精确绘图方法技巧综合

精确绘图主要是结合本单元上机实验，需要用户绘制一些带有精确尺寸、线条数量在 20 条左右的、带有一些几何作图问题的图形，为以后复杂的工程 CAD 制图打下重要基础，在这里要为读者介绍以下需要考虑的问题。

1）电子图幅设置

拿到一张图形，要看图形长宽，取出其中的较大者，图幅尺寸最好取其 2 倍左右比较合适。

2）层、颜色、线型比例设置

图层一般设置 4～5 层即可，如中心线层（红色、Center）、虚线层（黄色、Hidden）、细实线层（白色、Continuous）、轮廓线层（绿色、Continuous）等；0 层空着备用；绘图注意随层；线型比例有公式，见第 4 章图形环境设置。

3）十字线绘制技巧

第一个十字线绘制通常用三钮联动法、正交法、坐标法等等，方法很多；第二个至第 *N* 个十字线用相对坐标复制为最快，十字线长短调整用冷热点（注意打开正交 F8）；此时应该将三种坐标灵活应用。

4）轮廓线快速绘制

①几何图形分析，通过分析找到绘图方法，通常容易忽略。②需要熟练的：如 L 直线、PL 多义线、C 圆、A 弧、多边形的 I/C 等绘图命令 8 个左右；E 擦除、O 平行复制、TK 追踪、TR 修剪、F 倒圆角（可倒不相交的直线）、MI 镜像、M 移动、RO 旋转、CO 拷贝等编辑命令 10 个左右。③键盘、鼠标操作技巧：大拇指空格键、数字键；鼠标左右中键；命令简称熟记；右键可以设置为去掉快捷方式。

5）多义线绘制水平键槽方法（正交法、三钮联动法）

（正交法，打开 F8）PL ␣，左键起点 1；鼠标从左向右水平拖动，键入水平长度，得点 2；A ␣（作弧），鼠标垂直拖动，键入垂直长度，得点 3；L ␣（作直线），鼠标从右向左水平拖动，键入水平长度，得点 4；A ␣（作弧），CL ␣（封口、结束）。

（三钮联动法，按下三钮）PL ␣，左键起点 1；鼠标从左向右水平拖动，亮虚，键入水平长度（或左键点 2），得点 2；A ␣（作弧），鼠标垂直拖动，亮虚，键入垂直长度（或左键点 3），得点 3；L ␣（作直线），鼠标从右向左水平拖动，亮虚，键入水平长度（或左键点 4），得点 4；A ␣（作弧），CL ␣（封口、结束）。

6）最后完成注意

①z ␣，e ␣，将图形最大显示；②存盘名称、位置、格式三要素；③键槽需要从绘制直线开始，而不是先绘制圆弧。

【思考题】

1．用两个切点一个半径绘制目标圆，其键盘操作应该是________。

A．C ⊔，3p ⊔　　B．C ⊔ ，2p ⊔

C．C ⊔ ，半径⊔　　D．C ⊔ ，T ⊔

2．追踪操作是在命令操作过程中需要________的时候用。

A．数据　　B．点

C．字符　　D．变量

3．绝对坐标的表示应该是________。

A．X，Y　　B．@X，Y

C．@长度<角度　　D．@ΔX，ΔY

4．相对坐标的操作应该是________。

A．X，Y　　B．@ΔX，ΔY

C．@长度<角度　　D．@X，Y

5．极坐标操作应该是________。

A．X，Y　　B．@X，Y

C．@长度<角度　　D．@ΔX，ΔY

6．平行复制命令全称应该是________。

A．ottset　　B．offset

C．of　　D．oFF

7．精确绘图过程中，栅格捕捉还需要经常打开吗？

A．需要　　B．不需要

C．不知道　　D．可打开，可不打开

8．多个中心线绘制的过程中，其操作技巧是________。

A．用追踪　　B．用相对坐标拷贝

C．用极坐标　　D．用绝对坐标

9．精确绘图经常需要________工具条帮助。

A．栅格捕捉　　B．对象捕捉

C．下拉菜单　　D．不知道

10．多点追踪辅助命令操作是________。

A．T ⊔　　B．TTK ⊔

C．TK ⊔　　D．K ⊔

11．格式刷可以修改图形实体的哪些特性？________

A．线宽和颜色　　B．图层和比例

C．线型　　D．A,B,C 全部

12．构造线包含哪些构造直线？________

A．两点直线和角平分线　　B．一点水平直线和一点角度直线

C．一点垂直直线和偏距直线　　D．ABC 全部

13．拖动直线热点端点意味着将要做何种操作？________

A．拉伸　　B．移动

C. 旋转　　D. 缩放

14. 下面所说的按钮当中哪一个不属于三钮联动命令按钮？________

A. 极轴　　B. 对象捕捉

C. 正交　　D. 对象追踪

15. 精确绘图中，需用冷热点对水平十字线作长度调整时，哪个操作按钮必须按下？________

A. F7　　B. F9

C. F11　　D. F8

16. 永久对象捕捉与临时对象捕捉哪一个优先级高？________

A. 临时　　B. 一样高

C. 永久　　D. 不确定

17. 绘制等距平行线簇哪一种操作命令最便捷？________

A. 移动　　B. 偏移

C. 复制　　D. 正交画线

18. 需要大量捕捉点的时候，应采用何种捕捉方式？________

A. 临时捕捉　　B. 永久捕捉

C. 不确定　　D. 都可以

19. 通常电子图幅大小应当设置为待作图形的最长边________倍较为合适。

A. 2　　B. 4

C. 6　　D. 5

上机习题

【6-1】建立新图形，按照图 6-9 中所给尺寸精确绘制图形（尺寸标注不画，绘图和编辑方法不限），要求如下：

（1）设置 limits 电子图幅为（100×80），左下角（0,0），将显示范围设置的和图形极限相同，调整线型比例使中心线有合适的显示效果。

（2）建层 L1，线型 Center，颜色红色，在其上绘制中心线。

（3）建层 L2，线型 Continuous，颜色绿色，设置层线宽为 0.3。

（4）在 L2 层上用 line（直线）、circle（圆）、arc（圆弧）、polygon（多边形）等命令绘制所有轮廓线；直线与圆弧光滑连接。

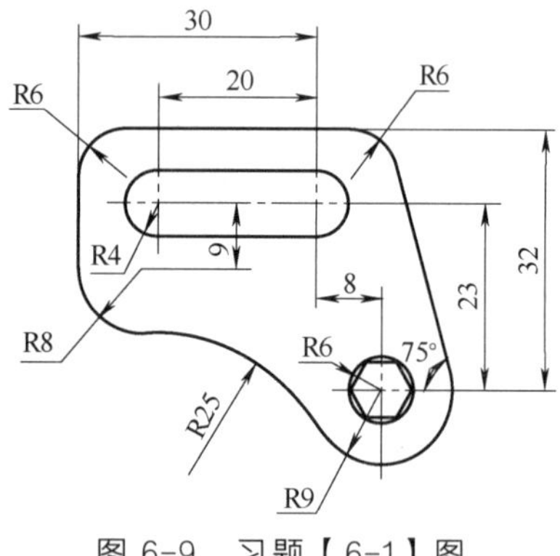

图 6-9　习题【6-1】图

将完成的图形以 XCAD6-1.dwg 为名保存在学生姓名子目录下。

【6-2】建立新图形，按照图 6-10 中所给尺寸精确绘制图形（尺寸标注不画，绘图和编辑方法不限），要求如下：

（1）设置 limits 电子图幅为（280×200），左下角（0,0），将显示范围设置的和图形极限相同，调整线型比例使中心线有合适的显示效果。

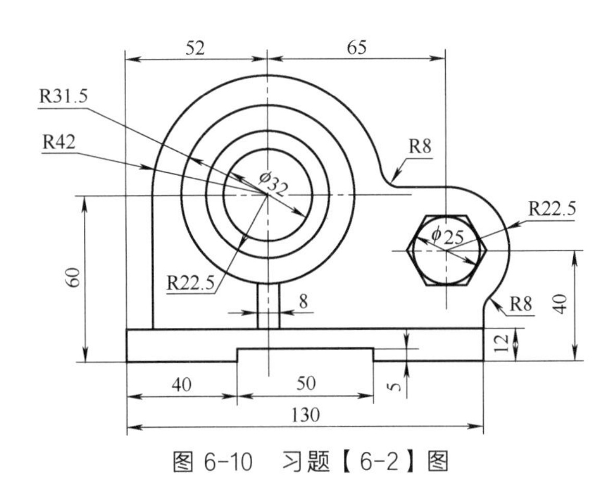

图 6-10 习题【6-2】图

（2）建层 L1，线型 Center，颜色红色，在其上绘制中心线。

（3）建层 L2，线型 Continuous，颜色绿色，设置层线宽为 0.3。

（4）在 L2 层上用 line（直线）、circle（圆）、arc（圆弧）、polygon（多边形）等命令绘制所有轮廓线；直线与圆弧光滑连接。

将完成的图形以 XCAD6-2.dwg 为名保存在学生姓名子目录下。

【6-3】建立新图形，按照图 6-11 中所给尺寸精确绘制图形（尺寸标注不画，绘图和编辑方法不限），要求如下：

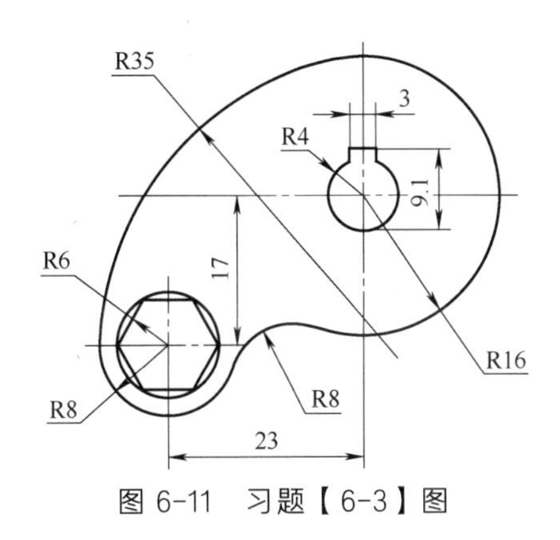

图 6-11 习题【6-3】图

（1）设置 limits 电子图幅为（100×80），左下角（0,0），将显示范围设置的和图形极限相同，调整线型比例使中心线有合适的显示效果。

（2）建层 L1，线型 Center，颜色红色，在其上绘制中心线。

（3）建层 L2，线型 Continuous，颜色绿色，设置层线宽为 0.3。

（4）在 L2 层上用 line（直线）、circle（圆）、arc（圆弧）、polygon（多边形）等命令绘制所有轮廓线；直线与圆弧光滑连接。

将完成的图形以 XCAD6-3.dwg 为名保存在学生姓名子目录下。

【6-4】建立新图形，按照图 6-12 中所给尺寸精确绘制图形（尺寸标注不画，绘图和编辑方法不限），要求如下：

（1）设置 limits 电子图幅为（100×80），左下角（0,0），将显示范围设置的和图形极限相同，调整线型比例使中心线有合适的显示效果。

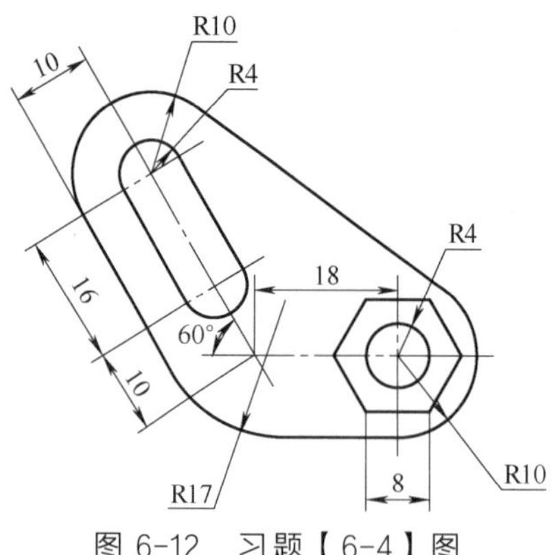

图 6-12 习题【6-4】图

（2）建层 L1，线型 Center，颜色红色，在其上绘制中心线。

（3）建层 L2，线型 Continuous，颜色绿色，设置层线宽为 0.3。

（4）在 L2 层上用 line（直线）、circle（圆）、arc（圆弧）、polygon（多边形）等命令绘制所有轮廓线；直线与圆弧光滑连接。

将完成的图形以 XCAD6-4.dwg 为名保存在学生姓名子目录下。

【6-5】建立新图形，按照图 6-13 中所给尺寸精确绘制图形（尺寸标注不画，绘图和编辑方法不限），要求如下：

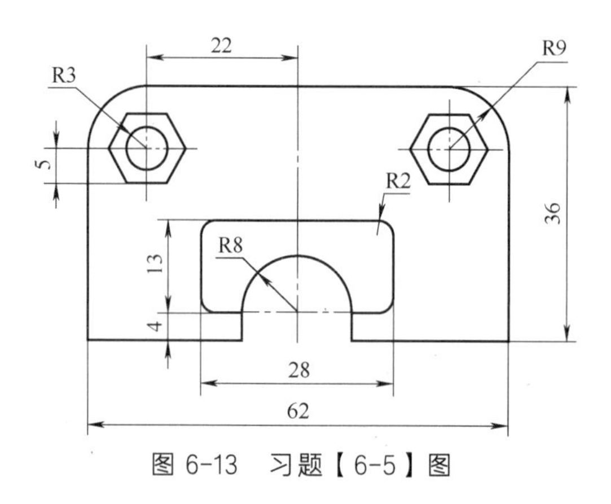

图 6-13 习题【6-5】图

（1）设置 limits 电子图幅为（120×70），左下角（0,0），将显示范围设置的和图形极限相同，调整线型比例使中心线有合适的显示效果。

（2）建层 L1，线型 Center，颜色红色，在其上绘制中心线。

（3）建层 L2，线型 Continuous，颜色绿色，设置层线宽为 0.3。

（4）在 L2 层上用 line（直线）、circle（圆）、arc（圆弧）、polygon（多边形）等命令绘制所有轮廓线；直线与圆弧光滑连接。

将完成的图形以 XCAD6-5.dwg 为名保存在学生姓名子目录下。

【6-6】建立新图形，按照图 6-14 中所给尺寸精确绘制图形（尺寸标注不画，绘图和编辑方法不限），要求如下：

（1）设置 limits 电子图幅为（50×60），左下角（0,0），将显示范围设置的和图形极限相同，调整线型比例使中心线有合适的显示效果。

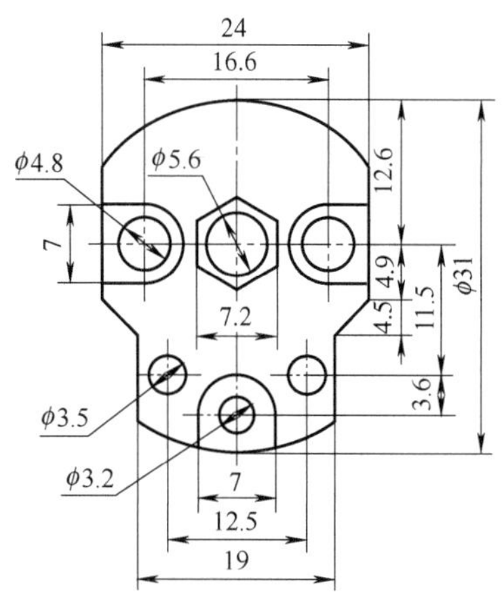

图 6-14　习题【6-6】图

（2）建层 L1，线型 Center，颜色红色，在其上绘制中心线。

（3）建层 L2，线型 Continuous，颜色绿色，设置层线宽为 0.3。

（4）在 L2 层上用 line（直线）、circle（圆）、arc（圆弧）、polygon（多边形）等命令绘制所有轮廓线；直线与圆弧光滑连接。

将完成的图形以 XCAD6-6.dwg 为名保存在学生姓名子目录下。

第7章

复杂绘图

复杂绘图是相对于传统手工制图而言的。在传统制图中，将一组实体做成一个实体块是不可以的，但CAD软件可以。将一个（或一组）实体变成M行、N列的阵列，或者沿着圆周绘制成一圈阵列几乎是相当麻烦的一件事情；打剖面线在手工制图中同样需要繁琐、细心的劳动才能完成。本章主要解决手工做起来复杂，CAD软件做起来简单的问题。难点是概念的理解和操作的熟练程度。

7.1　块的定义、特点及类型

在复杂的工程图中，经常会有很多重复的图形，一个个交互绘制既繁琐又容易出错，这个问题可以借助块来轻松解决。

（1）块定义：块是一组实体被“焊接”成一个实体。它可以大大提高绘图效率。块有三个要素：块名、钩点、对应的一组实体。

（2）块的特点：①用户可将块插入图中任意位置；②可以指定不同的比例、旋转角；③当作一个实体处理而不考虑内部结构；④块还可以被“爆炸”成原来的一组实体。

（3）块的类型：①本图块block，只能适用于当前打开图，随当前图存盘，不能独立存放在硬盘上；不能独立插入到其他文件中；②文件块wblock，独立存放在硬盘上，相当于一个单独的图形文件，可以独立插入到任何图形中。

7.2　定义本图块和文件块

（1）本图块命令操作：左键图标或b ⌴，弹出“块定义”对话框（如图7-1所示）；键入块名、左键“拾取点”，对话框消失，在屏幕上选基点，返回对话框；左键“选择对象”，对话框消失，选实体 ⌴，返回对话框（如图7-2所示），观察选择实体效果，确定即可。

注意点：①选择对象有三个选项分别是保留、转换为块、删除。保留是指将选择的实体做成块，放入后台，选择图形不转换成块；转换为块是指把选择图形做成块；删除是指选择图形做成块，然后将其删除。②系统默认转换为块，相当于将当前图形做成块，并插入到原位，有时省却了当前位置插入图形命令，可谓一举两得。

（2）文件块命令操作：w ⌴，弹出“保存块到磁盘”对话框（如图7-3所示），选择已经存在的块（如块a），键入文件名和路径，确定即可，（此时块图形在屏幕左上角闪现）。

注意点：文件块没有现成本图块可利用时，可以从头到尾直接做，其方法和本图块制作相同，只是多了一个块文件名输入。

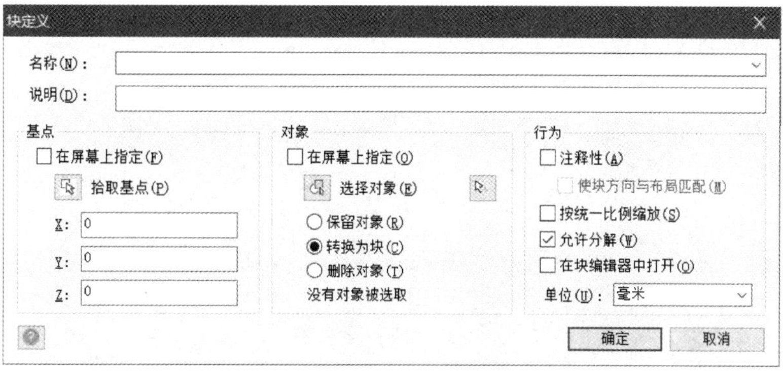

块定义

名称(N)：

说明(D)：

基点

在屏幕上指定(E)

拾取基点(P)

X: 0

Y: 0

Z: 0

对象

在屏幕上指定(O)

选择对象(E)

保留对象(R)

转换为块(C)

删除对象(T)

没有对象被选取

行为

注释性(A)

使块方向与布局匹配(M)

按统一比例缩放(S)

允许分解(W)

在块编辑器中打开(O)

单位(U)：毫米

确定 取消

图7-1 “块定义”对话框

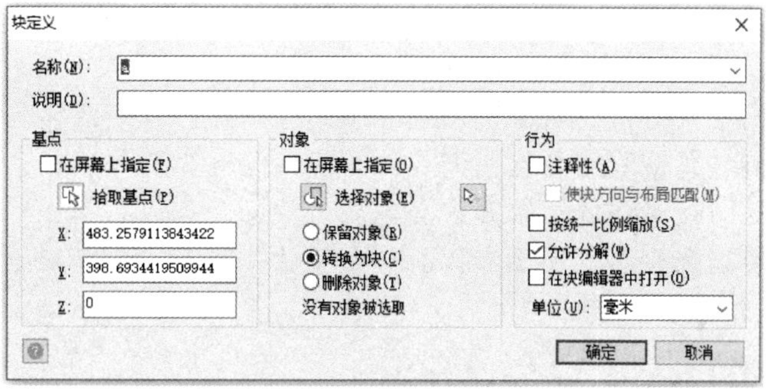

块定义

名称(N)：

说明(D)：

基点

在屏幕上指定(E)

拾取基点(P)

X: 483.2579113843422

Y: 398.6934419509944

Z: 0

对象

在屏幕上指定(O)

选择对象(E)

保留对象(R)

转换为块(C)

删除对象(T)

没有对象被选取

行为

注释性(A)

使块方向与布局匹配(M)

按统一比例缩放(S)

允许分解(W)

在块编辑器中打开(O)

单位(U)：毫米

确定 取消

图7-2 显示块实体对话框

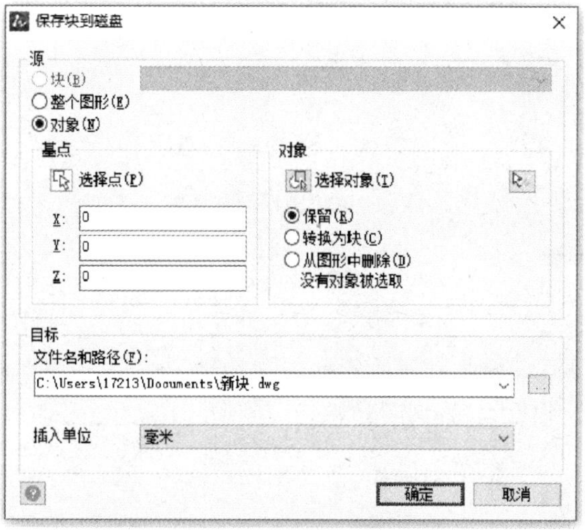

保存块到磁盘

源

块(B)

整个图形(E)

对象(O)

基点

选择点(P)

X: 0

Y: 0

Z: 0

对象

选择对象(T)

保留(R)

转换为块(C)

从图形中删除(D)

没有对象被选取

目标

文件名和路径(F)：

C:\Users\17213\Documents\新块.dwg

插入单位 毫米

确定 取消

图7-3 “保存块到磁盘”对话框

7.3　插入块

命令操作：左键图标或 insert ␣

快捷操作：I ␣

出现“插入图块”对话框（见图 7-4），选块名，选插入点，键入缩放比例，键入旋转角，确定。

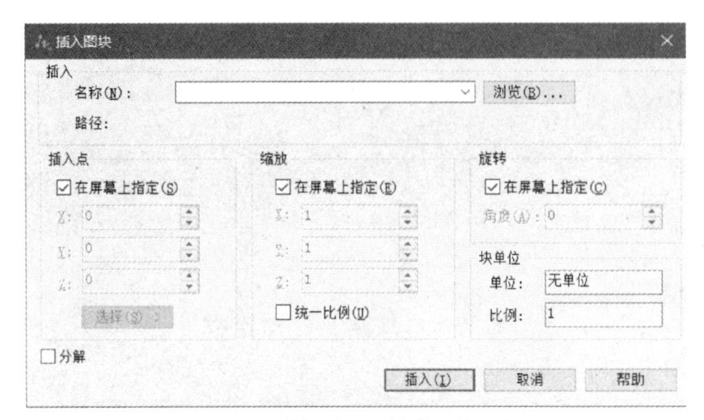

图 7-4　“插入图块”对话框

注意点：①通常插入点是在对话框消失后用鼠标选择；②缩放比例可以提前键入，也可用鼠标确定；③旋转角度与缩放比例同理；④插入的块先爆炸后插入（对话框左下角）；⑤一个块做好，插入时比制作的源实体含义更加广泛。

块的优点：①可以用来建立图形库；②节省存储空间；③便于修改图形。

7.4　阵列 array

命令操作：左键图标或 arrayclassic ␣

快捷操作：AR ␣

弹出对话框，以下分矩形（如图 7-5 所示）和圆形（环形）阵列（见图 7-6）两部分选项分别叙述。

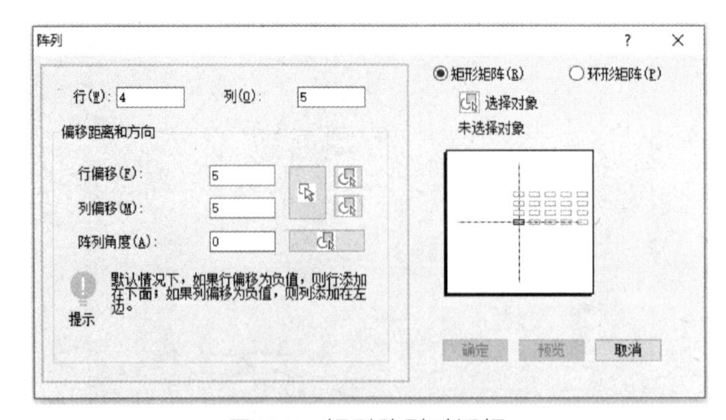

图 7-5　矩形阵列对话框

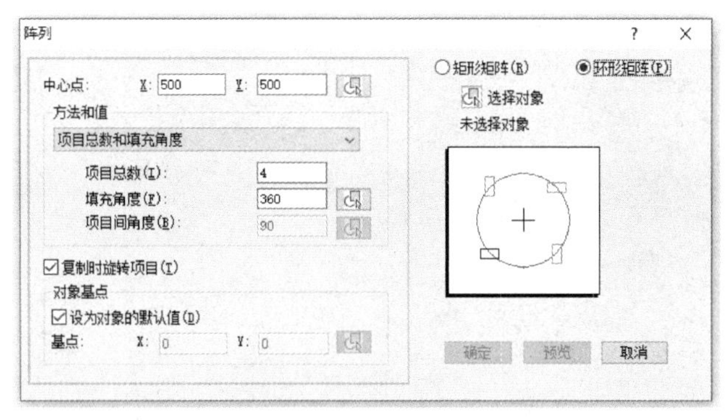

图 7-6　环形阵列对话框

（1）选矩形阵列互锁钮：键入行数、列数，选择对象，键入行偏移、列偏移；注意行列间距的正负及特殊输入方法。

（2）选圆形阵列互锁钮：选择对象，选中心点或给坐标，给项目总数、填充角度（±），确定复制时是否旋转。

注意点：①矩形阵列是分象限的，行间距是 Y 坐标，列间距是 X 坐标，行列间距的正负决定着阵列象限位置；②行列间距可以用鼠标矩形两个角点来确定，两个角点方向决定了象限数；③不选实体对象不能预览阵列效果，预览效果有时是必要的，预览时弹出“接受、修改、取消”对话框，如果不合适，可单击修改，返回对话框，如果合适，可直接点击接受即可。

7.5　剖面线 hatch

命令操作：左键图标■或 hatch ⌴

快捷操作：H ⌴

弹出边界图案“填充”对话框，如图 7-7 所示。以下分别叙述操作过程。

1）选剖面线图案

① 左键样例图标，弹出“填充图案选项板”对话框（见图 7-8），左键 ANSI 选项卡，左键选择合适图案，确定。

② 选图案下拉框，直接选 ANSI31 最快。

2）选剖面线区域

① 内点方式：左键“拾取点”，对话框消失，左键选择封闭区域内任何一点，可选多个区域内点，选完⌴，返回对话框，可修改比例、角度、图案或其他，确定。

② 选实体方式：左键选择对象，对话框消失，选择剖面线边界实体，可多选⌴，选完⌴，返回对话框，可修改比例、角度、图案或其他，确定。

上述两种方式如果选完实体鼠标右键，则弹出快捷菜单，如图 7-9 所示，各项参数正确时，为了快速操作，可直接选择确认。

3）预览、修改、完成

返回对话框以后，修改各个参数，随时左键预览按钮，观察，不合适继续修改，反复直至合适，确定，即告完成。

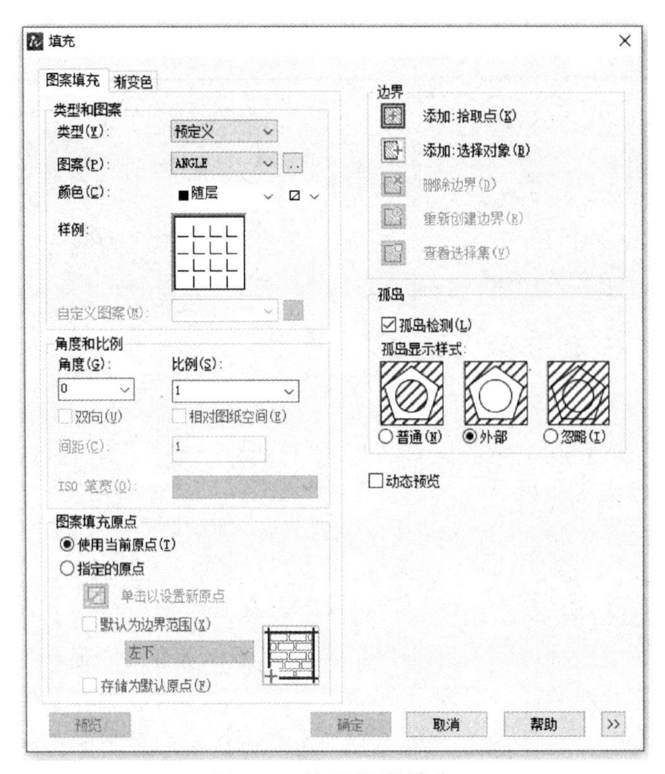

图 7-7　边界图案填充

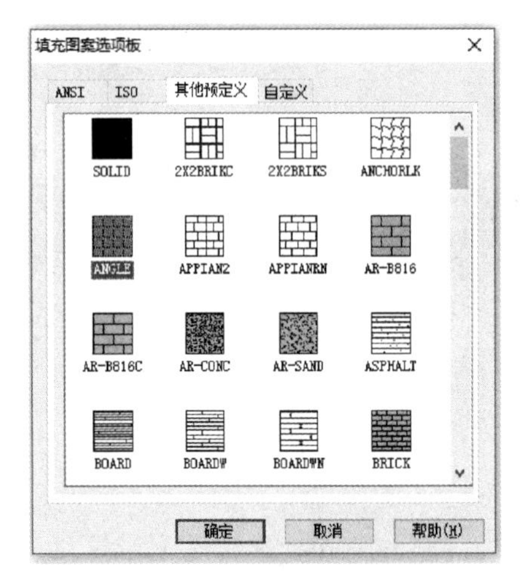

图 7-8　填充图案选项板

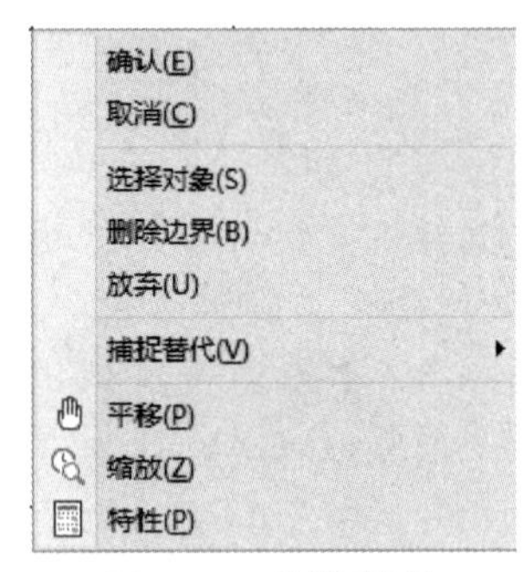

图 7-9　快捷菜单

注意点：①剖面线区域必须封闭，不封闭区域需要打剖面线，先封闭，再打断封闭区域；②高级选项卡功能不太常用，请读者参考其他书籍；③由多个实体组成的封闭区域，最好在当前屏幕全部显示，否则可能出问题，使剖面线打不上；④以内点方式打剖面线情况最为多见，当内点方式操作，可以考虑边界实体方式；⑤剖面线填充还有一些更为复杂的问题，比如多个相互重合的区域，有兴趣的读者可以参考其他书籍自学；⑥剖面线操作需要熟练掌握。

7.6　样条曲线 spline

命令操作：左键图标 ∼ 或 spl ⌴，左键第 1 点，第 2 点…第 n 点⌴。

注意点：①这个命令主要用于绘制剖面线边界，请注意第 1 点和最后第 n 点应该捕捉剖面线边界线上点，中间点为过渡点；②这个命令第一次回车是结束绘制，第 2、3 次回车是给出起点和终点的切线方向点；③用 Spline 曲线绘制的剖面线边界曲线不用加粗；④这个命令的用法比较多，有时可以用它绘制化工试验曲线，精度较高，其他用法请读者参考相关书籍。

7.7　多义线连接 pedit

首尾相接的多条多义线可以相互连接，这在中望 CAD 系统的绘图中有时是需要的，这要用到 pedit 命令，连接多义线方法介绍如下。

命令操作：pe ⌴，选一条多义线，J ⌴，选多条首尾相接多义线⌴。

注意点：这个命令有多个操作选项，可以对多义线进行连接、打开、加粗、拟合、样条、变线宽等各种处理；有兴趣的读者可以参考相关书籍学习。

【思考题】

1．制作本图块的命令全称是________。

A．B　　B．BLOCK

C．WB　　D．WBLOCK

2．制作文件块的命令全称是________。

A．B　　B．BLOCK

C．WB　　D．WBLOCK

3．本图块的特性是________。

A．其他图可以使用　　B．其他图不能使用

C．不知道　　D．可用可不用

4．文件块的特性是________。

A．其他图可以使用　　B．其他图不能使用

C．不知道　　D．可用可不用

5．图块的优点是________。

A．减小图形文件大小　　B．便于管理

C．方便修改图形　　D．前 3 项都包括

6．文件块通常存在________。

A．图形中　　B．硬盘上

C．U 盘上　　D．软盘上

7．块的制作要素是________。

A．块名　　B．对应的一组实体

C．钩点　　D．前 3 项都包括

8．块插入命令全称是________。

A．Insert　　B．In

C．I　　D．Insart

9．插入块的时候可以改变的是________。

A．比例　　B．插入点

C．角度　　D．以上都可以

10．图形实体经典阵列命令全称是________。

A．AR　　B．ARR

C．ARRA　　D．ARRAYclassic

11．下边圆形阵列中哪一个不是其必要条件？________

A．中心点　　B．阵列实体

C．阵列角度　　D．阵列实体个数

E．是否旋转　　F．行距列距

12．下边矩形阵列中哪一个不是其必要条件？________

A．阵列个数　　B．行数

C．列数　　D．行距

E．列距　　F．阵列角度

13．圆形阵列沿着正角度方向阵列其旋转方向是________。

A．顺时针　　B．逆时针

C．可顺可逆　　D．不知道

14．矩形阵列行距为正，列距为负，其阵列后的实体在________象限。

A．第一　　B．第二

C．第三　　D．第四

15．圆形阵列过程中，如果不希望阵列后的实体旋转，其操作应该________。

A．复制时候旋转　　B．复制时候不旋转

C．可转可不转　　D．不知道

16．打剖面线的命令全称是________。

A．Insert　　B．BHTCH

C．HATCH　　D．HETCH

17．金属线的剖面线名称是________。

A．ANSI37　　B．ANSI31

C．ANSI58　　D．ANSI68

18．剖面线边界选择首选应该是________。

A．边界法　　B．内点

C．外插法　　D．忽略打法

19．中望 CAD 软件对剖面线边界的要求通常是________。

A．半封闭　　B．半开口

C．全封闭　　D．可以局部开口

20．如果希望在非封闭区域打剖面线，其操作技巧最好是________。

A．先闭合边界，再打剖面线，后删除边界

B．直接打剖面线

C．无所谓

D．不知道

上机习题

（1）这一单元图形文件是只读属性的，为的是让学生另存而不更改。

（2）注意打开状态行上的永久捕捉按钮，只需设置端点、交点、圆心点、线上点捕捉即可。

（3）注意鼠标中键的使用技巧；每个习题最后存盘之前，都要将图形放大到当前屏幕大小。

（4）注意镜像的时候一定要捕捉一条线上两端点，否则容易出问题。

【7-1】打开图形 YCAD7-1.dwg，完成如图 7-10 所示图形，要求如下：

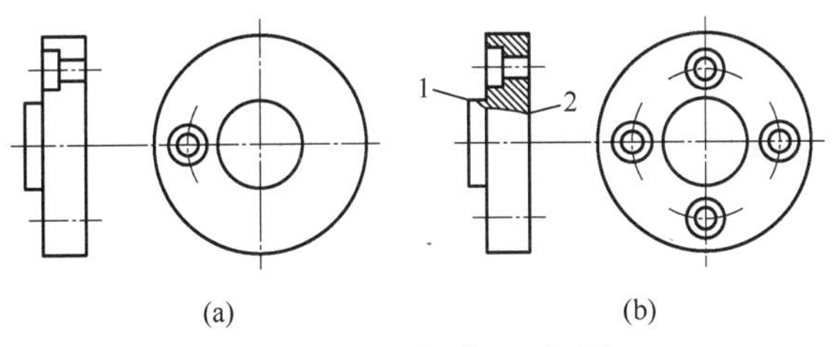

图 7-10　习题【7-1】图

（1）将图中两小圆定义为块，块名为 yuan，基点放在小圆中心。

（2）将块 yuan 插入到原来的位置上，尺寸不变。

（3）参照图 7-10（a），以大圆圆心为中心，进行环形阵列。

（4）参照图 7-10（b），用 spline 命令绘制图 7-10（b）所示剖面线边界，注意捕捉 1、2 线上点。

（5）参照图 7-10（b），在指定区域内绘制剖面线，剖面图案为 ANSI31，调整合适的填充比例。

将完成的图形以 XCAD7-1.dwg 保存在学生姓名子目录下。

【7-2】打开图形 YCAD7-2.dwg，完成如图 7-11 所示图形，要求如下：

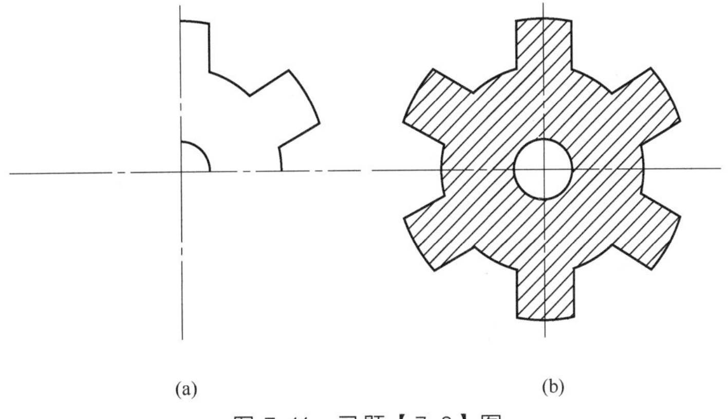

图 7-11　习题【7-2】图

（1）将图中花键的外轮廓线定义为块，块名为 hj，基点放在中心线交点处。

（2）将块 hj 插入到原来的位置上，尺寸不变。

（3）参照图 7-11（b），将块 hj 以中心线为镜像线进行镜像复制。

（4）将花键的内轮廓线编辑为封闭的多义线。

（5）参照图 7-11（b），在指定区域内绘制剖面线，剖面图案为 ANSI31，调整合适的填充比例。

将完成的图形以 XCAD7-2.dwg 保存在学生姓名子目录下。

【7-3】打开图形 YCAD7-3.dwg，完成如图 7-12 所示图形，要求如下：

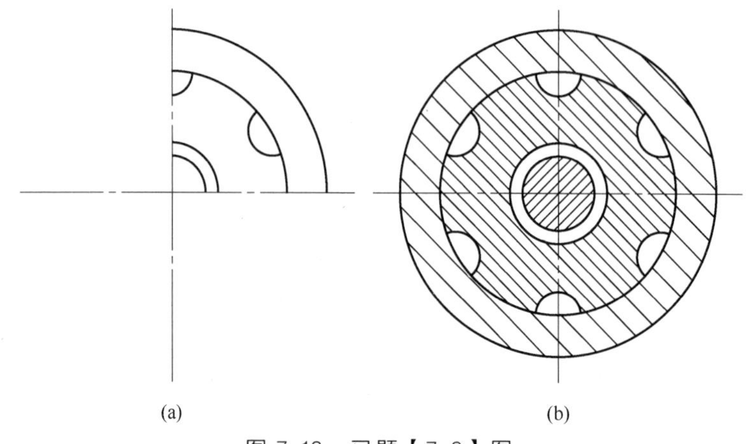

图 7-12　习题【7-3】图

（1）将除了中心线和半径最大的 90 度圆弧以外的全部轮廓线定义为块，块名为 lkx，基点放在中心线交点处。

（2）将块 lkx 插入到原来的位置上，尺寸不变。

（3）参照图 7-12（b），将块 lkx 以中心线为镜像线进行镜像复制。

（4）将半径最大的四条 90 度圆弧编辑为一条封闭的多义线。

（5）参照图 7-12（b），在指定区域内绘制剖面线，剖面图案为 ANSI31，调整合适的填充比例。

将完成的图形以 XCAD7-3.dwg 保存在学生姓名子目录下。

【7-4】打开图形 YCAD7-4.dwg，完成如图 7-13 所示图形，要求如下：

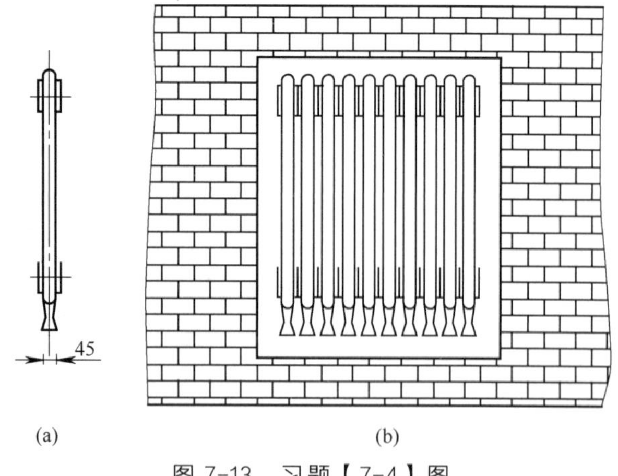

图 7-13　习题【7-4】图

（1）将图中散热器片定义为块，块名为 heat，基点放在底部轮廓线的中点处。

（2）将块 heat 插入到原图右侧任意位置，尺寸不变。

（3）参照图 7-13（b），将块 heat 进行矩形阵列。

（4）删除散热器片的中心线及标注尺寸。

（5）参照图 7-13（b），用 pline 命令绘制墙上安装散热器的矩形槽及墙体上下直线轮廓线，线宽为 0.3；用 spline 命令绘制左右两边曲线段，注意端点连接。

（6）参照图 7-13（b），在指定区域内绘制剖面线，剖面图案为 AR-B816，调整合适的填充比例。

将完成的图形以 XCAD7-4.dwg 保存在学生姓名子目录下。

【7-5】打开图形 YCAD7-5.dwg，完成如图 7-14 所示图形，要求如下：

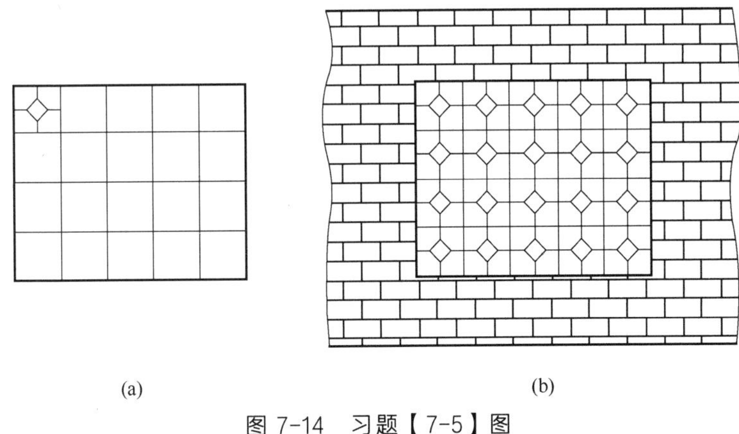

图 7-14　习题【7-5】图

（1）将图中矩形方格中的花格图案（四边形与 4 根短线）定义为块，块名为 cg，基点放在矩形方格左下角点。

（2）将块 cg 插入到原来的位置上，尺寸不变。

（3）参照图 7-14（b），将块 cg 进行矩形阵列。

（4）参照图 7-14（b），用 pline 命令绘制墙体上下直线轮廓线，线宽为 0.3；用 spline 命令绘制左右两边曲线段，注意端点连接。

（5）参照图 7-14（b），在指定区域内进行图案填充，剖面图案为 AR-B816，调整合适的填充比例。

将完成的图形以 XCAD7-5.dwg 保存在学生姓名子目录下。

【7-6】打开图形 YCAD7-6 .dwg，完成如图 7-15 所示图形，要求如下：

（1）将图中小圆、正六边形和一条轴线定义为块，块名为 ls，基点放在小圆中心。

（2）将块 ls 插入到原来的位置上，尺寸不变。

（3）参照图 7-15（b），将块 ls 进行环形阵列。

（4）参照图 7-15（b），用 spline 命令绘制图 7-15（b）所示剖面线边界，注意捕捉 1、2 线上点，注意端点连接。

（5）参照图 7-15（b），在指定区域内绘制剖面线，剖面图案为 ANSI31，调整合适的填充比例。

将完成的图形以 XCAD7-6.dwg 保存在学生姓名子目录下。

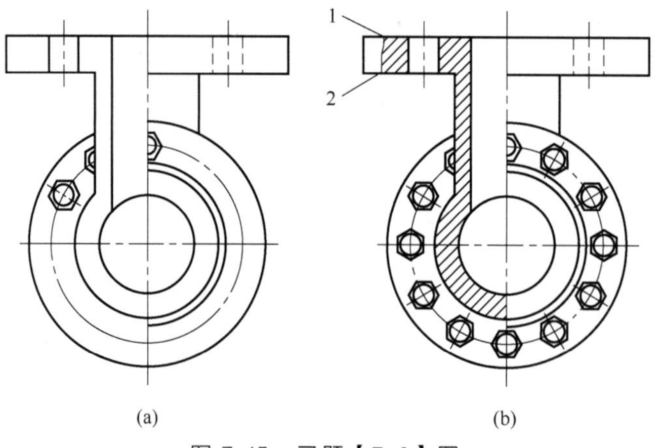

图 7-15 习题【7-6】图

第8章

尺寸标注及设置

本章重点叙述尺寸构造、尺寸种类和标注、尺寸标注前设置等概念和方法，中望机械CAD 2020教育版系统尺寸标注设置一旦设定，系统根据用户的尺寸标注命令操作，将非常方便、快捷、自动地标注尺寸；难点是面对工程实际标注尺寸标注前设置方法的熟练掌握。

8.1 尺寸构造

尺寸是由尺寸线、尺寸界线、尺寸箭头、尺寸文本组成。如图8-1所示，在中望机械CAD 2020教育版系统中为用户提供了非常方便的自动标注手段和人工设置尺寸线的方法。

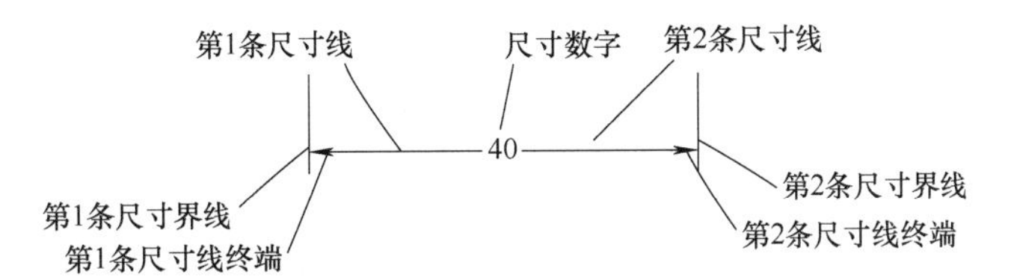

图8-1　尺寸构造示意图

8.2 尺寸种类及标注方法

1）长度型尺寸

长度型尺寸包括五种，它们分别是：①水平标注；②垂直标注；③对齐标注；④连续标注；⑤基线标注。如图8-2所示。

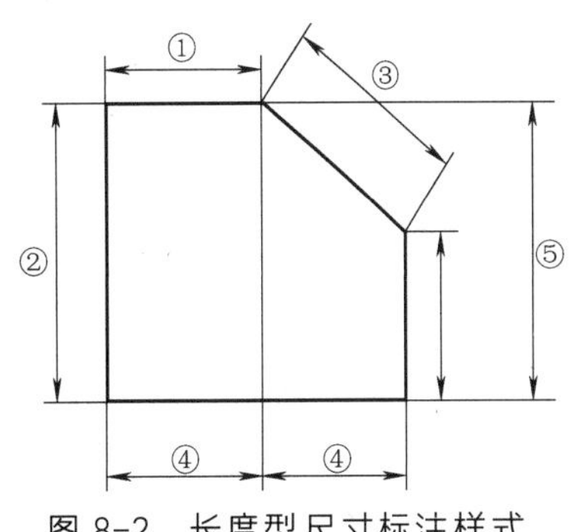

图8-2　长度型尺寸标注样式

（1）①、②、③表达的为水平、垂直、对齐标注，其标注操作为：

左键图标 ，打开端点或交点捕捉；

左键尺寸线第一端点①，左键尺寸线第二端点②；

左键尺寸线位置点③。

注意点：在给出点③之前，如果希望标出与系统测量不一样的尺寸，则键入T↙，键入修改尺寸值↙，再定点③。

（2）④、⑤为连续、基线标注，其标注操作为：

左键图标 ，左键下一尺寸的第二端点…↙ ↙。

注意点：连续、基线标注必须在水平、垂直、对齐标注之后！

2）半径、直径型尺寸

标注操作：左键图标 ，左键圆或弧上一点，左键尺寸线位置。

注意点：①给出尺寸线位置点之前，需要修改尺寸，则键入 T↙，键入修改尺寸↙，再重新定位；②修改后标注的尺寸系统忽略 Φ 和 R，此时直径需要加%%C（=Φ），半径需要加 R。

3）角度型尺寸

角度标注操作：左键图标 ，左键第一条线，左键第二条线，左键尺寸线位置点。

注意点：①给出尺寸线位置点之前，需要修改尺寸，则键入 T↙，键入修改尺寸↙，再重新定位；②修改后标注的尺寸系统忽略°，此时需要在尺寸文字后面加%%D（=°）。

4）引线标注

左键图标 ，S↙（在弹出的如图 8-3 所示的对话框中，选择“附着”卡中的“最后一行加下划线”，确定），左键 1 点、2 点…↙，键入第一行文字↙，键入第二行文字↙…↙↙。

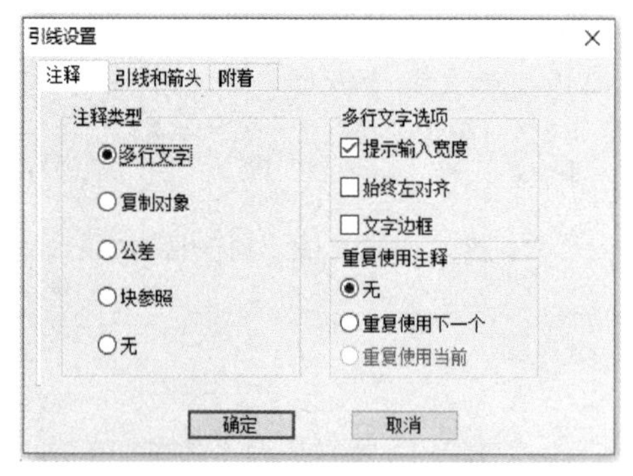

图 8-3 “引线设置”对话框

8.3 尺寸标注前的设置

中望 CAD 系统为了适应不同国家、不同行业、不同用户、不同要求的尺寸标注，系统为用户提供了尺寸标注设置管理器，用于满足上述要求。尺寸标注前必须先行设置，设置的效果决定着标注效果。系统为用户提供了总体尺寸样式和子尺寸样式设置两部分内容。总体尺寸样式可以设置多个，附属总体样式的子尺寸样式也可以多个。

8.3.1 进入标注样式管理器

命令操作：左键图标 或 DDIM↙，进入“标注样式管理器”对话框，如图 8-4 所示。

注意点：①系统默认设置样式为 ISO-25；②单击“新建”可以设置新的尺寸标注样式，如图 8-5 所示；③单击“修改”可以编辑或修改当前设置样式。

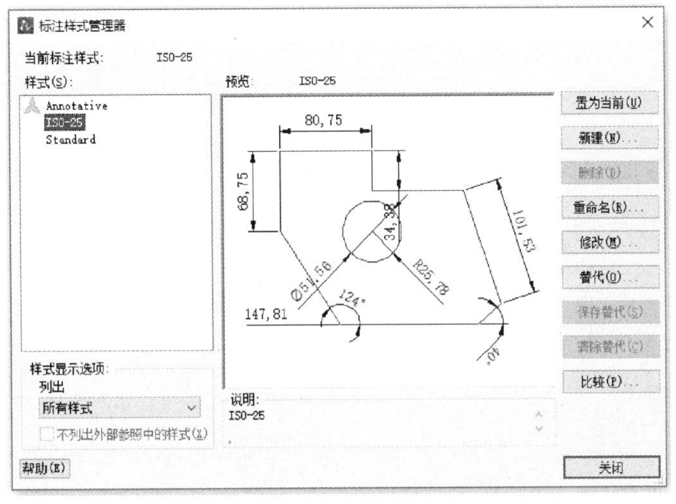

图 8-4 “标注样式管理器”对话框

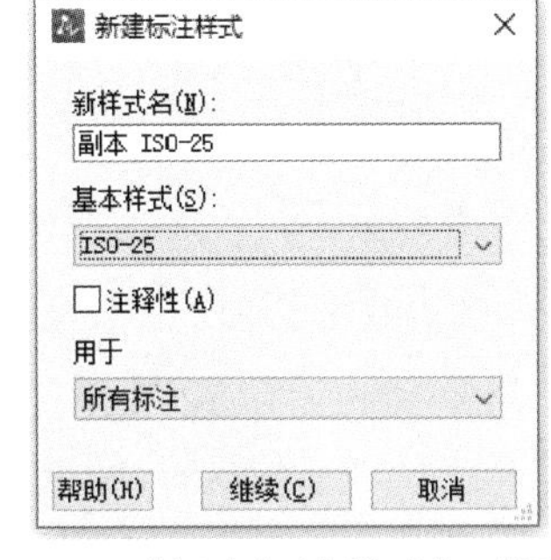

图 8-5 “新建标注样式”对话框

8.3.2 总体尺寸样式设置

命令操作：左键“新建”钮，弹出“新建标注样式”对话框，如图 8-5 所示，“新样式名”可以修改，可以默认；“基本样式”含义是参考样式；用于 “所有标注”选项是设置总体样式，左键“继续”钮，随即进入“新建标注样式”尺寸设置对话框。下面首先叙述总体尺寸标注样式设置操作。

总体尺寸标注设置操作：进入对话框设置之后，主要是考虑七个选项卡的设置。这七个卡名称分别是：

① 标注线，其含义是设置尺寸线、尺寸界线、尺寸界线偏移参数。

② 符号和箭头卡，其含义是机械、建筑等产品设计有些尺寸需要标注弧长符号、折断标注、半径折弯、线性折弯，公差对齐等特殊标注在这个选项卡设置。还可以设置箭头、斜叉标记和圆心标记等。

③ 文字卡，其含义是设置字体、大小、放置参数。

④ 调整卡，其含义是设置尺寸线、箭头、文字相互匹配参数。

⑤ 主单位卡，其含义是设置标注单位、精度、分割符、前后缀、测量比例因子等参数。

⑥ 换算单位卡，其含义是系统换算两种不同标注尺寸单位，如毫米和英寸之间长度换算，通常不用。

⑦ 公差卡，其含义是机械、建筑等产品设计有些尺寸需要标注公差，公差的样式、大小在这个选项卡设置。

七个卡中各个选项含义及设置如下。

1）标注线卡

此卡包括尺寸线、尺寸界线、尺寸界线偏移设置区。

尺寸线区主要设置尺寸线颜色、线宽、基线间距、尺寸线隐藏，如图 8-6 所示。

注意点：颜色通常随层；基线间距即基准标注相邻两条尺寸线间距；尺寸线隐藏即抑制一端或两端尺寸线绘制。

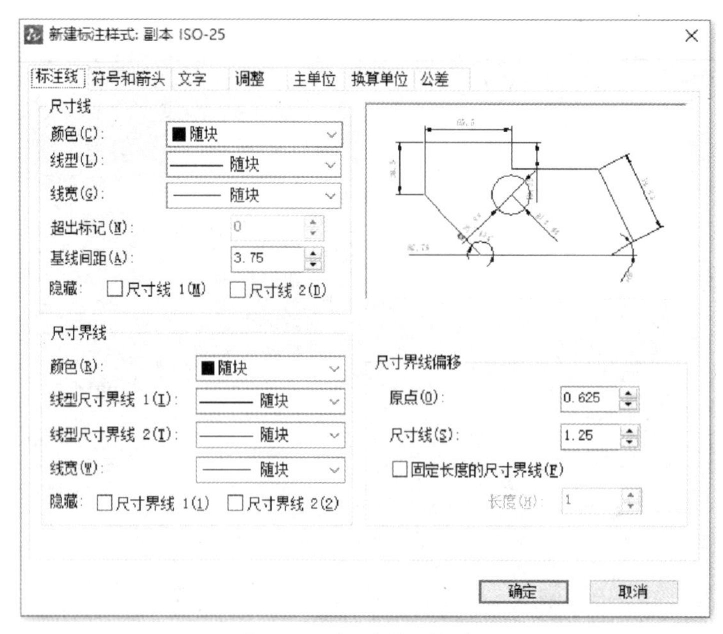

图 8-6 标注线对话框

尺寸界线区主要设置尺寸界线的颜色、线宽、尺寸界线的线型、隐藏尺寸界线。

注意点：①颜色通常随层；②超出尺寸线是指尺寸界线超出尺寸线量大小设置，通常设置为 1；③起点偏移量设置机械零部件偏移量通常为 0，建筑制图偏移量需根据情况设置；④尺寸界线隐藏即抑制一端或两端尺寸界线绘制。

尺寸界线偏移区主要设置调整相对于原点与尺寸线的尺寸界线偏移量，除此之外还可以固定尺寸界线的长度。

2）符号和箭头卡

此卡的箭头区主要设置箭头形式、大小。

注意点：通常采用实心闭合形式；各种形式箭头根据需要可选择；尺寸线两端箭头形式可以不同；随着设置的改变，对话框中右上角图标显示跟随着变化；圆心标记、斜叉标记、折断标注、半径折弯、线性折弯、弧线标注通常不设置，如图 8-7 所示。由于此选项卡除箭头区外其他区经常不用，在这里不再赘述。

3）文字卡

此卡主要包括文字外观、文字位置、文字方向、选项四个设置区，如图 8-8 所示。

文字外观区：主要包括文字样式、颜色、高度、分数高度比例设置；文字样式其实设置的是字型名、字体名、宽高比等参数。

文字位置区：主要包括文字垂直、水平位置、文字垂直偏移量和视图方向选项；其设置含义随着设置改变从右上角图标中一目了然，故不再赘述。

文字方向区：主要设置文字与在尺寸界线内外的相对方向；用户可以根据需要进行选择。

选项区：主要是绘制文字边框选项；文字边框设置即是否标注文字加上外框，在一些重要尺寸需要强调的时候需要此项设置。

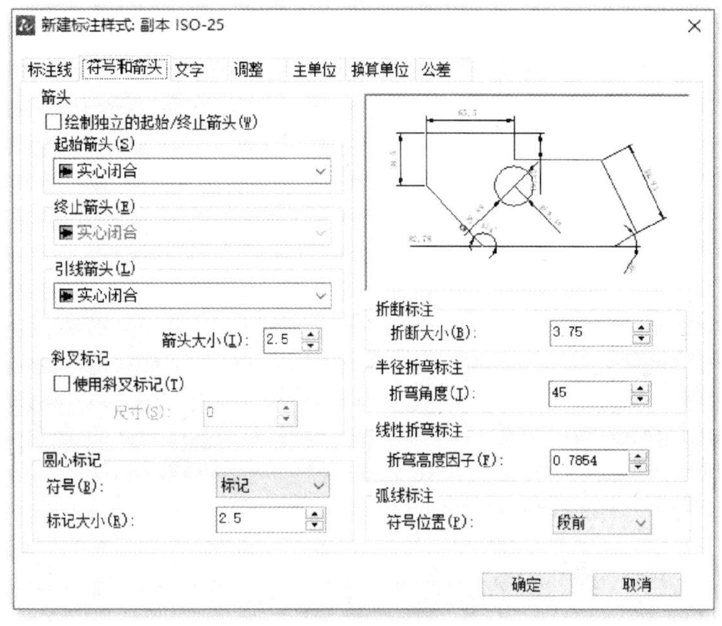

图 8-7　符号和箭头卡对话框

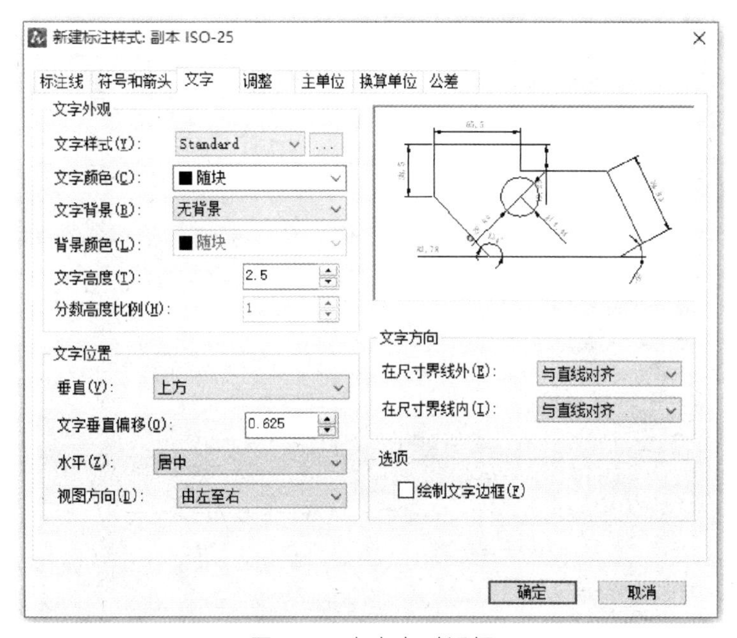

图 8-8　文字卡对话框

4）调整卡

该卡主要包括调整方式、文字位置、标注特征比例三个设置区，如图 8-9 所示。

调整方式区：主要设置当尺寸界线之间没有足够空间放置文字和箭头的时候，系统如何处理。例如，文字或箭头在内，取最佳效果；文字与箭头均在外；文字在内，箭头在外等等；还有设置是否当箭头在外时，在尺寸界限之间绘制尺寸线。总体尺寸标注设置中尽可能以系统默认第一个选项不动为好。

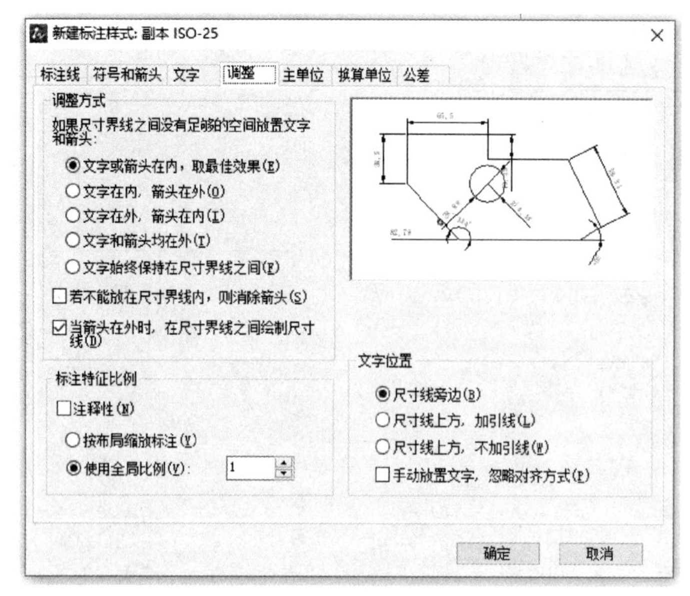

图 8-9　调整卡对话框

文字位置区：主要设置当文字不在默认位置时候，文字的放置位置。总体尺寸标注设置中尽可能以系统默认第一个选项不动为好。

标注特征比例区：主要设置模型空间和图纸空间全局尺寸变量比例系数。例如，当前尺寸箭头大小 2.5，文字高度 2.5，尺寸界线超出量为 1，如果比例系数为 2，则上述所有数量均放大 2 倍；此选项一般不动。

5）主单位卡

该卡主要设置包括线性标注、测量单位比例、角度标注、消零等，如图 8-10 所示。

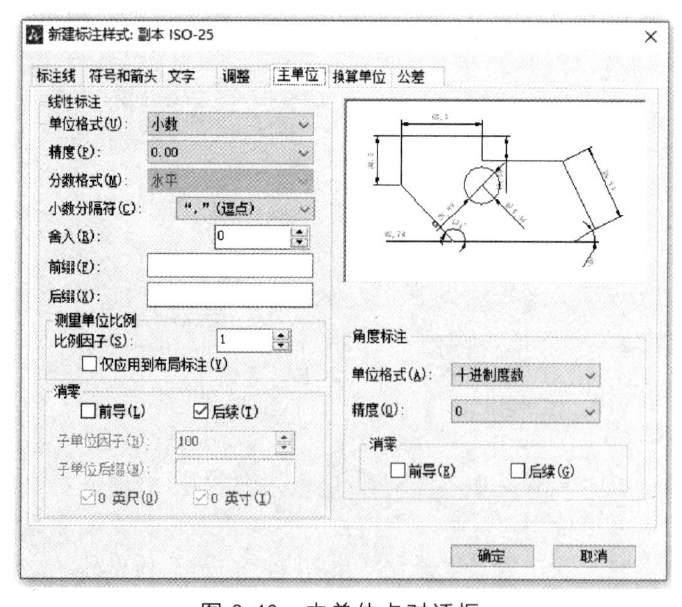

图 8-10　主单位卡对话框

线性标注区：主要设置标注单位形式（小数即为十进制）、精度（保留小数点位数）、分隔符（通常为句点）、舍入、前缀、后缀等；后两项是有时需要标注一批带有前后缀的尺寸时用到。

测量单位比例区：这个选项设置很重要，当用户绘制非 1∶1 的图形时，尺寸标注如果按照 1∶1 去标注，则每次都需要更改标注文字，有了测量比例因子大小的设置，系统在标注尺寸之前，将自动测量的尺寸乘以比例因子以后再进行标注，克服了绘制比例与标注之间的矛盾。

角度标注区：主要设置角度标注单位形式和精度。

消零区：主要设置小数点前后 0 的保留位数。

6）换算单位卡

主要包括换算单位设置、换算公差、消零设置区。由于此选项卡经常不用，在这里不再赘述。如图 8-11 所示。

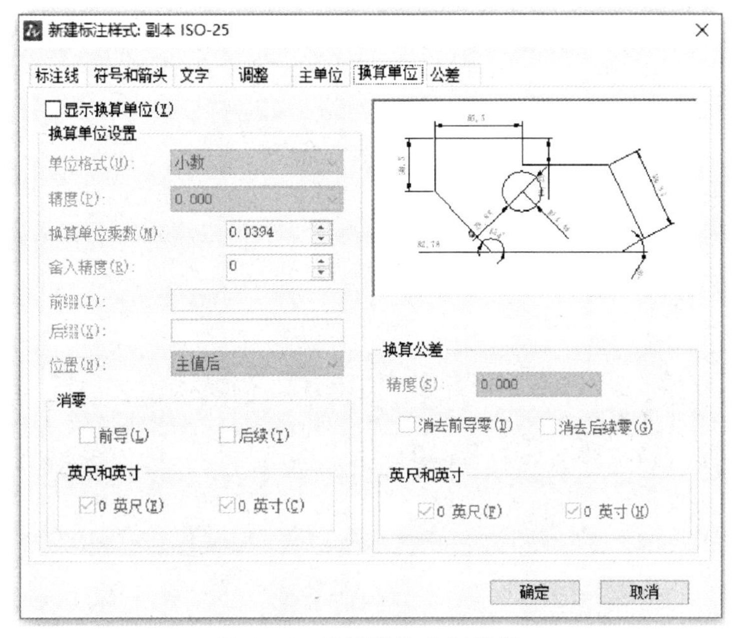

图 8-11　换算单位卡对话框

7）公差卡

主要包括公差格式、公差消零、公差单位设置区，如图 8-12 所示。

公差格式区：主要包括公差格式、精度、上偏差、下偏差、高度比例（即公差文字高度与尺寸文字高度之比）、垂直位置等。

注意点：公差格式即形式，主要有对称、极限偏差、极限尺寸、基本尺寸、无五种形式；下偏差系统默认为负，如果用户再加上负号，则系统自动更正为正；当有公差的时候，右上角图标自动显示出来，用户可以看到；国家标准规定公差文字比尺寸文字小，通常设置该比例为 0.6 比较合适；标注尺寸一行与公差文字两行垂直关系通常是标注尺寸文字垂直居中；总体尺寸设置、公差设置通常不动。

公差消零和公差单位区通常很少涉及，此处不再赘述。

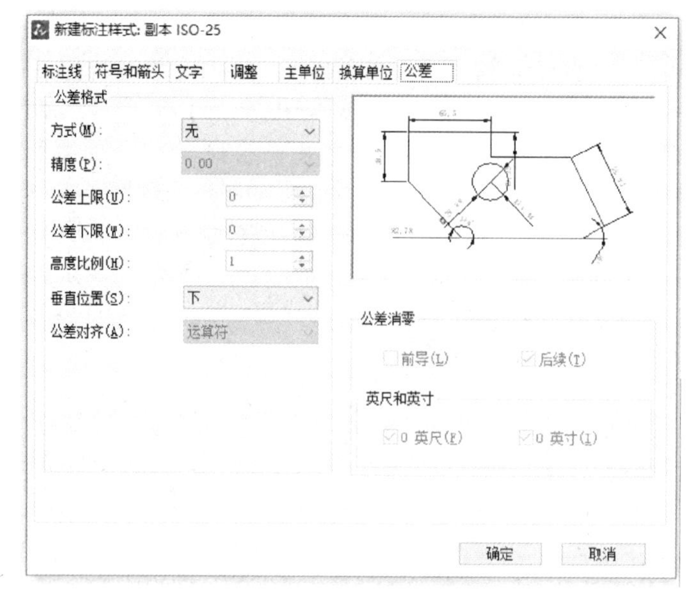

图 8-12 公差卡对话框

综上所述，为总体尺寸标注设置和七个选项卡含义及其设置，其规律是只对前四个选项卡进行设置即可；具体参数大小设置请根据需要或国家标准规定；有很多设置可能需要人为经验，这要看用户对中望 CAD 机械版 2020 系统尺寸标注使用的熟练及理解程度而定，熟能生巧。

8.3.3 子尺寸标注样式设置

在标注样式管理器中，不退出或关闭即可设置子尺寸标注样式；子尺寸标注样式通常是在总体标注样式设置无法完成标注，或总体设置标注与用户希望的标注矛盾的时候使用，此时用户会意识到需要进行子尺寸样式设置来解决。

子尺寸标注设置操作：在标注样式管理器对话框中，左键“新建”钮，弹出“新建标注样式”对话框，如图 8-5 所示，新样式名不能修改；基础样式不变；“用于”下拉框包括多个单一选项，有线性、角度、半径、直径、坐标、引线和公差等，一旦选定，左键“继续”钮，随即进入“新建标注样式 线性”尺寸设置对话框；仍然是考虑七个选项卡的设置。以下分别叙述各选项的设置。

线性子尺寸标注设置：①七个选项卡都可以按用户希望更改；②这里通常可能要修改的是在主单位卡中的加上前缀，例如%%C=Φ，尤其在标注机械零件轴的时候需要考虑。

角度子尺寸标注设置：①七个选项卡都可以按用户希望更改；②这里通常可能要修改的是在文字卡中的文字对齐区的“水平”方式；③也可能需要在主单位卡中考虑加上后缀，例如%%D=°。

半径子尺寸标注设置：①七个选项卡都可以按用户希望更改；②这里通常可能要修改的是在文字卡中的文字对齐区的“水平”选项；③还有可能修改调整卡中的调整方式区的文字选项，及调整区的标注时“手动放置文字”位置选项。

直径子尺寸标注设置：①七个选项卡都可以按用户希望更改；②这里通常可能要修改的是在文字卡中的文字对齐区的各个选项；③可能修改调整卡中的调整方式区的文字选项，

及调整区的标注时“手动放置文字”位置选项；④可能设置主单位卡线性标注区的精度为 0.00、分隔符为句点；⑤可能设置公差卡公差格式区的格式，如对称或极限偏差，设置上下偏差，设置高度比例 0.6，设置尺寸文字在垂直方向居于公差文字两行中部等。

坐标标注和引线标注设置通常用的很少，在这里不再赘述。

子尺寸标注设置完毕，返回到标注样式管理器界面的时候，系统应该显现图 8-13 所示样子，ISO-25 总体标注名称下面多了几行显示附属于该总体尺寸标注的子尺寸标注名称，说明该设置完毕，如果在后续的使用过程中还有不合适的地方，可以点击“修改”。

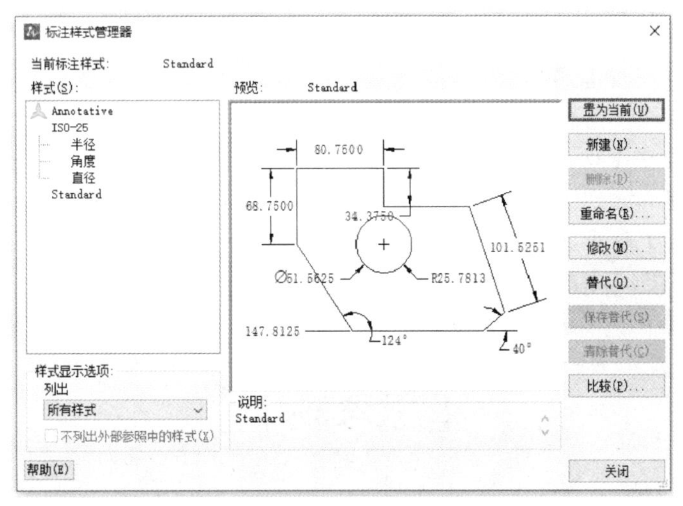

图 8-13　设置完毕标注样式管理器样式

8.3.4　尺寸设置注意点

（1）在总体尺寸标注和子尺寸标注两个重要内容设置完毕后，即可进行尺寸标注了，其标注方法在前述内容中已经说明。

（2）需要进一步说明的是，如果一套总体尺寸标注不够的情况下，可以继续设置第 2 套、第 3 套……或更多，以满足非常复杂的标注情况。

（3）还有如果 A 图和 B 图的标注样式不同，可以相互借鉴，此时只需打开两张图纸，在第一张图纸中打开设计中心，找到其标注样式，将其用鼠标拖拽到第二张图中即可，这个方法很有用。

（4）按国家标准推荐，标注前最好给尺寸标注一个图层。

（5）多用、多参考、多设置，练习是学好尺寸标注内容的途径。

（6）国产 CAD 软件在这方面已经按国家标准进行开发，且已将上述问题解决了。这种设置主要是中望 CAD 机械版 2020 系统特有的设置。

8.4　尺寸标注设置规律

尺寸标注较为繁琐，为了同学们的学习，现整理出一套较为成熟且符合我国国标的尺寸设置规律，如下。

新建图层 La 空，名字 dim，颜色黄
删除样式替代是 D 空
新建名字“XCAD-*”，选择“所有尺寸”点“继续”*
“总体设置”要先做：
1 卡选择随层 随层 0 1
2 卡箭头大小：2.5
3 卡先设置字体样式：RS 0.8，后选择文字随层 2.5 上 1 居中 水平 与直线对齐
4 卡核对 1 区 1、2 区 3、3 区 1，1 区增加箭头在外时，在尺寸界线之间绘制尺寸
5 卡选择 0 和句号
不要忘了“子尺寸设置”
新建—角度/半径/直径—继续
角度调整 3 卡在尺寸界线内为水平
半径调整 4 卡 1 区 3,3 区加手动放置文字
直径调整 4 卡 1 区 3,3 区加手动放置文字，同时根据图增加 7 卡精度为 极限（对称），上下 0.6，高度比例 1，垂直位置中
快速引线在使用时先设置附着卡。

【思考题】

1. 下面四个选项卡中________不是公差选项卡的内容。
   A．公差格式　　B．公差消零
   C．英尺和英寸　　D．显示换算单位
2. 下列组成尺寸要素最合适的是________。
   A．尺寸线、尺寸界线、尺寸箭头
   B．尺寸箭头、尺寸文字、尺寸界线
   C．尺寸线、尺寸界线、尺寸箭头、尺寸文字
   D．尺寸线、尺寸界线、尺寸文字
3. 长度型尺寸由哪几种组成？
   A．水平标注，垂直标注　　B．对齐标注，连续标注
   C．基线标注　　D．ABC 全部
4. 在系统标出自动测量尺寸数值之前，如果希望修改，正确的操作应该是________。
   A．T ␣，键入修改尺寸值␣　　B．M ␣，键入修改尺寸值␣
   C．A ␣，键入修改尺寸值␣　　D．H ␣，键入修改尺寸值␣
5. 连续、基线标注必须在________之后。
   A．水平标注　　B．垂直标注
   C．对齐标注　　D．ABC 全部
6. 标注尺寸单位度 °、Φ、R 命令对应顺序正确的是________。
   A．%%C、%%D、%%R　　B．%%D、%%C、R
   C．%%R、%%D、%%C　　D．%%D、%%C、R
7. 快速引线标注设置在哪个工具条？________

A．标注　B．标注样式管理器
C．引线设置　D．无

8．标注样式管理器有________个选项卡。
A．7　B．3
C．5　D．4

9．样式标注管理器包括了________选项卡。
A．标注线、文字、符号和箭头
B．换算单位、公差
C．调整、主单位
D．ABC 全部

10．下面________选项不能在标注线设置。
A．尺寸线宽　B．尺寸界限颜色
C．绘制文字线边框　D．尺寸线颜色

11．在标注内容前加前缀、后缀是在标注样式的________选项卡中。
A．换算公差　B．主单位
C．公差　D．调整

12．在标注过程中将原图放大 4 倍，测量比例因子应设为________才能标出原尺寸。
A．0.25　B．4
C．不变　D．1

13．公差样式有________种。
A．1　B．2
C．3　D．4

14．样式标注管理器中的文字卡，主要包括________。
A．文字外观、文字位置、文字方向、选项四个设置区
B．文字样式、颜色、高度、选项四个设置区
C．文字垂直、水平位置、尺寸线、选项四个设置区
D．文字外观、水平位置、文字对齐、选项四个设置区

15．公差选项卡的公差格式区主要包括________。
A．格式、精度、高度比例　B．公差上限、公差下限
C．精度、垂直位置　D．ABC 全部

16．新建子样式可以建________种？
A．线性标注，半径标注　B．角度标注，直径标注
C．ABD 全部　D．引线和公差标注，坐标标注

17．公差方式为极限偏差的高度比例、垂直位置一般设置为________。
A．0.6、上　B．0.6、中
C．0.7、下　D．0.7、中

18．总样式标注被修改后________影响子样式标注。
A．不会　B．会
C．可能会可能不会　D．不确定

19．修改完子样式标注后，图形里的原标注________受影响。
A．不会　B．会

C．可能会可能不会　　　　D．不确定

20．在标注样式新建完成以后，标注之前最重要的一步操作为________。

A．换层　　　　B．将新标注样式置为当前

C．输入要标注的命令　　　　D．点击要标注的图标

上机习题

【8-1】打开图形 YCAD8-1. dwg，按图 8-14 所示要求进行尺寸设置及标注，要求如下。

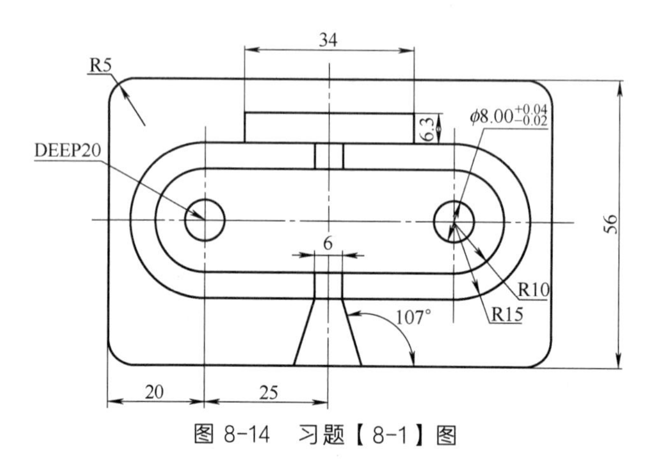

图 8-14　习题【8-1】图

1）设置图层

层名 dim，线型连续，颜色黄色。

2）尺寸标注样式设置

（1）总体样式

① 总体尺寸标注样式名称：XCAD8-1。

② 标注线卡　尺寸线区：颜色随层。

尺寸界线区：颜色随层。

尺寸界线偏移区：原点 0；尺寸线 1。

③ 符号和箭头卡　箭头区：起始箭头，实心闭合；箭头大小 2.5。

④ 文字卡　文字外观区：文字样式，字体 romans.shx；宽度因子 0.8；

文字颜色随层；文字高度 2.5。

文字位置区：垂直上方；文字垂直偏移 1；水平居中。

文字方向区：在尺寸界线外，水平；在尺寸界线内，与直线对齐。

⑤ 调整卡　调整方式区：当箭头在外时，在尺寸界线之间绘制尺寸线。

⑥ 主单位卡　线性标注区：精度为 0。

（2）子样式

① 角度　文字卡　在尺寸界线内，水平。

② 半径　调整卡　调整方式区：文字在外，箭头在内。

文字位置区：手工放置文字，忽略对齐方式。

③ 直径　调整卡　调整方式区：文字在外，箭头在内。

文字位置区：手工放置文字，忽略对齐方式。

主单位卡 线性标注区：精度 0.00。

公差卡 公差格式区：极限偏差；精度 0.00；上偏差 0.04；下偏差 0.02；

垂直位置居中；高度比例 0.60。

（3）引线 附着卡 最后一行加下划线（命令过程中设置）。

3）其余卡设置

一律采用缺省值，设置完成后，标注如图所示各种尺寸。

将完成的图形 XCAD8-1.dwg 保存在学生姓名子目录下。

【8-2】打开图形 YCAD8-2.dwg，按图 8-15 所示要求进行尺寸设置及标注，要求如下。

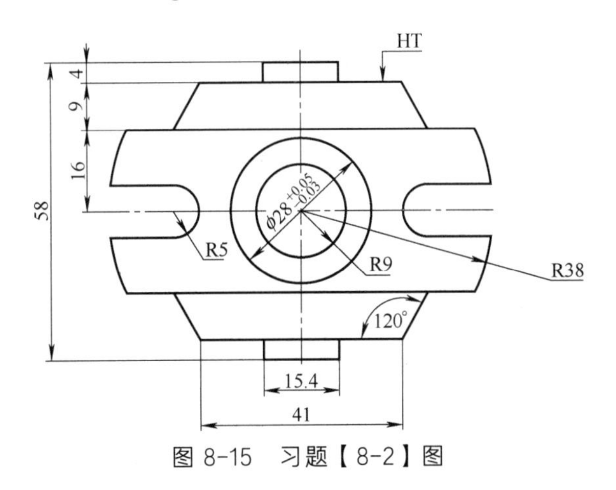

图 8-15 习题【8-2】图

1）设置图层

层名 dim，线型连续，颜色黄色。

2）尺寸标注样式设置

（1）总体样式

① 总体尺寸标注样式名称：XCAD8-2。

② 标注线卡 尺寸线区：颜色随层；基线间距 5。

尺寸界线区：颜色随层。

尺寸界线偏移区：原点 0；尺寸线 1。

③ 符号和箭头卡 箭头区：起始箭头，实心闭合；箭头大小 2.5。

④ 文字卡 文字外观区：文字样式，字体 romans．shx；宽度因子 0.8；

文字颜色随层；文字高度 2.5。

文字位置区：垂直上方；文字垂直偏移 1；水平居中。

文字方向区：在尺寸界线外，水平；在尺寸界线内，与直线对齐。

⑤ 调整卡 调整方式区：当箭头在外时，在尺寸界线之间绘制尺寸线。

⑥ 主单位卡 线性标注区：精度为 0。

（2）子样式

① 角度 文字卡 在尺寸界线内，水平。

② 半径 调整卡 调整方式区：文字在外，箭头在内。

文字位置区：手工放置文字，忽略对齐方式。

③ 直径 调整卡 调整方式区：文字在外，箭头在内。

文字位置区：手工放置文字，忽略对齐方式。

公差卡　公差格式区：极限偏差；精度 0.00；上偏差 0.05；下偏差 0.03；

垂直位置居中；高度比例 0.60。

（3）引线　附着卡　最后一行加下划线（命令过程中设置）。

3）其余卡设置

一律采用缺省值，设置完成后，标注如图所示各种尺寸。

将完成的图形 XCAD8-2．dwg 保存在学生姓名子目录下。

【8-3】打开图形 YCAD8-3．dwg，按图 8-16 所示要求进行尺寸设置及标注，要求如下。

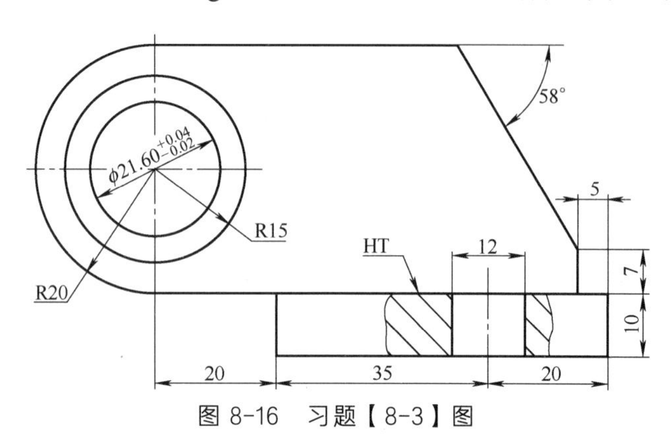

图 8-16　习题【8-3】图

1）设置图层

层名 dim，线型连续，颜色黄色。

2）尺寸标注样式设置

（1）总体样式

① 总体尺寸标注样式名称：XCAD8-3。

② 标注线卡　尺寸线区：颜色随层。

尺寸界线区：颜色随层。

尺寸界线偏移区：原点 0；尺寸线 1。

③ 符号和箭头卡　箭头区：起始箭头，实心闭合；箭头大小 2.5。

④ 文字卡　文字外观区：文字样式，字体 romans．shx；宽度因子 0.8；

文字颜色随层；文字高度 2.5。

文字位置区：垂直上方；文字垂直偏移 1；水平居中。

文字方向区：在尺寸界线外，水平；在尺寸界线内，与直线对齐。

⑤ 调整卡　调整方式区：当箭头在外时，在尺寸界线之间绘制尺寸线。

⑥ 主单位卡　线性标注区：精度为 0。

（2）子样式

① 角度　文字卡　在尺寸界线内，水平。

② 半径　调整卡　调整方式区：文字在外，箭头在内。

文字位置区：手工放置文字，忽略对齐方式。

③ 直径　调整卡　调整方式区：文字在外，箭头在内。

文字位置区：手工放置文字，忽略对齐方式。

主单位卡　线性标注区：精度 0.00。

公差卡　公差格式区：极限偏差；精度 0.00；上偏差 0.04；下偏差 0.02；
垂直位置居中；高度比例 0.60。

（3）引线　附着卡　最后一行加下划线（命令过程中设置）。

3）其余卡设置

一律采用缺省值，设置完成后，标注如图所示各种尺寸。

将完成的图形 XCAD8-3．dwg 保存在学生姓名子目录下。

【8-4】打开图形 YCAD8-4．dwg，按图 8-17 所示要求进行尺寸设置及标注，要求如下。

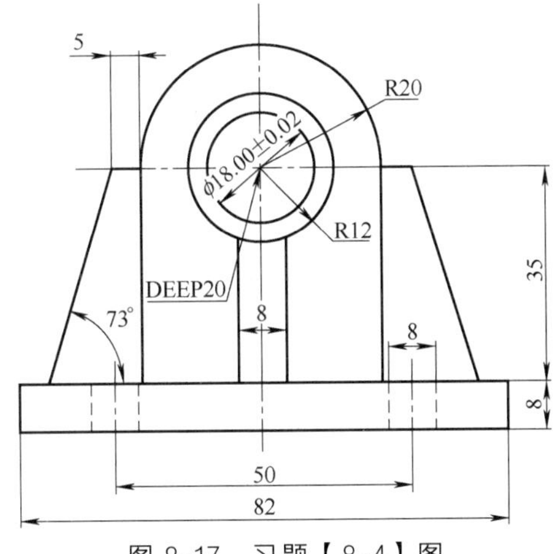

图 8-17　习题【8-4】图

1）设置图层

层名 dim，线型连续，颜色黄色。

2）尺寸标注样式设置

（1）总体样式

① 总体尺寸标注样式名称：XCAD8-4。

② 标注线卡　　尺寸线区：颜色随层。
尺寸界线区：颜色随层。
尺寸界线偏移区：原点 0；尺寸线 1。

③ 符号和箭头卡 箭头区：起始箭头，实心闭合；箭头大小 2.5。

④ 文字卡　　文字外观区：文字样式，字体 romans．shx；宽度因子 0.8；
文字颜色随层；文字高度 2.5。
文字位置区：垂直上方；文字垂直偏移 1；水平居中。
文字方向区：在尺寸界线外，水平；在尺寸界线内，与直线对齐。

⑤ 调整卡　　调整方式区：当箭头在外时，在尺寸界线之间绘制尺寸线。

⑥ 主单位卡　线性标注区：精度为 0。

（2）子样式

① 角度　文字卡　在尺寸界线内，水平。

② 半径　调整卡　调整方式区：文字在外，箭头在内。
文字位置区：手工放置文字，忽略对齐方式。

③ 直径　调整卡　调整方式区：文字在外，箭头在内。
文字位置区：手工放置文字，忽略对齐方式。

主单位卡　线性标注区：精度 0.00。

公差卡　公差格式区：对称；精度 0.00；上下偏差 0.02；

垂直位置居中；高度比例 0.60。

（3）引线　附着卡　最后一行加下划线（命令过程中设置）。

3）其余卡设置

一律采用缺省值，设置完成后，标注如图所示各种尺寸。

将完成的图形 XCAD8-4. dwg 保存在学生姓名子目录下。

【8-5】打开图形 YCAD8-5. dwg，按图 8-18 所示要求进行尺寸设置及标注，要求如下。

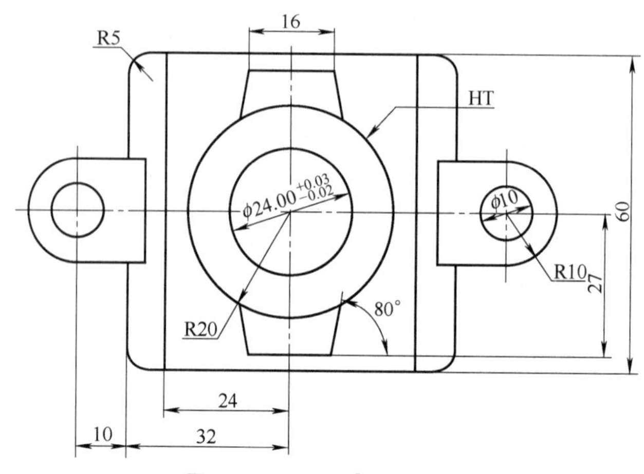

图 8-18　习题【8-5】图

1）设置图层

层名 dim，线型连续，颜色黄色。

2）尺寸标注样式设置

（1）总体样式

① 总体尺寸标注样式名称：XCAD8-5。

② 标注线卡　尺寸线区：颜色随层。尺寸界线区：颜色随层。

尺寸界线偏移区：原点 0；尺寸线 1。

③ 符号和箭头卡 箭头区：起始箭头，实心闭合；箭头大小 2.5。

④ 文字卡　文字外观区：文字样式，字体 romans．shx；宽度因子 0.8；

文字颜色随层；文字高度 2.5。

文字位置区：垂直上方；文字垂直偏移 1；水平居中。

文字方向区：在尺寸界线外，水平；在尺寸界线内，与直线对齐。

⑤ 调整卡　调整方式区：当箭头在外时，在尺寸界线之间绘制尺寸线。

⑥ 主单位卡　线性标注区：精度为 0。

（2）子样式

① 角度　文字卡　在尺寸界线内，水平。

② 半径　调整卡　调整方式区：文字在外，箭头在内。

文字位置区：手工放置文字，忽略对齐方式。

③ 直径　调整卡　调整方式区：文字在外，箭头在内。

文字位置区：手工放置文字，忽略对齐方式。

公差卡　公差格式区：极限偏差；精度 0.00；上偏差 0.03；下偏差 0.02；

垂直位置居中；高度比例 0.60。

（3）引线　附着卡　最后一行加下划线（命令过程中设置）。

3）其余卡设置

一律采用缺省值，设置完成后，标注如图所示各种尺寸。

将完成的图形 XCAD8-5.dwg 保存在学生姓名子目录下。

【8-6】打开图形 YCAD8-6.dwg，按图 8-19 所示要求进行尺寸设置及标注，要求如下。

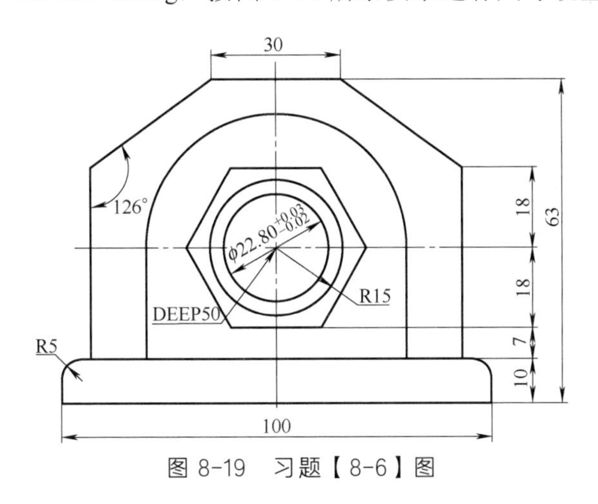

图 8-19　习题【8-6】图

1）设置图层

层名 dim，线型连续，颜色黄色。

2）尺寸标注样式设置

（1）总体样式

① 总体尺寸标注样式名称：XCAD8-6。

② 标注线卡　　尺寸线区：颜色随层。尺寸界线区：颜色随层。

尺寸界线偏移区：原点 0；尺寸线 1。

③ 符号和箭头卡 箭头区：起始箭头，实心闭合；箭头大小 2.5。

④ 文字卡　　文字外观区：文字样式，字体 romans．shx；宽度因子 0.8；

文字颜色随层；文字高度 2.5。

文字位置区：垂直上方；文字垂直偏移 1；水平居中。

文字方向区：在尺寸界线外，水平；在尺寸界线内，与直线对齐。

⑤ 调整卡　　调整方式区：当箭头在外时，在尺寸界线之间绘制尺寸线。

⑥ 主单位卡　线性标注区：精度为 0。

（2）子样式

① 角度　文字卡　在尺寸界线内，水平。

② 半径　调整卡　调整方式区：文字在外，箭头在内。

文字位置区：手工放置文字，忽略对齐方式。

③ 直径　调整卡　调整方式区：文字在外，箭头在内。

文字位置区：手工放置文字，忽略对齐方式。

公差卡　公差格式区：极限偏差；精度 0.00；上偏差 0.03；下偏差 0.02；
垂直位置居中；高度比例 0.60。

（3）引线　附着卡　最后一行加下划线（命令过程中设置）。

3）其余卡设置

一律采用缺省值，设置完成后，标注如图所示各种尺寸。

将完成的图形 XCAD8-6.dwg 保存在学生姓名子目录下。

第9章

图形输入输出与工程训练

本章主要介绍两部分内容：一是中望 CAD 2024 版系统电子图形不同格式的输入输出方法，重点是掌握图形的打印输出设置和操作，难点是图形打印设置卡各个选项含义的熟练掌握；二是 CAD 专业工程训练大作业的绘制方法和举例。

中望 CAD 2024 版系统可以输出输入多种格式的电子图形，用来与其他 CAD 软件系统交换图形信息。输入是将其他 CAD 系统的图形文件输入到中望 CAD 2024 版系统中。输出是指将中望 CAD 2024 版系统本身的图形输出为其他 CAD 或印刷系统可以兼容的格式。

9.1 电子图形输入

命令操作：左键下拉菜单，插入，选择如下。

① dwf 参照底图，可输入三维 dwf 格式文件。

② ACIS Files...，可输入 sat 格式文件。

③ 二进制图形交换文件，可输入 dxf 二进制格式文件。

④ Windows 图元文件，可输入 wmf、clp 格式文件。

⑤ OLE 对象，可输入多种格式的图像、文字、表格、声音等。

⑥ 光栅图像，系统可输入多种流行的图像软件和印刷格式文件，如 jpg、tif、igs、tga、eps、ps 等多种格式文件。

注意点：插入的图元文件、光栅图像虽然格式很多，只是 Windows 窗口的连接关系及其图形图像的显示，中望 CAD 2024 版系统通常不能修改。

9.2 电子图形输出

命令操作有两种方式分别介绍如下。

① 左键下拉菜单文件，输出...，系统弹出“输出数据”对话框（见图 9-1），点击文件类型下拉框，可以输出多种格式文件，如 wmf、sat、dwg、bmp、jpg、png、tif、dwf、dwfx、dgn 和 stl 格式。

② 左键下拉菜单，文件，另存...，系统弹出“图形另存为”对话框。可以输出当前版本以下的各种版本的 dwg 格式文件，还可以输出 dxf、dws、dwt 格式文本文件。

注意点：①dxf 格式是中望 CAD 2024 版系统提供的十进制图形数据表示文件，这是一种目前通用的图形交换文件格式。②dwt 格式是中望 CAD 2024 版系统特有的模板图格式，当用户成为一个高级中望用户，或者希望图幅环境设置制作成模板图形式，将一个设置好各种参数的空图另存为 dwt 格式，并放入到系统 template 的子目录中即可为以后使用做好准备。③中望 CAD 2024 版系统图形文件不同版本向下兼容，不能向上兼容。④高版本图形可以通过另存为变成低版本兼容的图形，但有可能丢失一些原来高版本的信息。⑤STL 导出功能：新增 STL 格式文件导出功能，将选择的实体或无间隙网格保存为可用于平版印刷的格式，可选择保存为二进制格式或 ASCII 文本格式。

图 9-1 “输出数据”对话框

9.3 图形打印输出

图形打印输出是中望 CAD 2024 版系统最重要的输出方式之一；是 CAD 系统通过连接的打印设备，将用户绘制的图形以纸质的形式表现出来，俗称硬拷贝。

命令操作：左键图标或 plot ⊔，或下拉菜单文件/打印…，“打印-Model”对话框，如图 9-2 所示，以下分别叙述选项卡中选项及其设置的含义。

（1）打印机/绘图仪区下的名称：主要选择系统当前已经安装的打印设备，只要在 Windows 操作系统中可以使用的打印机，下拉框中均可显示出来，用户在这里只需选择其中的合适选项即可，比如方正 A6100。

（2）打印机/绘图仪区下的纸张：用来选择图纸幅面和图纸单位（通常选毫米）。

（3）打印区域区：一般选“显示”，打印目标明确。

（4）打印偏移设置：指定打印区域距离图纸左下角的偏移。选择打印区域的原点位置，通常选居中。

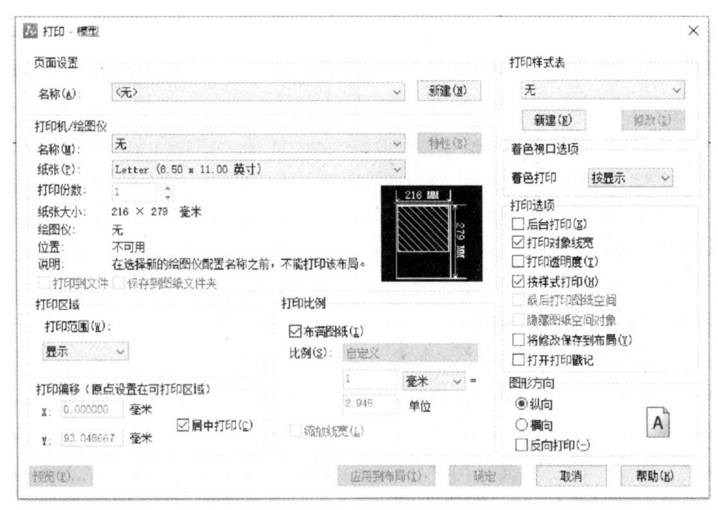

图 9-2　打印设置对话框

（5）打印比例区：有放大、缩小、等比例，注意选择“布满图纸”。

（6）打印样式表区：设置打印样式，注意单色打印样式，选 monochrome.ctb 选项。

（7）图形方向设置：分横向、纵向（同时配套反向），可以通过预览看清楚。

（8）打印选项、着色视口选项通常不动！

（9）预览：设置完毕，左键预览...，可以看见整个打印区域图形全部；此时右键，退出，修改参数至合适，再预览，再右键，看是否合适，打印。

9.4　CAD 工程训练

9.4.1　工程训练的目的和意义

工程训练是工程 CAD 课程的重要组成部分，是学生进一步提高图形处理能力、CAD 软件综合运用能力、CAD 上机操作考试能力的主要途径。常用专业图形的计算机处理与后续的课程设计、毕业设计内容紧密衔接，是学生初步甩掉绘图板的必经之路。工程训练占工程 CAD 课程总成绩的 20%。

9.4.2　工程训练的安排及要求

（1）每个学生按教师的布置，完成数量及难度大体相当的 A3 幅面工程图纸 2～4 张。

（2）图纸由教师分发，学生接到图纸后，需要认真准备，熟悉软件、硬件环境，选择图纸幅面、注意图形尺寸，将复杂图形尽量分解，从组成简单图形的图元、不同图元组成简单图形，到简单图形组成为复杂图形，考虑每一步怎样完成，并在图纸上用铅笔做必要的尺寸标注或说明，经教师检查后方可上机。

（3）工程训练需要课外预约上机 20 小时，由课代表或学习委员负责组织。训练应在规定时间完成，通常是 1～2 周时间，一律按照要求上机完成工程训练。

（4）工程训练软件环境为中望 CAD 2024 版或以上环境，教师首先对课代表辅导，课代表最好先行完成，然后课代表再对同学辅导，如果有共性的、难以解决的问题，再由教师集中辅导。

（5）学生应注意不要在 U 盘上做作业，注意多留压缩备份文件。

（6）交作业时，需将文件按学号姓名子目录考入 U 盘由课代表统一交给教师。

（7）学生必须独立完成工程训练，为今后独立设计工作打下良好基础。

（8）收上学生的作业最好将其打印出图，按班级装订成册，这相当于工程训练试卷，教师根据作业上的大中小错误，酌情扣分，最后得出 20%的工程训练成绩分数。

（9）工程训练之前教师需要给学生提前发放工程训练资料，包括需要完成的电子图、样图（完成图的依据）、模板图、实用程序、实用块（绘制过程中经常需要用到的）等。

9.4.3　工程训练总步骤及其内容

1）做好准备工作

学生接到电子版 tif 或 dwf 或 pdf 格式图纸后（打印出来也可），应该首先进行认真研读，做到看懂图；然后进行简单标识，包括尺寸、不清楚的问题；搞清楚所有问题后，仔细思考上机操作绘制方法，最好经过辅导老师或课代表检查、问询后再上机完成。

一定看教师发放的工程训练资料，搞清各种问题如何利用现有资料解决，再上机绘制不迟，切忌急躁；此时慢不等于慢，快不等于快。

2）模板图使用

（1）双击模板图法：将教师发放的模板图双击，自动启动中望 CAD 2024 版系统，用户即可看见模板图幅效果，此时并非打开模板图，而是引用效果，这可以从图形文件名称看出，通常是 Drawing1。

（2）模板图路径引用法：按照中望 CAD 2024 版系统提供的 Support/Template 模板目录，将教师发放的模板图拷入其中，开始新文件，弹出创建新文件对话框时，单击模板图按钮，系统自动找到该子目录，左右模板文件在这里均可找到，此时单击合适模板，即可开始绘制。

（3）模板图样式：教师给学生发放的模板图包括四张，A3 横，即 A3 幅面横放，A3 竖，即 A3 幅面竖放；A4 横 2 即两张上下拼接 A4 横放幅面；A4 竖 2 即两张左右拼接 A4 横放幅面。A4 横 2 和 A4 竖 2 的设置是为出 A3 图方便。

（4）采用合适模板图：考虑到教师发放的电子图张数与完成的张数相比可能或多或少，找到合适的模板图最为重要。

（5）模板图定制内容如下。

①单位小数，十进制度数，保留小数点 0.0。②图幅绘制好，线型比例设好。③层设置 8 个，分别是中心线、尺寸线、轮廓线 0.7、细实线、剖面线、文字、虚线、双点划线等。不够可以根据情况增加。④尺寸标注设置好。注意随尺寸线层使用。有两种圆直径标注方法。⑤字体：汉字 fs1/fs2=仿宋横写/竖写，st/kt/ht=宋体/楷体/黑体，西文 standard 对应 romans.shx 字体，rd 对应 romand.shx 字体，注意使用。⑥提供了 xwgc 块，即形位公差块；psfh 块，即剖视符号；jzfh 块，即基准符号块；btl 块，即标题栏，上述四种块都可以很好利用。

各种块图如图 9-3 所示。

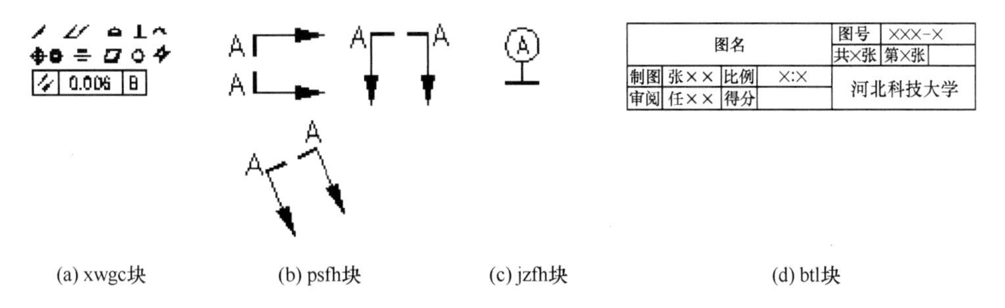

(a) xwgc块　(b) psfh块　(c) jzfh块　(d) btl块

图 9-3　模板图中提供的各种块图

3）标题栏改写

标题栏中的文字已经制作好，只是学生需要用 ddedit 命令或 Ed↙修改即可；也可以双击文字修改，这样可以得到统一格式效果；在图号栏内需要填写电子文件名。

4）熟练应用实用程序

（1）加载：教师发放实用程序.fas，需要通过下拉菜单安装和使用，具体安装方法：工具/加载应用程序/对话框/zs.fas/加载/关闭。

（2）实用程序命令包括：spszx 水平十字线、rjszx 任角十字线、pxx 平行线、sszx 双十字线、jc 键槽、ccd 粗糙度等，使用程序的时候最好关闭对象捕捉按钮。

（3）实用程序使用，其运行效果如图 9-4 所示。

① 水平十字线命令：spszx ␣，交点，长度␣。

② 双十字线命令：sszx ␣，第一交点，第二交点。

③ 任意角度十字线命令：rjszx ␣，第一点，第二点。

④ 平行线命令：pxx ␣ 起点，终点，间距␣，L/PL ␣。

⑤ 同心圆命令：txy ␣，圆心，线宽␣，半径 1,2,…,n ␣。

⑥ 键槽命令：jc ␣，第一圆心点，第二圆心点。

⑦ 粗圆命令：cy ␣，直径，线宽␣，p1,2,…,n␣。

⑧ 变线宽命令：bxk ␣，选实体␣，线宽␣。

⑨ 粗糙度命令：ccd ␣，插入点，文字高度␣，旋转角␣。

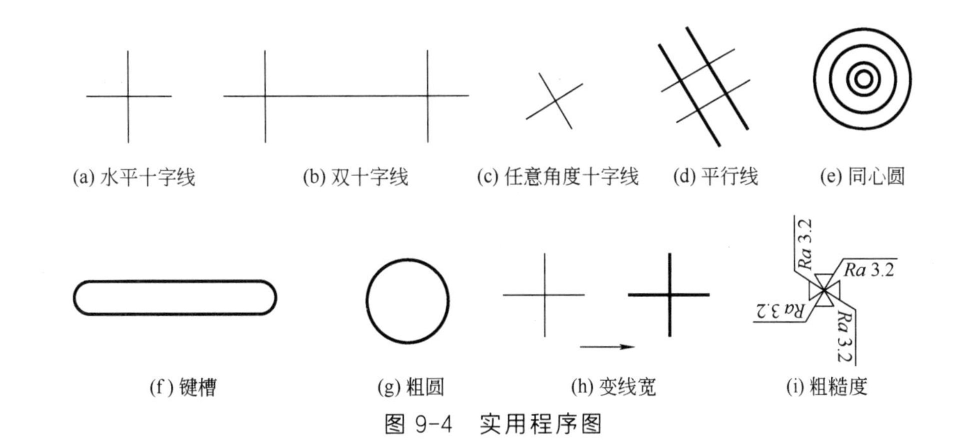

(a) 水平十字线　(b) 双十字线　(c) 任意角度十字线　(d) 平行线　(e) 同心圆

(f) 键槽　(g) 粗圆　(h) 变线宽　(i) 粗糙度

图 9-4　实用程序图

9.4.4 工程训练技巧方法综合提示

（1）冷热点操作：单击任一图形实体，可以根据实体显示的蓝色点修改其长度、半径、位置等；见精确绘图章。

（2）实体特性对话框的使用，通过双击实体，或单击实体再操作快捷键 Ctrl+1，或单击实体后再按图形特性按钮，即可在屏幕左上方弹出对话框，见精确绘图章。

（3）对象追踪捕捉：尤其在机械零件图绘制中常用。

（4）格式刷的使用：在文字和线条错误较多的时候使用，只需用一条正确线条去刷错误线条即可，迅速而方便。

（5）竖写字体应用：工艺流程图经常需要有竖写的文字，而不是横写回车，最好用 dtext 命令书写。

（6）图形符号块：箭头、形位公差、基准符号、剖视符号、标题栏在模板图中已经准备好。

（7）度分秒制的使用：机械零件图中角度通常使用度分秒制。

（8）中西文混排及特殊文字书写如下。

中西文混排：用 MT 命令书写，注意先按汉字一种字体书写所有文字，然后选中西文，从下拉列表中选择相应西文字体即可。

特殊文字书写：①化学分子式主要利用文字堆叠方法，如 H_2SO_4 分子式，先用 MT 命令书写 H^2SO^4，再将^2、^4 分别选中，点击文字堆叠按钮 a/b，即可完成分子式效果；②数学乘方，书写 m^3 先书写 m3^，然后同理选中 3^进行堆叠处理即可。

表格文字书写：首先利用直线、偏移复制、阵列、修剪等命令按照尺寸绘制表格，然后利用 MT、DT 文字命令在其中一格进行书写，表格居中（居左）书写，应 mt ⊔，指定方框第一对角点后，键入“J ⊔，MC ⊔（ML ⊔）”，再指定方框另一对角点即可，这样书写的文字可居中（居左）；每一列写好第一行（居左注意空格），其余行采用阵列或多重复制的方法得到，再双击修改文字即可；注意写好第一行最重要。

（9）拉伸的妙用、三钮联动（参见精确绘图章节）、箭头绘制用 pline 命令。

（10）比例缩放：工艺流程图无严格比例；机械零件图有严格比例。

（11）αβγ 书写通常采用希腊字体 greec.shx，或注意软键盘的使用。

（12）注意开关层，当图形复杂或线条之间相互碍事，需要这种方法。

（13）尺寸标注相对较难，需要注意同类尺寸不同表达方式，总体标注样式如果不够用，可以增加。另外注意：①尺寸线、尺寸界线、箭头等抑制；②直径有无公差问题；③线性尺寸有无直径或半径符号前缀Φ或 R；④导引线尺寸有无箭头；⑤尺寸线与标注文字相交需要打断；⑥乘号“×”一般用西文字体中的大写 X。

（14）注意分析图形：首先看清、分解整体图形，将其分解成简单的图形单元，然后分别考虑各图形单元绘制方法，注意规范，有些电子图纸是过去人工绘制的，不太规范，需要在 CAD 软件中规范绘出，有时甚至需要查阅手册；绘制完成的图形需要与教师发放的样图进行样式核对，如有问题需要改进。

9.4.5 工程训练绘图举例

（1）工艺流程图举例，以下是一张工艺流程图绘制过程及方法举例。

第一步：双击一张 A3 或 A4 模板图，开始一张新图，进入中望 CAD 2024 版系统如图 9-5 所示。

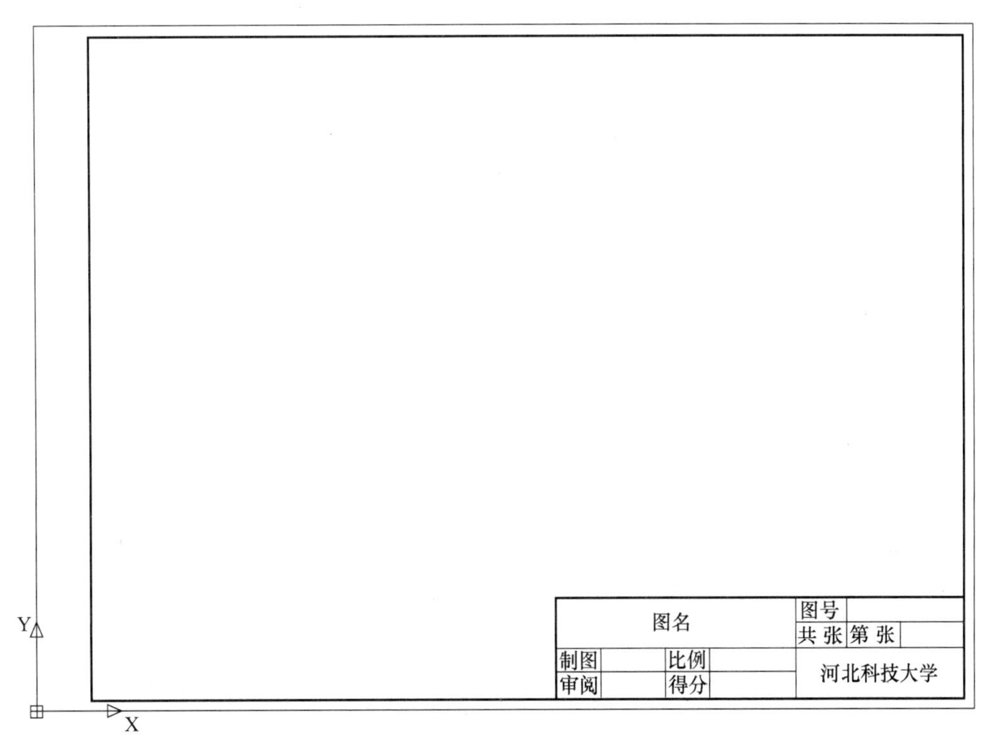

图 9-5　第一步图形显示

第二步：在当前图框之外，细实线层，用 L 线、A 圆弧、C 圆、EL 椭圆等命令，按照 1∶1 测量尺寸，尺寸测量误差要求不能超过毫米级，首先绘制工艺流程图的设备、阀门、符号，并且根据作业图片对其按准确尺寸进行布局。如图 9-6 所示。

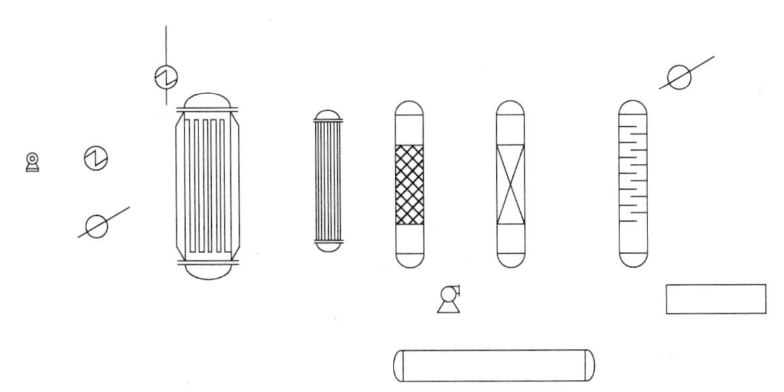

图 9-6　按 1∶1 绘制设备、阀门、符号并布局

第三步：缩放（通常是放大，比例不严格）并放置到图幅中合适位置，缩放倍数以放到图幅中占其 2/3 大小为宜，放入后效果如图 9-7 所示（位置要合适）。

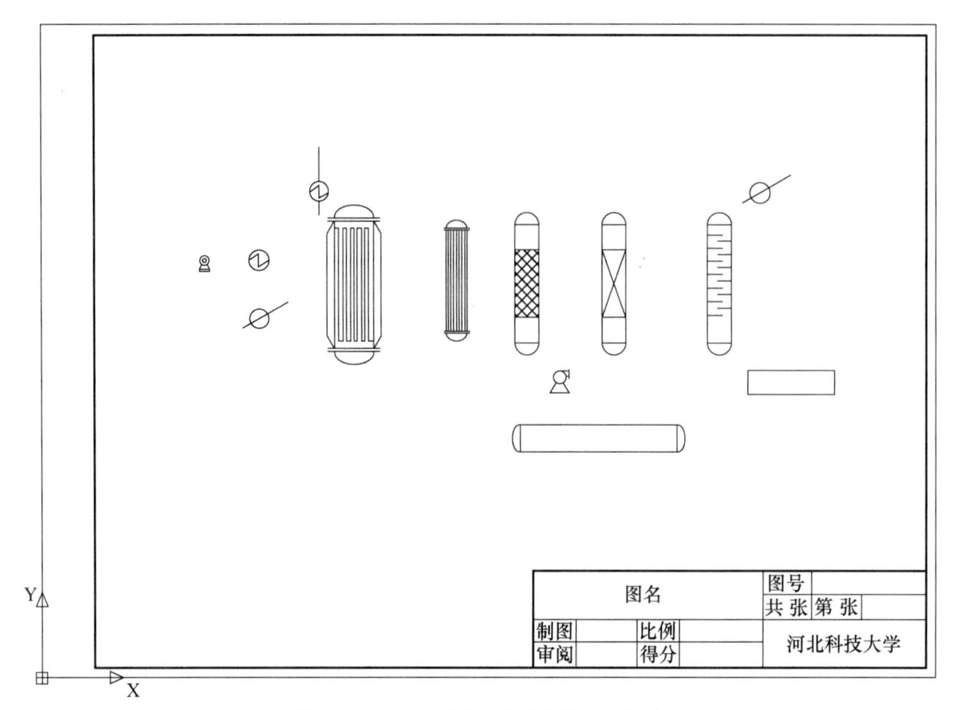

图 9-7 缩放并放置到图幅中效果

第四步：参照作业图片用 0 宽度多义线或 line 绘制流程线，其效果如图 9-8 所示。

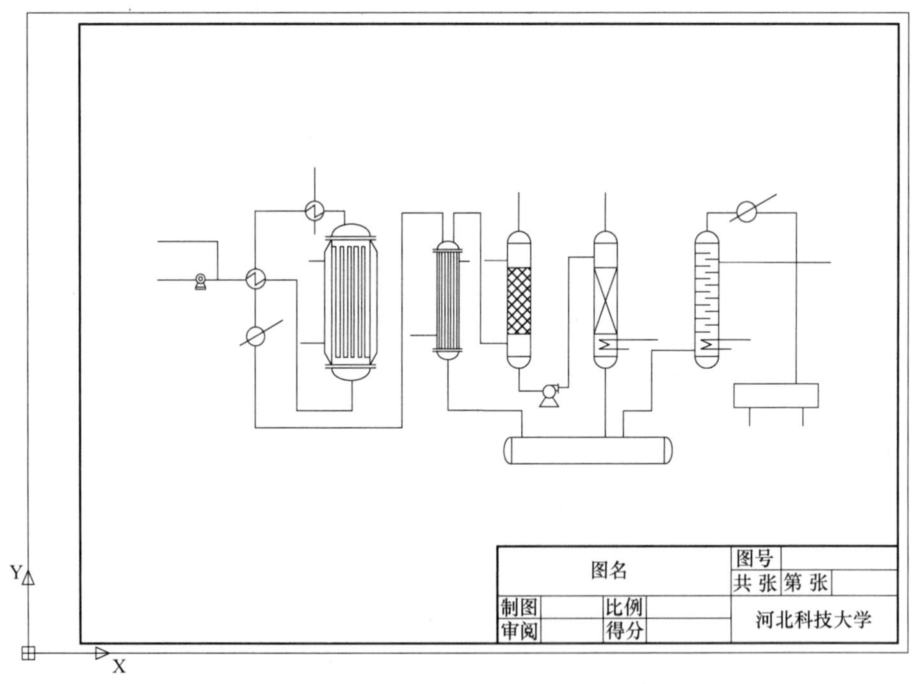

图 9-8 流程线连接后效果

第五步：利用加载的 zs.fas 程序，对流程线实施变线宽操作，键入 bxk 命令。线宽根据不同情况可设置 0.7、0.6、0.5、0.4 等。

第六步：用 pedit 命令连接变成粗实线的流程线条，其效果如图 9-9 所示。

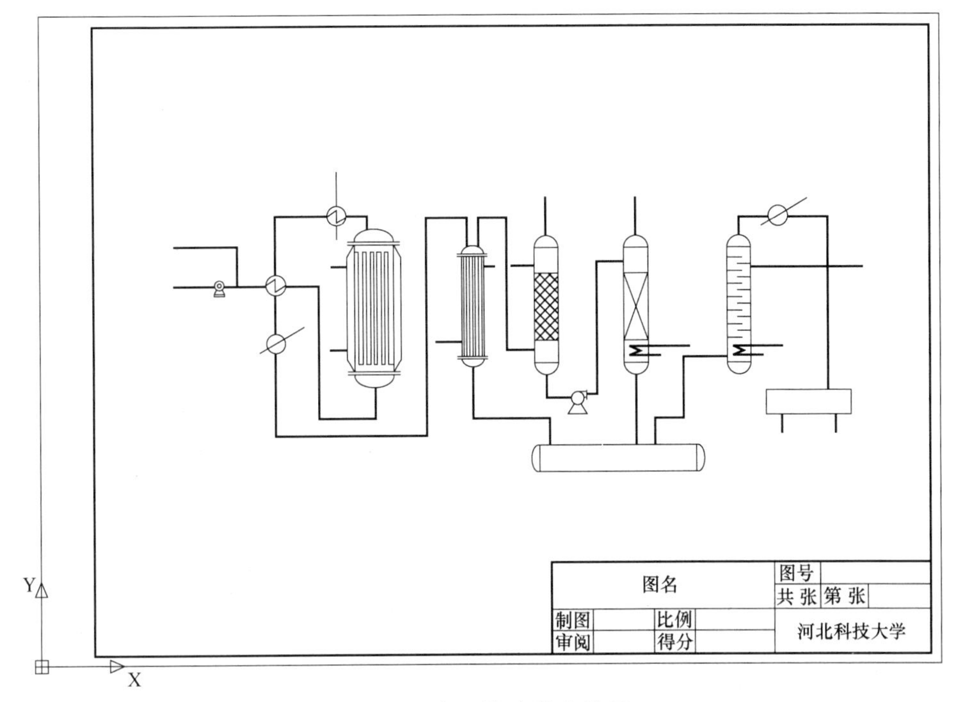

图 9-9　流程线变线宽效果

第七步：绘制合适的箭头，箭头大小可以选择 10-3-0，6-2-0，5-1.5-0 中的一种或多种，加载智能插入 ZNCR 程序或用 insert 插入命令将其插入，在粗实线端部插入箭头，注意调整粗实线长短，上述三步完成后，其效果如图 9-10 所示。

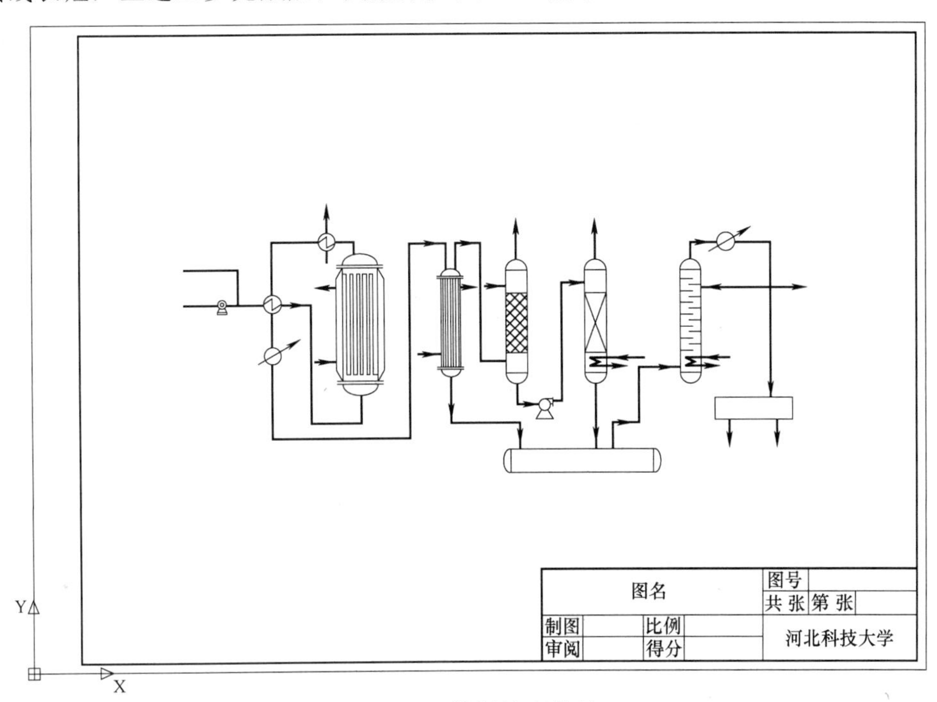

图 9-10　绘制流程箭头

第八步：标注文字，横写字体大小为 3.5、宽度比 0.8；竖写字体大小为 2.8、宽度比 1.2。

第九步：双击更改标题栏文字。

上述两步完成后效果如图 9-11 所示。

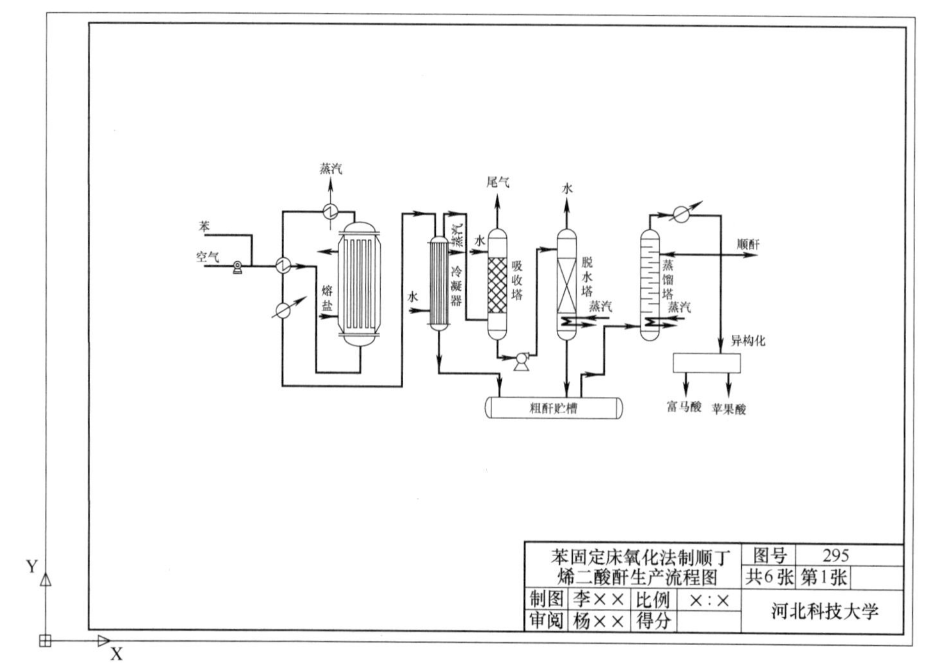

图 9-11 标注文字、更改标题栏文字效果

第十步：以电子图片名存盘，例如 GY.dwg 为名存盘。

（2）机械零件图举例。

第一步：双击一张 A3 或 A4 模板图，开始一张新图，进入中望 CAD 2024 版系统，如图 9-12 所示。

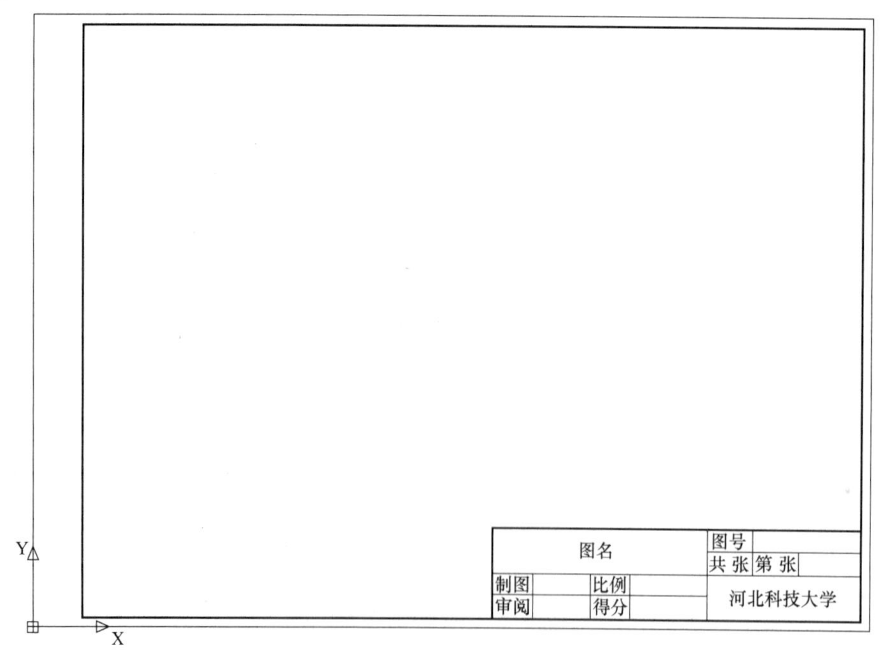

图 9-12 利用模板图进入图幅

第二步：在当前图框之外，在轮廓线和中心线层，用 L 线、A 圆弧、C 圆、EL 椭圆等命令，严格按照 1∶1 标注尺寸绘制机械零件的轮廓线及其中心线，并且根据作业图片对其按准确尺寸进行布局，如图 9-13 所示。

第三步：缩放（严格比例）并移入图幅，放大比例 2∶1、4∶1、5∶1 等，缩小比例为 1∶1.5、1∶2、1∶2.5、1∶4、1∶5 等，放入后效果如图 9-14 所示（位置要合适）。

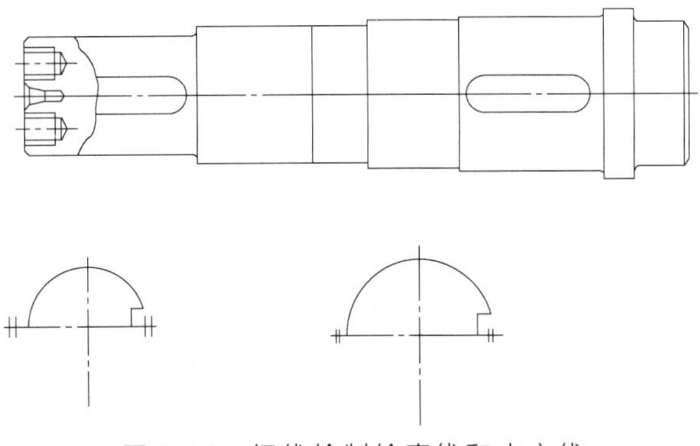

图 9-13　细线绘制轮廓线和中心线

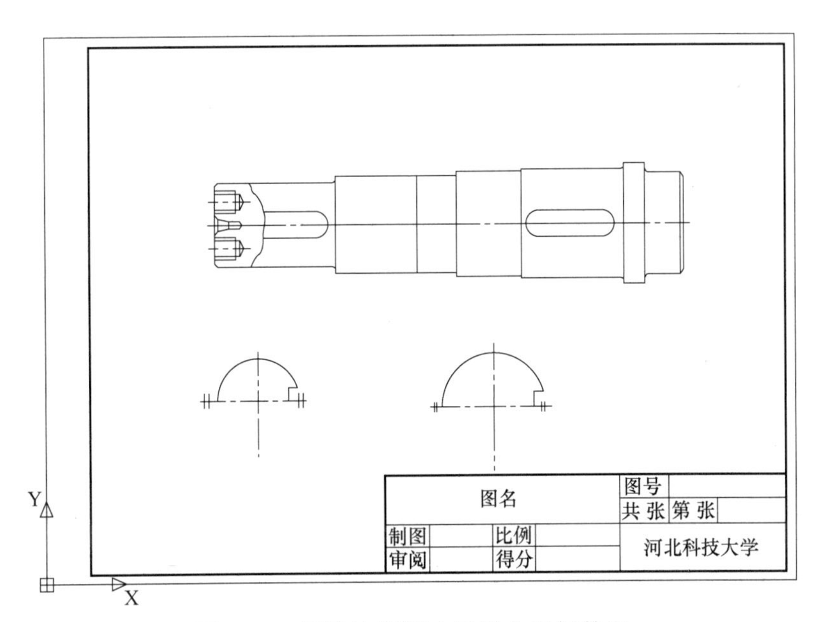

图 9-14　严格比例缩小后进入图幅效果

第四步：加载 zs.fas 程序，对轮廓线实施变线宽。线宽根据不同情况可设置 0.7、0.6、0.5、0.4 等；用 pedit 命令连接变成粗实线的线条。

第五步：在剖面线层打剖面线，注意间距不要太小、太密。

第六步：夸张。将轮廓线距离小于 1.5mm 相邻线条，距离拉大到 2mm，例如该轴的右端。上述三步完成后，其效果如图 9-15 所示。

第七步：更改测量单位比例因子，标注尺寸。

直径标注：设置公差后，用特性对话框修改不同公差；如果尺寸文字与尺寸线相交，用打断命令打断尺寸线与文字交叉处；导引线标注需要注意其设置为不带箭头；剖视符号插入后需要拉开到轴线的两侧合适距离，并改动响应剖视符号；粗糙度程序使用先加载，必须关掉捕捉后，改动当前字体为 romans.shx 字体；基准符号插入编辑位置和文字；形位公差符号插入编辑位置和文字。

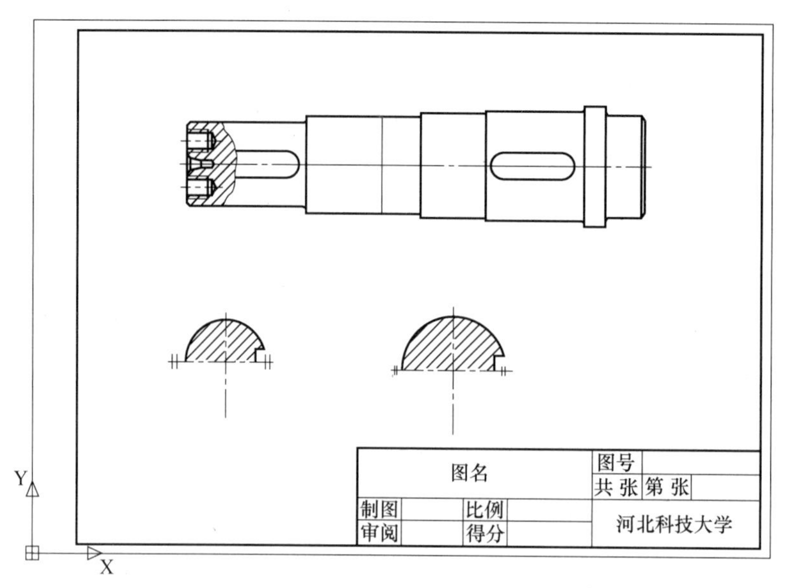

图 9-15　变线宽、夸张、打剖面线效果

第八步：标注文字，横写字体大小为 3.5、宽度比 0.8；竖写字体大小为 2.8、宽度比 1.2。注意技术要求填写，注意中西文混排。齿轮参数表已经提供。

第九步：双击更改标题栏文字。零件图名称，材料，学生姓名，电子图名，共几张，第几张等。

上述几步完成后，其效果如图 9-16 所示。

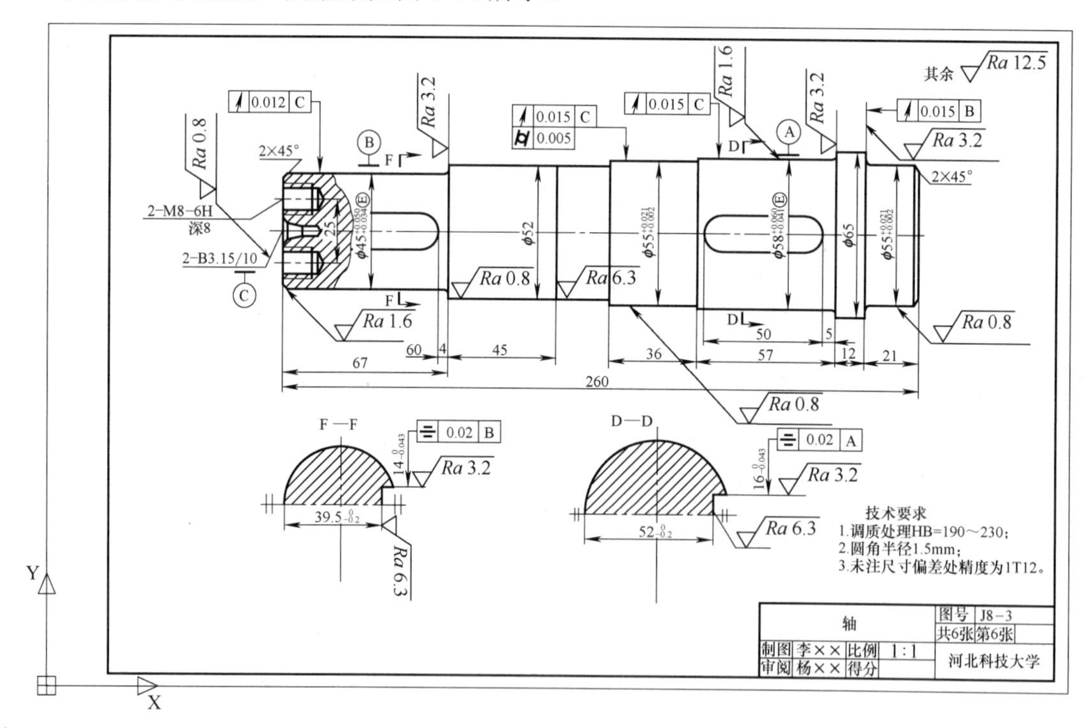

图 9-16　绘制完成后效果

第十步：以电子图片名存盘，例如 JX.dwg 为名存盘。

【思考题】

1．打印屏幕显示的图形，打印输出的区域选择________按钮。
A．图形界限　B．显示
C．窗口　D．范围
2．确定图纸幅面，应在________设置。
A．“打印样式表”区　B．“打印机/绘图仪”区
C．“打印区域”区　D．“打印选项”区
3．打印设备应在________设置。
A．“页面设置”区中“名称”
B．“打印机/绘图仪”区中“名称”区
C．“打印机/绘图仪”区中“纸张”区
D．“打印选项”区中“后台打印”区
4．“打印比例”区中，将输出的长度单位设置为毫米，应打开________按钮。
A．毫米　B．英尺
C．英寸　D．厘米
5．________用来控制图形打印区域。
A．打印范围　B．打印偏移
C．打印比例　D．打印选项
6．在屏幕上全部显示图形打印输出的效果，应选择________按钮。
A．“打印区域”区中“窗口”
B．“打印区域”区中“范围”
C．“打印区域”区中“图形界限”
D．“打印区域”区中“显示”
7．相对于图纸的绘图方向，应在________设置。
A．打印区域　B．图形方向
C．打印偏移　D．打印比例
8．打印偏移是指定打印区域距离________的偏移。
A．图纸左下角　B．图纸右下角
C．图形左下角　D．图形右下角
9．用A4激光打印机打印一张大于A2的图形全部，其打印比例最好设置为________。
A．1∶2　B．1∶4
C．布满图纸　D．4∶1
10．不能开启“打印”对话框时，应该________。
A．Ctrl+P　B．点击图标
C．PLOT　D．-PLOT
11．将图形打印在图纸中间位置选择________选项。
A．无偏移　B．居中打印
C．打印位置　D．按图纸空间居中
12．输出当前视窗所显示的全部图形应选择________按钮。

A．显示　　B．范围
C．图形界限　　D．窗口

13．图形输出的长度单位可设置为________按钮。
A．英寸　　B．厘米
C．米　　D．英尺

14．打印图形的某一部分应在________区域设置。
A．“打印区域”区中“窗口”
B．“打印区域”区中“范围”
C．“打印区域”区中“图形界限”
D．“打印区域”区中“布局”

15．将图形相对于图纸输出方向旋转180度，应选择图形方向里的________。
A．纵向　　B．横向
C．反向打印　　D．旋转180度

16．将图形放大1倍输出到图纸上，绘图比例应设置为________。
A．1（毫米）=1单位　　B．1（毫米）=2单位
C．1（英寸）=2单位　　D．2（毫米）=1单位

17．单色打印应该在打印样式表中选择以下哪一项？________
A．acad.ctb　　B．无
C．monochrome.ctb　　D．screening 100%.ctb

18．以图纸的长边作为图形页面的顶部来打印图形文件，应选择图形方向中的________。
A．纵向　　B．横向
C．短边　　D．长边

19．确定彩色打印，应在打印样式表中选择哪个选项？________
A．Grayscale.ctb　　B．Fill.patterns.ctb
C．zwcad.ctb　　D．Monochrome.ctb

20．利用绘图界限确定图形打印输出的区域选择哪个选项？________
A．显示　　B．范围
C．图形界限　　D．布局

21．将输出的长度单位设置为毫米，在________区域调整。
A．打印设置　　B．打印比例
C．页面设置　　D．打印样式表

22．确定图纸尺寸，应选择哪个选项？________
A．“页面设置”区中“名称”
B．“打印机/绘图仪”区中“名称”区
C．“打印机/绘图仪”区中“纸张”区
D．“打印选项”区中“后台打印”区

23．设置图形的输出方向，应在哪个区域？
A．打印区域　　B．打印选项
C．图形方向　　D．页面设置

24．将图形缩小100倍输出到图纸上，绘图比例应设置为________。

A．打印的 毫米=图形单位 100 = 1
B．打印的 毫米=图形单位 1 = 100
C．打印的 英尺=图形单位 100 = 1
D．打印的 英尺=图形单位 1 = 100

25．在屏幕上粗略地显示图形打印输出的效果，应选择哪一个按钮？________
A．后台打印　　B．预览
C．隐藏图纸空间对象　　D．按样式打印

26．确定图纸横向打印，应选择以下哪个区域？________
A．页面设置　　B．图形方向
C．打印选项　　D．打印机/绘图仪

27．用 A3 激光打印机打印一张大于 A3 幅面图形，其打印比例最好设置为________。
A．1∶2　　B．1∶4
C．4∶1　　D．布满图纸

第10章

CAD 工程制图有关国家标准简介

学习 CAD 工程制图国家标准的意义：CAD 工程制图是整个 CAD 技术中不可缺少的重要部分，是社会进步与科学技术不断发展的必然趋势，也是从繁重的手工制图劳动中解放劳动力、提高绘图速度和质量的卓有成效的必然途径。CAD 工程制图是我们长期科技发展的重要任务和关键技术，它已经引起社会各界的重视和各行业的应用。目前，随着 CAD 制图应用的深入，CAD 工程制图也不断向前发展，不断地趋向完整化、规格化，并逐步实现标准化。

10.1　CAD 制图软件分类

CAD 制图软件大致可以分为三类。

（1）国外引进的通用 CAD 辅助设计绘图软件，如 AutoCAD、CADKEY 等，以及在工作站或 32 位超级微机上运行的 IDEAS、CATIA、UGII等 CAD 软件，这些软件均能生成机械、建筑、电气等方面的一般性图样。

（2）引进国外大、中、小型计算机随机带来的专用绘图软件，这些软件通常是在一定的条件下绘图的。

（3）国内开发的软件：通常是国内某些高校、公司参照国外相应 CAD 制图软件模式而开发设计的软件。

这三类软件各有特点，其中前两类必须经过 CAD 二次开发，使其符合我国的 CAD 制图标准，加上自己所需要的内容，这两类软件可靠性强，实用起来也比较方便；对于第三类软件，由于我国 CAD 开发技术与国外相比滞后，且在设计与制作上所花费的工作量大，其可靠性不如前两类，但其在某些特定的领域实用性比前两类强，且同类 CAD 软件较前两类便宜。目前国内 CAD 软件在二维图形方面已经赶上或超过国外同类产品，但是在三维 CAD 软件开发方面与国外相比仍然存在较大差距。

10.2　CAD 工程制图的方向与任务

（1）积极采用有关的国际标准和国外先进的标准，使我国的 CAD 工程制图向着正确的方向发展，是我国的CAD工程制图标准化工作的重点。

（2）扩大图形量，分别建立专业图形库：随着CAD工程制图的不断深入，扩大图形数量，分别建立通用和各专业的图形库，是CAD工程制图增加信息量、提高CAD工程制图质量和水平的一个重要环节，当然这需要国家比较权威的部门或各行业主管部门的大量深入细致的工作。

（3）提高图形库与CAD工程制图软件的接口技术，满足各种类型的CAD工程制图的需要。目前上述各专业的图形库自成一类，独立存在；应将各专业图库制作成统一的格式，使其可以和当前流行的CAD软件相接，使图形库充分发挥作用，以满足各种CAD专业制图的需要，这也是今后工作中较为关键的技术。

（4）充分发挥CAD工程制图的作用，使CAD/CAM与CAD工作一体化。

10.3　CAD工程制图术语及图样的种类

（1）工程图样：根据投影原理、标准或有关规定，表示工程对象的形状、大小和结构，并有技术说明的图。

（2）CAD工程图样：在工程上用计算机辅助设计后所绘制的图样。

（3）图形符号：由图形或图形与数字、文字组成的表示事物或概念的特定符号。

（4）产品技术文件用图形符号：由几何线条图形或它们和字符组成的一种视觉符号，用来表达对象的功能或表明制造、施工、检验和安装的特点。

（5）草图：以目测估计图形与实物的比例、按一定画法要求徒手（或部分使用绘图仪器）绘制的图。

（6）原图：经审核、认可后，可以作为原稿的图。

（7）底图：根据原图制成的可供复制的图。

（8）复制图：由底图或原图复制成的图。

（9）方案图：概要表示工程项目或产品的设计意图的图样。

（10）设计图：在工程项目或产品进行构形和计算过程中所绘制的图样。

（11）工作图：在产品生产过程中使用的图样。

（12）施工图：表示施工对象的全部尺寸、用料、结构、构造及施工要求，用于指导施工的图样。

（13）总布置图：表示特定区域的地形和所有建（构）筑物等布局以及邻近情况的平面图样。

（14）总图：表示产品总体结构和基本性能的图样。

（15）外形图：表示产品外形轮廓的图样。

（16）安装图：表示设备、构件等安装要求的图样。

（17）零件图：表示零件结构、大小及技术要求的图样。

（18）表格图：用图形和表格表示结构相同而参数、尺寸、技术要求不尽相同的产品的图样。

（19）施工总平面图：在初步设计总平面图的基础上，根据各工种的管线布置、道路设计、各管线的平面布置和竖向设计而绘出的图样。主要表达建筑物总体情况、外部形状，以及装修、构造、施工要求等的图样。

（20）结构施工图：主要表示结构的布置情况、构件类型、大小以及构造等的图样。

（21）框图：用线框、连线和字符，表示系统中各组成部分的基本作用及相互关系的简图。

（22）逻辑图：主要用二进制逻辑单元图形符号所绘制的简图。

（23）电路图：又称电原理图，它是用图形符号按工作顺序排列，详细地表示电路、设备或成套装置的全部基本组成和连接关系，而不考虑其位置的一种简图。

（24）流程图：表示生产工程事物各个环节进行顺序的简图。

（25）表图：用点、线、图形和必要的变量数值，表示事物状态或过程的图。

10.4　CAD 工程制图的基本要求

CAD 工程制图的基本要求主要是图纸的选用、比例的选用、字体的选用、图线的选用等内容。它们都是需要在绘制工程图之前需要确定的。

1）图纸幅面

用计算机绘制 CAD 图形时，应该配置相应的图纸幅面、标题栏、代号栏、附加栏等内容，装配图或安装图上一般还应配合明细表内容。图纸幅面与格式在 GB/T 14689—2008《技术制图　图纸幅面和格式》中有较为详细的规定。

（1）图纸幅面形式如图 10-1，基本尺寸见表 10-1。

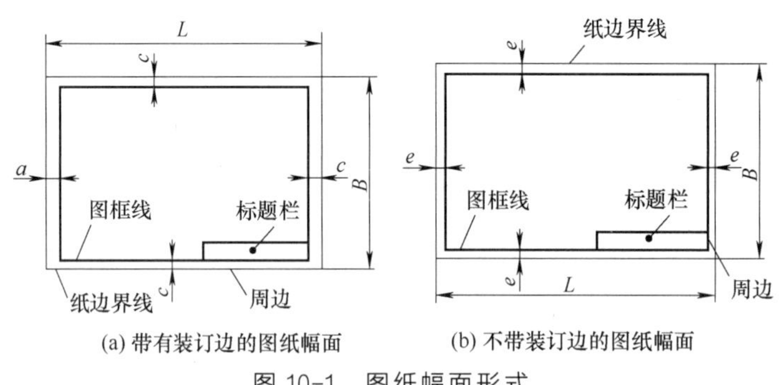

(a) 带有装订边的图纸幅面　　(b) 不带装订边的图纸幅面

图 10-1　图纸幅面形式

表 10-1　图纸基本尺寸

幅面代号	A0	A1	A2	A3	A4
$B\times L$	841×1189	594×841	420×594	297×420	210×297
e	20		10		
c	10			5	
a	25				

注：在 CAD 绘图中对图纸有加长加宽的要求时，应按基本幅面的短边（B）成整数倍增加。

（2）CAD 工程图可以根据实际情况和需要，设置以下内容。

① 方向符号，用来确定 CAD 工程图视读方向，如图 10-2 所示。

② 剪切符号，用于对 CAD 工程图的裁剪定位，如图 10-3 所示。

③ 米制参考分度，用于对图纸比例尺寸提供参考，如图 10-4 所示。

④ 对中符号，用于对 CAD 图纸的方位起到对中作用，如图 10-5 所示。

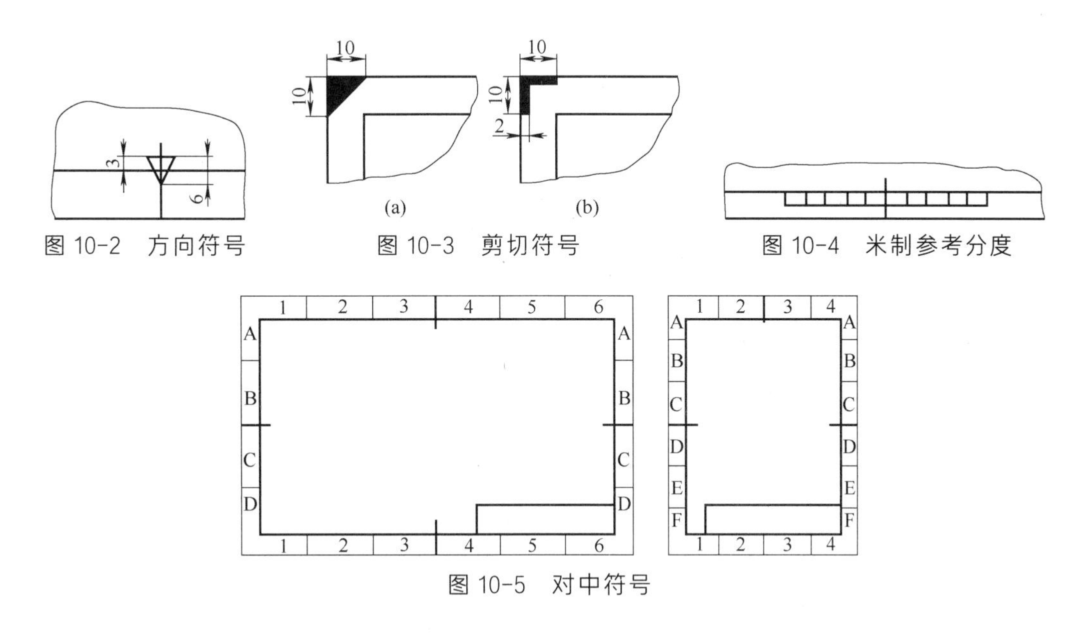

图 10-2　方向符号　　图 10-3　剪切符号　　图 10-4　米制参考分度

图 10-5　对中符号

（3）标准中要求对复杂图形的 CAD 装配图一般应设置图符分区，其分区形式如图 10-5 所示。图符分区主要用于对图纸上存放的图形、尺寸、结构、说明等内容起到查找准确、定位方便的作用。

2）比例

CAD 图中所采用的比例应符合 GB/T 14690—1993 的有关规定，具体见表 10-2，必要的时候也可以选择表 10-3 中的比例。

表 10-2　CAD 图中的比例（1）

种类	比例		
原值比例	1：1		
放大比例	5：1 5×10^n：1	2：1 2×10^n：1	 1×10^n：1
缩小比例	1：2 1：2×10^n	1：5 1：5×10^n	1：10 1：1×10^n

注：n 为整数。

表 10-3　CAD 图中的比例（2）

种类	比例				
放大比例	4：1 4×10^n：1	2.5：1 2.5×10^n：1			
缩小比例	1：1.5 1：2.5×10^n	1：2.5 1：2.5×10^n	1：3 1：3×10^n	1：4 1：4×10^n	1：6 1：6×10^n

3）字体

CAD 图中的字体应按 GB/T 13362.4—1992 的有关规定，做到字体端正、笔画清楚、排列整齐、间隔均匀，并要求采用长仿宋体矢量字体。代号、符号要符合有关标准规定。

（1）字：一般要以斜体输出。

（2）小数点：输出时，应占一个字位，并位于中间靠下处。

（3）字母：一般也以斜体输出。

（4）汉字：输出时一般采用正体，并采用国家正式公布的简化汉字方案。

（5）标点符号：应按其含义正确使用，除省略号、破折号为两个字位外，其余均为一个字位。

（6）字体与图纸幅面间的关系请参照表 10-4 选取。

表 10-4　字体与图纸幅面间的关系　mm

字符类别	图幅				
	A0	A1	A2	A3	A4
	字体高度 *h*				
字母与数字	5		3.5		
汉字	7		5		

注：*h*=汉字、字母和数字的高度。

（7）字体的最小字（词）距、行距，间隔线、基准线与书写字体间的最小距离参照表 10-5 所示规定。

表 10-5　字体之间的最小距离　mm

字体	最小距离	
汉字	字距	1.5
	行距	2
	间隔线或基准线与汉字的间距	1
拉丁字母、阿拉伯数字、希腊字母、罗马数字	字符	0.5
	词距	1.5
	行距	1
	间隔线或基准线与字母、数字的间距	1

注：当汉字与字母、数字混合使用时，字体的最小字距、行距等应根据汉字的规定使用。

（8）CAD 工程图中所用的字体一般是长仿宋体。但技术文件中的标题、封面等内容也可以采用其他字体，其具体选用请参照表 10-6 规定。

表 10-6　字体的选用

汉字字型	国家标准号	形文件名	应用范围
长仿宋体	GB/T 13362.4～13362.5—1992	HZCF.*	图中标注及说明的汉字、标题栏、明细栏等
单线宋体	GB/T 13844—1992	HZDX.*	大标题、小标题、图册封面、目录清单、标题栏中设计单位名称、图样名称、工程名称、地形图等
宋体	GB/T 13845—1992	HZST.*	
仿宋体	GB/T 13846—1992	HZFS.*	
楷体	GB/T 13847—1992	HZKT.*	
黑体	GB/T 13848—1992	HZHT.*	

4）图线

图线包括图线的基本线型和基本线型的变形。在 GB/T 17450—1998《技术制图　图线》的新标准中有详细的规定，它在原有的旧标准基础上增加了一些新的线型。

（1）图线的基本线型，如表 10-7 所示。

表 10-7　图线的基本线型

代码	基本线型	名称
01		实线
02		虚线
03		间隔画线
04		单点长画线
05		双点长画线
06		三点长画线
07		点线
08		长画短画线
09		长画双点画线
10		点画线
11		单点双画线
12		双点画线
13		双点双画线
14		三点画线
15		三点双画线

（2）基本图线的变形，如表 10-8 所示。

表 10-8　基本图线的变形

基本线型的变形	名称	基本线型的变形	名称
	规则波浪连续线		规则锯齿连续线
	规则螺旋连续线		波浪线

（3）基本图线的颜色，CAD 工程图在计算机上的图线一般应该按照表 10-9 中提供的颜色显示。相同类型的图线应采用同样的颜色。

表 10-9　基本图线的颜色

图线类型		屏幕上的颜色	图线类型		屏幕上的颜色
粗实线		绿色	虚线		黄色
细实线		白色	细点画线		红色
波浪线			粗点画线		棕色
双折线			双点画线		粉红色

5）剖面符号

在绘制工程图时，各种剖面符号的类型比较多，CAD 工程制图中的剖面符号的基本形式如表 10-10 所示。各个行业可根据各自特点制定自己行业的剖面图案。

表 10-10　剖面符号的基本形式

剖面区域的式样	名称	剖面区域的式样	名称
	金属材料/普通砖		非金属材料（除普通砖外）
	固体材料		混凝土
	液体材料		木质件
	气体材料		透明材料

6）标题栏

标题栏在 GB/T 10609.1—1989《技术制图　标题栏》中有详细的规定，标题栏在 CAD 图中的方位及其形式可以参考推荐使用的图 10-6 式样。《CAD 工程制图规则》中只提供了基本样式。每张 CAD 工程图均应配置标题栏，且标题栏应配置在图框的右下角。

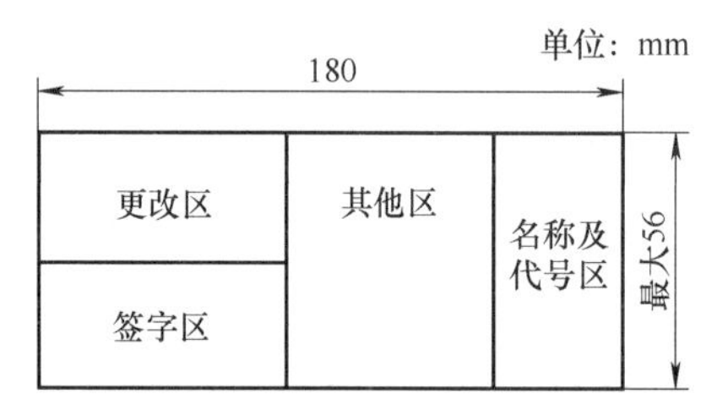

图 10-6　标题栏在 CAD 图中的方位及其形式

CAD 图形中的标题栏格式，如名称及代号区、标记区、更改区、签字区等形式与尺寸如图 10-7，格式中的内容可以根据具体情况允许作出适当的修改。

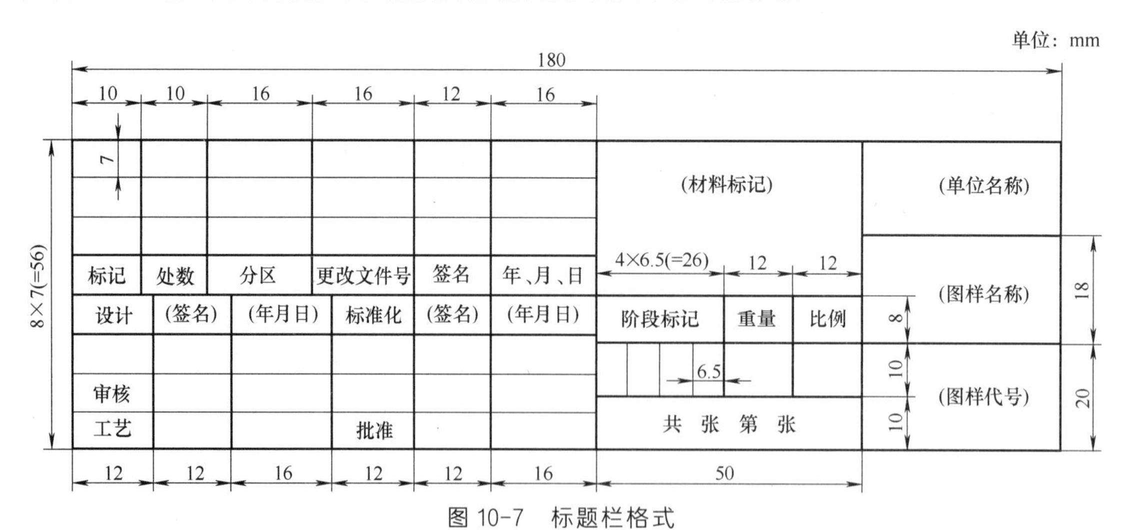

图 10-7　标题栏格式

7）明细栏

CAD 的装配图或工程设计施工图中一般应该配置明细栏，栏中的项目及内容可以根据具体情况适当调整，明细栏一般配置在CAD的装配图或工程设计图中标题栏的上方，如图10-8所示。而CAD的装配图或工程设计图中明细栏的形式及尺寸如图10-9所示。如果在装配图或工程设计图中不能配置明细栏时，明细栏可以作为其续页，用A4幅面图纸给出。

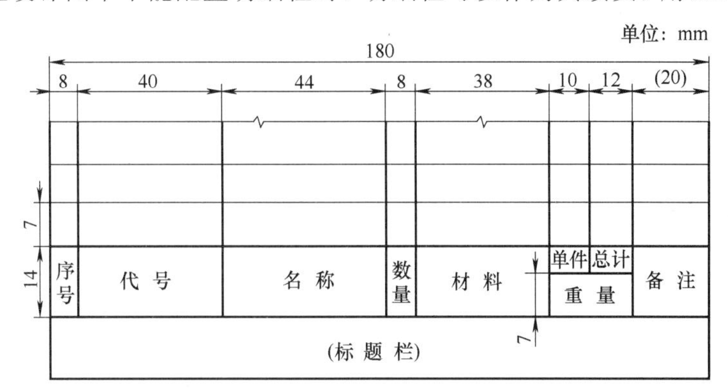

图10-8　明细栏位置

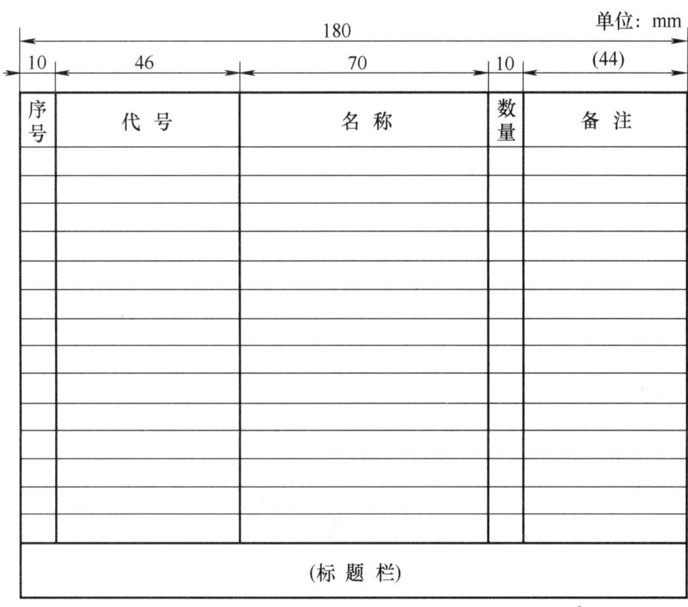

图10-9　明细栏的形式及尺寸

8）代号栏

代号栏一般配置在图样的左上角。代号栏中的图样代号和存储代号要与标题栏中的图样代号和存储代号相一致。代号栏中的文字要与CAD图中的标题栏中的文字成180度。

9）附加栏

附加栏通常设置在图框外、剪裁线内，通常由“借（通）用件登记、旧底图总号、底图总号、签字、日期”等项目组成。

10）存储代号

存储代号的编制有一定的规则，该规则在《CAD通用技术规范》或《CAD文件管理和CAD光盘存档》书中有详细的介绍。它在CAD图的标题栏中应该配置在名称及代号区中代号的下方，而在CAD产品装配图或工程设计施工图等的明细栏中应配置在代号栏中代号的后面或下面。

10.5　CAD 工程图的基本画法

绘制 CAD 工程图的基本画法在 GB/T 17451—1998《技术制图　图样画法　视图》、GB/T 17452—1998《技术制图　图样画法　剖视图和断面图》的图样画法中有详细的规定，在制图时应遵循以下原则。

（1）在绘制 CAD 图时，首先应考虑看图的方便，根据产品结构特点选用适当的表达方法，在完整、清晰地表达产品各部分形状尺寸的前提下，力求制图简便。

（2）CAD 图的视图、剖视、剖面（截面）局部放大图以及简化画法应按照各行业有关规定配置或绘制。

（3）视图的选择，按照一般规律，表示物体信息量最多的那个视图应该作为主视图，通常是物体的工作、加工、安装位置，当需要其他视图时，应按照下述基本原则选取：①在明确表示物体的前提下，使数量为最小；②尽量避免使用虚线表达物体的轮廓及棱线；③避免不必要的细节重复。

10.6　CAD 工程图的尺寸标注

在对 CAD 图进行尺寸标注时应遵守以下原则。

（1）在 CAD 图中尺寸大小应以图上所标注的尺寸数值为依据，与图形大小及绘图的准确程度无关。

（2）CAD 图中，包括技术要求及其他说明的尺寸，以（mm）毫米为单位时，不需要标注计量单位的代号或名称。

（3）CAD 图中所标注的尺寸，为该图所示产品的最后完工尺寸或工程设计某阶段完成后的尺寸，否则应该辅以另外的说明。

（4）CAD 图中的每一尺寸，一般只标注一次，并应标注在反映该结构最清晰的图形上。

（5）CAD 图中的尺寸数字、尺寸线和尺寸界线应按照各行业有关标准或规定绘制。

（6）CAD 图中的标注尺寸的符号，如Φ、R、S 等也应按照各行业有关标准或规定绘制。

（7）CAD 图中的尺寸的简化标注方法应按照各行业有关标准或规定绘制。

（8）箭头：CAD 图中的箭头绘制应按照具体要求，并根据图 10-10 所示规定绘制。同一张图样中一般只采用一种尺寸线终端形式，当采用箭头位置不够时，可以采用圆点、短斜线代替箭头。如图 10-11 所示。

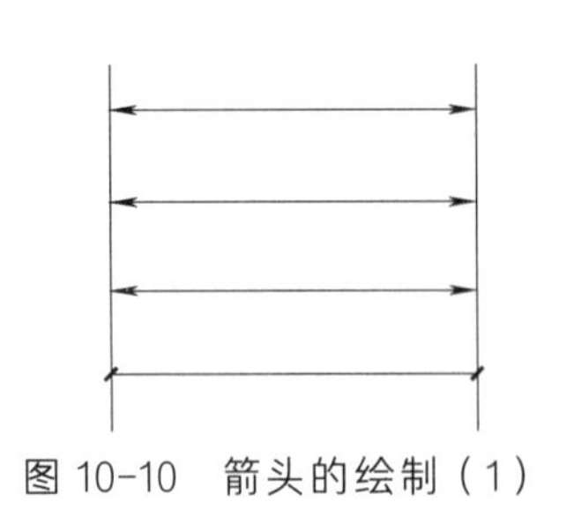

图 10-10　箭头的绘制（1）

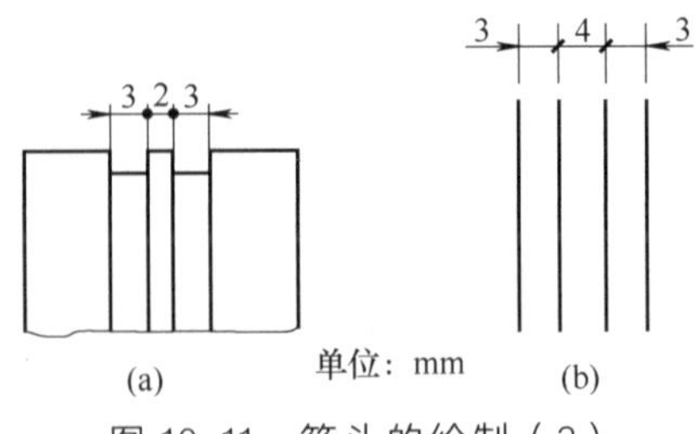

图 10-11　箭头的绘制（2）

（9）CAD工程图中的尺寸数字、尺寸线和尺寸界线应按照有关标准进行标注。在不引起误解的前提下，CAD工程制图也允许采用简化标注形式，这在GB/T 16675.2—2012《技术制图　简化表示法第2部分：尺寸注法》中有详细的规定，可以参考执行。

10.7　CAD工程图管理

1）CAD工程图管理的一般要求

采用计算机辅助设计技术编制设计文件一般应注意以下要求。

（1）在编制CAD文件时，应该正确地反映该产品或工程项目的有关要求，使得加工或施工人员能够比较清楚、详细地了解CAD文件所表达的意图。

（2）在编制CAD文件时，应该正确贯彻国家、行业的有关标准，并将最新的标准反映到CAD文件当中。确保标准在贯彻实施中的正确性、统一性、协调性。

（3）在CAD文件中的计量单位，应符合GB 3100—1993等有关标准的规定，正确使用量与单位的有关代号、符号。

（4）提供CAD设计文件所使用的各种工程数据库、图形符号库、标准件库等应符合现行标准的相关规定。这样CAD文件中所管理的各种工程数据、图形、文字才具有现实意义。

（5）同一代号的CAD文件所有的字型与字体应该协调一致，以保证其CAD文件的外观美观、和谐。

（6）必要时允许CAD文件与常规设计的图样和设计文件同时存在，特别是刚刚开展CAD文件管理的单位，由于技术人员的CAD软件操作水平、设备、管理上的条件所限，往往需要两种方式并存的办法解决CAD文件的丢失及感染病毒或其他不可预计的情况。

2）图层管理

CAD工程图图层的管理方法可以参考表10-11的要求。

表10-11　CAD工程图图层

层号	描述	图例	线型（按GB/T 4457.4）
01	粗实线 剖切面的粗剖切线	————	A
02	细实线 细波浪线 细折断线	———— ～～～ —╱╲—╱╲—	B C D
03	粗虚线	- - - - - - - - - -	E
04	细虚线	- - - - - - - - - -	F
05	细点画线 剖切面的剖切线	—·——·—	G

3）文件管理

CAD文件方面的管理可以参考GB/T 17825—1999系列标准中的有关规定，该国家标准对 CAD 图及其相关文件的形成过程、中间的相关管理都给出了规定，可以参考使用。

10.8 设置符合工程制图国家标准的绘图模板

1）建立模板的重要意义

随着工程 CAD 技术的飞速发展，掌握了基本绘图命令后的工程技术人员不满足于现状，而是不断设法提高绘图效率。中望 CAD 2024 版是通用、实用的计算机辅助制图及设计的软件，它为我们工程技术人员提供了无比的优越性，可以对软件本身进行多种二次开发，制作符合专业要求的模板图就是其中的一项内容。当用户有许多常用的、固定的格式需要在 CAD 图中体现，在中望 CAD 2024 版中不用每次都从头到尾做一遍，而是通过模板图的设置，将这些常用格式固化在模板图中，以后每次开始一张新图时，只需花费几秒钟时间将模板图复制一份到新图，即可完成相应的重复设置工作，大大提高了设计效率。

2）创建模板图的步骤

下面以中望 CAD 版 2024 为例来说明创建模板图的方法和步骤。

（1）选择初始模板

我国的国家制图标准有很多方面与国际制图标准接近，但并不完全相同，在中望 CAD 2024 版中提供的现成模板图中，zwcadiso.dwt 国际标准公制模板最接近我国制图标准的规定。在其基础上，进行适当的修改后存盘，就可以作为我国的工程制图标准模板图。下面介绍其步骤：①启动中望 CAD 2024 版；②在启动对话框中，左键使用模板 Template 按钮，选择 zwcadiso.dwt 名称，即打开了该模板图。

（2）图层设置

系统缺省设置只有一个 0 层，只有一种连续线型，需要根据国标要求设置新的图层和线型。其设置原则是每一层具有不同的颜色、线型，选择不同的图层时，即可完成不同线型、颜色的切换，可使图样清晰、美观，符合标准。图层、线型、颜色可按国标规定对应图幅选取。

（3）文字样式设定

在 zwcadiso.dwt 模板图中，缺省的字体名称为 txt.shx，它不符合我国的国标要求，此时应采用文字字体设置命令 style 进行设置，键入该命令后，出现对话框，在对话框中 Style Name 框中可以设置有意义的样式名称，如汉字仿宋 HZFS、汉字宋体 HZST 等，在字体 Font Name 下拉框中应选择仿宋体、宋体等国标推荐的字体，注意宽高比例系数应设置为 0.71 左右。值得注意的是：①中望 CAD 2024 版系统给我们提供的字体文件与 CAD 工程制图规定提供的字体是不一样的。②如果希望在图面上写出纵向排列的汉字，则需要选择带@的汉字字体文件，而且宽高比、字高要与横向书写的字体设置相互匹配，需要通过实际测量手段；其余选项视具体情况设置。③对于西文字体的设置，可以选择 romans.shx、romand.shx、simplex.shx 等字体文件，写字时应该注意选择不同的字高值或倾斜角度。④国家标准规定根据不同的图幅所设置的字高不同，A0、A1 幅面图纸取 5 号字，A2～A4 幅面取 3.5 号字。字体设置完毕后，将标题栏的标题文字填写清楚。

（4）尺寸标注样式设定

① 尺寸样式设定：键入 dim 或左键相应图标，即可进入尺寸标注设置对话框，当前的标注式样为 ISO-25，其中的大部分项目并不适合我国的标注情况。具体设置参数请参照国家或行业标准，进行详细设定。左键新建...钮，进入设置新尺寸标注对话框，注意相应地起好 A0～A4 等尺寸标注文件名称。再左键继续按钮，此时出现了尺寸设置主对话框，在此对话框中有 7 个选项卡，在标注线选项卡，可以分别设置尺寸线、尺寸界线、颜色、外观等参数；在符号和箭头选项卡中可以设置箭头样式、圆心标记和折弯标记；在文字选项卡中，可以设置文字的字体、颜色、大小、位置、对齐等参数；在主单位选项卡中，可以设置主单位精度、格式、前后缀等形式；在换算单位选项卡中，主要是针对英制、公制两种不同标注形式的图纸尺寸进行换算；在调整选项卡可以调整标注方式；在公差选项卡中，可以设置公差形式、上下公差、比例等参数。七个选项卡设置完毕，即可确定退出设置。此时 CAD 系统出现了一种与 ISO-25 不同的尺寸标注系统。总体尺寸设置只能满足一般的标注，如果所设标注不能满足用户要求，还可以再继续设置第 2 个或更多标注尺寸系统，尤其是相互矛盾的标注效果出现时更是如此。此外需要注意当前尺寸标注系统的切换。

② 子尺寸标注系统设置：有些时候总体标注设置不能解决一些特殊情况，比如针对角度、半径、直径文字水平表达、线性尺寸前面增加前缀特殊符号%%C 代表Φ，此时如果增加新的标注系统不合适，因此可通过增加子尺寸设置解决这个问题。

这时左键新建...钮，将出现的对话框中，面对所有尺寸改为面对角度尺寸，再左键继续按钮，又出现了主对话框，再对各个选项卡的角度分别进行设置，如此重复下去，按照国标要求分别设置直径、半径等内容后，最后建立了 A0～A4 各种图幅的尺寸标注样式，左键对话框的确定按钮完成尺寸标注设置。这种设置相对国内 CAD 软件来说麻烦了一些，但是如果工程技术人员希望标注各种不同的尺寸，这种设置是相当有必要的，它的好处是灵活多变。

（5）打印样式的设定

在绘制的图纸完成以后，往往需要将其使用打印机、绘图机绘制出来。国标规定，A0、A1 幅面图纸的粗实线线宽应为 0.75～1 毫米，细实线线宽应为 0.35 毫米；A2、A3、A4 幅面图纸粗实线线宽为 0.7 毫米，细实线线宽应为 0.25 毫米。由于给图层设置了各种颜色，而打印时需要按黑色出图，所以需要建立打印样式表，并设置在模板图中。首先键入 plot 命令，屏幕上出现打印样式对话框，左键打印设备选项卡，在打印样式表下拉框中选择 monochrome.ctb 选项，即为单色打印。再选择打印设置选项卡，分别对图纸尺寸和图纸单位、打印区域、打印比例、图形方向、打印偏移、打印选项等选项卡进行适宜的设置，从 A0～A4 图幅，设置完成后保存并返回，激活打印对话框，将用户出图样式表设为当前，其出图样式即被保存到当前模板图中。以后只要用此模板，就不用再次设置打印样式，直接出图即可。

（6）保存模板

模板做好后，即可在中望 CAD 2024 版软件中存盘，注意一定要以 DWT 格式存盘，保存后的模板图它放置的位置应该在 Template 子目录下。它的上面应该只有图框和标题栏，而没有其他任何图形，在它的上面有满足国标设置的图层、线型、尺寸标注式样、文字字体式样等初始设置环境。

（7）模板图的应用

绘制新的工程图时，在启动和创建新图形对话框中，应该选择应用模板按钮，此时左键合适的模板图名称（或直接双击之），左键确定钮，即进入带有模板图的新图之中。细心的读者可能发现，此时新图的名称是类似 Drawing1 或 N 的名称，而不是模板图的名称，这样即保证了每个模板图都可以反复使用。

10.9 图形符号的绘制

在绘制 CAD 工程图的图形符号时，应该按照 GB/T 16901.1—2008《技术文件用图形符号表示规则 第 1 部分：基本规则》和 GB/T 16902.1—2004《图形符号表示规则 设备用图形符号 第 1 部分：原形符号》中的规定绘制。其中技术文件用图形符号的绘制模型如图 10-12 所示；设备用图形符号绘制模型如图 10-13 和表 10-12 所示。

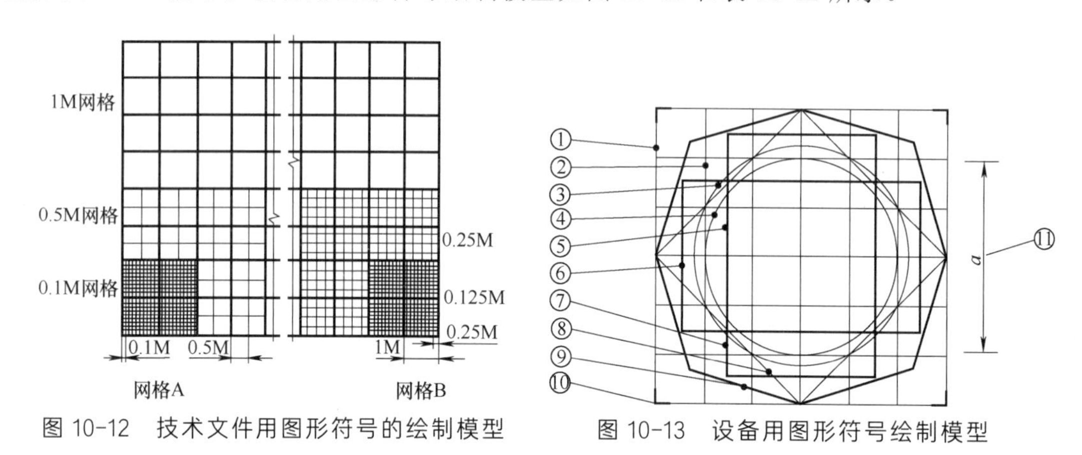

图 10-12 技术文件用图形符号的绘制模型

图 10-13 设备用图形符号绘制模型

表 10-12 设备用图形符号绘制模型

标号	说明
1	边长 75mm 的正方形坐标网格，网格线间距为 12.5mm
2	边长 50mm 的基本正方形。该尺寸等于符号原图的名义尺寸
3	直径 56.6mm 的基本圆，与基本正方形 2 具有近似的面积
4	直径 50mm 的圆，是基本正方形 2 的内接圆
5	边长 40mm 的正方形，它内接于基本圆 3
6,7	两个与基本正方形 2 具有相同表面积，宽为 40mm 的矩形。它们相互垂直，每一个矩形穿过基本正方形 2 的对边，且与其对称
8	正方形 1 各边中点的连线所形成的正方形，它构成基本图形最大水平和垂直尺寸
9	由与正方形 8 的边线成 30°的线段形成的不规则八边形
10	位于基本图形四角的角标（见 GB/T 16902.1—1997 6.3 条）
11	名义尺寸 *a*=50mm（见 GB/T 16902.1—1997 6.3 条）

【思考题】

1. 带装订边的图纸幅面内框与外框的距离代号表达是用________。

A．a 和 c　　B．e 和 f
C．d 和 e　　D．c 和 d

2．CAD 制图中，带有装订边图纸幅面，装订边的宽度是________。
A．各种图纸幅面尺寸，均为 20
B．A0、A1 幅面为 25，A2、A3、A4 幅面为 20
C．A0、A1、A2 幅面为 25，A3、A4 幅面为 20
D．各种图纸幅面尺寸，均为 25

3．如果图幅内外框间距左侧是 25，那么上、下、右侧的距离应选择________。
A．5 和 15　　B．10 和 20
C．5 和 10　　D．10 和 25

4．在 CAD 制图中，基本图纸幅面尺寸分为________。
A．4 种　　B．5 种
C．6 种　　D．7 种

5．CAD 制图中，A3 图纸幅面的基本尺寸为________。
A．420×297　　B．297×210
C．594×420　　D．841×594

6．CAD 制图中，放大比例最合理的首选是________。
A．2∶1　　B．3∶1
C．4∶1　　D．6∶1

7．CAD 制图中如果对图纸有加宽或加长要求，应按基本幅面短边长度的________增加。
A．0.5 倍　　B．1.75 倍
C．3.8 倍　　D．整数倍

8．CAD 制图中，文本高度不合理的是________。
A．A0、A1 幅面中汉字高度应为 7
B．A2、A3、A4 幅面中字母和数字高度应为 3.5
C．所有图纸幅面汉字高度应为 5；字母和数字高度应为 3.5
D．A2、A3、A4 幅面汉字高度应为 5

9．CAD 制图中，图线颜色不合理的是________。
A．粗实线为绿色　　B．细实线为白色
C．点画线为蓝色　　D．虚线为黄色

10．CAD 制图中，图线的宽度选择正确的是________。
A．粗线为 1，细线为 0.5
B．粗线为 1，细线为 0.35
C．粗线为 0.7，细线为 0.5
D．粗线为 0.75，细线为 0.35

11．CAD 制图中，标题栏中的设计单位字体________。
A．必须采用长仿宋体
B．可以使用楷体、宋体、黑体
C．可以使用行书
D．必须采用宋体

12．下列符号的含义是________。

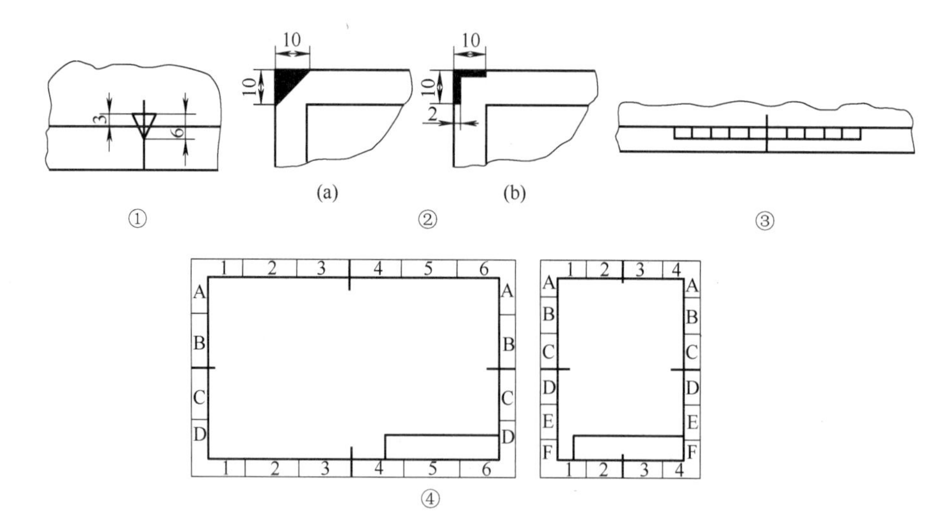

A. ①对中符号、②方向符号、③剪切符号、④米制参考分度
B. ①米制参考分度、②对中符号、③方向符号、④剪切符号
C. ①剪切符号、②米制参考分度、③对中符号、④方向符号
D. ①方向符号、②剪切符号、③米制参考分度、④对中符号

13. 请选择正确的图纸分区代号。________
A. 上下左右用阿拉伯数字表示
B. 上下左右用 ABCD 表示
C. 上下用阿拉伯数字、左右用 ABCD 表示
D. 上下用 ABCD、左右用阿拉伯数字表示

14. 以下几种说法错误的是________。
A. 米制参考分度主要用于对图纸比例尺寸提供参考
B. 图纸分区主要用于对图纸上存放的图形、说明等内容起到查找准确定位方便的作用
C. 剪切符号主要用于 CAD 工程图纸的裁剪定位
D. 对中符号用来确定 CAD 工程视图方向

15. CAD 制图规定的基本线型和变形线型各有________种。
A. 13、2　　B. 15、4
C. 18、6　　D. 20、5

16. 下面四个选项中是变形线型的是________。
A. 实线
B. 单点长划线
C. 波浪线
D. 间隔划线

17. 以下几种说法正确的是________。
A. 标题栏通常放在图纸幅面右下方,它决定着看图的方向
B. 明细栏的项目及内容根据具体情况而定，一般配置在标题栏的下方
C. 代号栏与标题栏中的图样代号和存储代号可以不一致
D. 附加栏位于标题栏上方

18．CAD制图规则中，关于图层管理说法正确的是________。

A．规定了13个层名，3个用户选用层名

B．规定了14个层名，2个用户选用层名

C．规定了15个层名，1个用户选用层名

D．规定了16个层名，4个用户选用层名

第11章 二维参数化编程绘图

本章主要介绍 AutoCAD 系统提供的 Autolisp 高级语言编程技术和技巧基本知识，重点介绍其来源、语言特点、编程动机、学习方法、基本结构和语法、常用函数等；其中难点是基本结构和语法、常用函数用法、上机编程实践、调试技巧和方法的熟练掌握。虽然是 Autolisp 语言编程，但所编并调通程序均可以在中望 CAD 2024 版环境下运行。

11.1 Autolisp 来源

Autolisp 是 Autodesk 公司根据 Lisp 人工智能编程语言开发的嵌入在 AutoCAD 软件系统内部的高级语言，它是该系统的最佳搭档，它与系统默契配合，甚至可以完成用户难以想象的多种自动化任务。

Autolisp 内嵌于 AutoCAD 软件内，不用额外购买；并附有 Vlisp 编译器，既可以编程，又可以编译程序，提高了程序运行速度和保密性。

Autolisp 是强化 AutoCAD 软件操作的最佳、最直接的程序语言，它与 AutoCAD 系统直接通讯，而不像其他高级语言那样需要经过复杂的调试、编译、运行。

Autolisp 语言易学、易用，即使你不会程序设计，也能在短期内写出好的程序。一个简单的参数化绘图程序，可能只有 10 行左右，只要用户稍微入门即可编写出来。

Autolisp 程序的编写水平与 AutoCAD 软件操作的熟练程度密切相关，因为除了赋值、计算之外，就是命令函数执行语句，这些命令函数的编写格式是根据命令操作过程来规定的。

11.2 Autolisp 语言特点

Autolisp 语法简单，例如加法函数表达为（+ 1 2 3…）；减法、乘法、除法等函数只要用相应函数名替换括号左侧的+号即可。

Autolisp 语言是一种带括号的编程语言形式，每一个语句两端都有括号，括号成对出现，括号可以相互嵌套；一对括号一个函数，多对括号多个函数。

Autolisp 语言函数功能强大，除具备一般高级语言的功能之外，还可调用 AutoCAD 系统内部几乎所有命令、系统变量等，从而完成多种 CAD 任务。

编写环境不挑剔，例如赋值，给变量名赋实数，该变量类型即为实型变量，即变量不用提前声明，随着赋值变化；再例如空格，两个变量或元素之间空格可以一个或多个，多个空格等于一个，系统不严格审查空格数。

Autolisp 函数具有即写即测、即测即用功能，这主要体现在命令行语句编写上，如果在命令行键入完整的函数和语句，一旦回车，即执行该函数或语句，并返回合适的结果；既相当于测试，也相当于使用；当然命令行不能批量执行语句，批量语句仍然需要在 Vlisp 编程环境中。

横跨各个 AutoCAD 平台，从 AutoCAD 系统早期的 2.0 版本，Autolisp 语言函数即可使用，直至如今 AutoCAD 2024，AutoCAD 系统依然支持 Autolisp 语言编程；随着 AutoCAD 系统版本的升高，系统通常向下兼容所有 Autolisp 程序。

11.3　编写 Autolisp 程序原因

需要创造更有用的 AutoCAD 命令，例如可能希望将多个命令串接在一起，执行一个自动化任务。

简化繁琐环境设定或绘图步骤，例如设置图层、线型、颜色、线宽、绘制图幅、设置线型比例、字体、设置尺寸标注等一些列交互操作，完全可以用编程手段去完成，大大提高了设计工作效率。

参数化绘图，例如可能用户希望用 pline 命令绘制一个键槽形状，或者希望用 Line 命令绘制一个任意角度矩形等，完全可以用编程手段快速完成，从而实现二维参数化编程功能，这一章主要就是介绍与此相关的内容。

用编程手段可以大批量向图面读写文件内容，尤其是大段的说明书文字更是如此。

用户一旦熟练掌握 AutoCAD 交互绘图技术，肯定希望灵活控制 AutoCAD 软件，例如迅速设置系统变量，或开发当前系统没有的各种菜单、线型、填充图案，为 AutoCAD 软件系统的本地化、行业化做好工作。

当 AutoCAD 软件操作熟练以后，技术人员经常需要相互交流操作技巧，看谁对系统理解深入，操作熟练，通过相互学习、观摩，共同进步。

11.4　Autolisp 语言学习方法

先由小程序入手，熟悉 Autolisp 语法规定。

浏览常用 Autolisp 功能函数，重要的函数熟记脑海。

随时发现图形处理过程中繁琐、反复的问题，考虑用 Autolisp 去解决问题。

观摩他人的设计程序，吸取其中精华。

试着简单地写程序，多写、多练，当然有人指导最好。

随时整理你的程序，最好加上注释，以免长时间后忘记。

充分理解和掌握“语法结构”。

熟练掌握“功能函数”的用法。

11.5　Autolisp 语言的基本结构和语法

（1）Autolisp 语言是括号式语言，它以左右括号“()”组成表达式，也称为表处理语言。

（2）左右括号、引号成双成对，一对括号组成一个基本语句，语句间可以相互嵌套。

（3）程序的每一行可以由单个或多个函数或语句组成。

（4）表达式格式：（函数名 操作数 操作数...），每个表达式计算后都返回一个值。

（5）函数名与操作数、操作数与操作数之间至少空一格，多个空格等于一个空格。

（6）操作数可以是：标准函数、表达式、子程序、变量、常数、字符串等。

（7）操作数变量格式：整数、实数、字符串、列表、实体对象代码、文件代码、选择集代码等。

（8）多重括号运算顺序：由内而外、由左向右。

（9）文件是 ASCII 格式，后缀为.lsp。

（10）编写环境：只要是 ASCII 格式的任何编辑器，当然用 Vlisp 编辑器最好。

（11）defun 函数可以定义新命令或新函数，注意新命令和新函数表达方式的不同，新命令格式是“c：函数名”，新函数格式是（函数名 操作数...）。

（12）加载程序方法。

① 命令行加载：在命令状态。

程序在当前路径下（load“程序名”）；

程序不在当前路径下（load“路径/程序名”），或（load“路径\\程序名”）。

② 编程环境加载，看编辑器的加载钮图标，用切换到 AutoCAD 图形空间。

③ 下拉菜单加载，工具/应用加载程序/选择 lsp 文件/加载/关闭。

（13）分号后面的内容在程序中一律为注释，注意适当地在程序中增加批注。

（14）用 setp 函数赋值，其格式是（setq 变量名称 设定值）。

（15）如果希望查询变量 A 的值，可以在命令行键入“！ A”。

（16）点或数表的表达格式是 '(1 2 3) 、'(0.2 0.5—0.72 3.0)，注意括号前部的单引号。

（17）预定义符号有 nil、T、pi 等，在程序编制过程中变量名不能用预定义符号。

（18）程序编写环境。

① 命令行：只能写一行执行一行。

② 编辑器：在命令行键入 Vlisp、Vlide 回车，即可进入 Vlisp 编辑环境，在此编辑环境中，可以将批量语句组成新函数、程序、文件，并可批量执行。

③ 程序代码有颜色区分，记住对编程很重要：红色括号、蓝色函数、粉色提示、黑色变量、绿色常量。

11.6　常用函数简介

1）数学运算函数

（1）加函数：（+ 数 数...）；这个函数返回所有数的总和。例如：

```
(+ 1 2 3 4.5)         返回          10.5
```

（2）减函数：（- 数 数...）；这个函数返回第一个数减去后面数的差。例如：

```
(- 50 40.0 2)         返回          8.0
```

（3）乘函数：（* 数 数...）；这个函数返回所有数乘积。例如：

```
(* 1 2 3)             返回          6
```

（4）除函数：（/ 数 数...）；这个函数返回第一个数除以后面数的商。例如：

```
(/ 100 20.0 2)        返回          2.5
```

（5）乘方：(expt 底数　幂)；任意数的数次方函数。例如：

```
(expt 3.0 2.0)          返回          9.0
```

（6）开方：(sqrt num)；求平方根函数。例如：

```
(sqrt 2.0)          返回          1.41421
```

2）赋值函数

（1）单变量赋值：(setq a 1.0)；(setq b 2)；(setq c a)；(setq d "s")。

（2）多变量同时赋值：(setq a 1.0 b 2 c a d "s")。

3）Get 系列函数

（1）请用户输入点函数 (getpoint [点] [提示])

```
(setq p0 (getpoint "enter a real: "))
```

（2）请用户输入实数函数 (getreal [提示])

```
(setq real1 (getreal "enter a real: "))
```

（3）请用户输入整数函数(getint [提示])

```
(setq num (getint "enter a number: "))
```

（4）请用户输入字符串函数 (getstring [提示])

```
(setq str1 (getstring "name: "))
```

4）计算点函数

（1）计算相对点函数：(polar p0 角度　距离)；计算相对 p0 点，某弧度角和距离的点。

```
(polar p0 (* 0.5 pi)  10)   ；计算相对 p0 点角度 0.5pi，距离为 10 的点
```

（2）求点 X 坐标　(car 点表)。例如：p0 点='(1　2　3)

```
(car p0)          返回          1
```

（3）求点 Y 坐标　(cadr 点表)。例如：p0 点='(1　2　3)

```
(cadr p0)          返回          2
```

5）距离角度计算函数

（1）距离计算函数

(distance pt1 pt2)；求点 pt1 和 pt2 之间的距离。例如：

```
(distance'(1.0 2.5 3.0)'(7.7 2.5 3))        返回        6.7
```

（2）角度计算函数

(angle pt1 pt2)；求两点连线之间的角度（弧度）函数，注意方向。例如：

```
(angle '(1.0 1.0)'(1.0 4.0))        返回          1.5708
```

6）条件及循环函数

（1）条件运算函数 (if e e1 e2)，如果 e 成立，执行 e1，否则执行 e2。

（2）多条件分支函数

```
  (if  e                                          ;如果 e 成立，那么
    (cond ((= s "y")  (setq pt 1))                ;如果 s ="y"则 pt=1
          ((= s "n")  (setq pt 2))                ;如果 s ="n"则 pt=2
           T  (setq pt 3))                        ;否则，pt=3
)
```

（3）固定数循环(repeat 整数　表达式…)，按整数值次数循环。例如：

```
((setq a 10)          ; 设置 a 的初始值为 10
(repeat 4             ; 循环 4 次
  (setq a (1+a))      ; 每次 a+1
)                     ; 则 a 的值为 14
```

（4）条件循环函数 (while e e1 e2…en)，当 e 成立时，执行 e1、e2 直到 en，反复循环直到条件 e 不成立，退出循环。

```
(setq a 1)                               ;赋值 a=1
(while  (<=a 10) (setq a (1+a)))         ;当 a<=10 时循环
```

7）命令函数(command)

(command "命令全称" 参数...);调用命令函数，通常返回值为 nil。例如：

```
(command  "line" pt1 pt2 "")        ;从点 pt1 到点 pt2 画一条线
```

8）特殊表达（princ）设置通道函数(initget 和 getkword) (progn)橡筋线

（1）(princ)；打印空行，或程序悄悄退出。

（2）(initget "参数 1　参数 2...")；输入控制关键参数函数，必须与(getkword)函数连用才有效。例如：

```
(initget  "P  L" )
(setq  x  (getkword " Pline or Line"))。
```

两个语句连用，请用户输入关键字 P 或 L，否则系统让用户重新输入。

9）自定义函数 defun

（1）自定义函数格式 (defun 函数名(全局变量/局部变量 ...))。

注意：①函数名与后面括号无空格；②全局变量是指多个程序都可通用的变量；③局部变量是指只有本程序运行可以使用的变量；④许多程序只有局部变量而无全局变量，这里的局部变量还有在本程序运行完成后立即释放局部变量所占空间的含义；⑤括号中也可以两种变量都没有，只有空括号。

（2）自定义命令格式 (defun c:命令名() ...)。

注意：①“c:、命令名、()”三者之间无空格；②“c:”不区分大小写；③通常调试程序的时候在括号中不加局部变量，程序调试通过后可以加入。

11.7　二维图形参数化编程步骤与技巧

1）交互绘图

用交互方法将需要编程的图形绘制出来，这一步就要考虑用什么方法编程。

2）标注参数

将绘制的图形标注基点名，即 p0 点，该点通常需要用户输入，且为程序运行的基准点，该点有时为了区别其他点，可能设置成 p00、p01 名称；将其他与基准点密切相关，程序运行需要计算或绘图的关键点进行起名标识，如 p1～pn 等；针对用户需要输入的长度、宽度等变量进行起名标识，长度一般为 LD、宽度一般为 WD、直径一般为 DD 等，注意不要将小写 L 和 1、零 0 和英文 O 混淆；一旦标识完成，将此图另存为编程点图。

3）绘制点表

为了在编程过程中将各个计算点顺利编写出来，也为以后查询或检查方便，将各个点之间的公式关系表达出来非常必要，表格形式为 4 列多行表，具体形式见后。

4）编程方法

（1）从命令行键入 Vlisp↙，进入 Vlisp 编辑器最快。

（2）必须开始新文件，左键，才能进入程序编辑窗口。

（3）注意初学者容易犯的错误：函数名和变量之间不空格、函数名写错、括号和双引号数量不匹配、换行符号“\n”写错，defun 函数的错用，命令函数中命令不用全称或错误，回车符、连续双引号“”写错等。

5）调试、运行方法

（1）从 Vlisp 编辑环境进入 AutoCAD 图形界面，最好左键按钮；返回 Vlisp 环境中，找到临时编写的 lisp 程序，最好左键按钮。

（2）程序格式化：程序全部或部分格式化，用两个按钮。

（3）加载全部或部分程序用两个按钮。

（4）熟练掌握分步调试语句纠正错误；学会反复加载和返回程序更改。

（5）运行程序通常在命令行键入程序中 C：后面的自定义命令名称。

（6）程序中如果变量很多，需要赋值，且不好记忆时，最好先批量赋固定值，以后程序调试通过，再改回单独赋值不迟。

6）完善、保存

（1）编写程序时候，为了简捷，提示用简单英文字符或汉语拼音字符为好；一旦程序调试通过，认真将提示更改为汉字，以利于以后运行正规化。

（2）为了记忆的方便，程序调试通过后，最好对重要语句加上注释。

（3）程序调试通过后，要将自定义函数语句的局部变量全部写出，以保证多次程序运行后，局部变量不占内存。

11.8　编程举例

1）学习一个水平十字线编程

程序运行要求：用户输入基点，再输入十字线长度，程序自动绘制十字线。

（1）交互绘制水平十字线，注意绘制的水平和垂直线长度大小相等，如图 11-1 所示。

（2）完成点图。设置十字线长度为 ld，基点为 p0，其余点为 p1～p4，如图 11-2 所示。

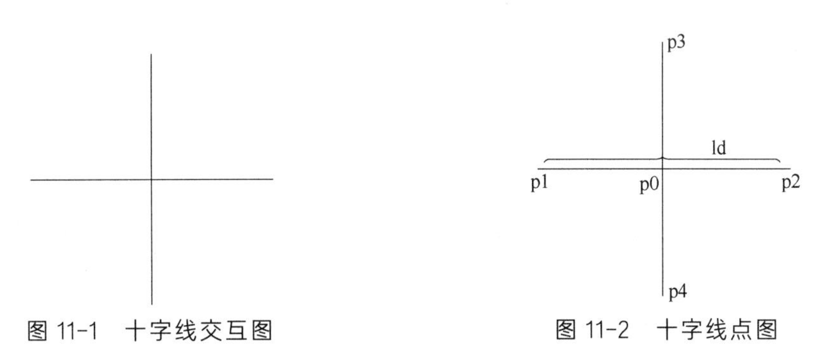

图 11-1　十字线交互图　　　图 11-2　十字线点图

（3）写出编程参考点表 11-1。

表 11-1　编程参考点表（1）

点名	相对点	相对角度	相对长度
p1	p0	pi	ld/2
p2	p0	0	ld/2
p3	p0	0.5pi	ld/2
p4	p0	1.5pi	ld/2

（4）编制参考程序。

```
(defun c:spszx ( / p0 ld p1 p2 p3 p4)             ；定义水平十字线命令
    (setq p0 (getpoint "十字线交点: "))            ；用户输入一个点
    (setq ld (getreal "\n十字线长度: "))           ；用户输入一个数
    (setq ld (* 0.5 ld))                          ；长度折半运算
    (setq p1 (polar p0 pi ld))                    ；由p0点算p1点
    (setq p2 (polar p0 0 ld))                     ；由p0点算p2点
    (setq p3 (polar p0 (* 0.5 pi) ld))            ；由p0点算p3点
    (setq p4 (polar p0 (* -0.5 pi) ld))           ；由p0点算p4点
    (command "line" p1 p2 "" "line" p3 p4 "")     ；执行直线命令;
)                                                 ；程序结束
```

（5）调试、运行省略。

（6）完善、保存。

将上述程序保存为spszx.lsp，变提示为中文，在defun函数后由原来的空括号（），变为带变量括号，即（/ p0 ld p1 p2 p3 p4)，这样程序运行完成后立即释放内存。

2）学习一个任意角度平行线编程

程序运行要求：用户鼠标拖出起点、终点，键入平行线间距，选择用PL线还是L线（如果为PL线键入线宽wd)，程序自动绘制出平行线。

（1）交互绘制平行线，注意任意角度ang，起点、终点在平行线中间线上，如图11-3所示。

（2）完成点图。设置平行线间距d，起点为p00、p01，其余点为p1～p4，如图11-4所示。

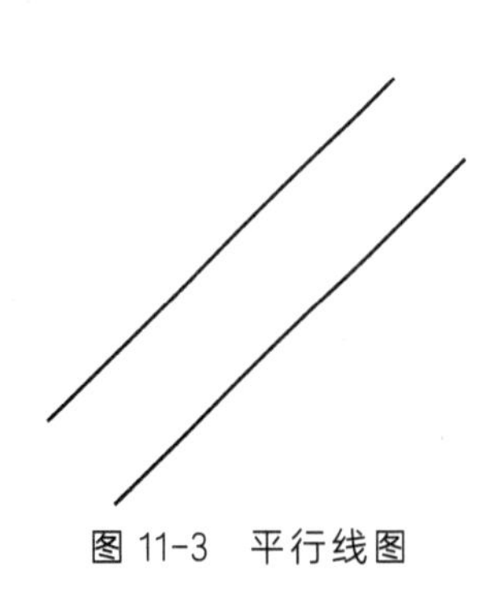

图11-3　平行线图

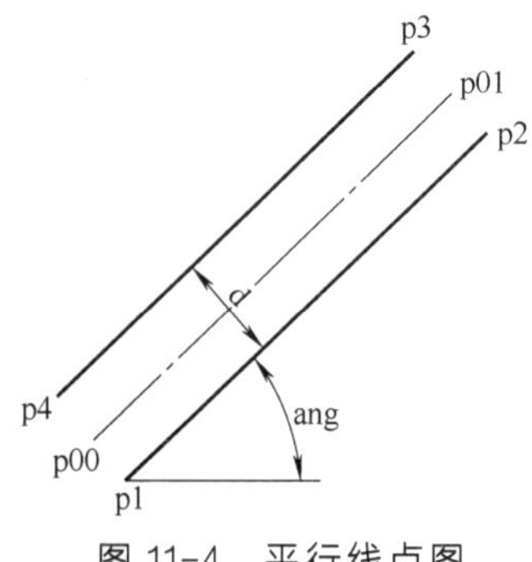

图11-4　平行线点图

（3）写出编程参考点表11-2。

表11-2　编程参考点表（2）

点名	相对点名	相对角度	相对长度
p1	p00	ang−pi/2	d/2
p2	p01	ang−pi/2	d/2
p3	p01	ang+pi/2	d/2
p4	p00	ang+pi/2	d/2

注意：点表也可以相对其他点计算，但要注意表达式的相对变化。

（4）编制参考程序。

```
(defun c:rjpxx (/ p00 p01 d ang p1 p2 p3 p4 ss wd ) ；定义任意角度平行线命令
  (setq p00 (getpoint "起点:"))                    ；用户输入起点
  (setq p01 (getpoint p00 "\n终点:"))    ；用户输入终点，p00为橡筋线起点，\n为换行符
  (setq d (getreal "\n平行线间距:"))      ；用户输入平行线间距
  (setq ang (angle p00 p01))              ；程序自动计算p00指向p01角度（弧度）
  (setq p1 (polar p00 (- ang (* 0.5 pi)) (* 0.5 d)))  ；计算p1～p4点
  (setq p2 (polar p01 (- ang (* 0.5 pi)) (* 0.5 d)))
  (setq p3 (polar p01 (+ ang (* 0.5 pi)) (* 0.5 d)))
  (setq p4 (polar p00 (+ ang (* 0.5 pi)) (* 0.5 d)))
  (initget "P L")                                  ；设置通道关键参数P和L
  (setq ss (getkword "\nPline/Line:"))             ；用户输入P或L选项
  (if (= ss "p")                                   ；系统根据用户输入判断是否为P
     (progn                         ；如果用户输入为P，执行progn语句内2个语句
       (setq wd (getreal "\n线宽:"))                              ；用户给线宽
       (command "pline" p1 "w" wd wd p2  ""  "pline"  p3 p4  "") ；绘制PL平行线
  )                                                             ；结束progn语句
  (command "line" p1 p2 "" "line" p3 p4 "")                     ；绘制L平行线
 )                                                              ；结束if语句
)                                                               ；结束程序
```

（5）调试、运行省略。

（6）完善、保存。

将上述程序保存为 rjpxx.lsp，变提示为中文，在 defun 函数后由原来的空括号（），变为带变量括号，即 (/ p00 p01 d ang p1 p2 p3 p4 ss wd)，这样程序运行完成后立即释放内存。

3）学习一个键槽编程

程序运行要求：用户鼠标给出任意角度两点，键入半径和线宽，程序自动绘制出键槽图形。

（1）交互绘制键槽形状，注意任意角度 ang，圆心起点和终点，半径，如图 11-5 所示。

（2）完成点图。设置键槽第一、二圆心点为 p00、p01，其余点为 p1～p4，计算角度为 ang，用户输入半径为 bj、线宽为 wd，如图 11-6 所示。

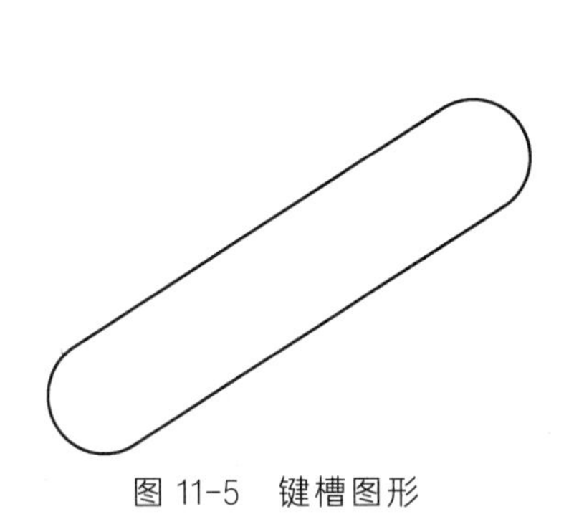

图 11-5　键槽图形

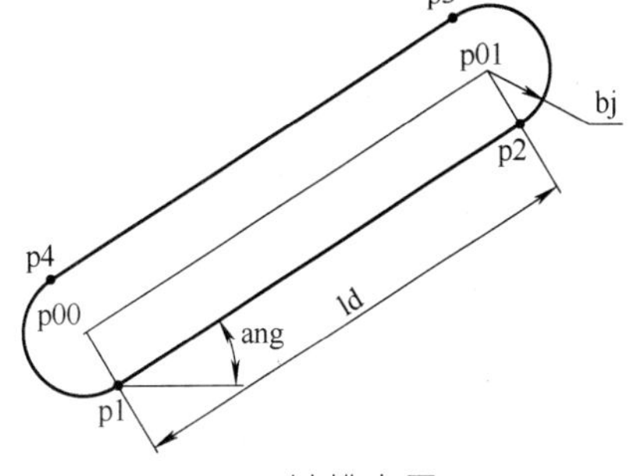

图 11-6　键槽点图

（3）写出编程参考点表 11-3。

表 11-3 编程参考点表（3）

点名	相对点名	相对角度	相对长度
p1	p00	ang−pi/2	bj
p2	p01	ang−pi/2	bj
p3	p01	ang+pi/2	bj
p4	p00	ang+pi/2	bj

（4）编制参考程序。

```
(defun c:jc (/ p00 p01 bj wd ld ang p1 p2 p3 p4)          ；定义键槽命令，释放变量内存
  (setq p00 (getpoint "\n 键槽第一圆心点:"))               ；换行输入第一圆心点
  (setq p01 (getpoint  p00  "\n 键槽第二圆心点:"))         ；换行输入第二圆心点，橡筋线
  (setq bj (getreal "\n 圆半径:"))                         ；换行键入圆半径
  (setq wd (getreal "\n 线宽:"))                           ；键入线宽
  (setq ld (distance p00 p01))                             ；计算 p00 和 p01 距离
  (setq ang (angle p00 p01))                               ；计算 p00 指向 p01 角度 ang
  (setq p1 (polar p00 (- ang (* 0.5 pi)) bj))              ；计算 p1～p4 点
  (setq p2 (polar p01 (- ang (* 0.5 pi)) bj))
  (setq p3 (polar p01 (+ (* 0.5 pi) ang) bj))
  (setq p4 (polar p00 (+ (* 0.5 pi) ang) bj))
  (command "pline" p1 "w" wd wd p2 "a" p3 "l" p4 "a" "cl") ；用 PL 命令绘制键槽
(princ)                                                    ；程序悄悄退出
)                                                          ；程序结束
```

（5）调试、运行省略。

（6）完善、保存。

将上述程序保存为 jc.lsp，变提示为中文，在 defun 函数后由原来的空括号（），变为带变量括号，即(/ p00 p01 bj wd ld ang p1 p2 p3 p4)，这样程序运行完成后立即释放内存。

【思考题】

1．进入 Autolisp 编辑环境的方法错误的是________。

A．双击桌面 Autolisp 图标　　B．下拉菜单/工具/Autolisp/Visual lisp 编辑器

C．键入 Vlisp↙　　D．键入 Vlide↙

2．Autolisp 语言________AutoCAD 软件，并附有 Vlisp 编译器。

A．外挂于　　B．不属于

C．内嵌于　　D．A+B+C

3．Autolisp 与 AutoCAD 软件________。

A．可以直接通信　　B．不能通信

C．可以间接通信　　D．通过 C 语言才能使用

4．Autolisp 语言可以称为________语言。

A．括号式　　B．人工智能

C．表处理　　D．A+B+C

5．Autolisp 函数的括号、双引号必须是________。

A．标准的　　B．成双成对的

C．中括号形式的　　D．可单可双

6．Autolisp 函数中各元素之间空格数________。

A．可有可无　　B．必须一个

C．只能两个　　D．至少一个

7．Autolisp 函数可以在命令行直接输入，这体现了该语言的________特点。

A．有趣　　B．易学

C．即写即测　　D．好用

8．编写 Autolisp 程序目的是________。

A．创造更有用的 AutoCAD 命令

B．实现二维参数化编程功能

C．大批量向图面读写文件内容

D．A+B+C

9．Autolisp 函数可以相互嵌套，其运算顺序是________。

A．由内向外，由右向左　　B．由外向内，由左向右

C．由内向外，由左向右　　D．由外向内，由左向右

10．Autolisp 文件格式是________。

A．dwg　　B．lsp

C．二进制　　D．ASCII

11．Autolisp 文件后缀为________。

A．lsp　　B．lsb

C．dwg　　D．fas

12．defun 函数可以定义新命令，其表达格式是________。

A．（defun　c：命令名()）

B．（N：函数名）

C．（函数名　操作数…）

D．（defun 函数名，操作数…）

13．程序不在当前路径下时，加载程序的方法是________。

A．(load “程序名”)　　B．(load “路径\程序名”)

C．(load “路径/程序名”)　　D．(load “路径//程序名”)

14．（if　e　e1　e2）的应用条件是，当 e 条件成立时，执行________，否则执行________。

A．e，e1　　B．e1，e2

C．e2，e1　　D．e，e2

15．(while　e　e1　e2　…　en)语句表达的含义是________。

A．当条件 e 成立时，执行 e1…en，如果 e 不成立，仍然继续执行

B．当条件 e 成立时，执行 e1…en，直至条件 e 不成立为止

C．当条件 e 成立时，执行 e1…en，直至用户强迫停止为止

D．当条件 e 不成立时，执行 e1…en，直至条件 e 能成立为止

16．Autolisp 语言的括号、函数、提示、变量、常量系统默认颜色顺序是________。

A．红蓝粉黑绿　　B．绿黑粉蓝红

C．蓝红粉黑绿　　D．粉黑绿红蓝

17．在 Autolisp 程序中，由用户输入一个点的函数表达为________。

A．gavepionts　　B．givepoint
C．getpoints　　D．getpoint

18．Autolisp 程序运行后释放变量所占内存空间的正确表达式________。
A．(/)　　B．(/ p0 ld p1 p2 p3 p4)
C．(\ p0 ld p1 p2 p3 p4）　　D．(\ p0,ld,p1,p2,p3,p4)

19．设置通道关键参数 P 和 L 的正确表达是________。
A．(initget "P, L")　　B．(initget "P" "L")
C．(initget "P L")　　D．(initget "P""L")

20．Autolisp 程序中(princ)的意思是________。
A．程序在命令行打印　　B．程序结束
C．打印一个空行　　D．将结果打印出来

21．编写程序计算点时，相对角度为−90°的表达方式为________。
A．pi　　B．0.5pi
C．−1.5pi　　D．−0.5pi

22．在 Autolisp 函数语句后加注释时，应采用的分隔符号为________。
A．分号　　B．逗号
C．句号　　D．破折号

23．Autolisp 程序运行后，如果希望查询每个变量 A 的值，可以在命令行键入________。
A．“？ A”　　B．“！ A”
C．“*A”　　D．“/ A”

上机习题

【11-1】控制点编程

程序运行要求：用户给出基点、圆半径、圆直径上下两行文字内容，程序自动运行绘制出仪表控制点图形（设：文字高度=1/2 圆半径值，字体用 romans.shx，文字居中对齐点 H1=0.43R，H2=0.4R）；程序运行效果如图 11-7 所示，编程参考图如图 11-8 所示。

图 11-7　程序运行效果图

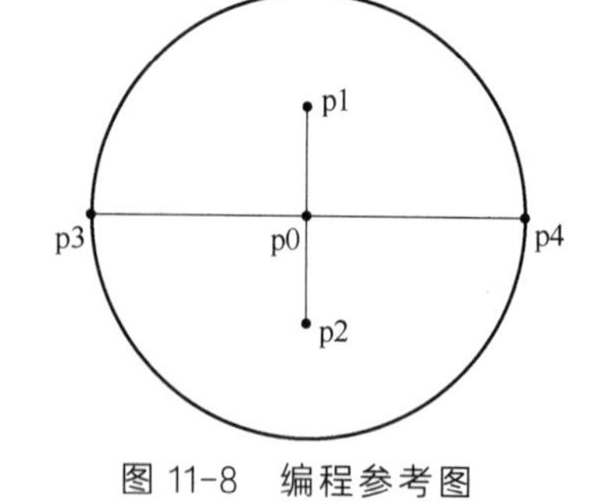

图 11-8　编程参考图

【11-2】高度符号标注编程

程序运行要求：用户给出基点 p0 和方向点 p1、标高值、文字高度 H；程序根据已知两点自动判断标注方向，自动运行绘制出高度符号图形（设 p0p2=p0p3=Ld，p2p3=1.4Ld，

Ld1=左图，p2p4=右图，p3p4=4Ld，字高 H=0.75Ld，p5 中点）；程序运行效果如图 11-9 所示，编程参考点图如图 11-10 所示。

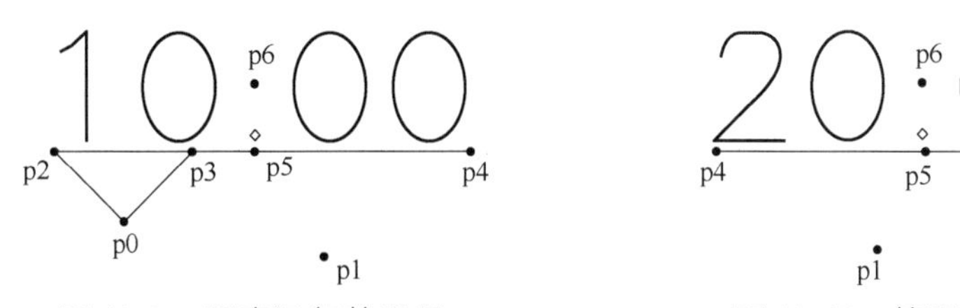

图 11-9　程序运行效果图　　图 11-10　编程参考点图

编程提示：利用（car p0）和（car p1）可获得 p0、p1 的 x 坐标值 x0、x1，通过（if (< x0　x1) e1 e2）判断 p1 点的位置，p1 点在右执行语句 e1，绘制图 11-9，p1 点在左执行语句 e2，绘制图 11-10。

【11-3】引线上下标注

程序运行要求：用户给出基点 p0、p1、上下两行标注文字 AAA 和 BBB；程序根据已知两点角度自动判断标注方向，自动运行绘制出引线上下标注图形及标注文字（设：文字高度 H，横线长度 3H，p3、p4 居 p2p0 线正中上下，距离 0.7H）；程序运行效果如图 11-11 所示，编程参考点图如图 11-12 所示。

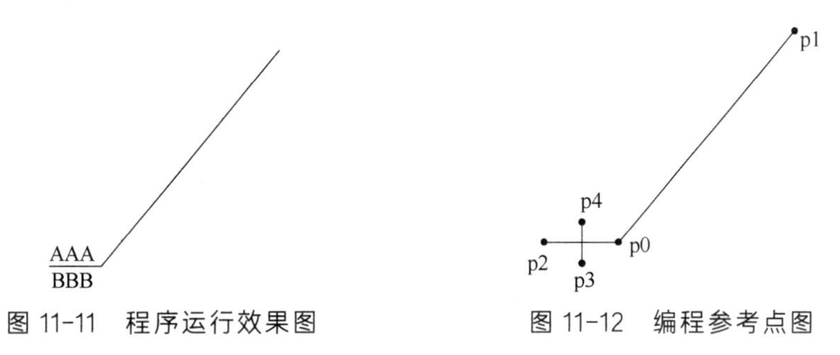

图 11-11　程序运行效果图　　图 11-12　编程参考点图

【11-4】图幅绘制

程序运行要求：用户给出图幅号数 A0～A4，程序自动运行绘制相应图幅并最大显示。（设：①程序默认 0,0 点为基点；②图幅全部横放；③绘制带装订边的图幅；④用矩形命令 rectang 编程；⑤外框线宽 0,内框线宽 0.7，内外边框距离查阅国标），程序运行效果如图 11-13 所示。

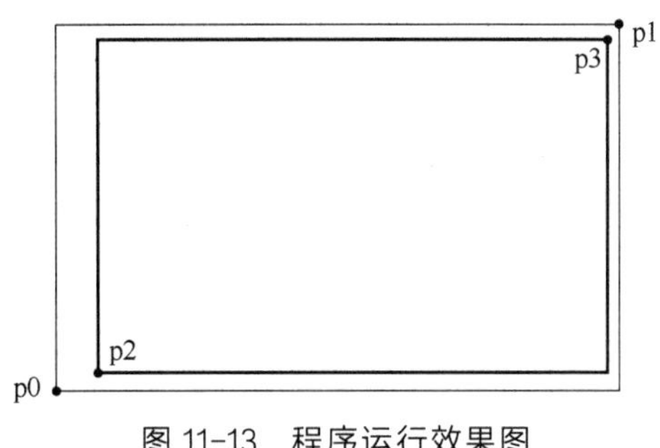

图 11-13　程序运行效果图

编程提示：利用(initget"参数 1　参数 2...")获得输入控制关键参数函数和(getkword "参数 1　参数 2...")获得用户输入关键字，再利用多条件分支（cond...）语句，将各种图幅尺寸表作为选择条件。

【11-5】圆圈引线标注

程序运行要求：用户给出基点 p0、相对点 p1、圆内标注文字 A，程序根据两点角度自动运行绘制出圆圈引线标注图形（设：圆直径 10、字高 5、文字字体 romans.shx）；程序运行效果如图 11-14 所示（参考高度符号标注编程提示，分出左右方向），编程参考点图如图 11-15 所示。

图 11-14　程序运行效果图　　图 11-15　编程参考点图

【11-6】同心圆绘制

程序运行要求：用户给出圆心点，不断给出半径 R1～Rn，程序自动绘制同心圆，直至回车结束，程序运行效果如图 11-16 所示［提示：利用条件循环函数 (while e e1 e2...en) 语句判断半径值是否为空］，编程参考点图如图 11-17 所示。

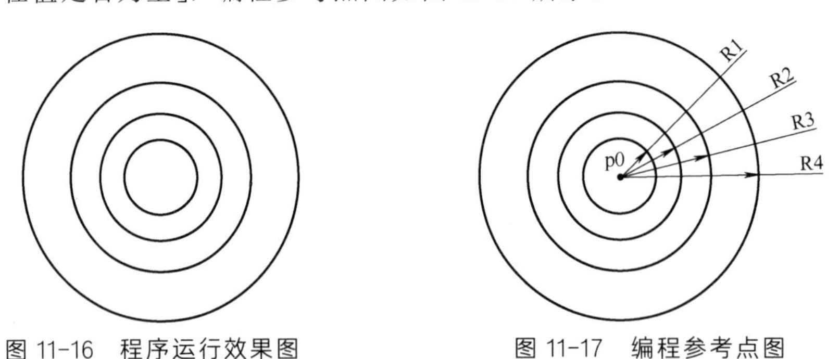

图 11-16　程序运行效果图　　图 11-17　编程参考点图

【11-7】双十字线

程序运行要求：用户给出 p00、p01 两点，程序自动计算两点距离 Ld、角度 ang，p1～p6 点，并绘出双十字线（注意编程参考点图各点距离关系），程序运行效果如图 11-18 所示，编程参考点图如图 11-19 所示。

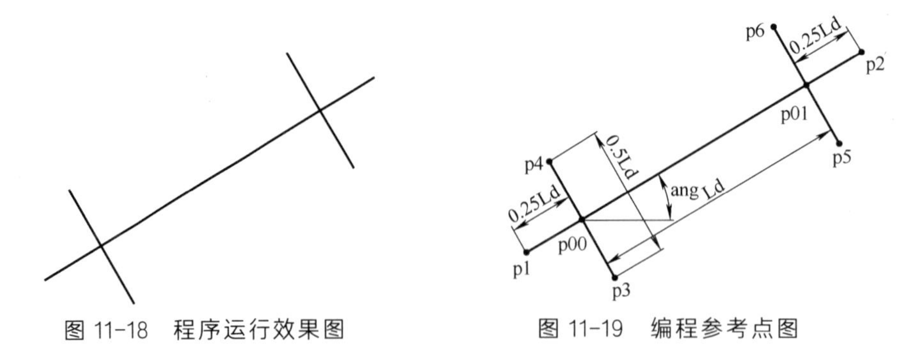

图 11-18　程序运行效果图　　图 11-19　编程参考点图

【11-8】任意角度矩形

程序运行要求：用户给出基点 p1，矩形长度 Ld，宽度 Wd，角度 ang，程序自动运行绘制任意角度矩形（注意编程参考点图各点距离关系），程序运行效果如图 11-20 所示，编程参考点图如图 11-21 所示。

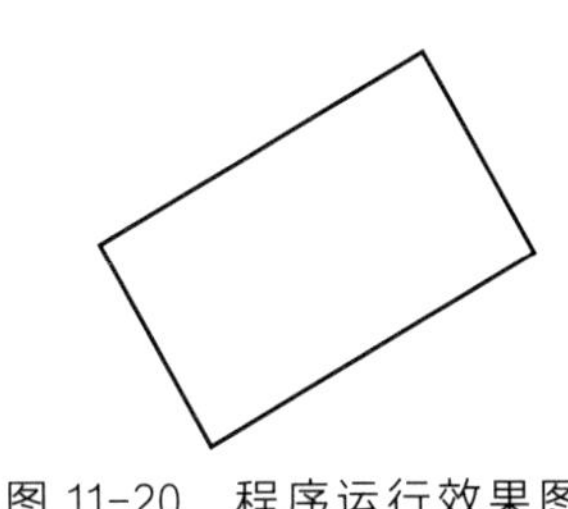

图 11-20　程序运行效果图

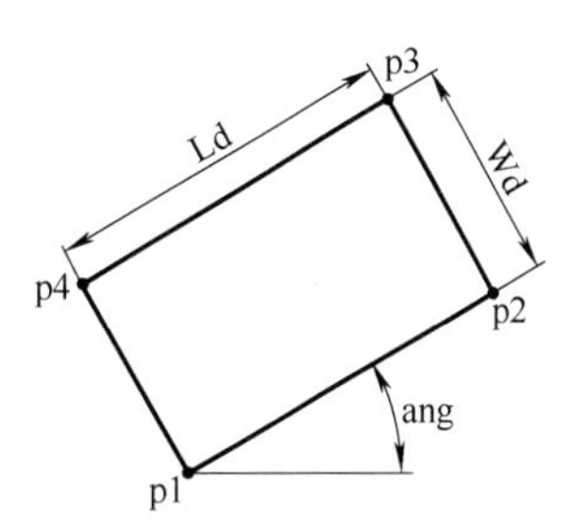

图 11-21　编程参考点图

第12章 三维简单图形绘制

简单三维图形绘制单元题目的设置主要是要求学生掌握一些简单三维产品实体造型的方法，所出题目的三维形状相对简单，但其操作已经基本涵盖了三维实体绘制的大部分命令，涉及的三维操作大约在10项左右，目的是考查学生的三维实体操作的基本能力。这一章主要包括三维观察、三维立体面参照系制作、三维坐标系建立、二维面域、面域拉伸、布尔运算、三维简单实体生成、三维实体分解等。

12.1 CAD 工程训练

设计人员在计算机上进行三维产品设计的过程中，经常需要变换视觉方向以检查设计结果，所以熟练地变换观察方向是首要的基本功。中望CAD 2024版软件提供了非常灵活的观察手段。

（1）设置观察特殊视点，左键点选上述图标，依次完成的视图方向分别为：俯视、仰视、左视、右视、主视、后视、西南方向视图、东南方向视图、东北方向视图、西北方向视图等。

（2）罗盘三维视点，vpoint↙，随着鼠标在罗盘内部的移动，坐标系随着旋转。鼠标点与罗盘中心点重合时，相当于顶视图方向；与最外圈重合时相当于底视图方向；鼠标点在小圆内部相当于上半球方向观察；在小圆与大圆之间相当于下半球观察。它可以快速、模糊地确定一种大致的观察方向。

（3）对话框设置三维视点，ddvpoint↙， 双击左边的图形的任何一个合适的角度，可确定XY平面的视角；双击右边的图形的任何一个合适的角度，可确定XZ平面的视角；两视角确定后，相当于空间视角的确定。

（4）多视口观察，vports↙或图标，用户可以设置单视口、双视口、三视口、四视口4种视口，12种形式来观察物体。只需从对话框中选择满意的视口形式。

（5）快速建立平面视图，plan↙，U↙，当前用户坐标系的XY平面视图；W↙，世界坐标系的平面视图。

（6）三维轨迹球工具栏：

3d pan↙，3d zoom↙，其用法基本与二维一致。

3dorbit↙，出现一大四小圆形式的3d轨迹球。光标在水平两小圆，使物体绕垂直轴转动；光标在垂直两小圆，使物体绕水平轴转动；光标在大圆内，沿拖动方向转；光标在大圆外，沿大圆圆心转。

12.2 三维立体面参照系的制作

命令：键入 ai_box↙或■

角点 ，长度↙，宽度↙，高度↙，转角↙。

三维立方体面的制作是根据所需绘制的零件的长宽高尺寸绘制的，是用户非常重要的辅助参照系。尤其是三维交互绘图，它的建立有利于建立三维空间方位，有利于三维实体零件生成后的尺寸检测，养成这种习惯对于三维复杂零件尤其重要，它能使用户在制作过程中不迷失方向，能够头脑清楚地、快速地进行三维零件的制作。某种意义上讲它是三维空间加工产品的车间。有些人忽视这种做法，一旦制作复杂零部件就会不知所云，有时甚至陷入困境，以致做不下去，这方面请读者注意。

12.3 三维坐标系

要想很好地进行三维产品造型与设计，熟悉并掌握三维空间的概念是相当重要的，中望 CAD 软件提供了模型空间和图纸空间，前者即为三维空间，所有的三维立体模型都可以在这里制作出来。中望 CAD 软件的三维造型依赖于三维空间中的坐标系的当前状态，系统当前缺省状态是世界坐标系，二维图形就是在世界坐标系内生成的。而三维图形的生成必须依赖用户坐标系的建立，掌握用户坐标系的新建、移动、旋转、存储、恢复、删除等操作是十分必要的。

（1）创建三维用户坐标系

ucs↙，

n↙, ZA↙，以新的 Z 轴确定用户坐标系，原点↙，Z 轴方向↙。

3↙，以 3 点确定用户坐标系，原点↙，X 轴方向↙，Y 轴方向↙。

O↙，以实体确定用户坐标系，原点↙。

F↙，以实体面确定用户坐标系，实体面↙。

V↙，以当前显示器平面确定用户坐标系，↙。

X↙，绕 X 轴旋转确定用户坐标系，旋转角度↙。

Y↙，绕 Y 轴旋转确定用户坐标系，旋转角度↙。

Z↙，绕 Z 轴旋转确定用户坐标系，旋转角度↙。

（2）用户坐标系的平移：ucs↙，m↙，键入或捕捉新的坐标原点，以实现用户坐标系的平移。

（3）六种常用坐标系：ucs↙，g↙，所设的六个选项分别代表上下前后左右坐标平面，原点为 0,0,0。

（4）坐标系的其他设置：

ucs↙, P↙，返回上一个坐标系。

R↙，要恢复的坐标系↙，恢复某个坐标系。

S↙，坐标系名称↙，储存一个坐标系。

D↙，坐标系名称↙，删除一个坐标系。

A↙，选择视点↙，根据视点确定一个坐标系。

?↙，列出所有坐标系。

W↙，返回世界坐标系。

这部分操作以点击 UCS 工具条为最快，图 12-1 是该工具条图示效果。

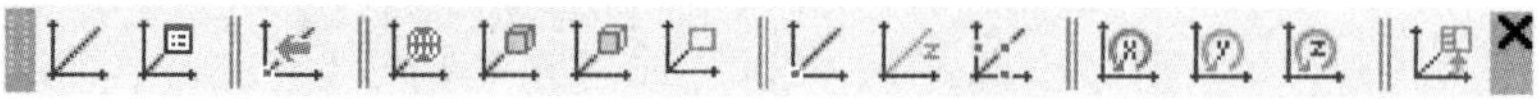

图 12-1 UCS 工具条

12.4 面域的概念

（1）定义：面域即二维的连接封闭形内填充同一种材料所形成的实心面（连接形式参考帮助）。二维的面域可以做三维拉伸或布尔操作。

（2）面域的制作：region↙或图标选择要制作的封闭形状↙即可，但要注意观察面域是否制作成功的信息。面域要求组成面域的实体必须封闭，且线条首尾相接，而不能相互交叉出头；此外为快速生成三维实体，中望 CAD 系统将二维多义线形成的封闭形（一笔完成）、圆、椭圆、多边形、矩形等均默认为面域，可以对其直接进行三维拉伸或旋转操作，而不用做成面域再操作；但请大家注意，虽然可以这样操作，并不意味着它们就是面域。

12.5 拉伸 extrude

通过拉伸现有二维对象来创建唯一实体原型。

用 extrude 拉伸（添加厚度）选定的对象来创建实体。可以沿指定路径拉伸对象或按指定高度值和倾斜角度拉伸对象。

用 extrude 从物体的通用轮廓创建实体，如齿轮或链轮齿。extrude 对包含圆角、倒角和其他细部的对象尤其有用，除非这些细部在一个轮廓上，否则很难复制。如果用直线或圆弧来创建轮廓，在使用 extrude 之前，需要用 pedit 命令的“合并”选项，把它们转换成单一的多段线对象或使它们成为一个面域。

命令：ext↙或图标(extrude)

选面域实体…↙

指定拉伸高度或[路径(P)]：*高度*↙(正负)

指定拉伸的倾斜角度 <0>：*角度*↙(正负)

注意：拉伸可以按路径，路径可以是直线或曲线；拉伸角度为正，拉伸后的实体为正锥体，反之为倒锥体；该命令可以拉伸平面三维面、封闭多段线、多边形、圆、椭圆、封闭样条曲线、圆环和面域。不能拉伸包含在块中的对象，也不能拉伸具有相交或自交线段的多段；多段线应包含至少 3 个顶点但不能多于 500 个顶点。如果选定的多段线具有宽度，中望 CAD 将忽略其宽度并且从多段线路径的中心线处拉伸。如果选定对象具有厚度，中望 CAD 将忽略该厚度。

12.6 布尔运算

三维简单造型中涉及简单的三维布尔运算，主要应用的命令是和与差运算，和命令是选完所有的实体后再求和；差命令需要注意哪个是“被减体”，哪些是“减体”，注意了这两个方面，剩下的操作就简单了。

1）布尔运算——和

通过添加操作，合并选定面域或实体。

组合面域是两个或多个现有面域的全部区域合并起来形成的。组合实体是两个或多个现有实体的全部体积合并起来形成的。可合并无共同面积或体积的面域或实体。

命令: union↙ 或图标

选实体…↙

注意：布尔运算的条件必须是二维面域或三维实体域；当多个实体颜色不一致的时候，注意布尔运算完成后的实体颜色变化。

2）布尔运算——差

通过减操作，合并选定的面域或实体。

命令: subtract↙ 或图标

选被减体↙，选择减体↙

注意：执行减操作的两个面域必须位于同一平面上。但是，通过在不同的平面上选择面域集，可同时执行多个 subtract 操作。中望 CAD 会在每个平面上分别生成减去的面域。如果面域所在的平面上没有其他选定的共面面域，则中望 CAD 不接受该面域。

3）布尔运算——交

从两个或多个实体或面域的交集，创建复合实体或面域并删除交集以外的部分。

命令: intersect↙ 或图标

选实体↙

注意：所得结果为多者相交的公共部分。

12.7 三维简单实体命令操作

三维实体命令工具条如图 12-2 所示。

图 12-2 实体命令工具条

1）长方体

命令: box↙ 或图标

指定长方体的角点或[中心点(CE)] <0,0,0>:*p1*

指定角点或[立方体(C)/长度(L)]: *L*↙

指定长度: *长度*↙

指定宽度: *宽度*↙

指定高度: *高度*↙

2）圆球

命令: sphere↙ 或图标

当前线框密度：ISOLINES=4

指定球体球心 <0,0,0>: *球心*

指定球体半径或[直径(D)]: *半径或直径*↙

3）圆柱

圆柱体是与拉伸圆或椭圆相似的实体原型，但不倾斜。

命令: cylinder↙ 或图标

当前线框密度: ISOLINES=4

指定圆柱体底面的中心点或[椭圆(E)] <0,0,0>:*中心点*

指定圆柱体底面的半径或[直径(D)]: *半径或直径*↙

指定圆柱体高度或[另一个圆心(C)]: *高度*↙

4）圆锥

圆锥体是实体原型，它以圆或椭圆为底，垂直向上对称地变细直至一点。

命令: cone↙ 或图标

当前线框密度: ISOLINES=4

指定圆锥体底面的中心点或[椭圆(E)] <0,0,0>:*底面中心点*

指定圆锥体底面的半径或[直径(D)]: *底面半径*↙

指定圆锥体高度或[顶点(A)]: *高度*↙

或指定顶点：*p2*

5）楔形体

命令: wedge↙ 或图标

指定楔体的第一个角点或[中心点(CE)] <0,0,0>:*p1*

指定角点或[立方体(C)/长度(L)]: *L*↙

指定长度: *长度*↙

指定宽度: *宽度*↙

指定高度: *高度*↙

6）圆环

圆环体由两个半径值定义，一个是圆管的半径，另一个是从圆环体中心到圆管中心的距离。

命令: torus↙（左键工具条图标）

当前线框密度: ISOLINES=4

指定圆环圆心 <0,0,0>: *p1*↙

指定圆环半径或[直径(D)]: *环半径或直径*↙

指定圆管半径或[直径(D)]: *管半径或直径*↙

12.8 三维实体的组合与分解

有很多三维实体的形状可以拆分成几个简单的三维实体，且拆分的效果不同，生成三维实体的方法也不同，这就带来一个重要的问题，如何拆分才能使得该三维实体的造型更加简单，这一步做不好就意味着下面操作的麻烦和操作过程的繁琐，因此请读者一定仔细规划和重视三维实体的拆分形式，达到事半功倍的效果。

12.9　简单三维图形绘制举例

以下为简单三维造型例题，题图如图12-3所示。

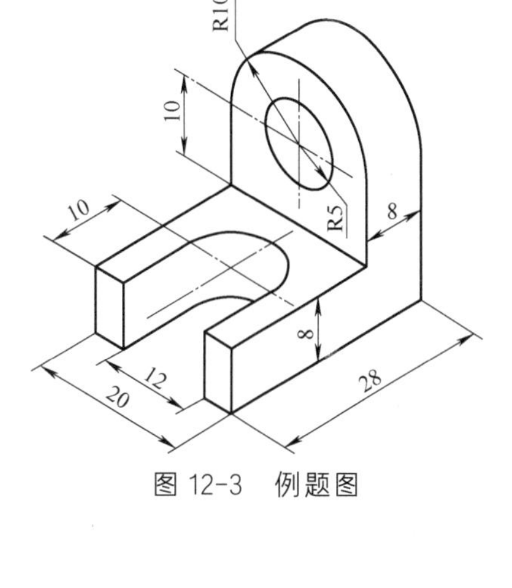

图12-3　例题图

（1）在0层用ai_box命令制作一个长×宽×高为28×20×28的立方体面，转角为0。

（2）点击西南等轴测方向视图按钮。

（3）建立新层，图层1，颜色为红色，线型连续，并将其作为当前层。

（4）移动坐标系到立方体的底表面。

（5）用pline多义线命令制作出“门型”截面形状，注意一笔做出，中间不能间断。

（6）用实体拉伸命令将门型截面拉伸，高度为8，得到如图12-4所示效果。

（7）将坐标系移动到“右”表面。

（8）用pline和circle做出“圆拱形+圆形”的截面型。

（9）拉伸这两个二维截面，拉伸高度为8。

（10）用布尔运算subtract做差运算，用圆拱形-圆形拉伸实体，得到如图12-5所示效果。

（11）将门型实体与圆拱形剩余实体求和。

（12）设置Facetres=10，删除立方体面参照系，消隐实体。

（13）坐标系回到世界坐标系，将视口设置为体着色，得到如图12-6、图12-7所示效果。

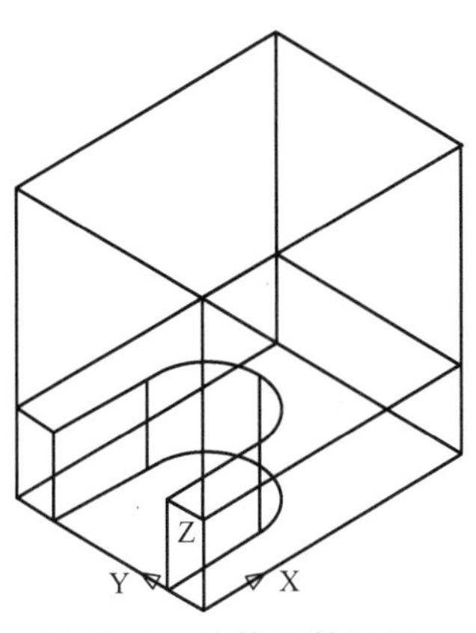

图12-4　拉伸后效果图

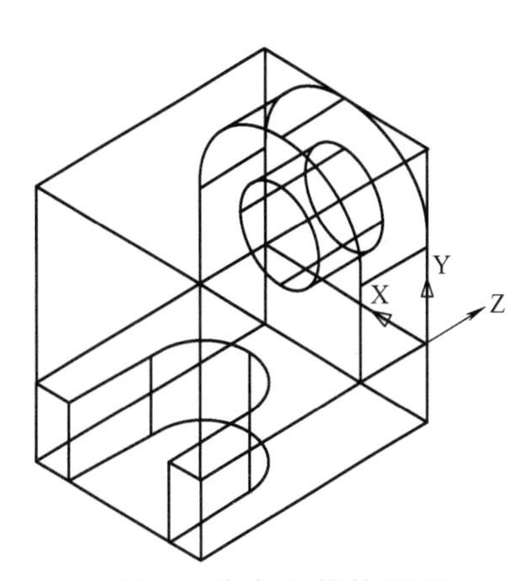

图12-5　布尔运算效果图

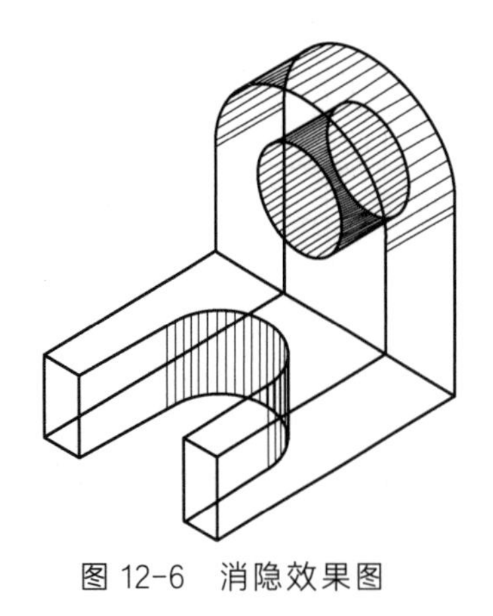

图 12-6 消隐效果图

图 12-7 实体着色图

上机习题

【12-1】建立三维新图形，要求按图 12-8 所示尺寸精确绘图（尺寸标注不画），绘图和编辑方法不限。

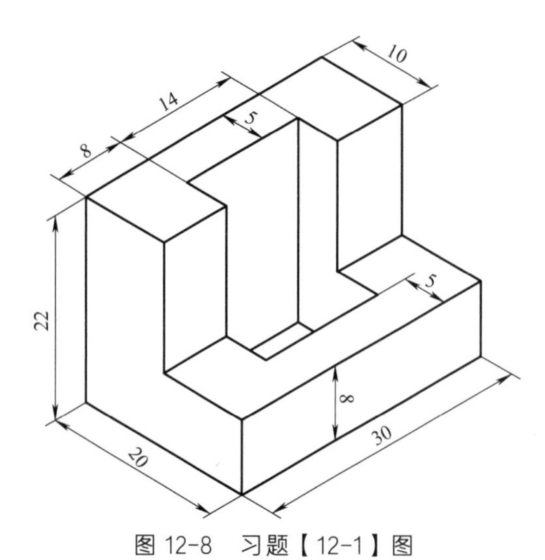

图 12-8 习题【12-1】图

（1）建立西南等轴侧视图，并建立合适坐标系。

（2）在 0 层制作一个辅助立体面，长 30mm，宽 20mm，高 22mm（供参考）。

（3）建立 L1 层，颜色红色，线型连续线。

（4）建立 L2 层，颜色绿色，线型连续线。

（5）在 L2 层完成图示三维实体造型。

（6）消隐所做的三维实体，得到图示效果。

将完成的图形以 SWCAD12-1.dwg 为名存入学生姓名子目录。

【12-2】建立三维新图形，要求按图 12-9 所示尺寸精确绘图（尺寸标注不画），绘图和编辑方法不限。

（1）建立西南等轴侧视图，并建立合适坐标系。

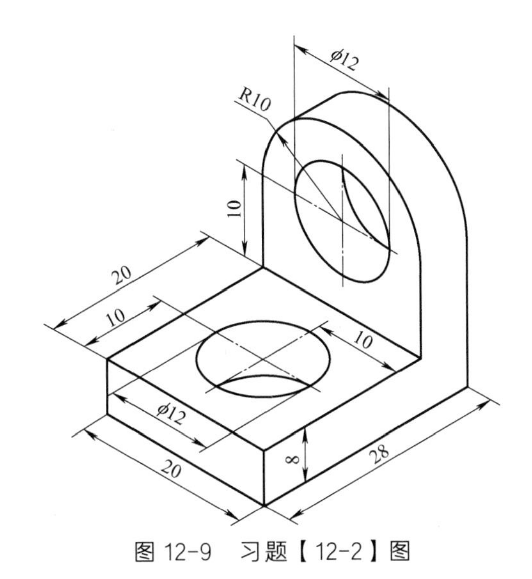

图 12-9　习题【12-2】图

（2）在 0 层制作一个辅助立体面，长 28mm，宽 20mm，高 28mm（供参考）。

（3）建立 L1 层，颜色红色，绘制中心定位线，线型 Center，调整合适线型比例。

（4）建立 L2 层，颜色绿色，线型默认。

（5）在 L2 层完成图示三维实体造型。

（6）消隐所做的三维实体，得到图示效果。

将完成的图形以 SWCAD12-2.dwg 为名存入学生姓名子目录。

【12-3】建立三维新图形，要求按图 12-10 所示尺寸精确绘图（尺寸标注不画），绘图和编辑方法不限。

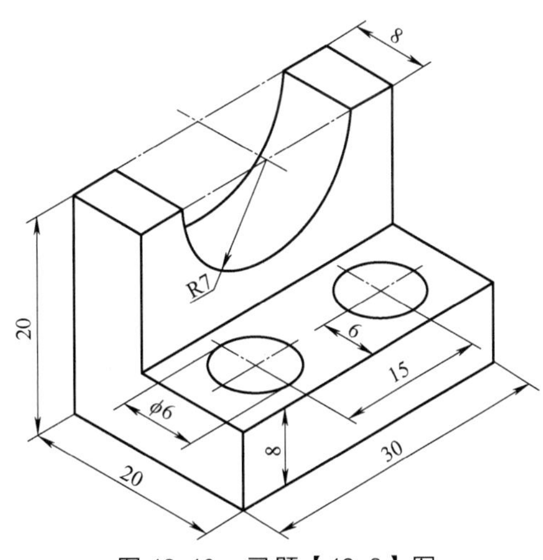

图 12-10　习题【12-3】图

（1）建立西南等轴侧视图，并建立合适坐标系。

（2）在 0 层制作一个辅助立体面，长 30mm，宽 20mm，高 20mm（供参考）。

（3）建立 L1 层，颜色红色，绘制中心定位线，线型 Center，调整合适线型比例。

（4）建立 L2 层，颜色绿色，线型默认。

（5）在 L2 层完成图示三维实体造型。

（6）消隐所做的三维实体，得到图示效果。

将完成的图形以 SWCAD12-3.dwg 为名存入学生姓名子目录。

【12-4】建立三维新图形，要求按图 12-11 所示尺寸精确绘图（尺寸标注不画），绘图和编辑方法不限。

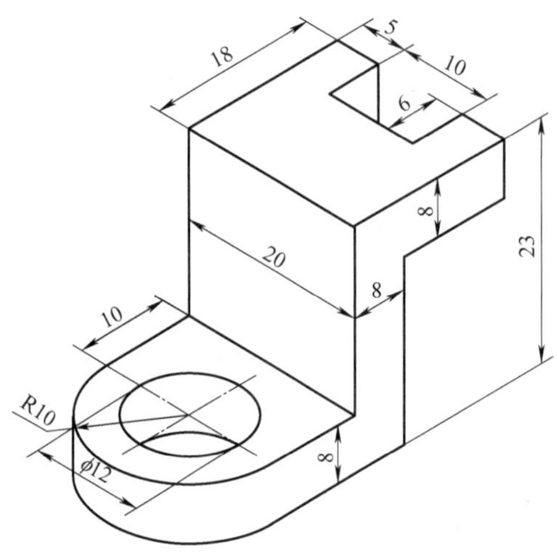

图 12-11　习题【12-4】图

（1）建立西南等轴侧视图，并建立合适坐标系。

（2）在 0 层制作一个辅助立体面，长 28mm，宽 20mm，高 23mm（供参考）。

（3）建立 L1 层，颜色红色，绘制中心定位线，线型 Center，调整合适线型比例。

（4）建立 L2 层，颜色绿色，线型默认。

（5）在 L2 层完成图示三维实体造型。

（6）消隐所做的三维实体，得到图示效果。

将完成的图形以 SWCAD12-4.dwg 为名存入学生姓名子目录。

【12-5】建立三维新图形，要求按图 12-12 所示尺寸精确绘图（尺寸标注不画），绘图和编辑方法不限。

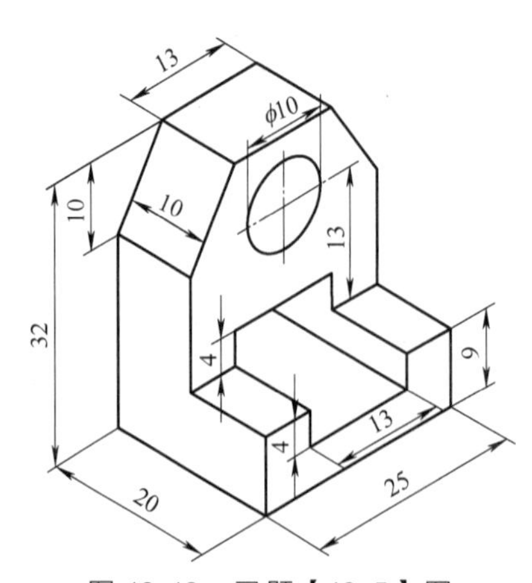

图 12-12　习题【12-5】图

（1）建立西南等轴侧视图，并建立合适坐标系。
（2）在0层制作一个辅助立体面，长25mm，宽20mm，高32mm（供参考）。
（3）建立L1层，颜色红色，绘制中心定位线，线型Center，调整合适线型比例。
（4）建立L2层，颜色绿色，线型默认。
（5）在L2层完成图示三维实体造型。
（6）消隐所做的三维实体，得到图示效果。
将完成的图形以SWCAD12-5.dwg为名存入学生姓名子目录。

【12-6】建立三维新图形，要求按图12-13所示尺寸精确绘图（尺寸标注不画），绘图和编辑方法不限。

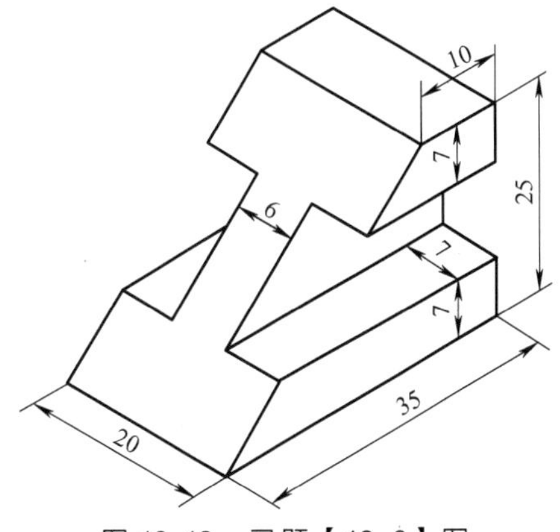

图12-13 习题【12-6】图

（1）建立西南等轴侧视图，并建立合适坐标系。
（2）在0层制作一个辅助立体面，长35mm，宽20mm，高25mm（供参考）。
（3）建立L1层，红色，绘制中心定位线，线型Center，调整合适线型比例。
（4）建立L2层，颜色绿色，线型默认。
（5）在L2层完成图示三维实体造型。
（6）消隐所做的三维实体，得到图示效果。
将完成的图形以SWCAD12-6.dwg为名存入学生姓名子目录。

【12-7】建立三维新图形，要求按图12-14所示尺寸精确绘图（尺寸标注不画），绘图和编辑方法不限。

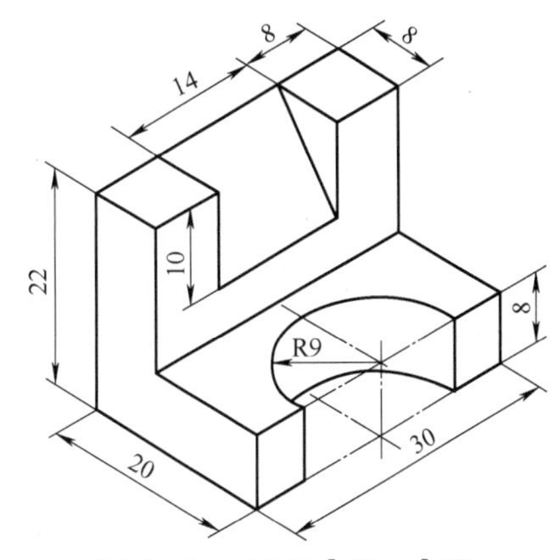

图12-14 习题【12-7】图

（1）建立西南等轴侧视图，并建立合适坐标系。

（2）在0层制作一个辅助立体面，长30mm，宽20mm，高22mm（供参考）。

（3）建立L1层，颜色红色，绘制中心定位线，线型Center，调整合适线型比例。

（4）建立L2层，颜色绿色，线型默认。

（5）在L2层完成图示三维实体造型。

（6）消隐所做的三维实体，得到图示效果。

将完成的图形以SWCAD12-7.dwg为名存入学生姓名子目录。

【12-8】建立三维新图形，要求按图12-15所示尺寸精确绘图（尺寸标注不画），绘图和编辑方法不限。

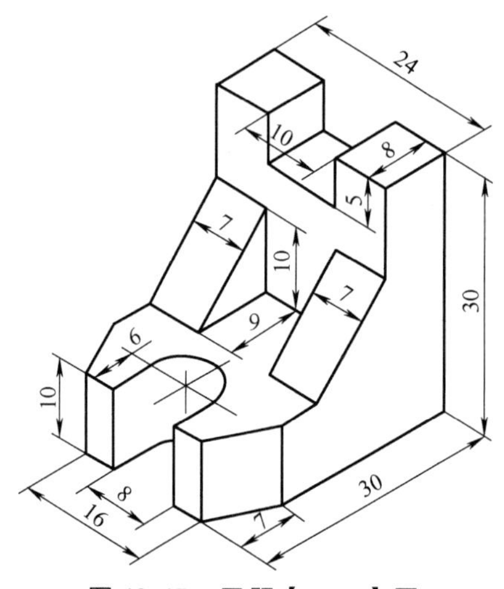

图12-15 习题【12-8】图

（1）建立西南等轴侧视图，并建立合适坐标系。

（2）在0层制作一个辅助立体面，长30mm，宽24mm，高30mm（供参考）。

（3）建立L1层，颜色红色，绘制中心定位线，线型Center，调整合适线型比例。

（4）建立L2层，颜色绿色，线型默认。

（5）在L2层完成图示三维实体造型。

（6）消隐所做的三维实体，得到图示效果。

将完成的图形以SWCAD12-8.dwg为名存入学生姓名子目录。

【12-9】建立三维新图形，要求按图12-16所示尺寸精确绘图（尺寸标注不画），绘图和编辑方法不限。

（1）建立西南等轴侧视图，并建立合适坐标系。

（2）在0层制作一个辅助立体面，长27mm，宽25mm，高30mm（供参考）。

（3）建立L1层，颜色红色，绘制中心定位线，线型Center，调整合适线型比例。

（4）建立L2层，颜色绿色，线型默认。

（5）在L2层完成图示三维实体造型。

（6）消隐所做的三维实体，得到图示效果。

将完成的图形以SWCAD12-9.dwg为名存入学生姓名子目录。

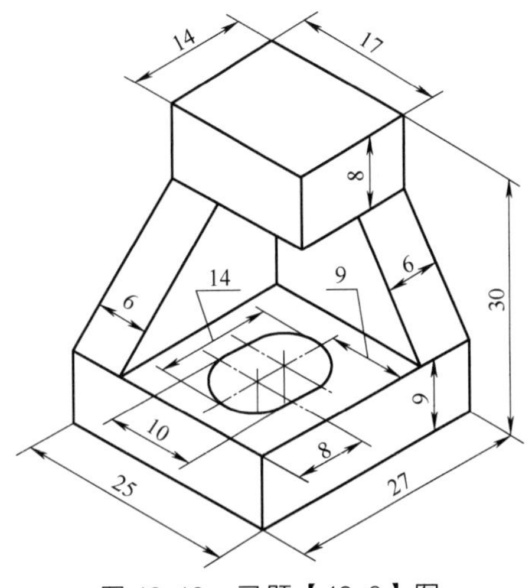

图 12-16　习题【12-9】图

第 13 章

三维实体编辑

13.1 三维编辑常用操作命令

1）布尔运算

布尔运算涉及的并集、差集、交集运算操作命令已在第 1 章做过介绍，在此不再赘述。

2）求实体截面

用平面和实体的交集创建面域。

中望 CAD 在当前图层创建面域并把它们插入到剖切面的位置。选择多个实体将为每个实体创建独立的面域。

命令: sec↙ 或 section 图标

选择截面对象↙，通常用 3 点法给 3 点。

指定剖面上的第一个点，依照[对象(O)/Z 轴(Z)/视图(V)/XY/YZ/ZX] <三点>: 指定一个面上的 3 点或输入选项。

（1）三点定剖面：定义剖切面上的三个点 p1、p2、p3。

（2）对象：将剖切面与圆、椭圆、圆弧、椭圆弧、二维样条曲线或二维多段线对齐。

（3）Z 轴：通过指定剖切面上的一点，以及指定确定平面 Z 轴或法线的另一点来定义剖切面。

（4）视图：将剖切面与当前视口的视图平面对齐。

（5）XY：将剖切面与当前 UCS 的 XY 平面对齐。指定一点可定义剖切平面的位置。

（6）YZ：将剖切面与当前 UCS 的 YZ 平面对齐。指定一点可定义剖切平面的位置。

（7）ZX：将剖切面与当前 UCS 的 ZX 平面对齐。指定一点可定义剖切平面的位置。

注意：实体截面可以移动，还有求解其他方法。

3）实体剖切 slice

用平面剖切一组实体。

命令: sl↙ 或 slice 图标

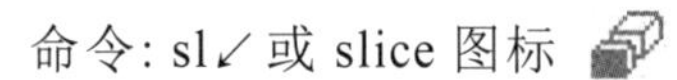

指定剖切平面上的第一个点，依照[对象(O)/Z 轴(Z)/视图(V)/XY/YZ/ZX/三点(3)] <三点>: 指定点、输入选项，通常用 3 点法，给出 p1～p3，在要保留的一侧指定点或[保留两侧(B)]: 点或 B↙；AutoCAD 忽略当前选择集中的面域。

方括号内提示的含义请参考求实体截面命令的叙述，二者含义基本一样，这里不再赘述。

4）interfere 干涉

用两个或多个实体的公共部分创建三维组合实体，如图 13-1、图 13-2 所示。

命令：interfere↙或图标

选择实体的第一集合：使用对象选择方法。

interfere将亮显重叠的三维实体。如果定义了单个选择集，中望CAD将对比检查集合中的全部实体。如果定义了两个选择集，中望CAD将对比检查第一个选择集中的实体与第二个选择集中的实体。如果在两个选择集中都包括了同一个三维实体，则中望CAD将此三维实体视为第一个选择集中的一部分，而在第二个选择集中忽略它。

选择实体的第二集合：使用对象选择方法或按Enter键。

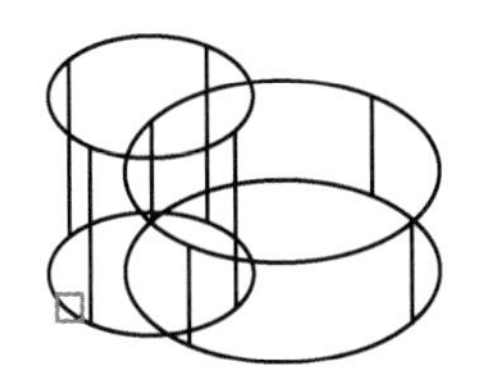

图13-1　选择第一实体

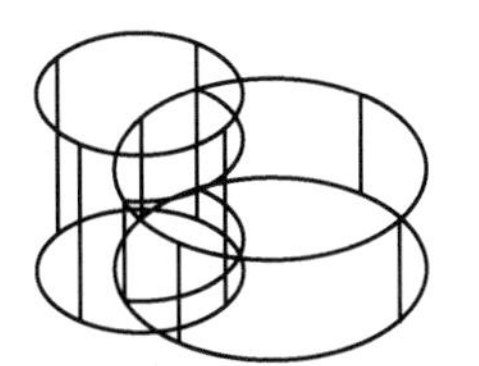

图13-2　创建交集实体

按Enter键开始进行各对三维实体之间的干涉测试。中望CAD亮显所有干涉的三维实体，并显示干涉三维实体的数目和干涉的实体对。

是否创建干涉实体？[是(Y)/否(N)] <否>：输入y或n，或者按Enter键。

输入y将在当前图层上创建并亮显新的三维实体，该实体即干涉的三维实体对的相交部分。

如果有两个以上干涉的三维实体，则当所有干涉的三维实体同时亮显时，可能看不清楚哪对实体是干涉的。

是否将一对干涉的实体亮显？[是(Y)/否(N)] <否>：输入y或n，或者按Enter键。

如果有多对干涉的实体对，中望CAD将显示以下提示：

输入选项[下一对(N)/退出(X)] <下一对>：输入x或n，或者按Enter键。输入n或按Enter键在三维实体干涉对之间循环。输入x结束命令。

13.2　三维实体编辑

1）概述

三维实体编辑命令主要包括拉伸、移动、偏移、删除、旋转、倾斜、复制、着色面，还有复制边、着色边、压印、清除、分割、抽壳、检查等。最主要的还是面的操作技巧。

面的选择技巧非常重要，经常在编辑操作过程中面的选择过多或过少，要想选择正确，需要注意的是：用户必须用鼠标直接点击希望选择的面，而不要点击棱边。实在选多了还可以去除。如果面重合则需要三维动态观察器、视图工具栏、鼠标滚轮的帮助，因此在三维操作过程中，三键鼠标是必须的。

2）三维实体编辑工具栏命令技巧的介绍

（1）拉伸面命令看似与二维封闭型面域拉伸相同，实际上前者是面拉伸，后者是在体的基础上对某个面的拉伸，且不用考虑坐标系的位置即可完成拉伸过程。

（2）移动面操作如果是对实体的外表面，则其与拉伸面似乎没有区别，而对内表面的操作是非常有效的。例如，在实体内部如果有圆柱面，则移动面操作可以使内圆柱表面向任意方向移动，相当于在实体上的孔在实体中移动一样。

（3）偏移面操作对于外表面还是相当于拉伸或移动的概念，而对内表面其偏移效果相当于放大或缩小孔。

（4）删除面操作对于倒过角的实体特别有用，该操作通常可以删除倒角，而对于内表面（如孔），删除操作可以将孔表面删除。

（5）旋转面操作相对简单，只需注意旋转轴选择及其角度是遵循右手法则即可。

（6）倾斜一个表面对于实体外表面而言，相当于旋转表面的情况，只是需要注意倾斜轴的选取和旋转轴的选取不同，倾斜轴的选取恰好是沿着倾斜方向选取。

（7）复制面操作只要选中所要复制的面即可进行复制，复制后的面是一个面域，可以执行对面域的所有三维操作。

（8）着色面的命令非常有用，尤其对于三维剖切实体，在其被剖开的截面上涂上合适的颜色，可以起到视觉上非常好的效果，只是选择面的时候需要注意面的选择技巧。

（9）复制和着色边比较简单，这里不再赘述。

（10）压印操作是在实体表面压上二维实体的印记，好像盖戳一样。与其对应的操作清除，其操作正好与压印相反。

（11）分割的操作其实是对于那些一个实体被布尔运算分割成两部分，但其存在形式还是一个实体的情况，这种情况需要分割，将看似两个实体的部分分开。

（12）抽壳操作也比较重要，它是对一个实体进行内部挖空或掏空，只留下一个带有一定厚度的壳体。需要注意的是对实体抽壳操作的方向和正负，正方向操作是加厚壳体厚度，负方向操作是减薄壳体厚度。

（13）检查是对三维实体的内核进行核对，如果是ACIS实体则通过，如果不是则提示否定的信息。

3）操作命令列表

实体编辑工具条分为四组，从左向右第一组布尔运算；第二组编辑实体面；第三组编辑实体边；第四组编辑实体，其图标如图13-3所示。

图13-3 实体编辑工具条

（1）布尔运算

① 求和运算　union↙　将多个相交面域或实体求和。

② 布尔差运算　subtract↙　将多个相交面域或实体求差。

③ 布尔交运算　intersect↙　将多个相交面域或实体求交。

（2）编辑实体面

solidedit↙　对所选择的实体进行编辑操作。

F↙　编辑面。

E↙　编辑实体边。

B↙　编辑实体。

U↙　撤销。

X↙　退出。

（3）面编辑操作

① 拉伸面：E↙，选择拉伸面，R↙，去掉不拉伸的面↙，拉伸高度↙，拉伸角↙。

注意：选择面有技巧；一个实体多个面；多个面可以同时拉伸；此时图标最管用；命令结束连续两次回车；继续命令可键盘可图标；与EXT拉伸形的区别；注意内外表面有别。

② 移动面：M↙，选择实体面，R↙，去掉不移动的面↙，基点，目标点。

注意：选择所有外表面相当于实体移动；选择部分外表面相当于实体拉伸（注意移动方向）；内部表面移动最有用。

③ 偏移面：O↙，选择实体面，R↙，去掉不偏移的面↙，偏移距离。

注意：偏移距离为正，材料增加，考虑与内外表面联系；偏移距离为负，材料减少，考虑与内外表面联系；内外表面区别。

④ 删除面：D↙，选择实体面，R↙，去掉不删除平移的面↙。

注意：可以删除倒角面；可以删除内表面。

⑤ 旋转面：R↙，选择实体面，R↙，去掉不旋转的面↙，旋转轴，旋转角。

注意：旋转面的轴有方向，用右手大拇指指向；旋转方向按四指并拢方向为正，相反为负。

⑥ 倾斜面：T↙，选择实体面，R↙，去掉不倾斜面↙，倾斜轴，倾斜角度。

注意：倾斜面随倾斜轴倾斜，注意基点和第二点方向；倾斜轴用右手四指按矢量方向指示，并与该面法线垂直，注意倾斜角正负；与旋转面的区别和相似之处。

⑦ 复制面：C↙，选择实体面，R↙，去掉不复制平移的面↙，基点，目标点。

注意：复制的面就是面域，可拉伸、旋转、布尔操作！

⑧ 着色面：L↙，选择实体面，R↙，去掉不改变颜色的面↙，选择颜色，OK。

注意：经常用于剖切开的面上进行面着色。

（4）实体面选择技巧

①在二维线框状态下选择面，注意其图标；②选择单一外表面避开棱边；③选择相交外表面只需点交线或棱线；④选择内表面尽量选择棱线；⑤注意删除多余面技巧，提示行显示；⑥注意加选A、全部选ALL、全部删ALL等。

（5）边编辑

① 复制实体棱边（左键图标）

solidedit↙，edge↙，copy↙，选实体边，基点，第二点，↙↙。

注意：经常用于制作辅助线。

② 改变实体棱边颜色（左键图标）

solidedit↙，edge↙，color↙，选实体边，对话框，选颜色，确定，↙↙。

（6）体编辑

① 在实体表面压印（左键图标）

solidedit↙，b↙，I↙，选压印实体，选压印对象，是否删除原对象（N）↙，选压印对象↙，↙↙。

注意：原实体存在；选定的对象必须与该实体的面相交；用在哪里，也请大家思考！

② 清除实体多余棱边、顶点、压印（左键图标）

solidedit↙，b↙，L↙，选需清除实体，↙↙。

注意：清除和实体相交的多余辅助线和压印。

③ 分离不连续的实体（左键图标）

solidedit↙，b↙，P↙，选欲分离实体，↙↙。

注意：多个不相交的实体可以用布尔运算合并；一个实体从中间断开；上述两种情况可以用分离命令将不相交的实体分开。

④ 实体抽壳（左键图标）

solidedit↙，b↙，S↙，选抽壳实体↙，距离（+-）↙，↙↙。

注意：删除面是不参与抽壳的面；壳体偏移距离即为壳体厚度，注意其正负区别；注意删除面要看提示行，实际面不能显示；这个命令很有用，需要很好掌握！

⑤ 实体检查（左键图标）

solidedit↙，b↙，C↙，选实体↙，见提示有效的 Shape Manager 实体。

注意：复杂的项目经常用很多种辅助形；当棱线过多的时候，区分不清；用三维命令可能出现问题，需要判断是否为实体的时候用此命令。

（7）实体倒斜角 chamfer↙ 或图标

cha↙，选基面（可能一次不能准确，下一个面），基面倒角距，其他曲面倒角距，选择基面内倒角边，可多选。

注意：基准面一定是以第一条线为交线的曲面；最终被选作倒角的边一定是基准面上的边；基面倒角距是基面内距离，其他面倒角距是其他面内的距离。

（8）实体倒圆角 fillet↙ 或图标

三维实体倒圆角要对其棱边进行操作。

f↙，选倒角边，半径，选边…。

注意：一个顶点分别倒，各个边之间有交线；三边同时倒，各个边之间无交线，光滑过渡；边链，选中一条边也就选中了一系列相切的边，通常出现圆弧与直线相切的时候有用；最好在二维线框状态下选择倒角边！

（9）三维实体镜射 mirror3d↙（无图标）

p1，p2，p3。给出镜射面上三个点。

O↙，选择二维实体，↙。选择二维实体所在平面为镜射平面。

L↙，↙。使用上一次本命令指定的镜射平面。

Z↙，第一点，第二点，↙。用户指定两点，镜射面垂直于这两点所在直线，并通过一点。

V↙，给定点，↙。镜射平面平行于当前视区，并通过用户的给定点。

XY↙，给定点，↙。镜射平面平行于 XY 平面，并通过用户的给定点。

YZ↙，给定点，↙。镜射平面平行于 YZ 平面，并通过用户的给定点。

ZX↙，给定点，↙。镜射平面平行于 ZX 平面，并通过用户的给定点。

（10）三维实体旋转 rotate3d↙（无图标）

三维实体旋转 rotate3d，以空间任意直线为旋转轴（两点法常用）。

2↙，p1，p2。旋转轴上两个点。

O↙，选择线。选择已有线为旋转轴。

L↙。以上一次本命令使用的直线为旋转轴。

V↙，左键给定一点。旋转轴垂直当前视区，并通过用户的选取点。

X↙，左键给定一点。旋转轴平行于 X 轴，并通过用户的选取点。

Y↙，给定点，旋转角度↙。旋转轴平行于 Y 轴，并通过用户的选取点。

Z↙，给定点，旋转角度↙。旋转轴平行于 Z 轴，并通过用户的选取点。

注意：右手法则的使用；除非是绕空间轴旋转，否则尽量用二维旋转命令。

（11）三维实体阵列 3darray↙（无图标）

分矩形和圆形阵列两种，矩形阵列分行、列、层进行阵列；圆形阵列绕空间轴进行二维阵列。

注意：与 array、rotate、mirror、offset 在二维空间或平行坐标系的区别。

（12）三维造型的消隐 hide↙或图标

图形显示效果相当于三维线框消隐方式表达实体造型的消隐图形。

（13）某些二维命令在三维空间的使用

① 关于二维的 array，rotate，mirror，offset，move，cope，pedit，ddmodify 等命令，在三维的平行坐标系中继续使用。

② lengthen，extend，trim，break 等命令仍适用于三维直线或曲线；stretch 适用于三维线和面框。

③ 三维实体造型用爆炸命令则变成面框造型，再爆炸又变成线框造型。

13.3 三维实体编辑例题

编辑前效果如图 13-4（a）所示，要求完成的图形如图 13-4（b）所示。具体题目要求如下。

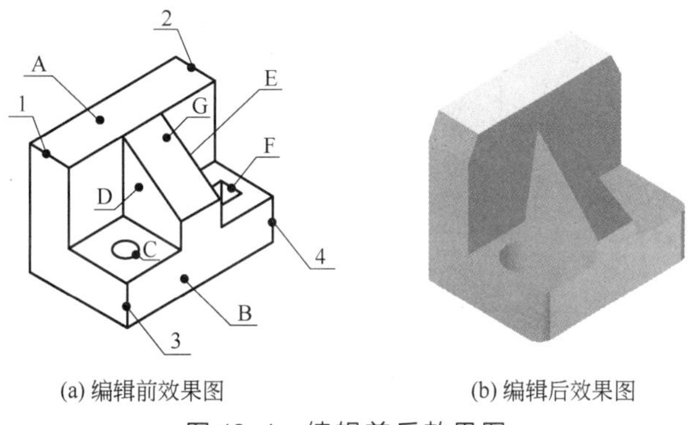

(a) 编辑前效果图　(b) 编辑后效果图

图 13-4 编辑前后效果图

（1）将图中 A 面拉伸，拉伸距离为 10mm。

（2）将其底座部分 3、4 处倒圆角，圆角半径 5mm。

（3）将上部 1、2 处倒斜角，斜角距 A 面 5mm，另外一个为 10mm。

（4）将底座圆孔面偏移放大，距离为 5mm。

（5）将 F 面删除。

（6）将 D、E 面倾斜，倾斜角度为 10 度。

（7）将 A 面着色为绿色、B 面为黄色、G 面为深蓝色，着色后如图 13-4（b）所示。

将完成的图形以 SWCAD13-1.dwg 为名存入习题答案目录中。

该习题完成过程如下。

（1）左键点击实体编辑工具栏的拉伸按钮，选中 A 面，给出拉伸距离 10 即可。

（2）键入 fillet 倒角命令，设置倒角半径为 5，选中倒角边 3、4，完成倒角。

（3）键入 chamfer 倒角命令，设置 1 倒角距离为 5，2 倒角距离为 10，注意基准面的选择是 A 面，不能搞错，否则倒角结果可能正好相反。

（4）左键点击实体编辑工具栏的偏移面按钮，选中 C 面，给出偏移距离 5 即可。

（5）左键点击实体编辑工具栏的删除面按钮，选中 F 面即可。

（6）左键点击实体编辑工具栏的倾斜面按钮，选中 D、E 面，给出倾斜轴及其方向，这一步操作也要注意，倾斜轴方向不能给错，即轴上两点的方向即为倾斜轴方向，再给出 10 度即可。

（7）左键点击实体编辑工具栏的着色面按钮，分别选中 A 面、B 面、G 面，在颜色对话框中选择相应的颜色即可。

将完成的习题以 SWCAD13-1.dwg 为名存入习题答案目录中，即最后完成了该习题。

上机习题

【13-1】打开本书习题目录下的 SWXT13-1.dwg 文件，显示的图形如图 13-5（a）所示，要求完成的图形如图 13-5（c）所示。

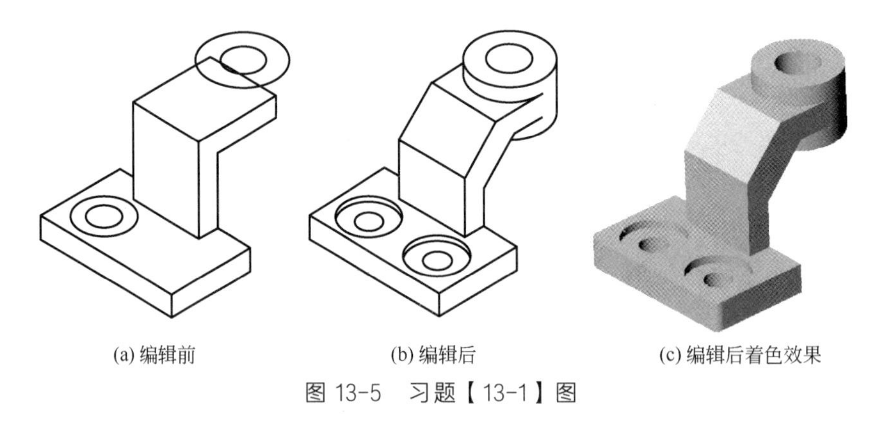

(a) 编辑前　(b) 编辑后　(c) 编辑后着色效果

图 13-5　习题【13-1】图

（1）如图 13-5（a）所示，将其底座部分倒圆角，圆角半径 5mm。

（2）将中间部分倒斜角，斜角距 24mm。

（3）将底座圆环镜像复制，并拉伸，大圆拉伸距离 4mm，小圆拉伸距离 15mm。

（4）将底座和圆环取差集，成为图示效果。

（5）将顶部圆环拉伸，拉伸距离 34mm，并取差集，为图示效果。

（6）将所有部分取并集，着色完成图，如图 13-5（c）所示。

将完成的图形以 SWCAD13-1.dwg 为名存入学生姓名子目录中。

【13-2】打开本书习题目录下的 SWXT13-2.dwg 文件，显示的图形如图 13-6（a）所示，要求完成的图形如图 13-6（c）所示。

（1）将底座绿色圆拉伸，拉伸深度 8mm。

（2）将底座两直角进行倒角，倒角半径 R=2mm。

（3）将顶部两直角倒斜角，斜角距 D=5mm。

（4）将顶部蓝色实体进行剖切（slice），并进行修剪。

（5）将所有实体进行交集和并集等编辑，得到图 13-6（b）所示。

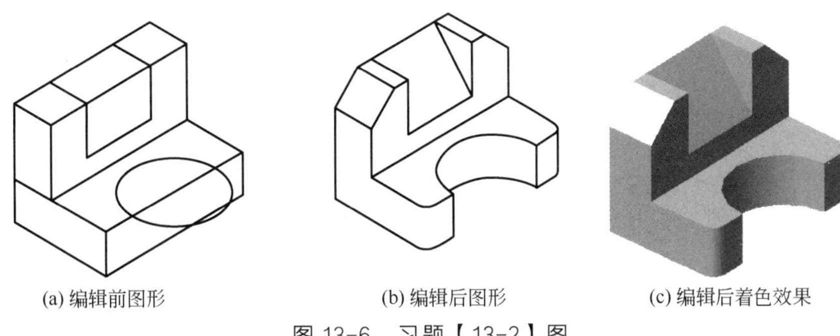

(a) 编辑前图形　(b) 编辑后图形　(c) 编辑后着色效果

图 13-6　习题【13-2】图

（6）如图 13-6（b）所示进行着色面编辑，最后着色完成图，如图 13-6（c）所示。

将完成的图形以 SWCAD13-2.dwg 为名存入学生姓名子目录中。

【13-3】打开本书习题目录下的 SWXT13-3.dwg 文件，显示的图形如图 13-7（a）所示，要求完成的图形如图 13-7（c）所示。

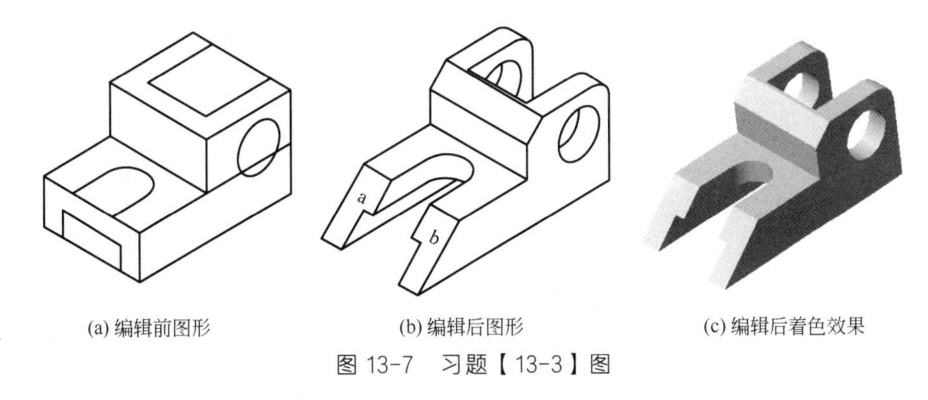

(a) 编辑前图形　(b) 编辑后图形　(c) 编辑后着色效果

图 13-7　习题【13-3】图

（1）将图 13-7（a）中的两个长方体合并。

（2）将图 13-7（a）中红色面拉伸 47mm，黄色面拉伸 6mm，蓝色面拉伸 30mm，天蓝色面拉伸 27mm。

（3）拉伸完成后取差集，得图形大体如图 13-7（b）。

（4）如图 13-7（b）将顶部直角倒角，倒角半径 r=5mm。

（5）倾斜 a，b 面，以纵轴为基轴，倾斜角度 45 度。

（6）对顶部另一直角边进行倒斜角，d=5mm。

（7）对完成图着色，如图 13-7（c）所示。

将完成的图形以 SWCAD13-3.dwg 为名存入学生姓名子目录中。

【13-4】打开本书习题目录下的 SWXT13-4.dwg 文件，显示的图形如图 13-8（a）所示，要求完成的图形如图 13-8（c）所示。

（1）通过辅助线将图 13-8（a）中红色部分镜射并拉伸，拉伸长度 35mm。

（2）将整个长方体与拉伸后实体做差集。

（3）利用倾斜命令将 a 面倾斜，倾斜角度 45 度。

（4）将得到图形的顶面删除，得图 13-8（b）。

（5）将侧面进行着色。

（6）将完成图进行着色，如图 13-8（c）编辑后着色效果所示。

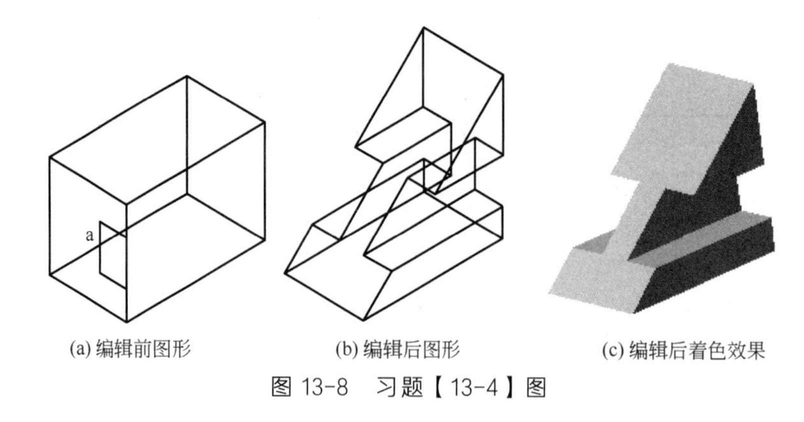

(a) 编辑前图形　(b) 编辑后图形　(c) 编辑后着色效果

图 13-8　习题【13-4】图

将完成的图形以 SWCAD13-4.dwg 为名存入学生姓名子目录中。

第14章 三维精确绘图

三维图形的精确绘制与三维简单图形绘制有很多共同之处，其区别只是图形比较复杂一些。需要注意以下几点：①仔细规划作图步骤，规划其三维简单形状的拆分方法，这一步至关重要，它决定着后续作图速度和质量。②一定要先制作立方体参考面，以便参照。布尔运算可以适当规划一下，有时最后再做此项操作更快更省事。③如果有实用程序最好，比如中心线、打孔、凸台程序等，像二维绘图那样，这需要读者参考一些书籍或自己根据情况学习编制，本书给出两个编程实例供大家参考。④有时巧妙采用编辑命令可以产生很好的效果。

14.1 图形分析

（1）正确审图，理解三维结构。

（2）规划制作步骤，找到最简便方法。

（3）技巧和方法。

① 化繁为简。

② ai_box 或 box 必不可少。

③ 尽量减少坐标系的更换。

④ 结合编辑命令进行操作。

⑤ 绘图面内多利用追踪（在 XY 面内）。

14.2 精确绘图中的实用程序

编程实例 1：实体打通孔程序，注意前提是把坐标系移动到需要打孔的表面位置。

```
(defun c:dk ()                                          ; 定义一个打孔命令
 (setq s1 (ssget))                                      ; 做一个选择集 1
 (princ "请选择打孔实体:")                               ; 选择打孔实体
 (setq p0 (getpoint "\n请输入孔中心:"))                  ; 请输入孔中心
 (setq bj (getreal "\n输入孔半径:"))                     ; 输入孔半径
 (setq sd (getreal "\n输入孔深度:"))                     ; 输入孔深度
 (command "circle" p0 bj)                               ; 做一个圆，准备拉深
 (command "extrude" "l" "" (- 0 sd) 0)                  ; 拉深做的圆成为一个圆柱
 (setq s2 (ssget "l"))                                  ; 做选择集 2 选择孔实体
 (command "subtract" s1 "" s2 "")                       ; 做布尔运算
 (princ)
)
```

编程实例 2：在实体上做凸台程序，很容易，就是利用圆柱命令即可。

```
 (defun c:tt ()                                    ; 定义一个凸台命令
  (setq s1 (ssget))                                ; 做一个选择集 1
  (princ "请选择欲做凸台实体:")                    ; 欲做凸台实体
  (setq p0 (getpoint "\n 请输入凸台中:"))          ; 请输入凸台中心
  (setq bj (getreal "\n 输入凸台半径:"))           ; 输入凸台半径
  (setq gd (getreal "\n 输入凸台高度:"))           ; 输入凸台高度
  (command "cyclider" p0 bj gd)                    ; 做一个圆，准备拉深
  (setq s2 (ssget "l"))                            ; 做选择集 2 凸台实体
  (command "union" s1 s2 "")                       ; 做布尔运算，求和
(princ)
)
```

由于三维图形的精确绘制与三维图形简单绘制没有实质性的区别，因此，在这里就不再举例，只是希望读者认真地阅读三维简单图形绘制的方法和说明以及三维精确图形绘制的注意事项，再通过大量的训练，总结、提高，必能熟练应用。

上机习题

【14-1】建立三维精确复杂图形，绘图和编辑方法不限，绘图软件不限，注意使用辅助线或辅助形。

（1）建立西南等轴侧视图。

（2）选用合适坐标系绘制。

（3）建立长宽高为 150×68×60 的辅助立体面。

（4）建立 L1 层，红色，绘制中心定位线，线型 Center，调整合适线型比例。

（5）建立 L2 层，绿色，在该层完成图 14-1 所示的实体造型（尺寸标注不画）。

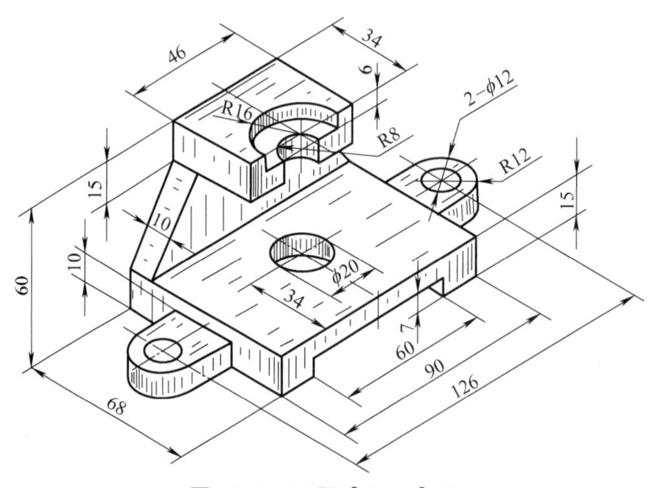

图 14-1 习题【14-1】图

将完成的图形以 SWCAD14-1.dwg 为名存入学生姓名子目录中。

【14-2】建立三维精确复杂图形，绘图和编辑方法不限，绘图软件不限，注意使用辅助线或辅助形。

（1）建立西南等轴侧视图。

（2）选用合适坐标系绘制。
（3）建立合适的辅助立体面。
（4）建立 L1 层，红色，绘制中心定位线，线型 Center，调整合适线型比例。
（5）建立 L2 层，绿色，在该层完成图 14-2 所示的实体造型（尺寸标注不画）。

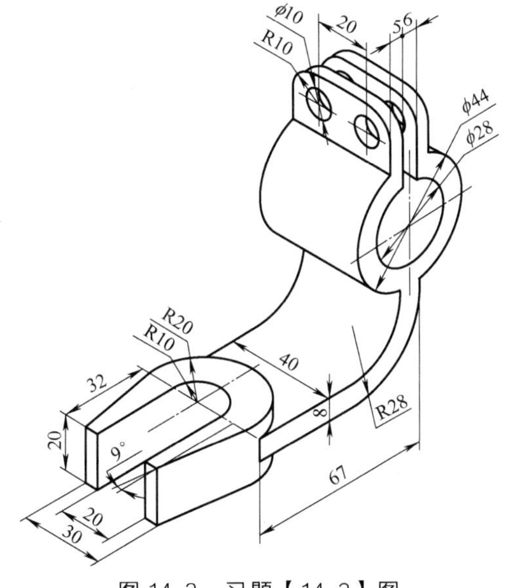

图 14-2　习题【14-2】图

将完成的图形以 SWCAD14-2.dwg 为名存入学生姓名子目录中。

【14-3】建立三维精确复杂图形，绘图和编辑方法不限，绘图软件不限，注意使用辅助线或辅助形。

（1）建立西南等轴侧视图。
（2）选用合适坐标系绘制。
（3）建立 68×60×62 的辅助立体面。
（4）建立 L1 层，红色，绘制中心定位线，线型 Center，调整合适线型比例。
（5）建立 L2 层，绿色，在该层完成图 14-3 所示的实体造型（尺寸标注不画）。

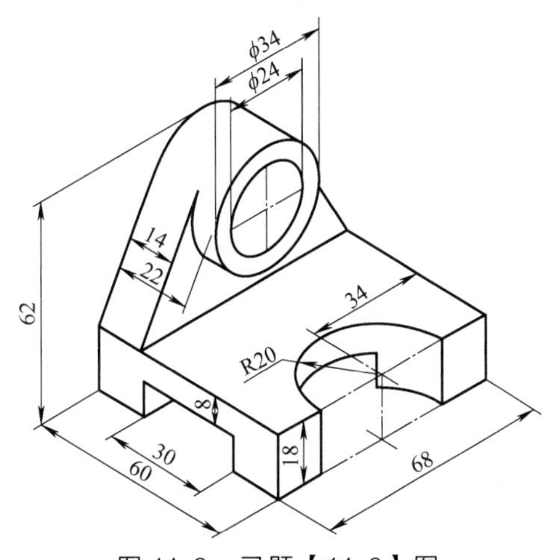

图 14-3　习题【14-3】图

将完成的图形以 SWCAD14-3.dwg 为名存入学生姓名子目录中。

【14-4】建立三维精确复杂图形，绘图和编辑方法不限，绘图软件不限，注意使用辅助线或辅助形。

（1）建立西南等轴侧视图。

（2）选用合适坐标系绘制。

（3）建立合适的辅助立体面。

（4）建立 L1 层，红色，绘制中心定位线，线型 Center，调整合适线型比例。

（5）建立 L2 层，绿色，在该层完成图 14-4 所示的实体造型（尺寸标注不画）。

将完成的图形以 SWCAD14-4.dwg 为名存入学生姓名子目录中。

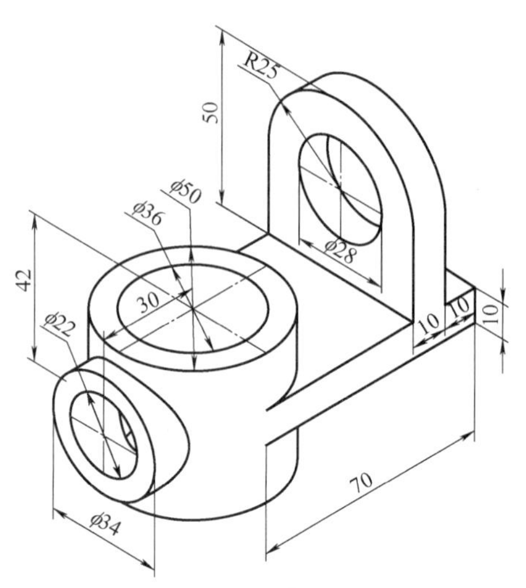

图 14-4　习题【14-4】图

【14-5】建立三维精确复杂图形，绘图和编辑方法不限，绘图软件不限，注意使用辅助线或辅助形。

（1）建立西南等轴侧视图。

（2）选用合适坐标系绘制。

（3）建立 86×38×46 的辅助立体面。

（4）建立 L1 层，红色，绘制中心定位线，线型 Center，调整合适线型比例。

（5）建立 L2 层，绿色，在该层完成图 14-5 所示的实体造型（尺寸标注不画）。

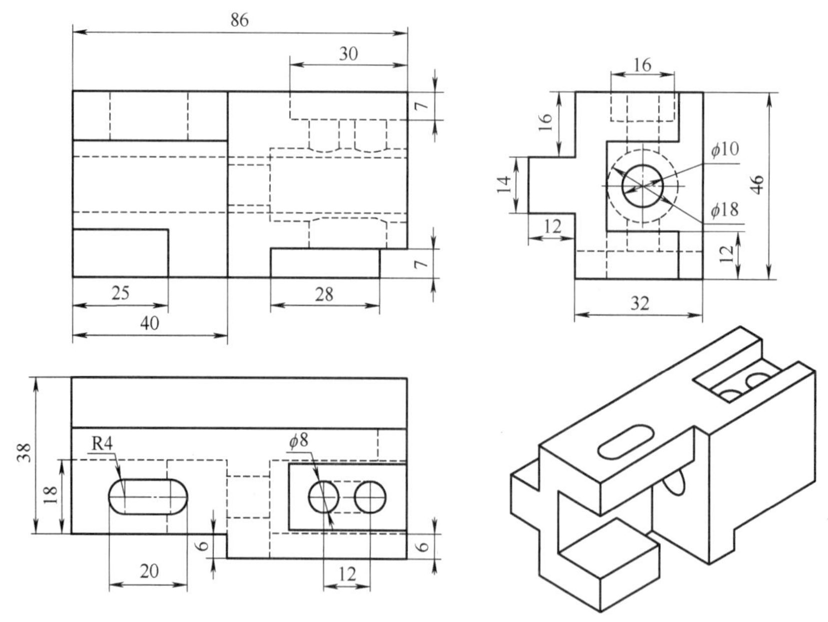

图 14-5　习题【14-5】图

将完成的图形以 SWCAD14-5.dwg 为名存入学生姓名子目录中。

【14-6】建立三维精确复杂图形，绘图和编辑方法不限，绘图软件不限，注意使用辅助线或辅助形。

（1）建立西南等轴侧视图。

（2）选用合适坐标系绘制。
（3）建立长宽高为 155×72×74 的辅助立体面。
（4）建立 L1 层，红色，绘制中心定位线，线型 Center，调整合适线型比例。
（5）建立 L2 层，绿色，在该层完成图 14-6 所示的实体造型（尺寸标注不画）。

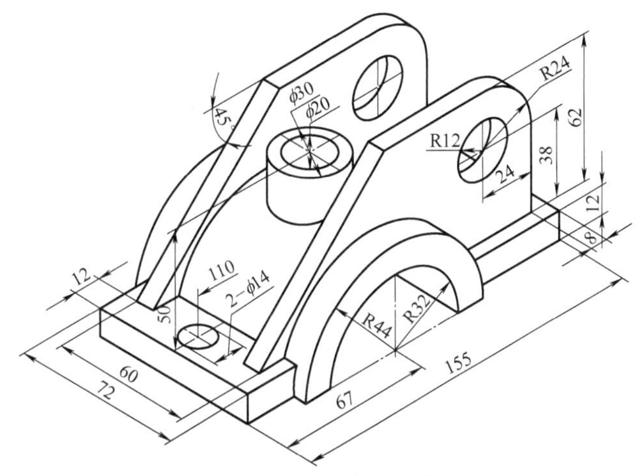

图 14-6　习题【14-6】图

将完成的图形以 SWCAD14-6.dwg 为名存入学生姓名子目录中。

【14-7】建立三维精确复杂图形，绘图和编辑方法不限，绘图软件不限，注意使用辅助线或辅助形。

（1）建立西南等轴侧视图。
（2）选用合适坐标系绘制。
（3）建立长宽高为 98×70×40 的辅助立体面。
（4）建立 L1 层，红色，绘制中心定位线，线型 Center，调整合适线型比例。
（5）建立 L2 层，绿色，在该层完成图 14-7 所示的实体造型（尺寸标注不画）。

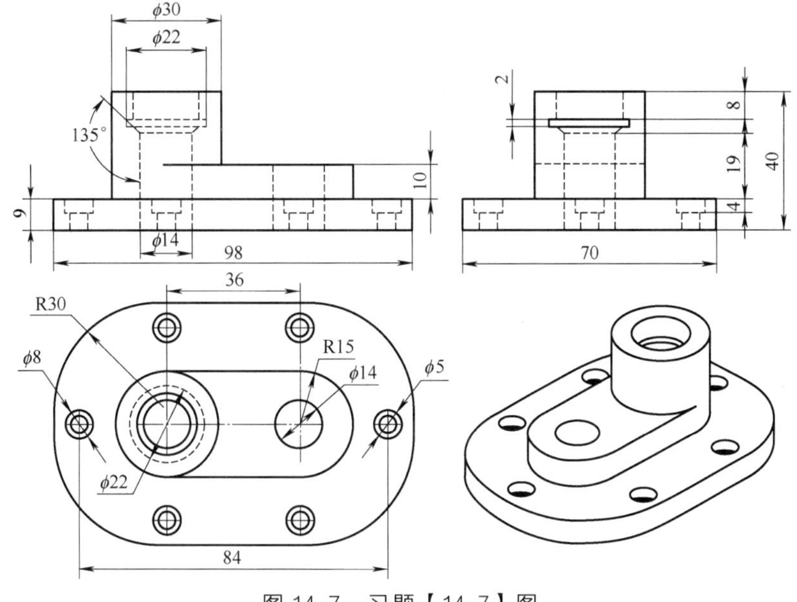

图 14-7　习题【14-7】图

将完成的图形以 SWCAD14-7.dwg 为名存入学生姓名子目录中。

【14-8】建立三维精确复杂图形，绘图和编辑方法不限，绘图软件不限，注意使用辅助线或辅助形。

（1）建立西南等轴侧视图。

（2）选用合适坐标系绘制。

（3）建立长宽高为 200×200×100 的辅助立体面。

（4）建立 L1 层，红色，绘制中心定位线，线型 Center，调整合适线型比例。

（5）建立 L2 层，绿色，在该层完成图 14-8 所示的实体造型（尺寸标注不画）。

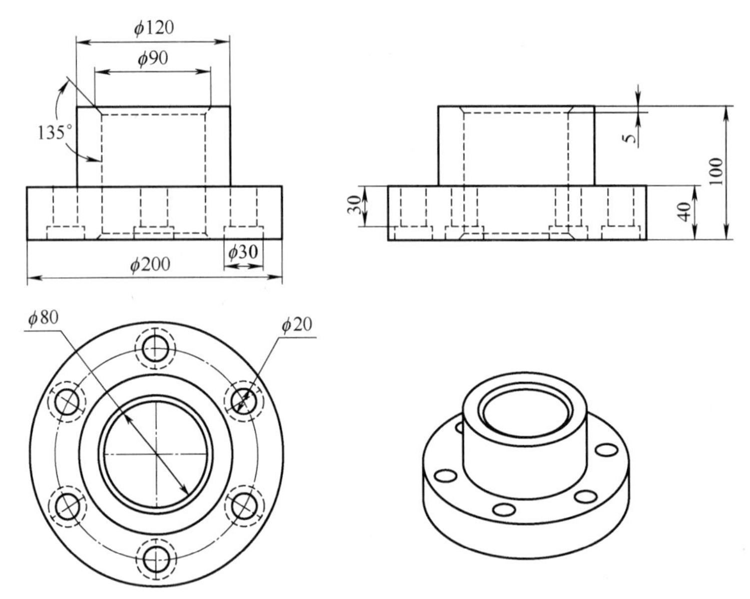

图 14-8 习题【14-8】图

将完成的图形以 SWCAD4-8.dwg 为名存入学生姓名子目录中。

【14-9】建立三维精确复杂图形，绘图和编辑方法不限，绘图软件不限，注意使用辅助线或辅助形。

（1）建立西南等轴侧视图。

（2）选用合适坐标系绘制。

（3）建立长宽高为 24×24×24 的辅助立体面。

（4）建立 L1 层，红色，绘制中心定位线，线型 Center，调整合适线型比例。

（5）建立 L2 层，绿色，在该层完成图 14-9 所示的实体造型（尺寸标注不画）。

将完成的图形以 SWCAD14-9.dwg 为名存入学生姓名子目录中。

【14-10】建立三维精确复杂图形，绘图和编辑方法不限，绘图软件不限，注意使用辅助线或辅助形。

（1）建立西南等轴侧视图。

（2）选用合适坐标系绘制。

（3）建立长宽高为 128×80×75 的辅助立体面。

（4）建立 L1 层，红色，绘制中心定位线，线型 Center，调整合适线型比例。

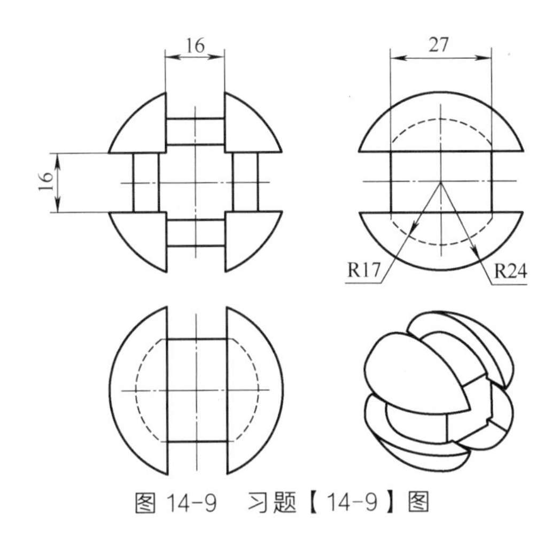

图 14-9　习题【14-9】图

（5）建立 L2 层，绿色，在该层完成图 14-10 所示的实体造型（尺寸标注不画）。

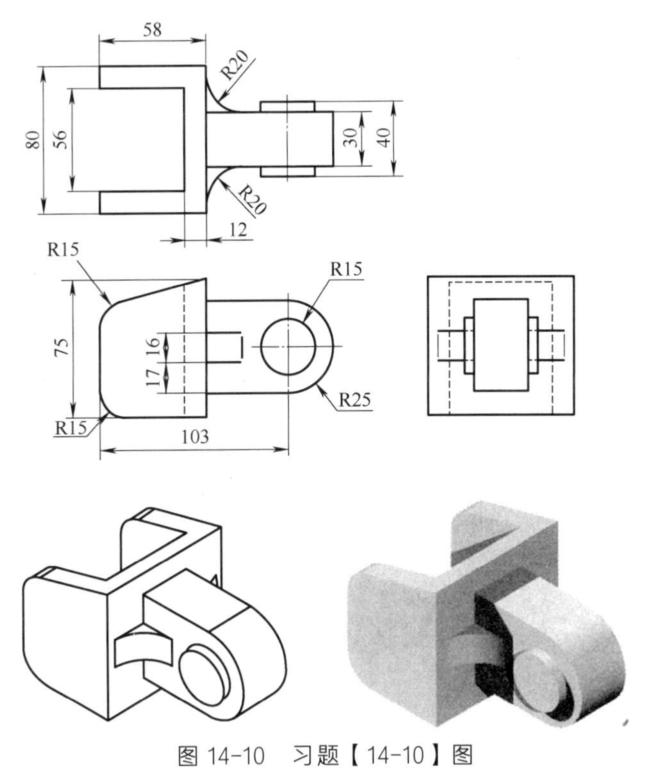

图 14-10　习题【14-10】图

将完成的图形以 SWCAD14-10.dwg 为名存入学生姓名子目录中。

【14-11】建立三维精确复杂图形，绘图和编辑方法不限，绘图软件不限，注意使用辅助线或辅助形。

（1）建立西南等轴侧视图。

（2）选用合适坐标系绘制。

（3）建立长宽高为 105×65×55 的辅助立体面。

（4）建立 L1 层，红色，绘制中心定位线，线型 Center，调整合适线型比例。

（5）建立 L2 层，绿色，在该层完成图 14-11 所示的实体造型（尺寸标注不画）。

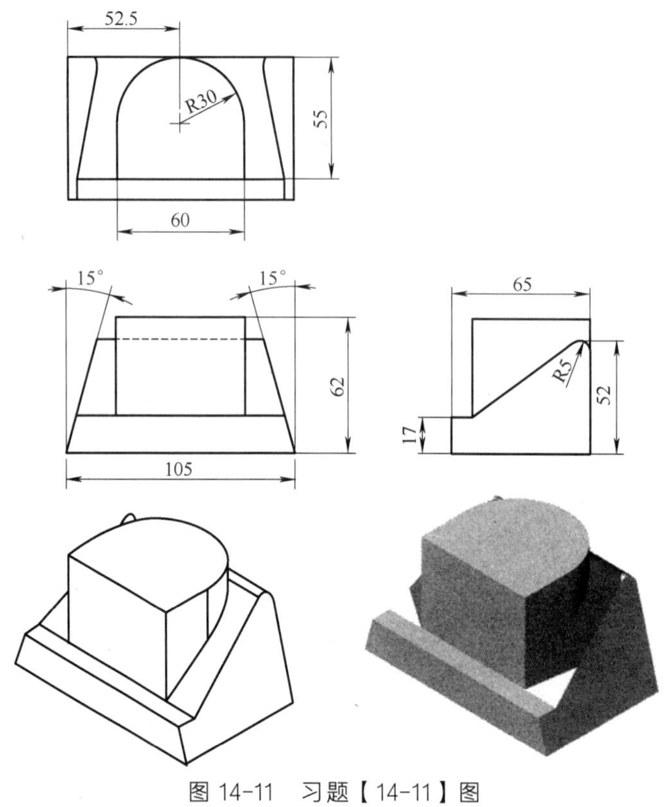

图 14-11　习题【14-11】图

将完成的图形以 SWCAD14-11.dwg 为名存入学生姓名子目录中。

【14-12】建立三维精确复杂图形，绘图和编辑方法不限，绘图软件不限，注意使用辅助线或辅助形。

（1）建立西南等轴侧视图。

（2）选用合适坐标系绘制。

（3）建立长宽高为 165×75×75 的辅助立体面。

（4）建立 L1 层，红色，绘制中心定位线，线型 Center，调整合适线型比例。

（5）建立 L2 层，绿色，在该层完成图 14-12 所示的实体造型（尺寸标注不画）。

将完成的图形以 SWCAD14-12.dwg 为名存入学生姓名子目录中。

【14-13】建立三维精确复杂图形，绘图和编辑方法不限，绘图软件不限，注意使用辅助线或辅助形。

（1）建立西南等轴侧视图。

（2）选用合适坐标系绘制。

（3）建立长宽高为 120×120×55 的辅助立体面。

（4）建立 L1 层，红色，绘制中心定位线，线型 Center，调整合适线型比例。

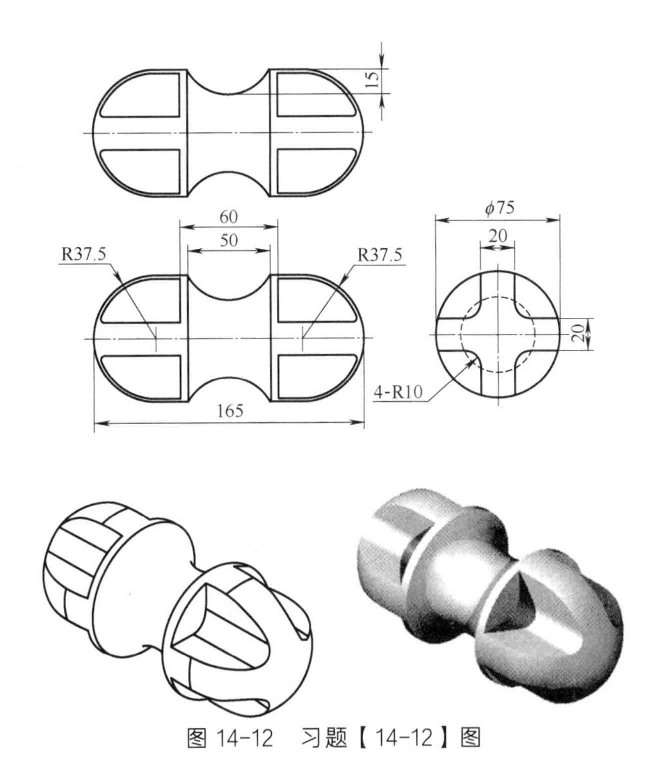

图14-12　习题【14-12】图

（5）建立L2层，绿色，在该层完成图14-13所示的实体造型（尺寸标注不画）。

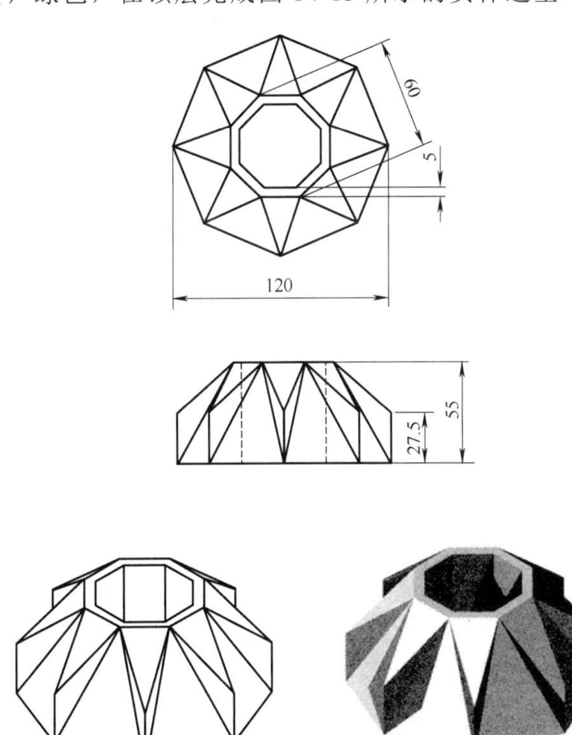

图14-13　习题【14-13】图

将完成的图形以SWCAD14-13.dwg为名存入学生姓名子目录中。

【14-14】建立三维精确复杂图形，绘图和编辑方法不限，绘图软件不限，注意使用辅助线或辅助形。

（1）建立西南等轴侧视图。

（2）选用合适坐标系绘制。

（3）建立长宽高为 108×56×56 的辅助立体面。

（4）建立 L1 层，红色，绘制中心定位线，线型 Center，调整合适线型比例。

（5）建立 L2 层，绿色，在该层完成图 14-14 所示的实体造型（尺寸标注不画）。

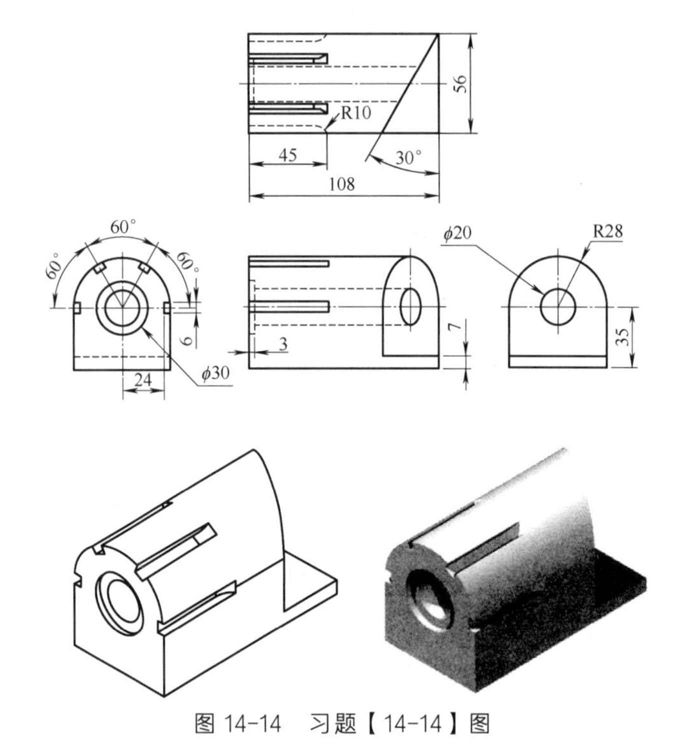

图 14-14　习题【14-14】图

将完成的图形以 SWCAD14-14.dwg 为名存入学生姓名子目录中。

【14-15】建立三维精确复杂图形，绘图和编辑方法不限，绘图软件不限，注意使用辅助线或辅助形。

（1）建立西南等轴侧视图。

（2）选用合适坐标系绘制。

（3）建立长宽高为 105×70×55 的辅助立体面。

（4）建立 L1 层，红色，绘制中心定位线，线型 Center，调整合适线型比例。

（5）建立 L2 层，绿色，在该层完成图 14-15 所示的实体造型（尺寸标注不画）。

将完成的图形以 SWCAD14-15.dwg 为名存入学生姓名子目录中。

【14-16】建立三维精确复杂图形，绘图和编辑方法不限，绘图软件不限，注意使用辅助线或辅助形。

（1）建立西南等轴侧视图。

（2）选用合适坐标系绘制。

（3）建立合适的辅助立体面。

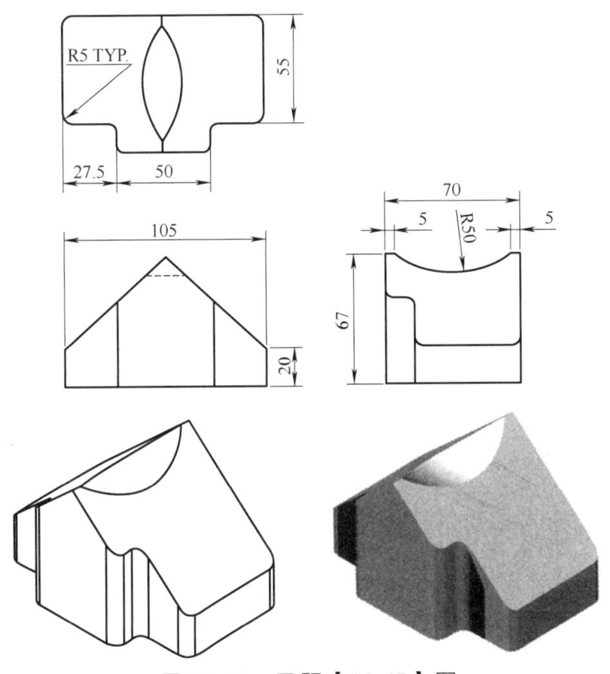

图 14-15　习题【14-15】图

（4）建立 L1 层，红色，绘制中心定位线，线型 Center，调整合适线型比例。
（5）建立 L2 层，绿色，在该层完成图 14-16 所示的实体造型（尺寸标注不画）。

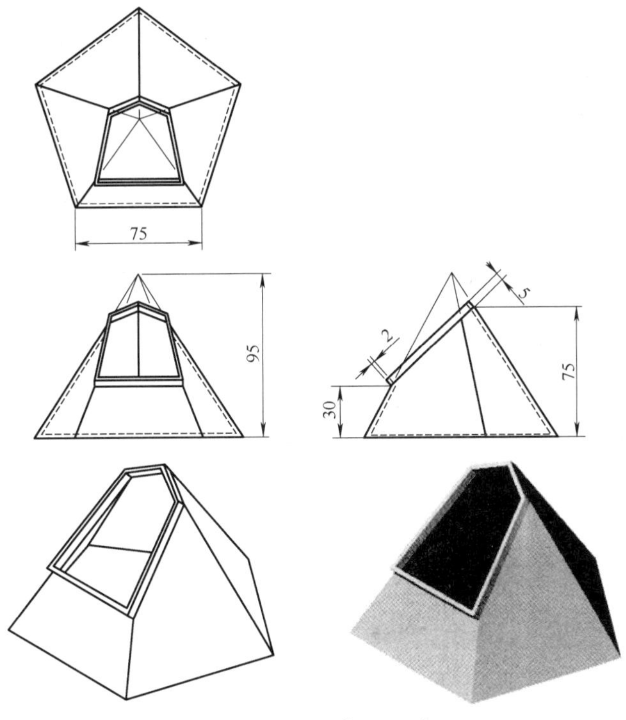

图 14-16　习题【14-16】图

将完成的图形以 SWCAD14-16.dwg 为名存入学生姓名子目录中。

【14-17】建立三维精确复杂图形，绘图和编辑方法不限，绘图软件不限，注意使用辅助线或辅助形。

（1）建立西南等轴侧视图。

（2）选用合适坐标系绘制。

（3）建立长宽高为 100×65×65 的辅助立体面。

（4）建立 L1 层，红色，绘制中心定位线，线型 Center，调整合适线型比例。

（5）建立 L2 层，绿色，在该层完成图 14-17 所示的实体造型（尺寸标注不画）。

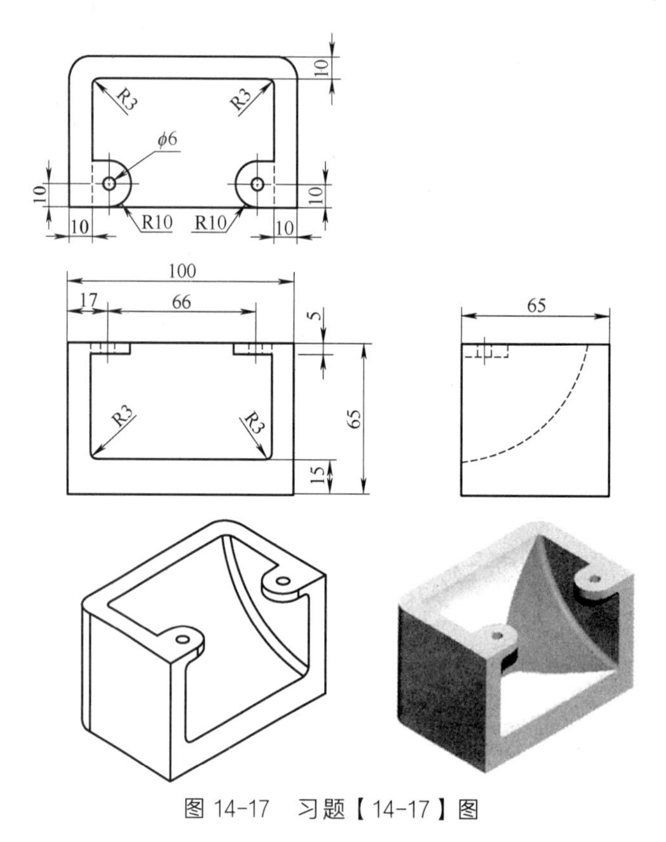

图 14-17　习题【14-17】图

将完成的图形以 SWCAD14-17.dwg 为名存入学生姓名子目录中。

【14-18】建立三维精确复杂图形，绘图和编辑方法不限，绘图软件不限，注意使用辅助线或辅助形。

（1）建立西南等轴侧视图。

（2）选用合适坐标系绘制。

（3）建立长宽高为 120×120×100 的辅助立体面。

（4）建立 L1 层，红色，绘制中心定位线，线型 Center，调整合适线型比例。

（5）建立 L2 层，绿色，在该层完成图 14-18 所示的实体造型（尺寸标注不画）。

将完成的图形以 SWCAD14-18.dwg 为名存入学生姓名子目录中。

【14-19】建立三维精确复杂图形，绘图和编辑方法不限，绘图软件不限，注意使用辅助线或辅助形。

（1）建立西南等轴侧视图。

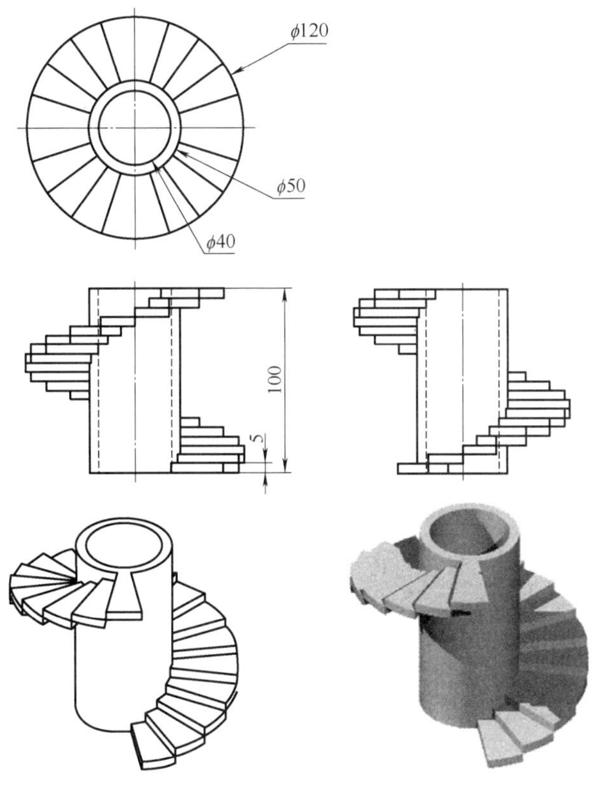

图 14-18　习题【14-18】图

（2）选用合适坐标系绘制。
（3）建立长宽高合适的辅助立体面（可选）。
（4）建立 L1 层，红色，绘制中心定位线，线型 Center，调整合适线型比例。
（5）建立 L2 层，绿色，在该层完成图 14-19 所示的实体造型（尺寸标注不画）。

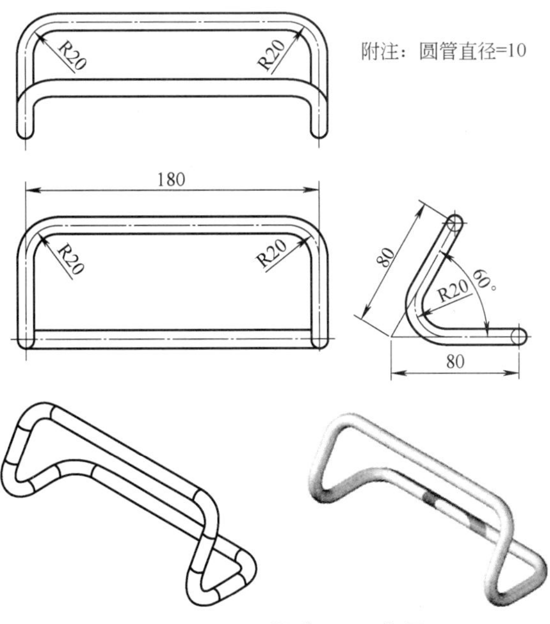

图 14-19　习题【14-19】图

将完成的图形以 SWCAD14-19.dwg 为名存入学生姓名子目录中。

【14-20】建立三维精确复杂图形，绘图和编辑方法不限，绘图软件不限，注意使用辅助线或辅助形。

（1）建立西南等轴侧视图。

（2）选用合适坐标系绘制。

（3）建立长宽高合适的辅助立体面。

（4）建立 L1 层，红色，绘制中心定位线，线型 Center，调整合适线型比例。

（5）建立 L2 层，绿色，在该层完成图 14-20 所示的实体造型（尺寸标注不画）。

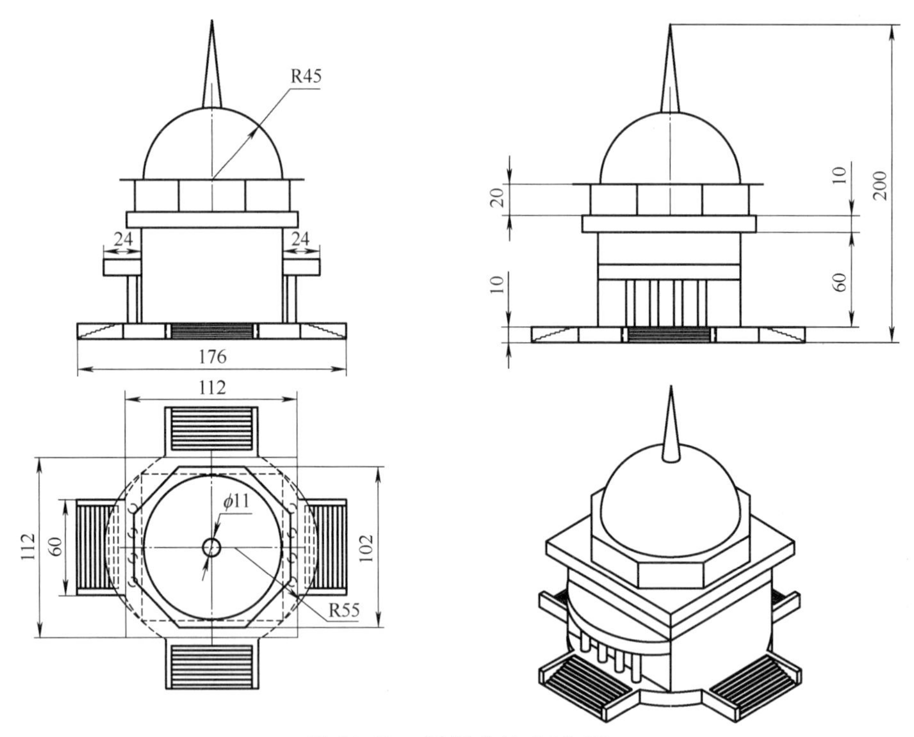

图 14-20　习题【14-20】图

将完成的图形以 SWCAD14-20.dwg 为名存入学生姓名子目录中。

第15章

中望CAD常用机械工程图形绘制方法及实例

机械工程及其设计领域的图形种类众多，但其主要包括标准件、通用件、传动件、操作件、管件、润滑件、密封件、焊接铆接件、钣金件、机构运动简图等十余种分类；在这里因篇幅有限，将主要介绍其中几种常用图形的绘制方法及实例。

15.1 常用标准件绘制方法

绘制机械图形，特别是绘装配图时，标准件（如螺栓、螺母、轴承等）的绘制是必不可少的环节。如果用户有相应的标准件库，需要绘这些图形时直接插入它们即可。但当用户没有标准件库时，则需要绘制它们。本节将对一些典型的标准件的绘制方法进行介绍。

15.1.1 螺纹紧固件

以螺栓紧固件为例介绍绘图技巧。对于螺母、螺栓六角头的曲线，常用圆弧代替。此外，标准螺纹紧固件的螺栓、螺母、垫圈在螺纹连接剖视图中不进行剖切，仍按外形结构绘制，所以这里所介绍的绘制方法按不剖绘制。

1）螺母绘制

（1）图形特征分析

螺母图形的基本图形元素为直线、圆弧、圆和正多边形，如图15-1所示。

（2）绘图思路与方法

可先利用正多边形 polygon、直线 line 和圆弧 arc 等命令绘制螺母左视图，如图15-1（b）所示；接着利用直线 line、圆弧 arc、偏移 offset 等命令，绘制螺母主视图，如图15-1（a）所示。

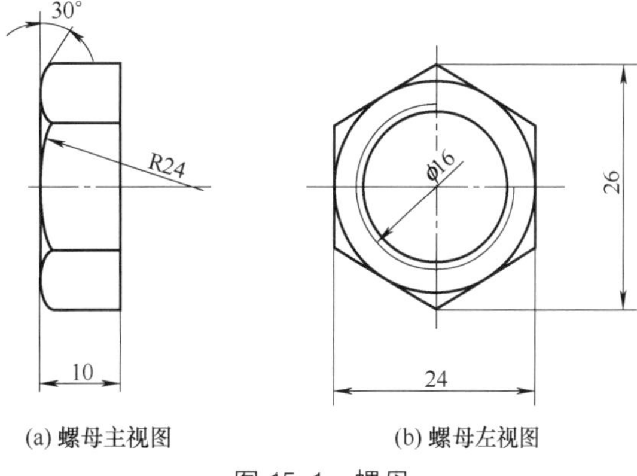

图15-1 螺母

① 螺母左视图15-1（b）由 polygon 正六边形和 circle 圆绘制。将“center 中心线”图层切换至当前图层，利用直线 line 命令

绘制主视图的水平中心线及左视图上的十字中心线，注意主视图与左视图中心线水平对齐；将“轮廓线”图层切换至当前图层，利用正多边形 polygon 命令绘制一个正六边形；接着 circle 圆命令在正六边形正中位置分别绘制一个表示螺母上曲面部分的内切圆、表示螺纹内径与外径的圆，如图 15-2（a）所示；利用修剪 trim 命令将螺纹内径圆剪去 1/4 圆弧，并改为细实线，如图 15-2（b）所示。

② F3 打开对象捕捉，利用直线 line 命令绘制主视图中的轮廓线，并用 trim 命令对其进行修剪；arc 命令采取三点弧的方式按照给定尺寸绘制螺母端部圆弧，如图 15-3 所示。

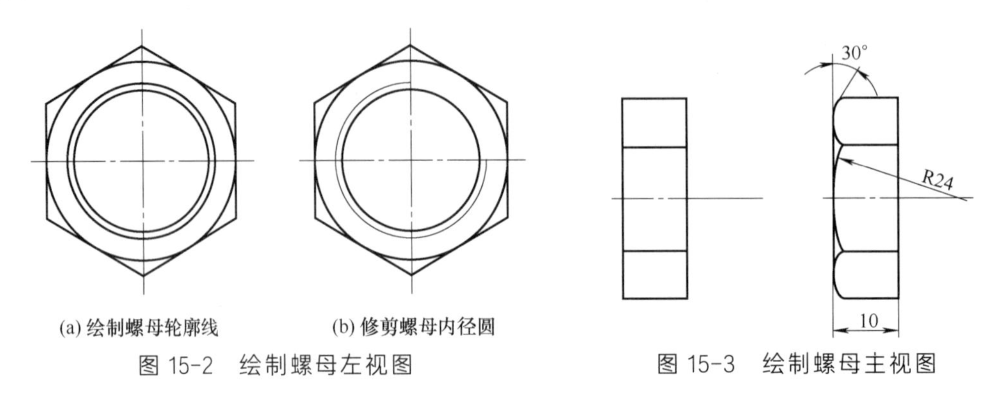

图 15-2　绘制螺母左视图　　图 15-3　绘制螺母主视图

2）螺栓绘制

（1）图形特征分析

螺栓图形的基本图形单元为直线、圆弧、圆和正多边形，如图 15-4 所示。

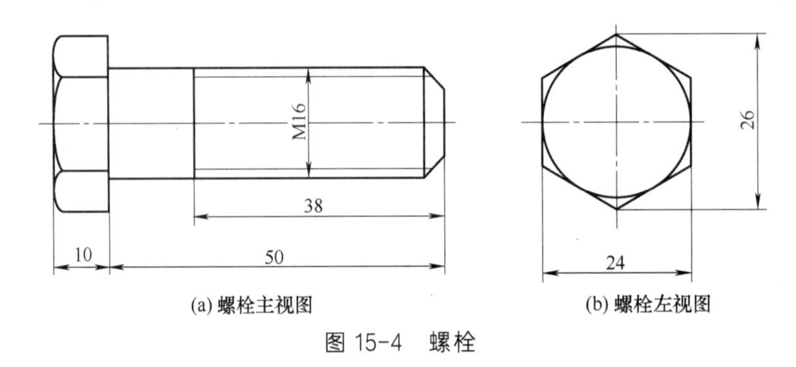

图 15-4　螺栓

（2）绘图思路与方法

可先绘制螺栓头部，接着绘制螺栓的螺杆部分。

① 将图层切换至“center 中心线”层，利用直线 line 命令绘制主视图的水平中心线及左视图上的十字中心线，注意主视图与左视图中心线水平对齐；参照螺母绘制方法绘制螺栓头部的主视图、左视图轮廓线，如图 15-5 所示。

② 直线 line、偏移 offset 命令绘制螺杆右端线与螺纹终止线；接着偏移 offset 命令分别绘制代表螺纹外径与小径的直线，trim 命令进行修剪，将螺纹内径直线改为细实线。chamfer 命令进行倒斜角，要选择合适的倒角距。

③ 螺栓的绘制也可采取先绘制螺杆上半部分，如图 15-6 所示，最后采用 mirror 镜像操作完成螺栓下半部分图形的绘制。

图 15-5　绘制螺栓头部

3）螺栓连接

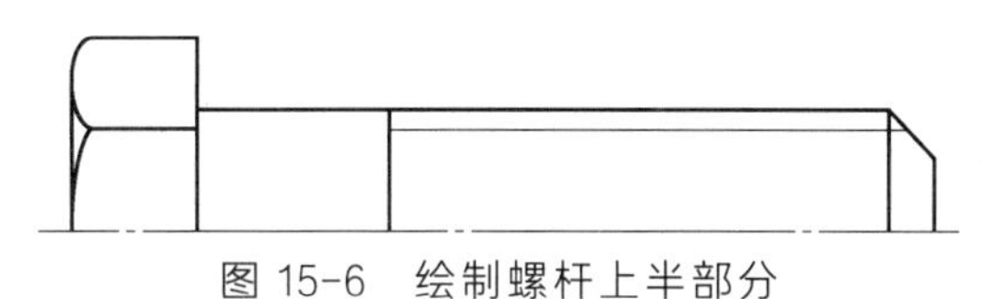

图 15-6　绘制螺杆上半部分

螺栓连接是将螺栓贯穿两个零件的通孔，然后用螺母拧紧固定的一种连接方式。为了避免螺母在拧紧时发生零件表面擦伤的现象，螺母与零件之间应当装配垫圈。一般采取三视图进行表达，即主视图采用全剖形式，俯视图、左视图采用视图形式表达。

（1）图形特征分析

螺栓连接图形的基本图形单元为直线、圆弧、圆、正多边形、样条曲线和填充图案等，如图 15-7 所示。

（2）绘图思路与方法

① 将图层切换至“center 中心线”层，利用直线 line 命令绘制主、俯、左方向视图中的中心线；将图层切换至“轮廓线”图层，直线 line 命令绘制被连接件各视图方向端面；将图层切换至“细实线”图层，样条曲线 spline 命令绘制螺栓连接俯视图中被连接件断面波浪线，如图 15-8 所示。

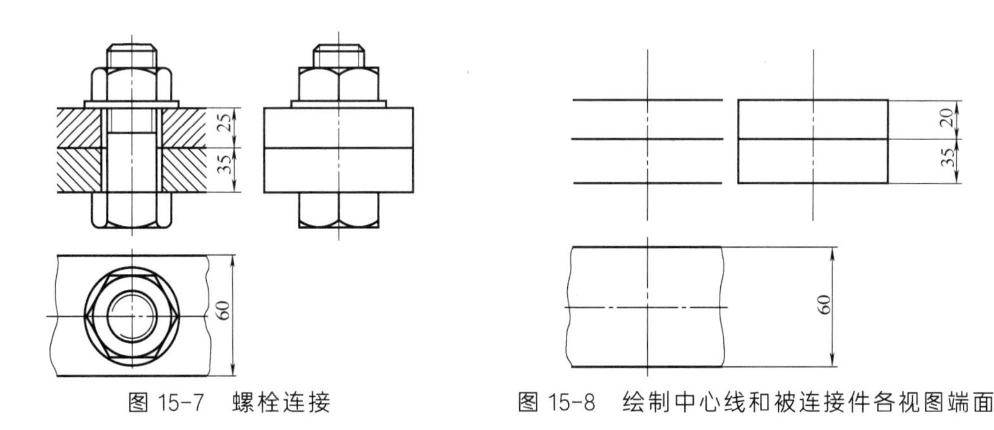

图 15-7　螺栓连接　　图 15-8　绘制中心线和被连接件各视图端面

② 参照图 15-4（a）中方法绘制螺栓，如图 15-9 所示，注意 trim 命令修剪掉左视图与俯视图中螺栓部分多余线条。

③ 参照图 15-1 中方法绘制螺母、垫圈，如图 15-10 所示，注意 trim 命令修剪掉左视图与俯视图中螺母部分多余线条。

④ hatch 命令对被连接件主视图进行剖面线图案填充，如图 15-7 所示。主视图中剖面线绘制时，为形成封闭边界，需要在两侧作辅助线，等填充完剖面线后，再将辅助线删去。

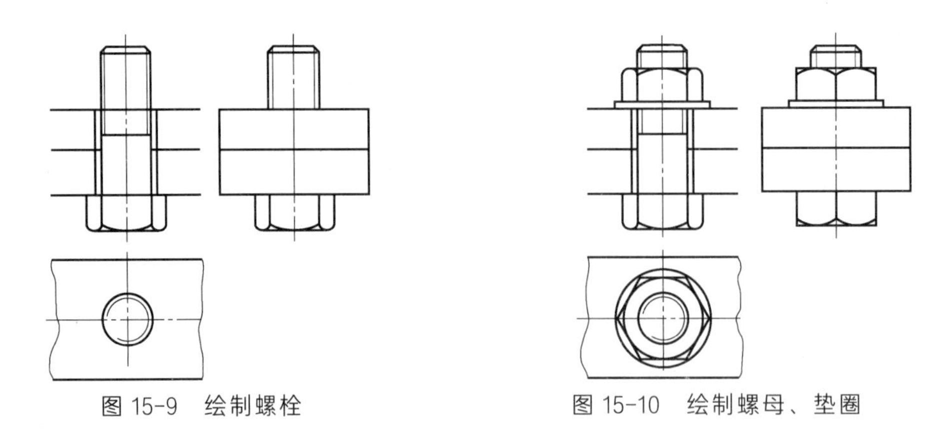
图 15-9　绘制螺栓　　图 15-10　绘制螺母、垫圈

15.1.2　键、销联接

1）键联接

（1）图形特征分析

普通平键连接图的基本图形单元为直线、圆弧、圆和填充图案，如图 15-11 所示。

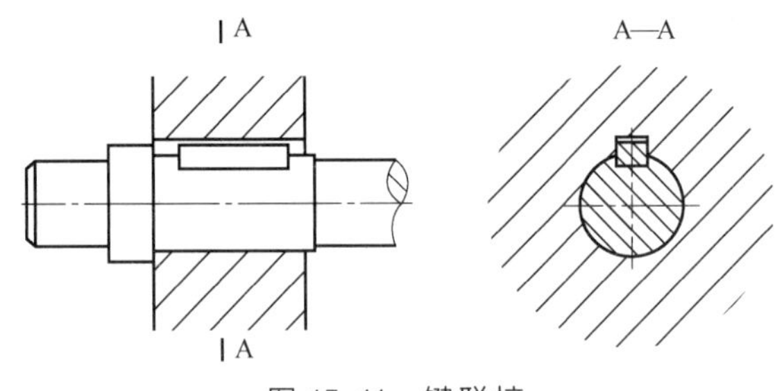

图 15-11　键联接

（2）绘图思路与方法

① 将图层切换至“center 中心线”，直线 line 命令先绘制键连接主、左视图的中心线；直线 line、偏移 offset、圆 circle、修剪 trim 等命令绘制齿轮（件 1）轮廓线，如图 15-12（a）所示；直线 line、圆弧 arc、偏移 offset、修剪 trim、填充 hatch 命令绘制轴（件 2）轮廓线，如图 15-12（b）所示。

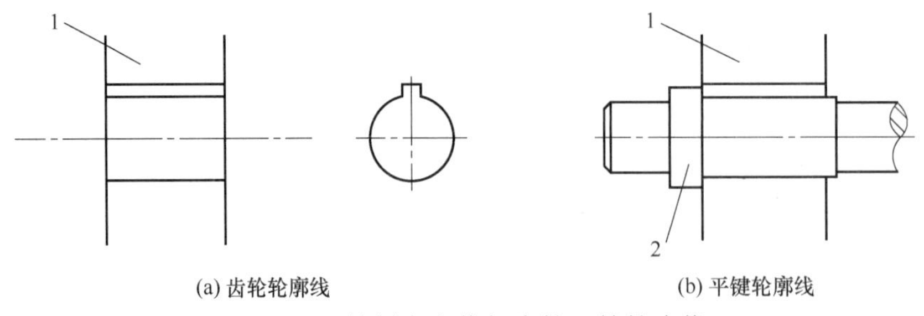

图 15-12　绘制中心线与齿轮、轴轮廓线

② 矩形 rectangle 命令在齿轮主视图中部偏上位置绘制键槽，如图 15-13 所示。

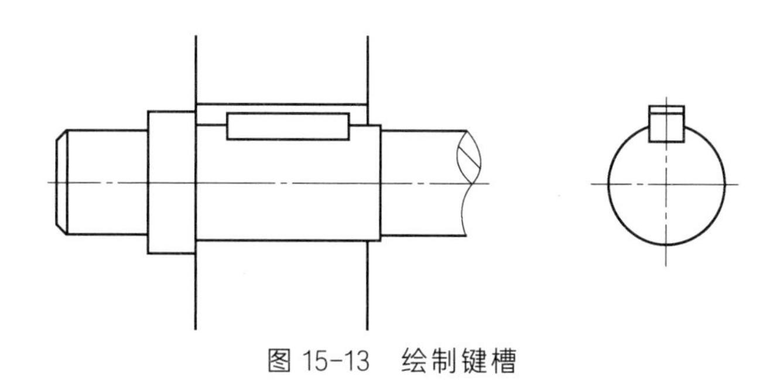

图 15-13　绘制键槽

③ 利用 hatch 图案填充命令绘制被连接件与平键中的剖面线；直线 line 命令在主视图上绘制剖切平面位置符号（竖直短粗线），标注文字为 A，在左视图上方标出剖视图的名称：A—A，如图 15-11 所示。注意：左视图的剖面线绘制时可先绘制一个圆形封闭轮廓，等填充完剖面线后，再将该圆删掉即可。

2）销联接

在机械工程中，常用的销有圆柱销、圆锥销、开口销，本文以 GB/T117—2000 6X30 圆锥销为例进行销联接的绘制。

（1）图形特征分析

圆锥销连接图基本图形单位为直线、圆弧、样条曲线和填充图案，如图 15-14 所示。

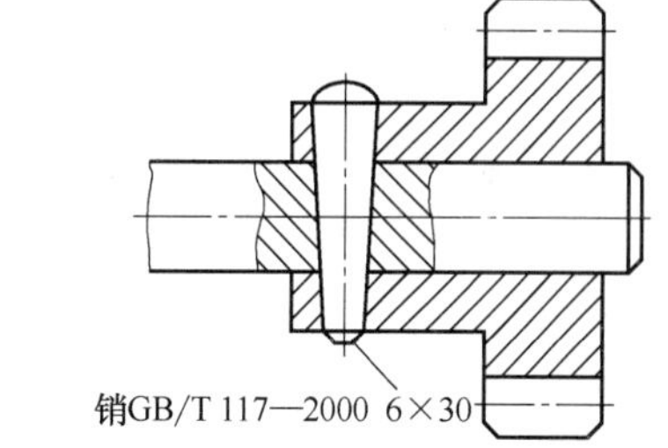

图 15-14　GB/T 117—2000 6X30 销联接

（2）绘图思路与方法

① 直线 line、样条曲线 spline、偏移 offset、修剪 trim、倒斜角 chamfer 等命令分别绘制图形中心线、齿轮（件 1）、轴（件 2）的轮廓线；样条曲线 spline 命令在圆锥销轮廓线的左右两侧绘制波浪线，表示局部剖的边界，如图 15-15 所示。

② 在“轮廓线”图层，直线 line、圆弧 arc、修剪 trim 等命令绘制圆锥销的轮廓线，如图 15-16 所示。

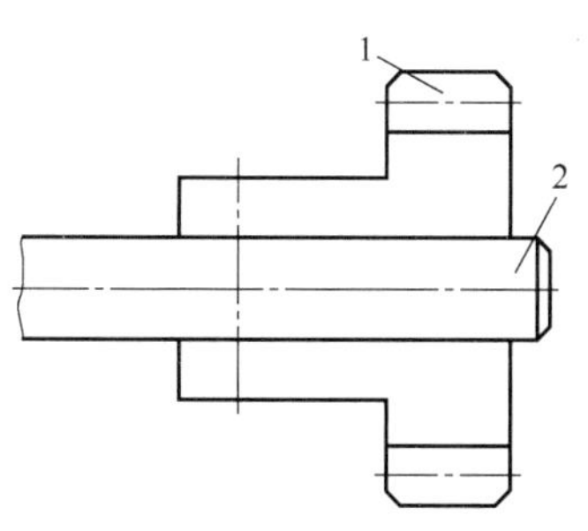

图 15-15　绘制齿轮与轴轮廓线

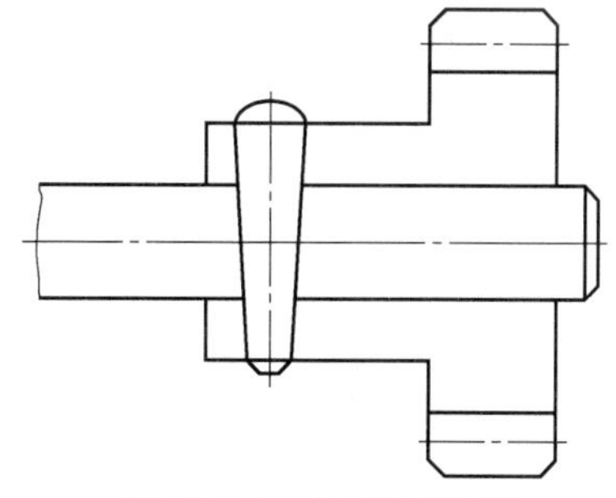

图 15-16　绘制圆锥销

③ 图案填充命令 hatch 绘制连接件上的金属剖面线；快速引线 qleader 命令进行“销 GB/T 117—2000 6×30”文字标注，如图 15-14 所示。

注意：填充剖面线时，齿轮与轴的剖面线方向应相反；画圆锥销可通过 offset 命令将中心线偏移的方法进行绘制。

15.1.3　滚动轴承

滚动轴承是一种标准件，根据国家标准规定滚动轴承可采用通用画法、特征画法及规定画法，本文以规定画法为例介绍 30307 圆锥滚子轴承的绘制方法。

（1）图形特征分析

30307 圆锥滚子轴承（见图 15-17）基本图形单元为直线和填充图案。

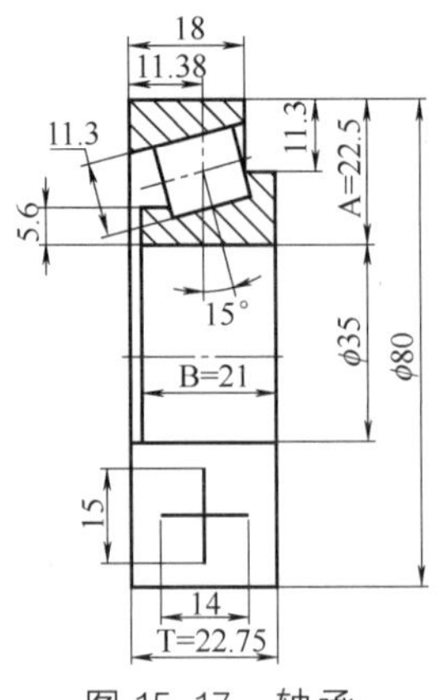

图 15-17　轴承

（2）绘图思路与方法

① 将图层切换至“center 中心线”层，根据轴承尺寸绘制轴承中心线；接着在“轮廓线”层绘制轴承轮廓线，如图 15-18（a）所示。

② 直线 line、偏移 offset 命令在轴承上部绘制滚子中心点 O，据此绘制 15°斜线作为圆锥滚子的中心线，如图 15-18（b）所示。

③ 依据图中尺寸绘制圆锥滚子的简化轮廓线；偏移 offset、修剪 trim 等命令绘制轴承内圈的轮廓线，结果如图 15-18（c）所示。

④ 利用图案填充 hatch 命令进行剖面线的绘制，结果如图 15-18（d）所示。

⑤ 利用直线 line、偏移 offset、修剪 trim 等命令绘制轴承下端的简化线，结果如图 15-17 所示。

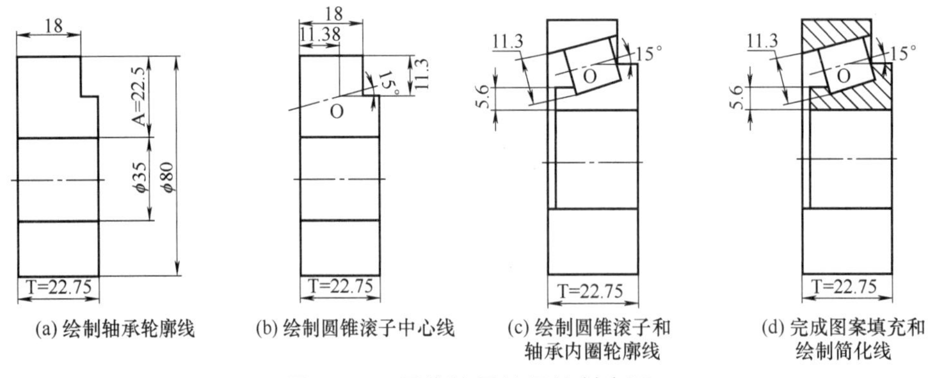

图 15-18　圆锥滚子轴承绘制步骤

15.2　常用传动件绘制方法

15.2.1　齿轮

齿轮是一种重要传动零件，应用广泛，下面主要介绍圆柱齿轮和圆锥齿轮。

1）圆柱齿轮

圆柱齿轮图形较为简单，绘制齿轮过程中主要利用圆 circle、环形阵列 array、倒角 fillet、偏移 offset 等命令，配合对象捕捉、对象追踪命令进行绘制。

（1）图形特征分析

圆柱齿轮基本图形单元为直线、圆和填充图案（见图 15-19）。

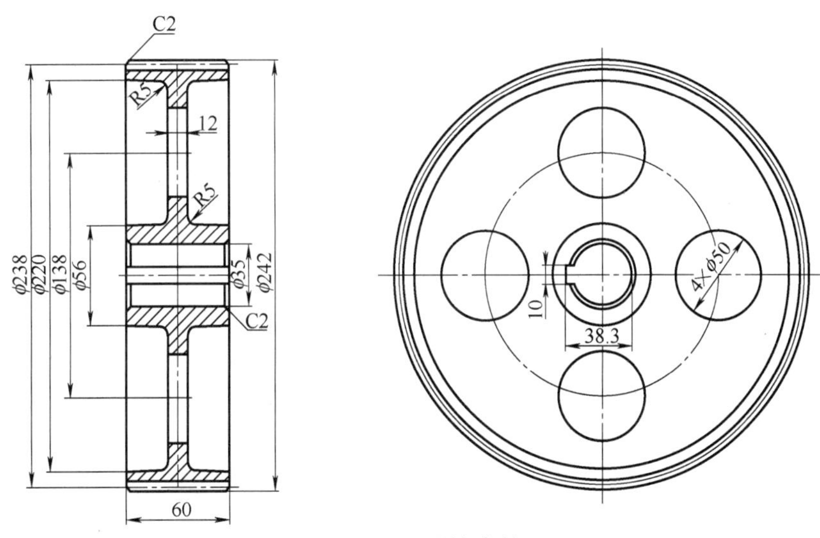

图 15-19　圆柱齿轮

（2）绘图思路与方法

绘制齿轮的基本思路是利用直线 line、偏移 offset、镜像 mirror、圆 circle 等命令绘制齿轮轮廓，然后绘制齿轮轮毂键槽，最后进行图案填充。

① 将图层切换至“center 中心线层”，直线 line 命令绘制主、左视图的中心线，包括齿轮分度线、分度圆，以及 4×ϕ50 圆的中心线，如图 15-20 所示。

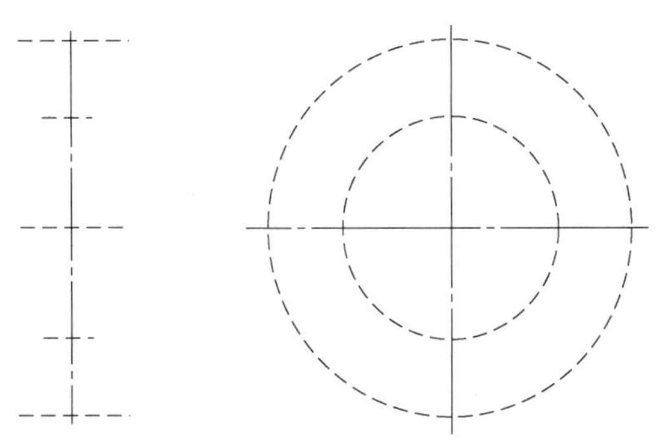

图 15-20　绘制中心线、分度线

② 圆 circle 命令绘制左视图中各轮廓圆；接着利用直线 line、偏移 offset、修剪 trim、倒圆角 fillet、倒角 chamfer 等命令绘制齿轮主视图的轮廓线，如图 15-21 所示。

③ 阵列 array 命令在左视图上绘制 4×ϕ50 圆，反过来可利用直线 line 命令绘制主视

图中相应轮廓线，如图 15-22 所示。

④ 偏移 offset、修剪 trim、直线 line 等命令绘制左视图中键槽轮廓线，并配合对象捕捉与对象追踪命令绘制主视图中相应的键槽轮廓线；图案填充 hatch 命令绘制圆柱齿轮剖面线，如图 15-19 所示。

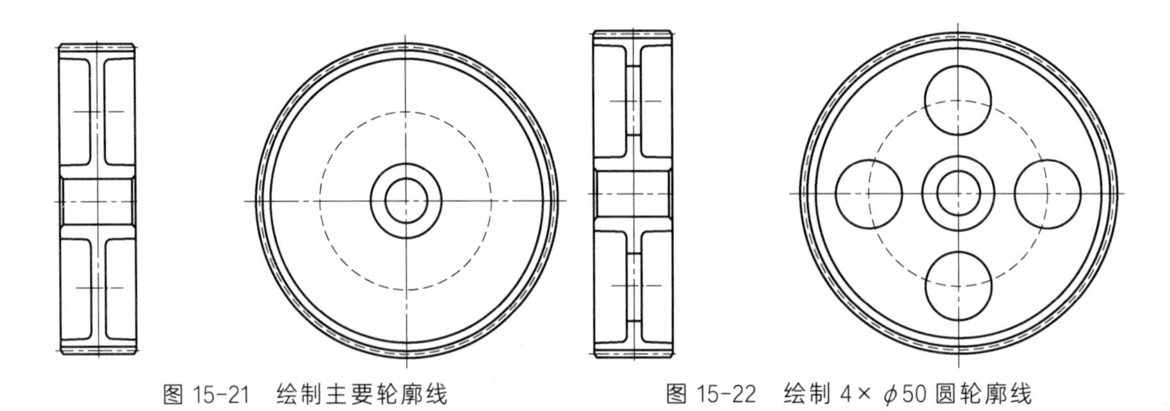

图 15-21　绘制主要轮廓线　　　　图 15-22　绘制 4× ϕ50 圆轮廓线

⑤ 在标注样式管理器中设置“机械标注样式”，文字字体为 romans，宽度比例为 0.8；将“标注”层设为当前层，进行线性标注；主视图中的直径尺寸由线性标注代替，“%%c”即表示直径符号 ϕ；对左视图中的圆进行直径标注，对主视图中的圆角处进行半径标注；快速引线命令标注主视图中的斜角倒角距。

⑥ 圆柱齿轮的主视图可先绘制水平轴线上半部分的轮廓线；镜像 mirror 命令绘制圆柱齿轮下半部分。

2）圆锥齿轮

圆锥齿轮主要用以传递两相交轴间的回转运动，以两轴相交成直角的圆锥齿轮传动应用最广泛。由于锥齿轮的轮齿位于锥面上，轮齿齿厚由外而内逐渐变小，其各处的齿顶圆、齿根圆和分度圆也不相等，故圆锥齿轮的结构较复杂。

（1）图形特征分析

圆锥齿轮基本图形单元为直线、圆和填充图案，如图 15-23 所示。

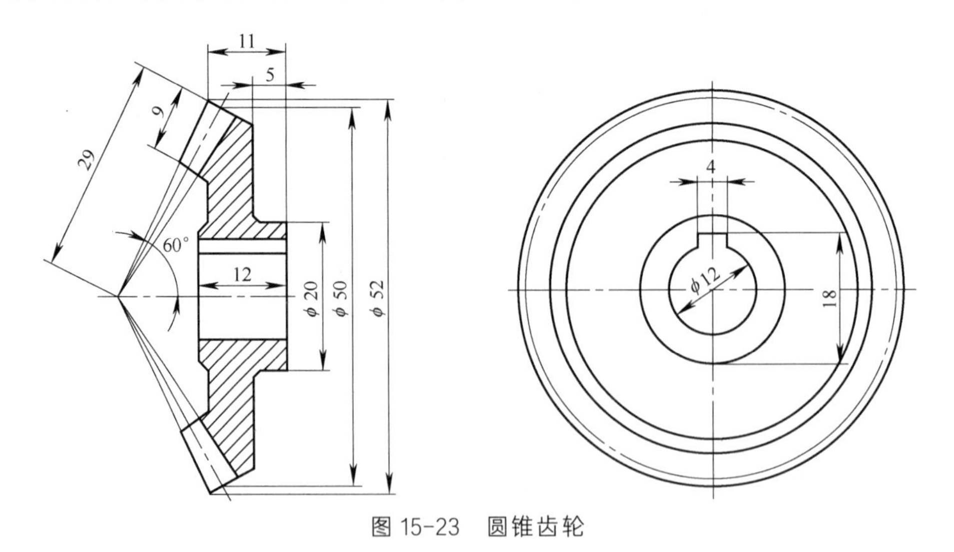

图 15-23　圆锥齿轮

（2）绘图思路与方法

圆锥齿轮在绘制过程中，可根据给定尺寸绘制主视图上轮廓线，再由主视图绘制对应的左视图。

① 将图层切换至“center 中心线”层，直线 line 命令绘制中心线；打开极轴追踪，根据分度圆锥角和大端分度圆直径，绘制分度圆；并过锥底两端绘制分度圆轮廓的垂直线（背锥齿廓），如图 15-24 所示。

② 根据齿顶高、齿根高和齿宽，直线 line、偏移 offset、修剪 trim 等命令绘制轮齿、齿顶线、齿根线，如图 15-25 所示。

③ 图案填充 hatch 命令绘制圆锥齿轮上的金属剖面线。

④ 参照前文标注方法，对圆锥齿轮进行尺寸标注，如图 15-23 所示。

⑤ 需注意的是，绘制的齿顶线、齿根线必须通过分度圆锥的锥顶；第②步可先绘制圆锥齿轮上轮齿，然后利用镜像 mirror 命令绘制与其对称部分。

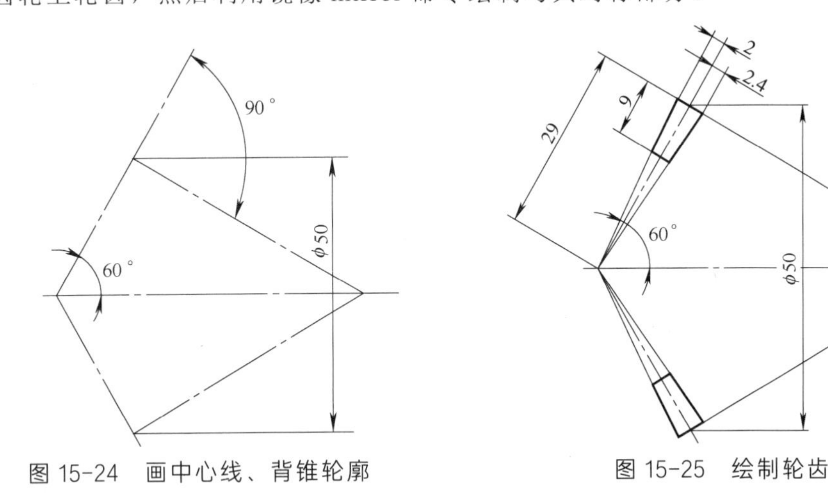

图 15-24　画中心线、背锥轮廓　　图 15-25　绘制轮齿

15.2.2　带轮

带轮与齿轮的绘制方法有许多类似之处，在此着重介绍轮槽的绘制。下面以图 15-26 为例简要介绍带轮的绘制。

（1）图形特征分析

带轮基本图形单元为直线、圆、圆弧和填充图案，如图 15-26 所示。

（2）绘图思路与方法

① 将图层切换至“center 中心线”层，直线 line 命令绘制带轮主视图及左视图中心线；根据图中给定尺寸，直线 line、圆 circle、偏移 offset、修剪 trim 命令绘制左视图形。

② 根据图中给定尺寸，直线 line、偏移 offset、修剪 trim、倒圆角 fillet、倒斜角 chamfer 等命令与对象捕捉、对象追踪、极轴追踪相互配合，绘制带轮主视图外形图（未绘制轮槽），如图 15-27 所示。

③ 主视图形关于水平中心线呈上下对称，可先绘制位于水平线之上的部分，通过 mirror 镜像得到完整的带轮主视图。

④ 将图层切换至“center 中心线”层，直线 line 命令绘制轮槽中心线，根据给定尺寸绘制单个轮槽，如图 15-28（a）所示；array 命令将单个轮槽按图中位置向右进行水平阵列，

经过修剪后可得到如图 15-28（b）所示。

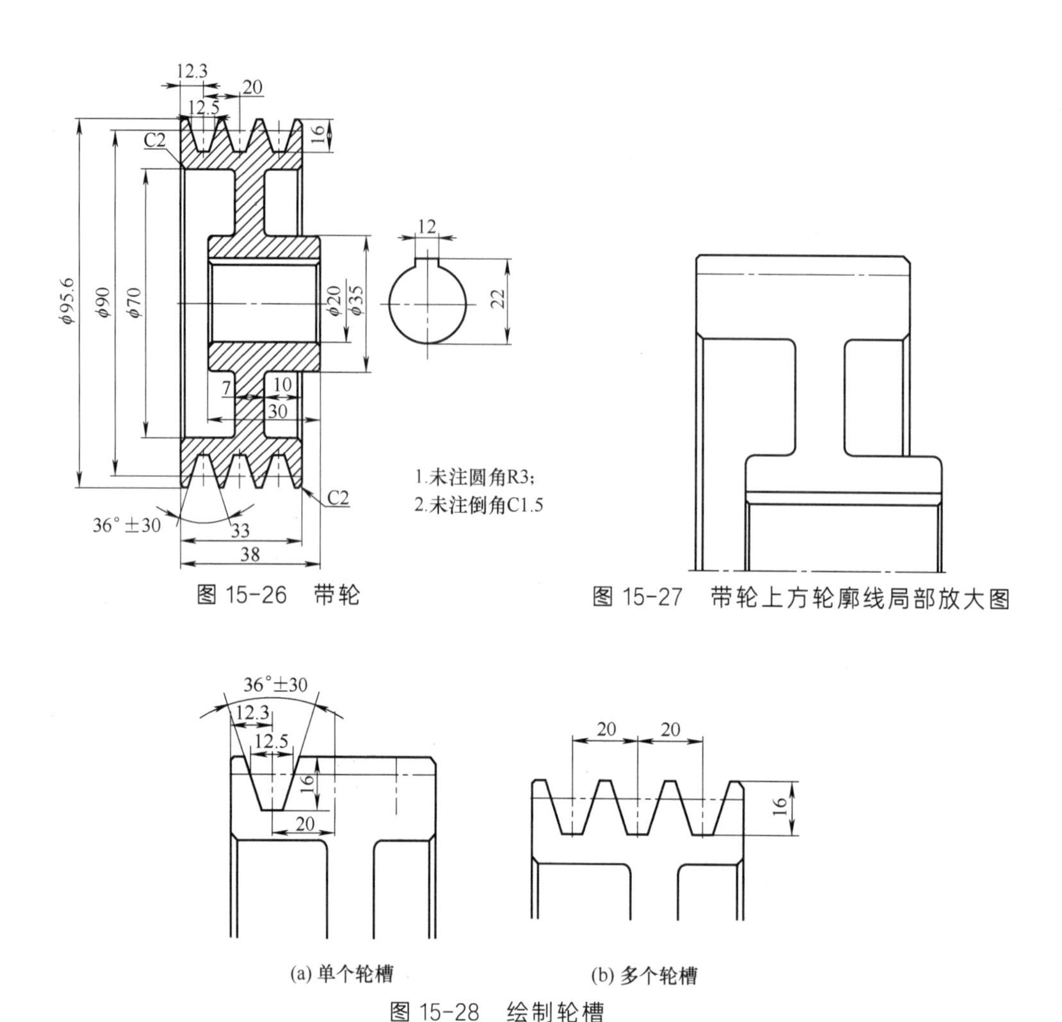

图 15-26　带轮

图 15-27　带轮上方轮廓线局部放大图

(a) 单个轮槽　　(b) 多个轮槽

图 15-28　绘制轮槽

⑤ mirror 镜像命令将主视图水平中心线以上图形进行关于水平中心线的镜像操作。

⑥ 图案填充 hatch 命令绘制带轮上的金属剖面线，如图 15-26 所示。

⑦ 参照前文标注方法，对带轮进行尺寸标注，如图 15-26 所示。

15.2.3　蜗杆与蜗轮

蜗杆与蜗轮用于垂直交叉的两轴之间的传动，蜗杆与蜗轮的齿向为螺旋形，蜗轮轮齿顶面常制成环面。

1）蜗杆

（1）图形特征分析

蜗杆基本图形为直线、圆和填充图案，如图 15-29 所示。

（2）绘图思路与方法

蜗杆与蜗轮的画法基本上与圆柱齿轮画法相似，但蜗轮投影为圆的视图中，只需画出分度圆与最大外圆，而齿顶圆与齿根圆无需绘出。

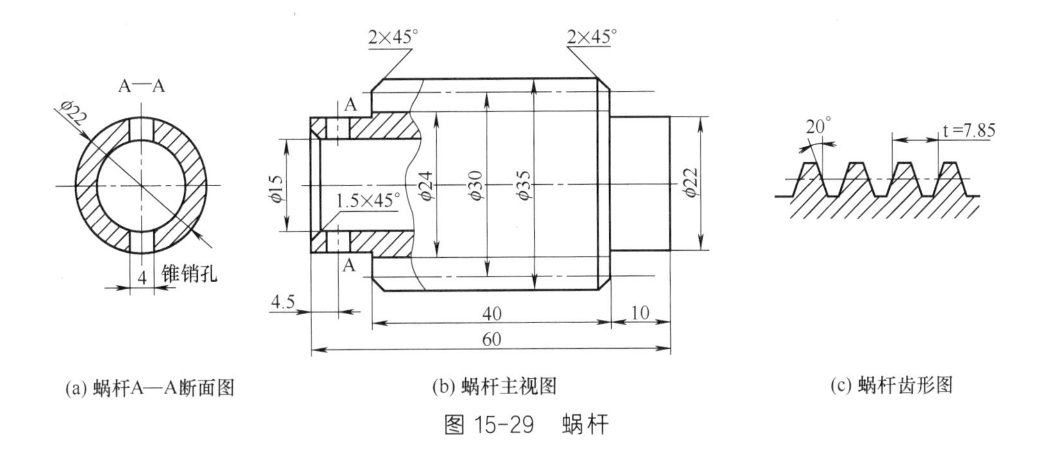

(a) 蜗杆A—A断面图　　(b) 蜗杆主视图　　(c) 蜗杆齿形图

图 15-29　蜗杆

① 将图层切换至“center 中心线”层，直线 line 绘制蜗杆中心线；接着根据图中给定尺寸，直线 line、偏移 offset、修剪 trim 和倒斜角 chamfer 等命令绘制蜗杆外形轮廓线，如图 15-30 所示。

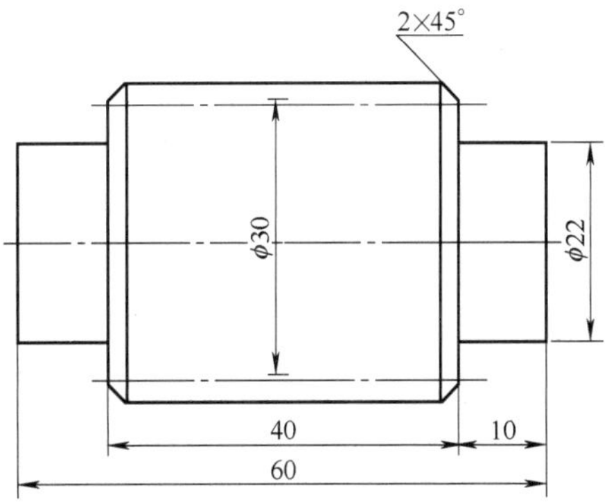

② 在图 15-30 的基础上，直线 line、偏移 offset、修剪 trim 及倒斜角 chamfer 等命令绘制蜗杆左端剖视图，即蜗杆是空心且具有锥销孔；样条曲线 spline 命令在蜗杆中部偏左的位置绘制波浪线，即局部剖视边界，如图 15-31 所示。

图 15-30　绘制蜗杆外形图

③ 圆 circle 命令绘制蜗杆左端锥销孔的断面图；用图案填充 hatch 命令对其剖切部分进行剖面线绘制；text 命令书写相关文字，如图 15-31 所示。

④ 参照带轮轮槽绘制方法，绘制蜗杆齿形图，如图 15-32 所示。

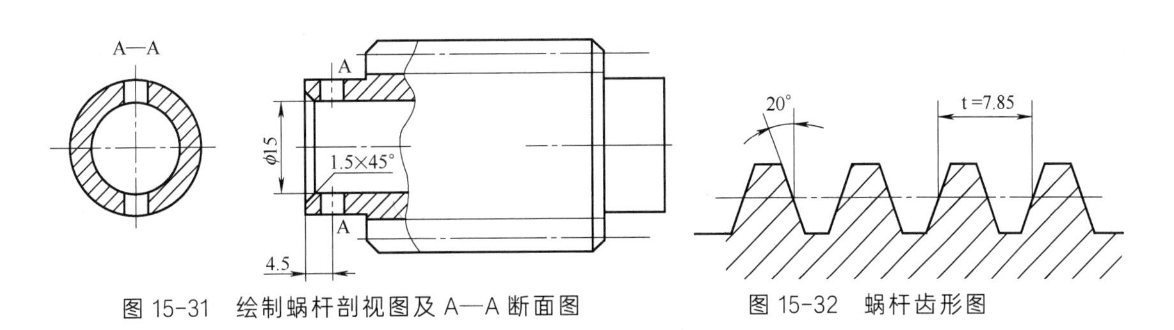

图 15-31　绘制蜗杆剖视图及 A—A 断面图　　图 15-32　蜗杆齿形图

⑤ 参照前文标注方法，对蜗杆进行尺寸标注，如图 15-29 所示。

⑥ 需要注意的是，蜗杆剖视图中剖面线与 A—A 断面图中剖面线方向间隔一致；波浪线为细实线。

2）蜗轮

（1）图形特征分析

蜗轮基本图形单元分为直线、圆弧、圆和填充图案，如图 15-33 所示。

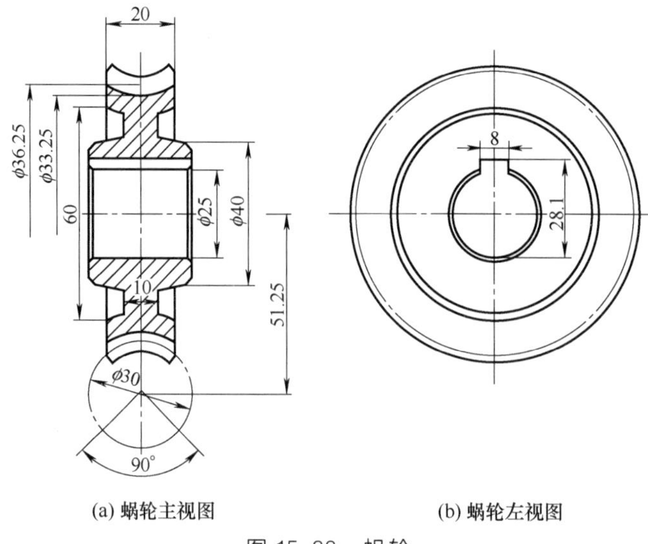

(a) 蜗轮主视图　　(b) 蜗轮左视图

图 15-33　蜗轮

（2）绘图思路与方法

蜗轮与齿轮的绘制方法类似。

① 根据图中给定尺寸，直线 line、圆 circle、偏移 offset、修剪 trim 和倒斜角 chamfer 等命令绘制蜗轮主视图中心线与轮廓线，如图 15-34 所示。

② 图案填充 hatch 命令对蜗轮剖切部分进行金属剖面线绘制；由蜗轮剖视图绘制其左视图，如图 15-33 所示。

③ 参照前文标注方法，对蜗轮进行尺寸标注，如图 15-33 所示；注意对于图中“ϕ33.25”等尺寸仅一条尺寸界线和尺寸线，可在特性一栏中进行修改，选定直线选项卡中的隐蔽尺寸线 2 和尺寸界线 2 即可。

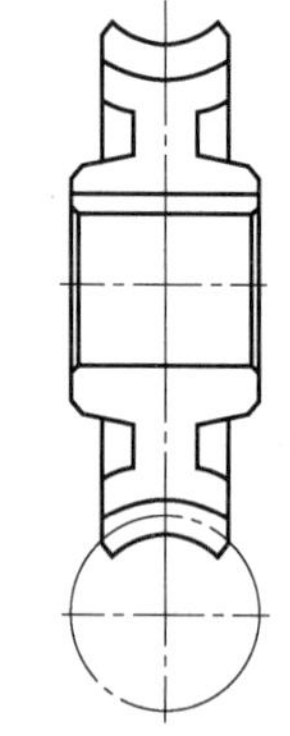

图 15-34　绘制蜗轮主视图轮廓线

15.2.4　弹簧

（1）图形特征分析

弹簧基本图形单元为直线、圆和填充图案，如图 15-35 所示。

（2）绘图思路与方法

① 将图层切换至“center 中心线”层，直线 line 绘制弹簧中心线；矩形 rectang 命令在“轮廓线层”绘制矩形作为弹簧零件外形轮廓。

② 根据给定尺寸，圆 circle 命令在弹簧竖直中心线两侧绘制代表支承圈与弹簧钢丝圆及半圆，如图 15-36 所示。

③ 根据给定节距值，确定各弹簧钢丝剖面位置，可复制 copy 已知圆的方式绘制其他弹簧钢丝剖面，如图 15-37 所示。

④ 根据右手螺旋法则绘制代表弹簧的切线；图案填充 hatch 命令绘制弹簧钢丝金属剖面线，如图 15-35 所示。

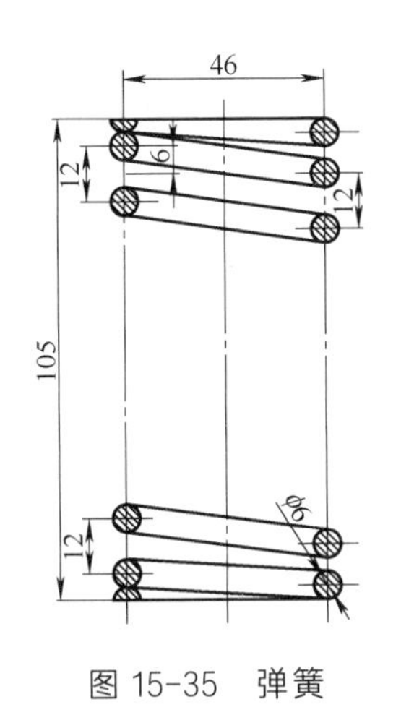

图 15-35　弹簧

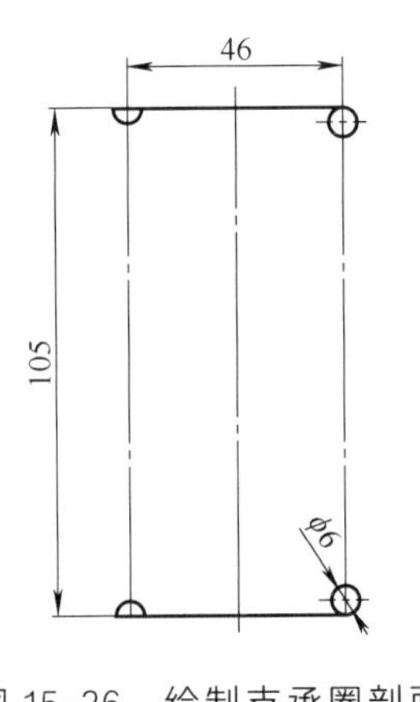

图 15-36　绘制支承圈剖面

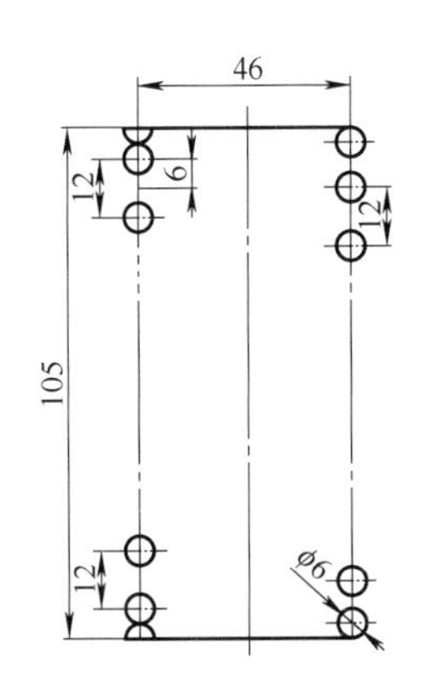

图 15-37　利用节距绘制了弹簧钢丝剖面

15.3　常用零件的绘制方法

机械零件的种类很多，形状也各不相同。按照形状特征大致可分为轴套类、盘盖类、支架类、箱体类四类零件，每类零件的结构形式、加工方法、视图表达、尺寸标注等都有各自特点。但无论何种零件图，使用中望 CAD 机械版 2020 绘制的过程都可按以下步骤进行。

（1）设置绘图环境。包括设置图幅、单位、图层、文字样式和尺寸样式等，这些设置应符合（机械制图）国家标准的要求。如果要画一系列的零件图，可用创建绘图模板的方法，创建绘图模板，以提高工作效率。

（2）绘制零件图形。选择恰当的表达方法，应用中望 CAD 机械版 2020 的绘图命令和编辑命令完成零件图形的绘制，在这个过程中，要充分利用镜像、复制、偏移、阵列等编辑功能，简化绘图工作。更要注意应用辅助绘图工具，如对象捕捉、对象追踪、极轴追踪等，以便精确地绘图。

（3）进行标注，包括尺寸标注、尺寸公差标注、形位公差标注、表面粗糙度标注，以及用文字书写技术要求等。

（4）填写标题栏，最后保存图形文件。

15.3.1　轴类零件

本节主要介绍轴类零件的绘制方法。轴类零件相对来讲较为简单，主要由一系列同轴回转体构成，其上常分布孔、槽等结构。其视图表达方案是将轴线水平放置的位置作为主视图的位置。一般情况下仅主视图就可表现其主要的结构形状，对于局部细节，则利用局部视图、局部放大图和断面图来表现。

1）轴类零件的视图有以下特点

① 主视图表现了零件的主要结构形状，主视图有对称轴线。

② 主视图图形是沿轴线方向排列分布的，大部分线条与轴线平行或垂直。

2）轴类零件的绘制步骤

① 绘制主视图。主视图的绘制常用两种方法：

第一种画法，画出轴线及轴的一条端面线作为作图基准线；再用偏移 offset、修剪 trim 命令形成各轴段的细节。

第二种画法，画出轴线及轴的一半轮廓线；沿轴线镜像已绘制轮廓线，形成完整轮廓线。

② 绘制轴的断面图。

③ 绘制局部放大图。

④ 标注尺寸、表面粗糙度、形位公差等技术要求。

⑤ 填写标题栏。

3）实例分析

通过对轴类零件的分析，介绍轴类零件图的一般绘制过程。

（1）图形特征分析

通过对轴类零件图进行的详细分析，可将该图分解为三个部分进行绘制：轴类零件主图、移出断面图以及局部放大图，如图 15-38 所示。

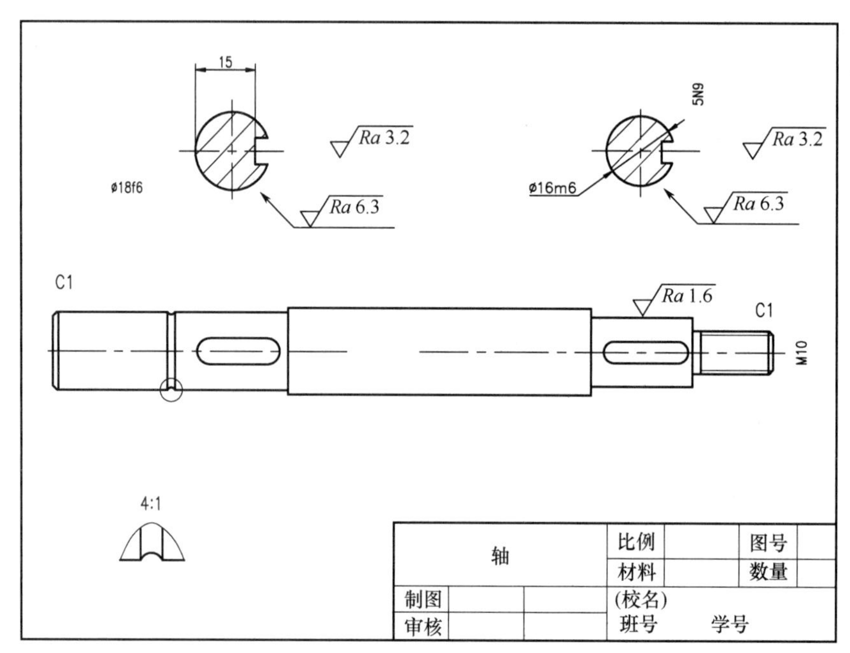

图 15-38 轴类零件图

（2）绘图思路与方法

为再现轴类零件绘制过程的条理性与整体性，可按照由主到次的顺序依次绘制轴类零件主图、移出断面图与局部放大图。

① 将图层切换至“center 中心线”层，直线 line 命令在图纸正中位置绘制主轴中心线。

② 依据图中给定尺寸，直线 line、偏移 offset、修剪 trim 等命令绘制主轴中心线上部轮廓线；倒斜角 chamfer 命令对主轴左右端部进行倒角，如图 15-39（a）所示；以主轴为镜像直线，mirror 命令对主轴上部轮廓进行镜像操作，如图 15-39（b）所示。

③ 参照前文绘制螺栓方法，绘制主轴右端螺纹；其中螺纹终止线为粗实线，如图 15-40 所示。

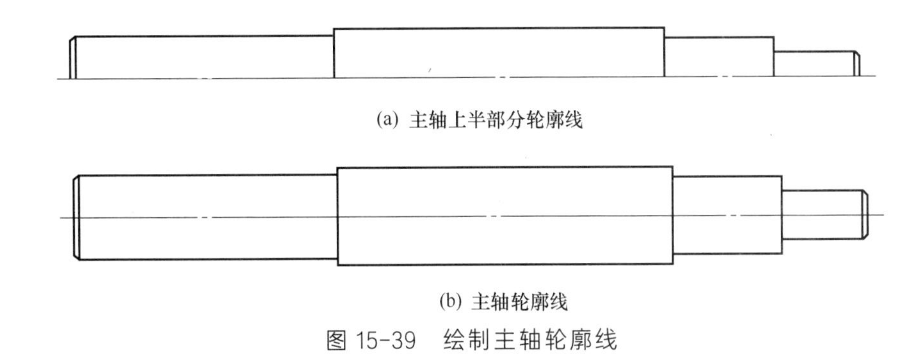
(a) 主轴上半部分轮廓线

(b) 主轴轮廓线

图 15-39　绘制主轴轮廓线

④ 在图 15-40 的基础上，偏移 offset、修剪 trim、圆弧 arc 等命令参照图中给定尺寸绘制主轴右端键槽，如图 15-41 所示；同理绘制主轴左端键槽。

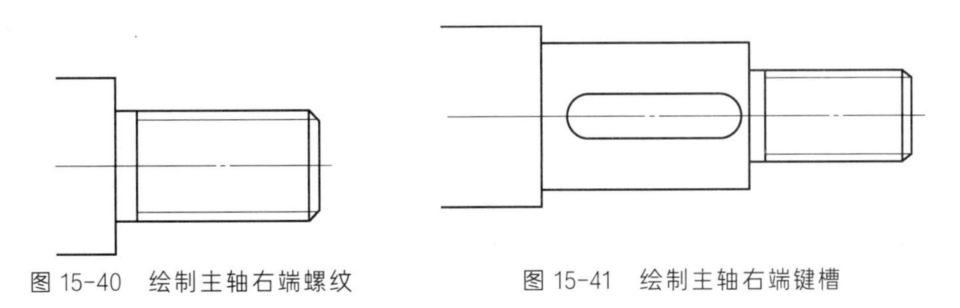
图 15-40　绘制主轴右端螺纹　　图 15-41　绘制主轴右端键槽

⑤ 参照上文中键槽的绘制方法绘制越程槽，如图 15-42 所示。

⑥ 在主轴上键槽位置绘制垂直相交的中心线，圆 circle、偏移 offset 等命令绘制主轴右端键槽移出断面轮廓线，如图 15-43（a）所示；trim 命令对其进行轮廓修剪操作，接着图案填充 hatch 命令绘制移出断面上金属剖面线，如图 15-43（b）所示；同理绘制主轴左端键槽的移出断面图。

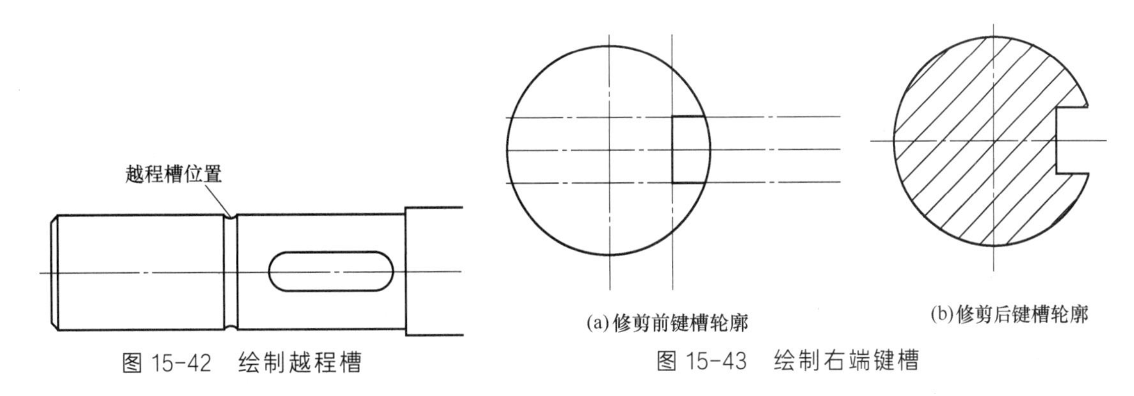

图 15-42　绘制越程槽

(a) 修剪前键槽轮廓　(b) 修剪后键槽轮廓

图 15-43　绘制右端键槽

⑦ 圆 circle 命令在越程槽位置绘制一个细实线圆；将与该圆相交的线条进行复制；样条曲线勾勒边界；trim 命令对其进行修剪操作。如图 15-44 所示，至此完成轴类零件图的绘制。

⑧ 主轴标注：在标注样式管理器中设置“机械标注样式”，文字字体为 romans，宽度比例为 0.8；将“标注”层设为当前层，进行线性标注，如图 15-45 所示；主视图中的直径尺寸由线性标注代替，%%C 即表示直径符号 ϕ；对左视图中的圆进行直径标注，对主视

图中的圆角处进行半径标注；快速引线命令标注主视图中的斜角倒角距 C1。

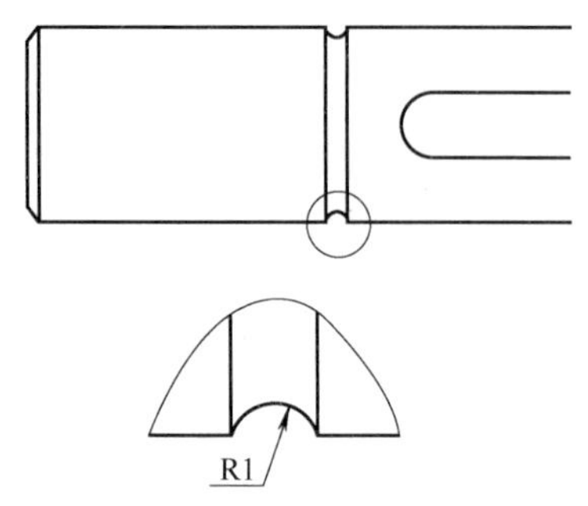

图 15-44 绘制局部放大图

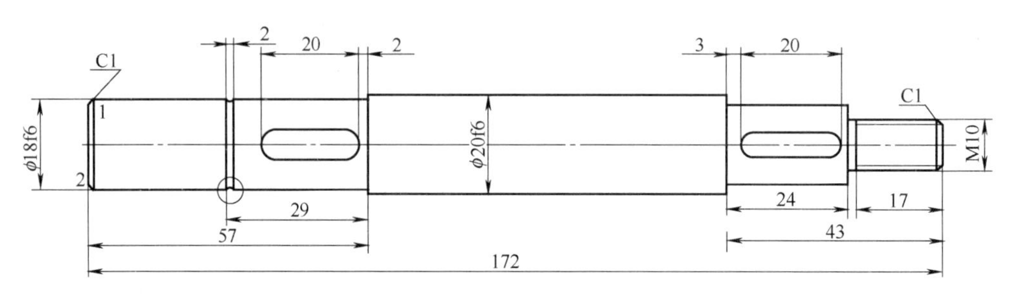

图 15-45 主视图尺寸标注

⑨ 移出断面图标注：利用前文设置的标注样式进行断面图的水平、垂直方向尺寸标准，如图 15-38 所示。

⑩ 表面粗糙度标注：在中望 CAD 机械版 2020 中没有直接提供表面粗糙度符号标注功能，而在机械图中需要频繁地使用粗糙度，因此可将对应符号利用 block 或 wblock 命令定义成块，需要时 insert 命令插入块即可。

使用创建的表面粗糙度图块，将表面粗糙度符号插入到所需标注的图形的合适位置，如图 15-38 所示；标题栏及技术要求的文字注写，可以用“单行文字”或“多行文字”标注，为了保证文字标注位置准确，可以绘制一些辅助线。

15.3.2 盘盖类零件

1）盘盖类零件的特点

盘盖类零件为回转体，一般需要两个主要视图，各个视图具有对称平面时，可作半剖视，无对称平面时，可作全剖视。

2）盘盖类零件绘制步骤

盘盖类零件绘制可以采用两种方式：

① 利用零件的特殊性，采用先绘制水平线，再绘制垂直线的方法，并视情况需要绘制剖视图。

② 根据零件图的特点，按照先主视图、后左视图的顺序绘制，而在绘制主视图和左视图时，需要重复性地绘制水平线和垂直线等。这种方式显得有些重复，一般采用第一种方式，可以提高绘图效率。

3）实例分析

通过端盖进行分析，介绍盘盖类零件图的一般绘制过程。

（1）图形特征分析

通过对端盖进行详细分析，可将该图分解为两部分进行绘制：端盖主视图、端盖左视图，如图 15-46 所示。

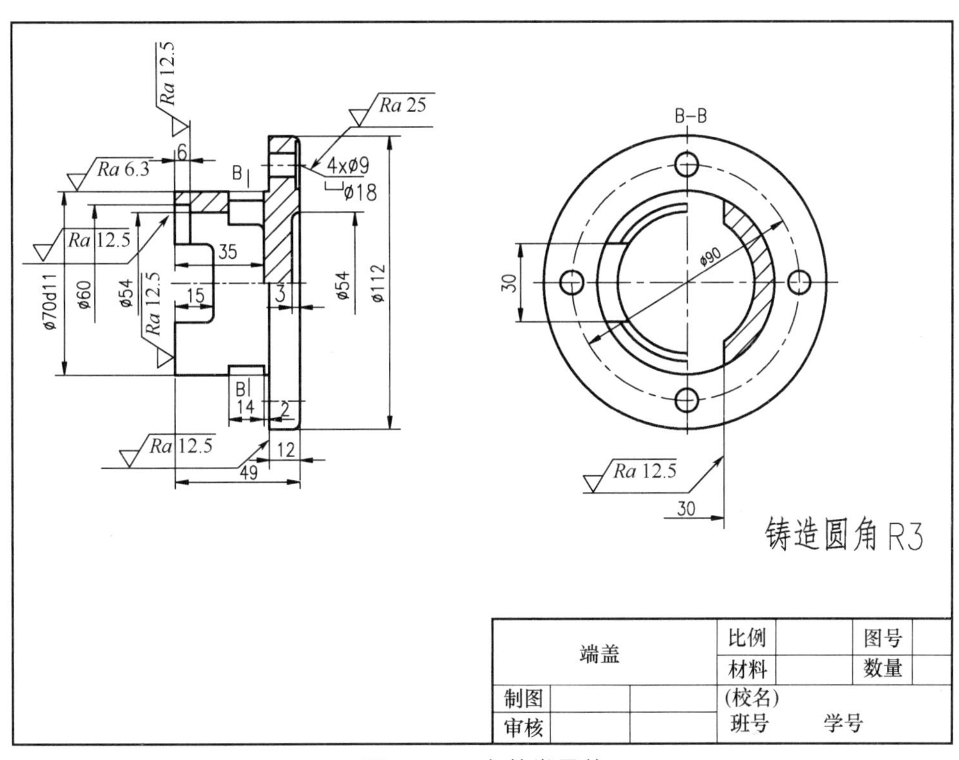

图 15-46　盘盖类零件

（2）绘图思路与方法

端盖由主视图和左视图组成，且均关于水平中心线对称以及采用半剖表达方法，因此可先绘制外轮廓线，接着绘制内部剖视轮廓，进行剖面线填充，最后标注尺寸、书写标题栏等。绘制外轮廓线时可先绘制上半部分，再进行镜像，以提高绘图效率。

① 将图层切换至“center 中心线”层，直线 line 命令在图纸中部偏上位置绘制主视图、左视图中心线。

② F3 打开对象捕捉，参照图中给定尺寸，根据主视图与左视图的“高平齐”关系，直线 line、偏移 offset、圆 circle、阵列 array、修剪 trim、倒斜角 chamfer 等命令，绘制主视图与左视图外轮廓线，如图 15-47 所示。

③ 参照图中给定尺寸，直线 line、偏移 offset、修剪 trim 等命令绘制端盖水平中心线上半部分的剖视图轮廓线；图案填充 hatch 命令对剖视部分填充金属剖面线，如图 15-48 所示。

④ 参考轴类零件标注方法，对已绘制的端盖进行尺寸标注。对于图中 4×$\phi8$ 孔书写 4xø9/⌴ø18，可用单行文字 dtext 命令分为两行书写，接着绘制图形 ⌴ ，最后将上下两行文字对齐即可。

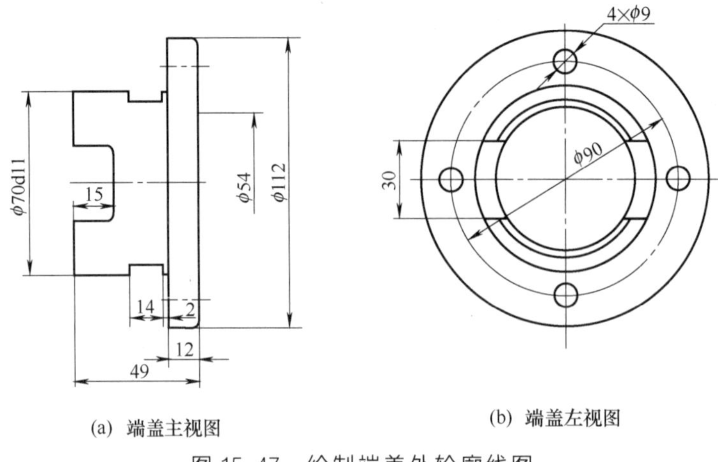

(a) 端盖主视图　　(b) 端盖左视图

图 15-47　绘制端盖外轮廓线图

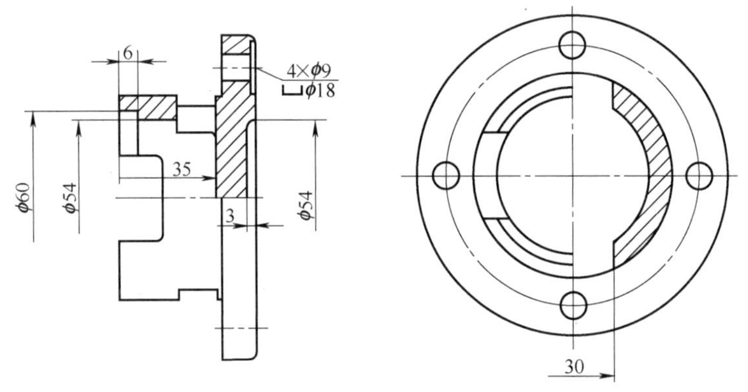

图 15-48　绘制剖视图部分轮廓线及填充金属剖面线

⑤ 粗糙度标注：block 命令创建粗糙度图块；insert 命令将粗糙度符号插入到图形合适位置。

⑥ 剖切符号标注：直线 line 命令在剖切位置绘制两条短粗线；text 命令分别书写文字 B、B—B；text、mtext 命令书写标题栏或技术要求。

15.3.3　叉架类零件

机械设备中，叉架类零件是比较常见的，与轴类零件相比，叉架类结构要复杂一些。

1）叉架类零件的特点

叉架类零件中经常有支撑板、支撑孔、螺孔及相互垂直的安装面等结构，仅用基本视图往往不能完整表达真实形状，对于这些局部特征则采用局部视图、局部剖视图或断面图等来表达。

2）叉架类零件绘制步骤

① 首先在屏幕的适当位置画水平、竖直的作图基准线，然后绘制主视图中主要组成部分的大致形状。

② 用窗口放大主视图某一局部区域，用偏移 offset、修剪 trim 命令绘制该区域的细节。

③ 以对称线及投影线为作图基准线，用偏移offset、修剪trim命令形成左视图的主要细节特征。

④ 用窗口放大左视图某一局部区域，然后用偏移offset、修剪trim命令形成该区域的细节。

3）实例分析

支架是典型的叉架类零件，其结构包含支撑肋、安装面及装螺栓的孔等。

（1）图形特征分析

通过对支架进行的详细分析，可将该图分解为三部分进行绘制：支架主视图、左视图与局部放大图，如图15-49所示。

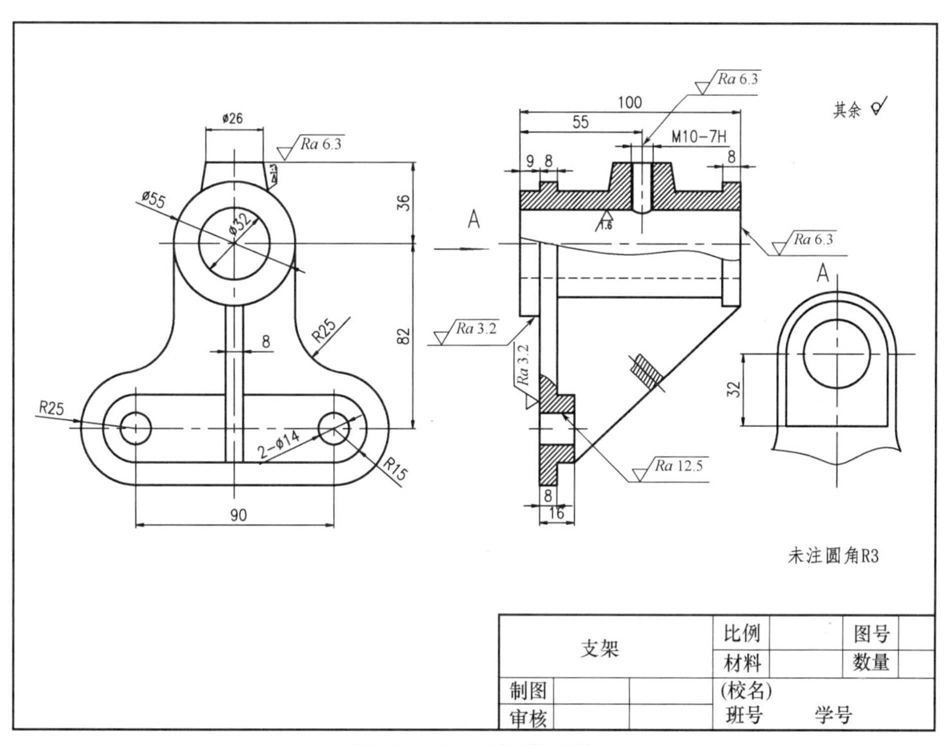

图15-49　叉架类零件

（2）绘图思路与方法

支架由主视图、左视图两个基本视图组成，此外还有局部视图；左视图采用全剖，并对支撑板部分绘制一个断面剖；可先绘制主视图，接着利用主视图与左视图的“高平齐”关系绘制左视图，最后绘制局部视图；进行剖面线填充；完成尺寸标注、标题栏书写。

① 将图层切换至“center中心线”层，直线line命令在图纸适当位置绘制支架主视图、左视图的中心线。

② F3打开对象捕捉，圆circle、偏移offset、直线line、倒圆角fillet、修剪trim命令配合使用绘制主视图轮廓线；R25处圆弧可采用T方式画圆，trim修剪掉多余部分绘制；支架两侧关于竖直中心线左右对称。

③ 参照图中给定尺寸绘制左视图轮廓，直线line、偏移offset、修剪trim等命令配合

使用，绘制左视图轮廓，如图 15-50 所示。

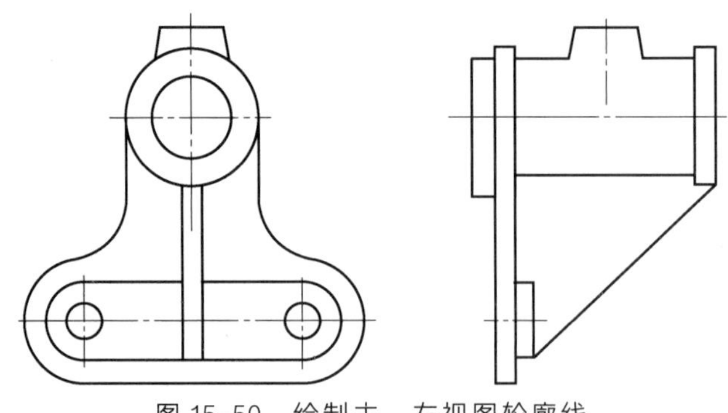

图 15-50 绘制主、左视图轮廓线

④ F3 关闭捕捉，样条曲线 spline 命令在适当地方绘制剖面波浪线，作为视图与剖视图的边界线。接着参照图中给定尺寸，直线 line、修剪 trim、偏移 offset 等命令配合使用，绘制螺纹孔轮廓线，注意螺纹孔与其下方通孔的交线为相贯线，由圆弧近似表达；再利用直线 line、修剪 trim、偏移 offset 等命令，绘制局部剖中其他线条，如图 15-51（a）所示。

⑤ 选择图案填充 hatch 命令，在剖切到的实体部分添加剖面线，如图 15-51（b）所示。

⑥ 绘制重合断面图。在支撑肋板的适当位置，利用直线 line、修剪 trim、偏移 offset 等命令绘制表示板厚的重合断面图，注意轮廓线为细实线，如图 15-51（c）所示。

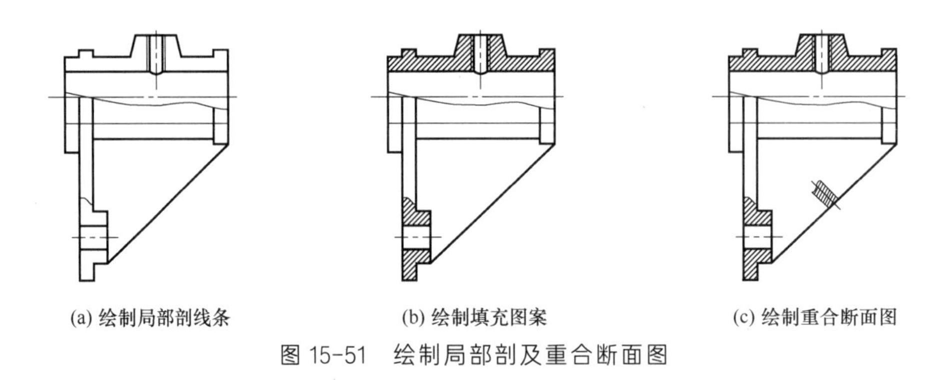

(a) 绘制局部剖线条　(b) 绘制填充图案　(c) 绘制重合断面图

图 15-51 绘制局部剖及重合断面图

⑦ 在图中适当位置绘制局部视图中心线；圆 circle、偏移 offset、直线 line、修剪 trim、样条曲线 spline 等命令绘制局部视图轮廓线，如图 15-52 所示。

⑧ 参考轴类零件标注方法，对已绘制的支架进行尺寸标注。工程图纸标注应该遵循先整体后局部的原则，确定基准线，标注时尽量与基准线靠拢，如图 15-49 所示。

⑨ 粗糙度标注：block 命令创建粗糙度图块；insert 命令将粗糙度符号插入到图形合适位置；在视图的右上角书写“其余 $\sqrt{}$ ”标记。

⑩ 局部视图方向符号由多段线 pline 命令绘制，在主视图左端绘制带箭头线段，方向水平向右；文字 text 命令，书写字母 A，在相应的视图上方书写 A。标题栏与技术要求书写与前文相同。

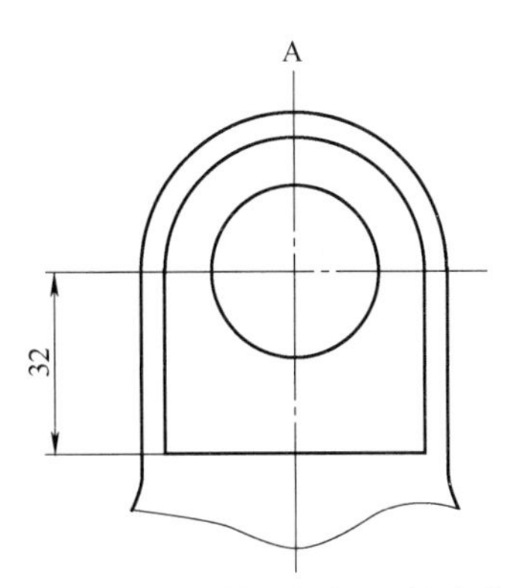

图 15-52　绘制局部视图轮廓线

15.3.4　箱体类零件

1）箱体类零件结构特点

箱体零件是构成机器或部件的主要零件之一，由于其内部要安装其他各类零件，因而形状较为复杂。在机械图中，为表现箱体结构，所采用的视图往往较多，除基本视图外，还常使用辅助视图、断面图、局部剖视图等。作图时，用户应考虑采取适当的作图步骤，使整个绘制工作有序地进行，从而提高作图效率。

2）箱体类零件绘制步骤

① 绘制主视图的主要布局线，如底边线、左侧边线和主要轴线等，然后以布局线为基准线，偏移 offset、修剪 trim 命令绘制主视图的细节部分。

② 从主视图向左视图画投影线，再画左视图的主要定位线。以这些线条为基准线，偏移 offset、修剪 trim 命令绘制左视图的细节部分。

③ 从主视图、左视图向俯视图画投影线，形成俯视图的主要布局线。以这些线条为基准线，偏移 offset、修剪 trim 命令绘制俯视图的细节部分。

④ 对绘制主、左、俯视图其他细节部分进行修整、倒角等编辑操作。

⑤ 绘制其他辅助图形，如局部视图、断面图等。

3）实例分析

（1）图形特征分析

通过对箱体进行详细分析，可将该图分解为三部分进行绘制：支架主视图、俯视图与左视图，如图 15-53 所示。

（2）绘图思路与方法

箱体图形采用三视图表达，其中俯视图为简化画法，仅绘制一半图形，左视图、俯视图均采用全剖，且均为对称图形，因此绘制时可先绘制一半，另一半图形部分采用镜像完成。

① 将图层切换至“center 中心线”层，直线 line 命令在图纸适当位置绘制箱体主视图、俯视图和左视图的中心线，如图 15-54 所示。

② 参照图中给定尺寸，直线 line、圆 circle、偏移 offset、修剪 trim 等命令配合使用，绘制箱体主视图轮廓线，如图 15-55（a）所示；圆 circle、打断 break 命令绘制箱体主视图上单个螺纹孔，接着 array 阵列命令进行环形阵列，如图 15-55（b）所示。

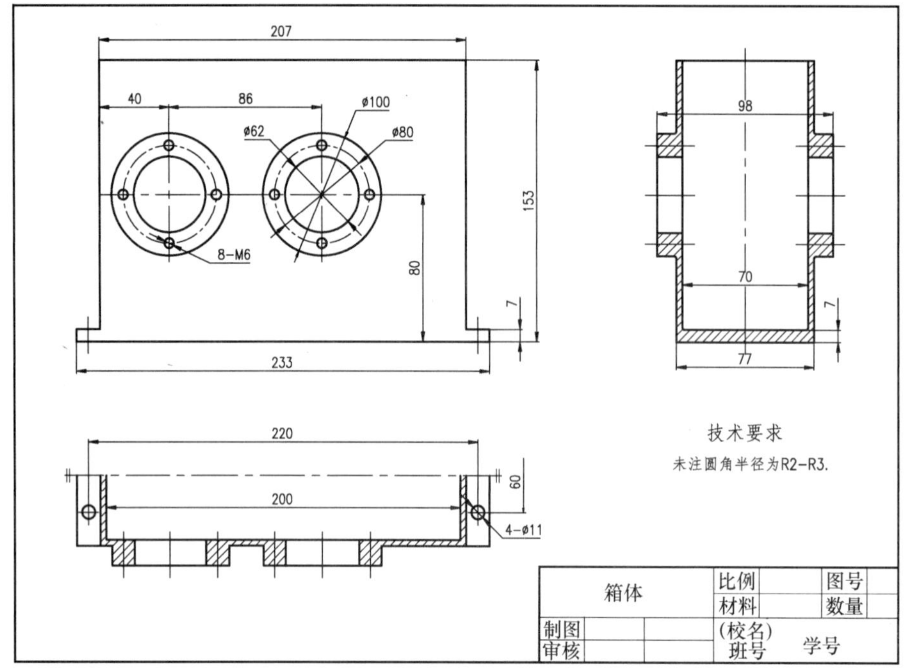

图 15-53 箱体零件图

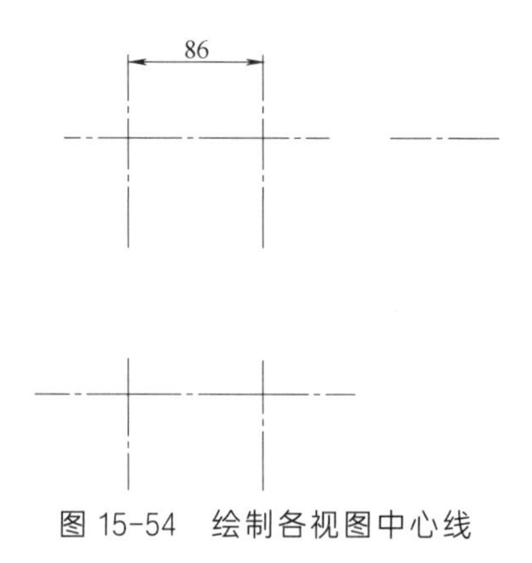

图 15-54 绘制各视图中心线

③ 直线 line、偏移 offset、修剪 trim 等命令配合使用，利用左视图与主视图之间的“高平齐”投影关系，绘制左视图中左半部分图形轮廓，如图 15-56（a）所示；接着 mirror 镜像命令绘制左视图右半部分图形；填充图案 hatch 命令在箱体剖切部分绘制金属剖面线；fillet 命令在箱体左视图相应的位置进行局部倒圆角操作，如图 15-56（b）所示。

④ 直线 line、偏移 offset、修剪 trim 等命令配合使用，利用三视图“长对正、高平齐、宽相等”的投影原则绘制俯视图轮廓线，如图 15-57（a）所示；偏移 offset 和圆 circle 命令绘制底座上直径为$\phi 11$ 的两孔；细实线在中心线两端分别画两垂直平行线，表示图形采用简化画法，如图 15-57（b）所示。

⑤ 参考轴类零件标注方法，对已绘制的箱体进行尺寸标注。在特性一栏中，选定直线选项卡中的隐藏尺寸线 2 和尺寸界线 2 的复选框，抑制个别线性标注尺寸线及尺寸界线；在直径标注的基础上通过文字修改进行螺纹孔标注，如图 15-53 所示。

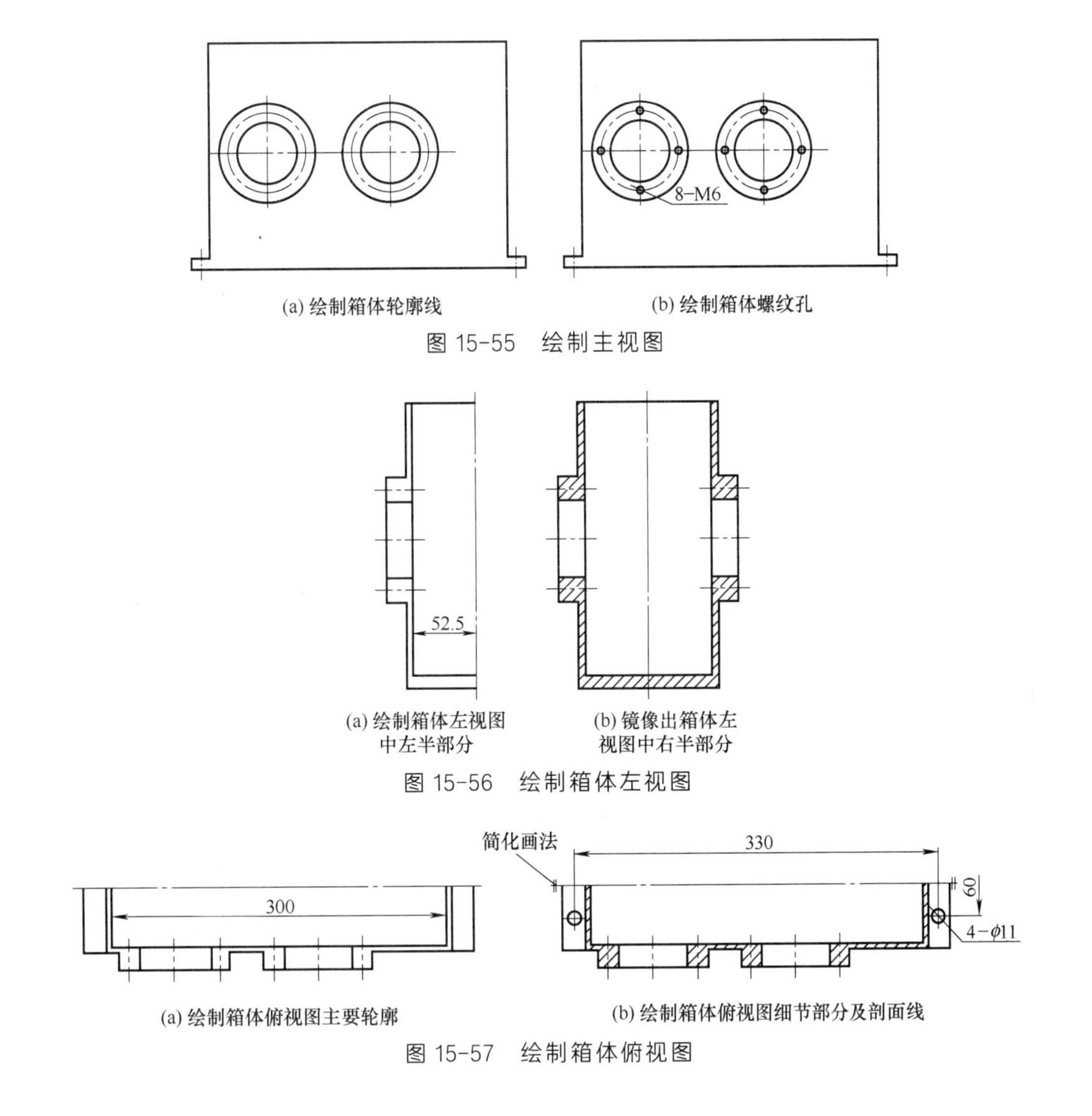

(a) 绘制箱体轮廓线 (b) 绘制箱体螺纹孔

图 15-55 绘制主视图

(a) 绘制箱体左视图中左半部分 (b) 镜像出箱体左视图中右半部分

图 15-56 绘制箱体左视图

(a) 绘制箱体俯视图主要轮廓 (b) 绘制箱体俯视图细节部分及剖面线

图 15-57 绘制箱体俯视图

15.4 装配图的绘制方法

装配图是用来表达机器或部件的图样，零件较多，图形复杂，绘制过程经常需要修改。以上问题对于手工制图来讲难度比较大。利用中望CAD机械版2020绘制装配图充分体现了中望CAD机械版2020辅助设计的优势，可以通过建立不同的层，把零件绘制在不同的图层，并制成块，通过对图层与块的控制，可以很方便轻松地绘制装配图。装配图的绘制是中望CAD机械版2020的一种综合设计应用，因此熟悉装配图的绘制过程，可以提高使用中望CAD机械版2020进行综合设计应用能力。

装配图绘制的一般步骤：

① 新建装配图模板。

② 绘制装配图。

③ 对装配图进行尺寸标注。

④ 编写零、部件序号，用快速引线标注命令标识序号。

⑤ 绘制并填写标题栏、明细栏及技术要求。

⑥ 保存图形文件。

15.4.1 装配图的尺寸标注及技术要求的注写

1）装配图的尺寸标注

装配图用来表达装配体中各零部件间的装配关系与工作原理，因而装配图中不必标注各零件的全部尺寸，而应标注装配体的性能规格尺寸、配合尺寸、外形尺寸、安装尺寸，以及其他重要尺寸。注意每张装配图不一定具备以上所有尺寸，有时同一尺寸有几种含义。因此在标注装配图尺寸时，首先要对所表示的机器或部件进行详细分析。

装配图中尺寸标注与前面所讲的零件图上的尺寸标注基本相同，仅在标注配合尺寸时，稍有不同。例如图 15-58 所示配合尺寸，若按ϕ35H8/f7 标注是比较容易的，若按$\phi 35\frac{H8}{f7}$标注，则需多行文字进行标注。

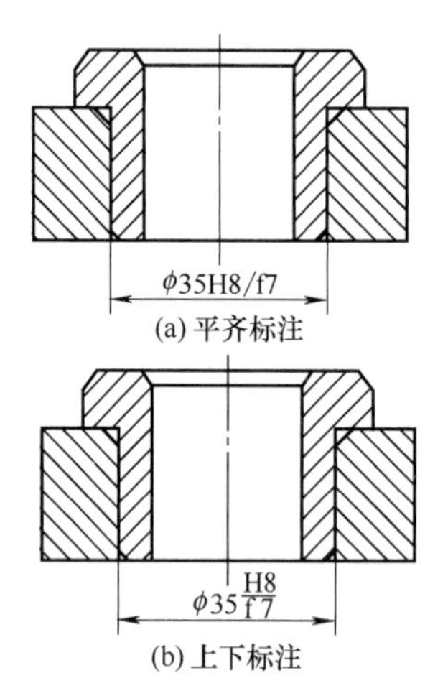

图 15-58 配合尺寸的标注

（1）按ϕ35H8/f7 标注

采用线性标注后，接着对标注文字进行相应编辑修改。

（2）按$\phi 35\frac{H8}{f7}$标注

采用线性标注字时，需进行以下操作。

命令：_dim linear

指定第一条尺寸界线原点或 <选择对象>：

指定第二条尺寸界线原点：指定尺寸线位置或[多行文字(M)/文字(T)/角度(A)/水平(H)/垂直(V)/旋转(R)]：M（输入 M，进行多行文本编辑，如图 15-59 所示，输入%%C35H8^f7 后，选择 H8^f7，编辑为堆叠形式，单击确定按钮）。

指定尺寸线位置。

注意：标注尺寸时若文字与图形线段重叠，则需将尺寸文字移开或将线段打断。

2）装配图技术要求的注写

在装配图上，如果无法在图形中表达出技术要求时，可通过文字条例进行说明。主要包括：关于产品性能、安装、使用、维护等方面的要求；关于试验和检验的方法及要求；关于装配时的加工、密封和润滑等方面的要求等。

图 15-59　利用多行文字标注配合代号

技术要求书写可采用单行文字或多行文字输入，方法可参照零件图中技术要求，不再赘述。

15.4.2　装配图中零件的编号、标题栏和明细栏

1）装配图中零件的编号

为了方便查阅对应的零部件，装配图中对每种零部件均需进行编号。装配图中序号应按水平或垂直方向排列整齐，整个图形按时钟方向顺次排列，零件的编号必须用引线从零件上引出，序号书写可采用单行文字或多行文字输入。

指引线应采用细实线，其绘制方法有两种。

（1）利用圆环和直线命令绘制

在需指示零件的可见轮廓内绘制一个圆点（圆环 donut 命令配合对象捕捉绘制一黑圆点，圆环参考内径设为 0，外径设为 0.8）；接着从圆点开始，直线 line 命令绘制引线（细实线），在引线末端绘制一段水平线或圆；在水平线上或圆内书写序号，序号字高应一般比尺寸数字大两号。

（2）利用标注工具栏中的“快速引线”绘制

快速引线设置可在下列两种途径中任选其一。

① 在“尺寸标注样式”管理对话框中，把选项卡“直线和箭头”中的“引线”选择项选为小黑点，箭头大小设为 0.8。接着在尺寸标注下拉菜单中点击“引线”命令，按命令提示操作，即可绘制起点为黑圆点的引线。

② 点击工具栏图标或在命令行输入“qleader”。引线重新设定在弹出的“引线设置”对话框中进行。在对话框中需做如下设定。

“注释”选项：注释类型选择“多行文本”，多行文字选项选择“始终左对齐”，重复使用注释选择“无”。

“引线和箭头”选项：“引线”选择“直线”，箭头选择“小点”，其余不变。

“附着”选项：选择“最后一行加下划线”。

设置完成后，依照命令行提示进行相应操作，绘制的引线如图 15-60 所示。

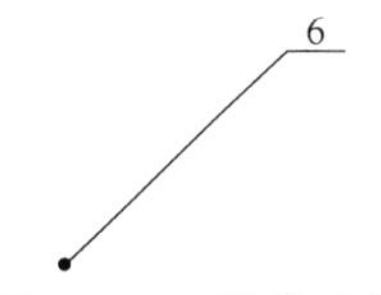

图 15-60　引线实例

“快速引线”命令绘制引线。首先根据命令行提示在零件轮廓线

内指定一点；接着指定第二点，绘制倾斜线段；F8 打开正交按钮，绘制一段水平线，输入标注文字。

2）装配图中标题栏、明细栏

标题栏与明细栏是装配图的重要组成部分，标题栏表达了装配体的名称和代号等，明细栏表达了装配体各组成零件的序号、代号、名称、数量、材料、重量等。

装配图与零件图的标题栏在内容和格式上完全一致，所不同的是装配图的标题栏中的“材料”栏目无需填写，因为装配体不只是一个零件，每个零件的材料不同，各个零件的材料需要填写在明细栏中，标题栏格式可参照前文零件图。

明细栏一般配置在装配图中标题栏的上方，自下而上的顺序填写。当位置不足时可紧靠在标题栏的左边继续自下而上书写。明细栏主要包括序号、代号、名称、数量、材料、重量和备注等，其格式视需要而定。明细栏参考格式如图 15-61 所示。此外，明细栏可采用偏移、直线、修剪、延长等命令简化绘制过程。

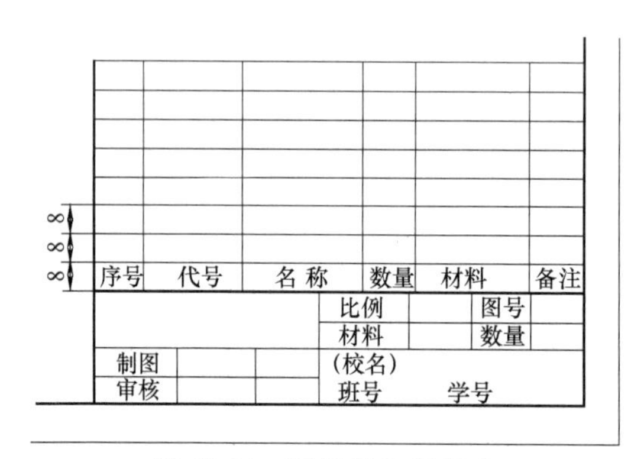

图 15-61　明细栏参考格式

为加强明细栏通用性，可将明细栏创建成块文件，后续绘制装配图时不必单独绘制明细栏，直接调用，如图 15-62 所示。

序号	代 号	名 称	数量	材 料	备注

图 15-62　明细栏的标题栏图块

15.4.3　画装配图的方法

绘制装配图一般采用 4 种方式。

（1）零件图块插入法

将组成部件或机械的各个零件图形创建为图块；接着按零件相对位置关系，将零件图块逐个插入；按一定装配关系进行“搭积木”式的拼接；对对象进行编辑、修改、标注尺寸、书写文字（标题栏、明细表、技术要求等）。

（2）设计中心插入法

设计中心插入法，即利用设计中心提供的块，进行图块插入。其基本方法和原理与零件图块插入法相同，并可由用户向设计中心添加常用零件图块，在此不再赘述。

（3）直接绘制装配图

采用绘制零件图方法绘制装配图。按照手工绘制装配图的绘图步骤进行：先绘制出基准线和中心线；接着绘制已知线段、圆弧或曲线等；编辑、修改；标注尺寸、编写序号、书写文字和技术要求。绘图时需要充分利用对象捕捉及正交等辅助工具以提高绘图的准确性，并可利用对象追踪和构造线等方法来确定视图之间的投影关系。以上大部分方法与步骤与前文零件图绘制方法相同，在此不再叙述。

（4）零件图形文件插入法

在中望 CAD 机械版 2020 中，块插入命令 insert 可将多个图形文件直接插入到同一图形中，插入后的图形文件以块的形式存在于当前图形中。因此，可采用直接插入零件图形文件的方法来绘制装配图。该方法与零件图块插入法相似，不同的是默认情况下插入基点为零件图形的坐标原点(0，0)，不利于绘制装配图时确定零件图形在装配图中的位置。为保证图形插入时准确、方便地放到正确位置，在零件图形绘制完成后，应首先利用定义基点命令 base 设置插入基点，接着保存文件。如此一来，插入块命令 insert 将该图形文件插入时，就以定义基点为插入点进行插入，从而完成装配图绘制。

零件图形文件插入法的大部分方法和步骤与零件图块插入法相同，此处不再赘述。

15.4.4　装配图的绘制

本节主要讲述零件图块插入法，即由已绘制成的零件图来绘制装配图的方法。

在绘制装配图过程中需注意以下问题。

① 在调用组成装配图的图块时，其顺序应符合装配体装配的实际过程，即从主要零件入手，通过装配关系将零件逐个安装。

② 为使零件图块精确装配到位，在选择插入点位置时应选择装配关键点，F3 打开对象捕捉所需特征点；同时为总体调整零件图块位置，建议在插入图块时不必将其 explode 分解，待调整到位后再进行分解。

本书以千斤顶为例详细介绍绘制装配图的具体方法和步骤，如图 15-63 所示。

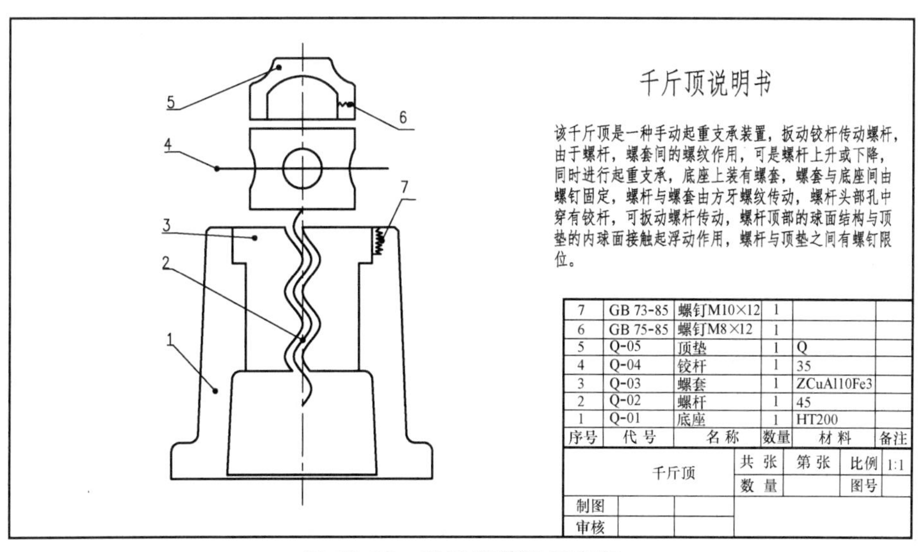

图 15-63　千斤顶装配示意图

（1）将绘制好的各个零件创建为图块

可采用 wblock 命令定义各零件图块。

块的基准点选择应考虑零件间的装配关系，即尽可能选择装配基准点，以便拼画装配图调用块时精确插入。千斤顶各零件图如 15-64 所示。

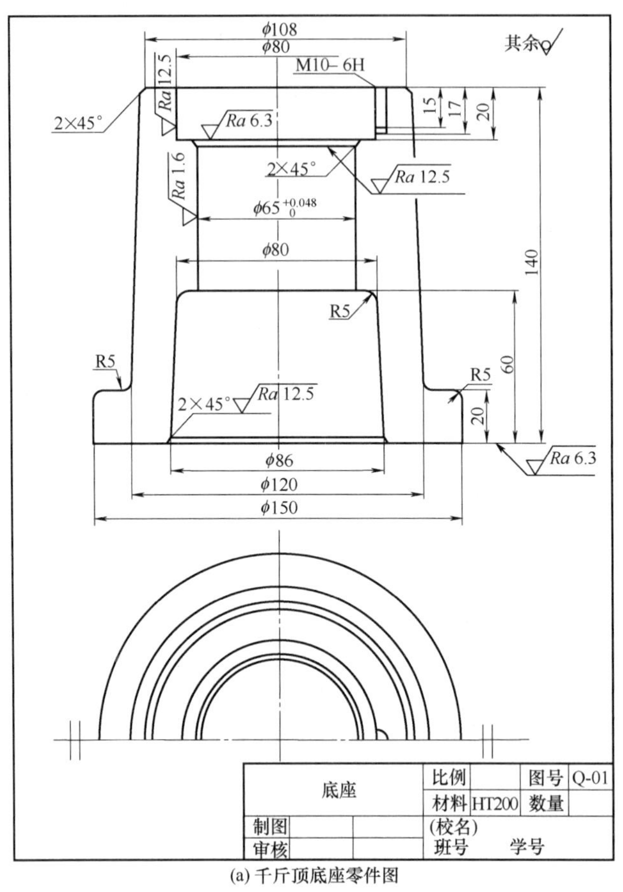

(a) 千斤顶底座零件图

(b) 千斤顶螺杆零件图

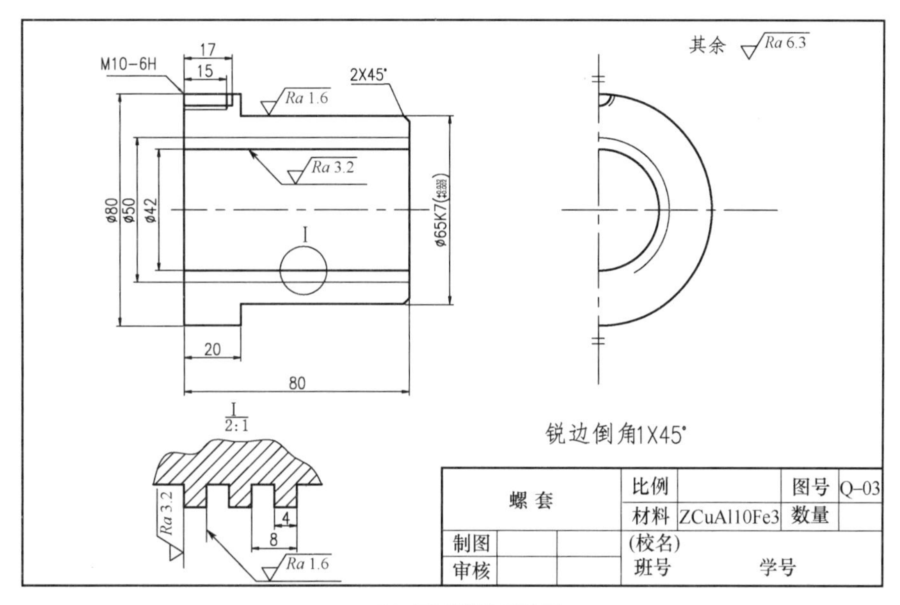

(c) 千斤顶螺套零件图

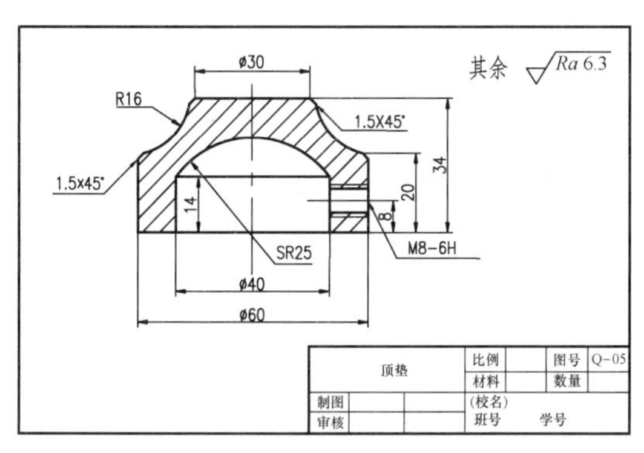

(d) 千斤顶顶垫零件图

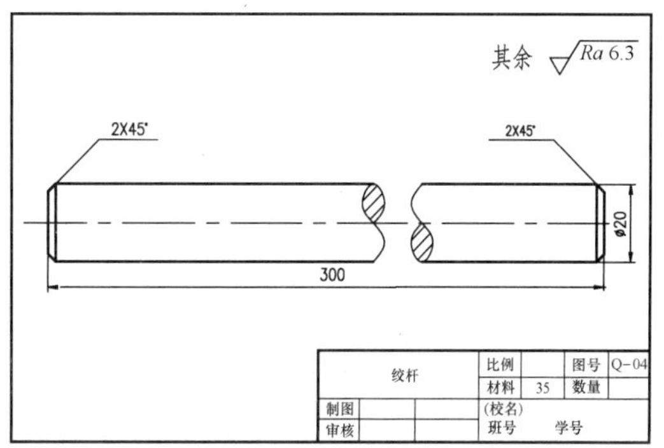

(e) 千斤顶铰杆零件图

图 15-64　千斤顶各零件图

（2）绘图环境的设置

直接使用已设置的绘图模板，也可重新设置图幅、图层、线型、线宽、精确度、文字样式、标注样式等，其设置过程在零件图中已提及，不再赘述。

（3）绘制装配图

① 直线命令在图纸适当位置绘制中心线和装配基准线，如图 15-65 所示。该过程非常重要，装配图中零件沿着中心线和基准线依次进行“安装”。

② insert 插入命令调用底座零件图块。由于底座俯视图采用对称简化画法，故需要镜像命令将其补充完整，如图 15-66 所示。

③ insert 插入命令调用螺套图块，插入到主视图合适位置，如图 15-67 所示。由于零件图上螺套的摆放位置与装配图上的位置不同，故插入图块时要利用旋转命令将螺套顺时针旋转 90°后再插入，俯视图可暂不绘制。

④ insert 插入命令调用螺旋杆图块，同样要将螺旋杆顺时针旋转 90°再插入，俯视图可暂不画出，如图 15-68 所示。

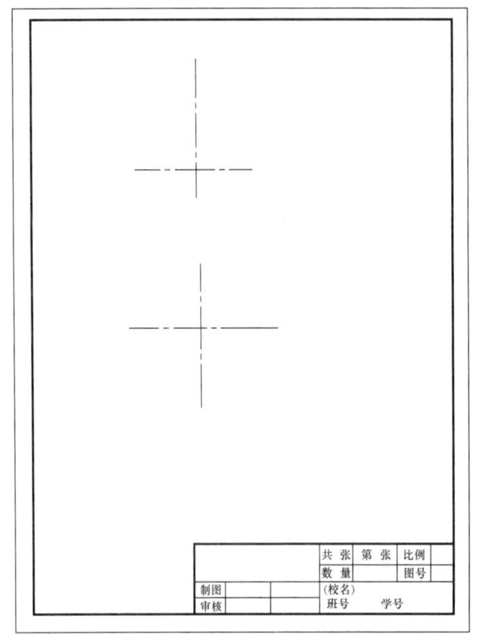

图 15-65 绘制中心线和装配基准线

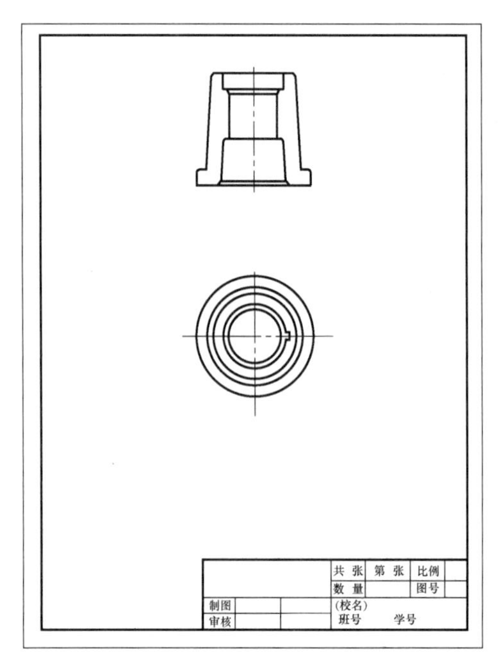

图 15-66 绘制底座图形

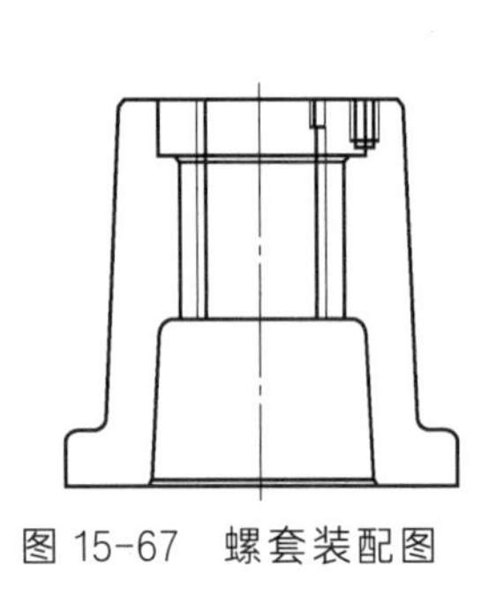

图 15-67 螺套装配图

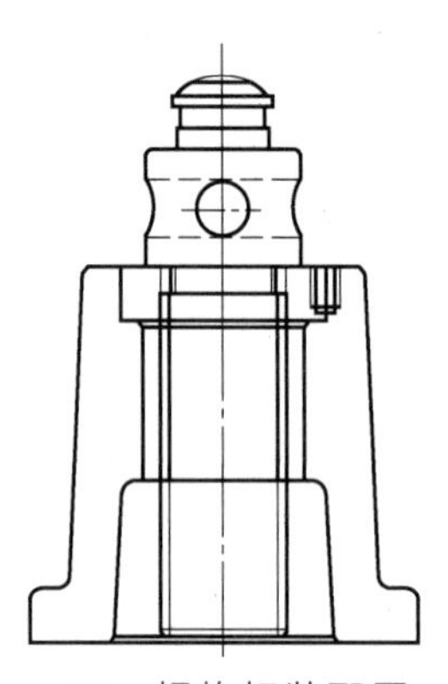

图 15-68 螺旋杆装配图

⑤ insert 插入命令调用顶垫图块，插入到主视图合适位置，如图 15-69 所示。

⑥ insert 插入命令调用铰杠图块，插入到主视图和俯视图合适位置，如图 15-70 所示。

⑦ 千斤顶装配图主要有两种连接件：固定螺套和底座的锥端紧定螺钉 M10×12；固定顶垫的圆柱端紧定螺钉 M8×12。绘制这两种连接件时可参考有关标准给定的结构尺寸。首先在装配图中空白区域绘制连接件图形；接着整体移动到装配图中相应位置。注意螺纹连接画法，并参照前文螺纹绘制方法对其进行修正，如图 15-71、图 15-72 所示。

（4）修改、整理

trim 命令对主视图进行修剪，对俯视图进行完善，将被遮挡的部分修剪掉，将缺失的线条补画出来，在此过程将重复使用直线、延长命令、修剪命令等，修改后的俯视图如图 15-73 所示。

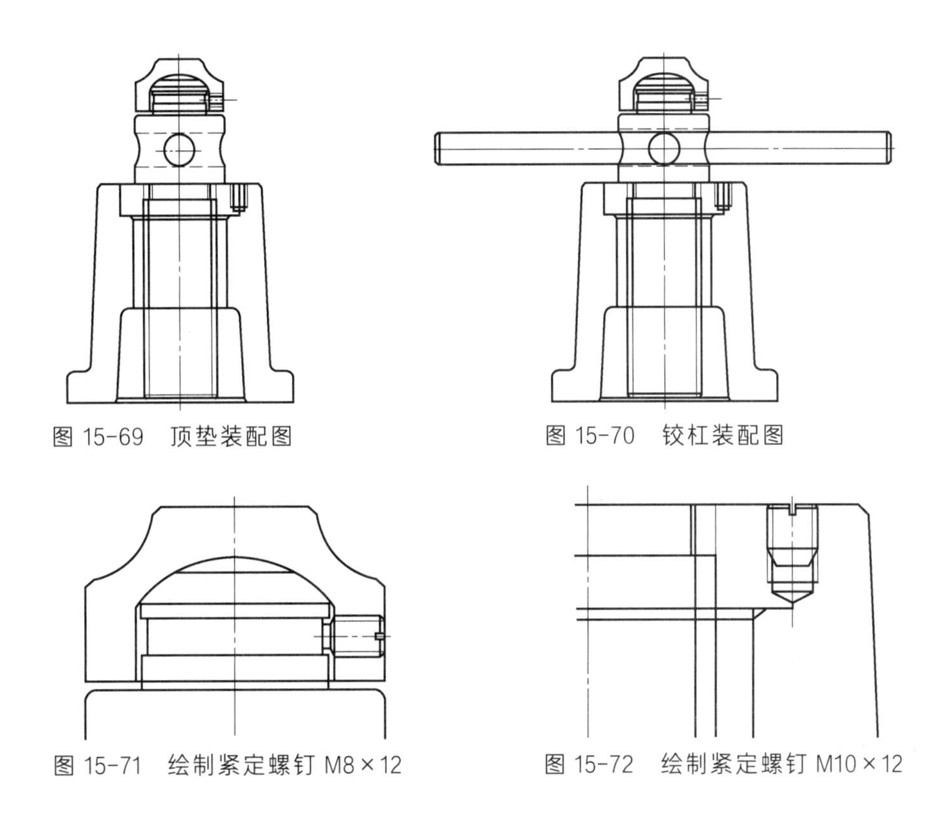

图 15-69　顶垫装配图　　图 15-70　铰杠装配图

图 15-71　绘制紧定螺钉 M8×12　　图 15-72　绘制紧定螺钉 M10×12

在主视图上绘制剖切平面位置，并在俯视图标出视图名称“A—A”，如图 15-74 所示。

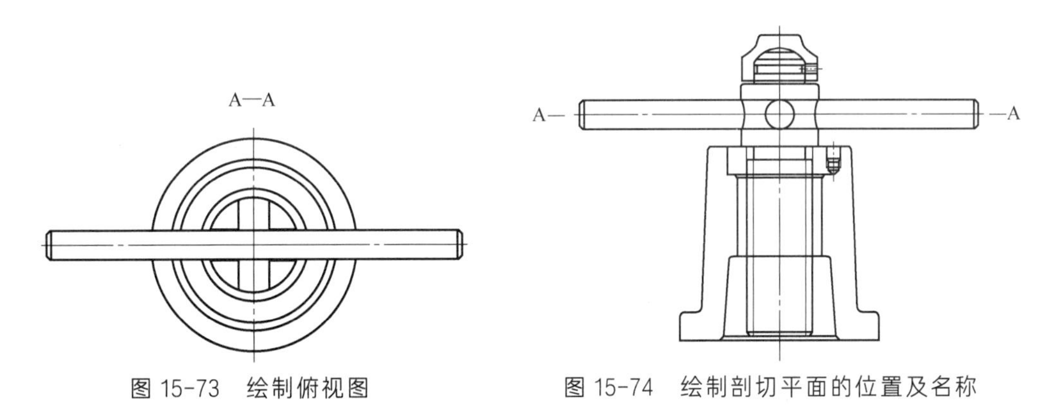

图 15-73　绘制俯视图　　图 15-74　绘制剖切平面的位置及名称

（5）绘制剖面线

图案填充 hatch 命令绘制剖面线，注意相邻件剖面线方向应当相反，如图 15-75、图 15-76 所示。

（6）标注尺寸

利用前面介绍的装配尺寸的标注方法进行尺寸标注，如图 15-77 所示。

（7）绘制零件序号

千斤顶中零件序号按逆时针方向由小到大排列，序号字高可比尺寸标注文字大一号。参照前面提及的方法绘制各零件序号引线，接着标注零件序号。注意各引线应避免相交，如图 15-78 所示。

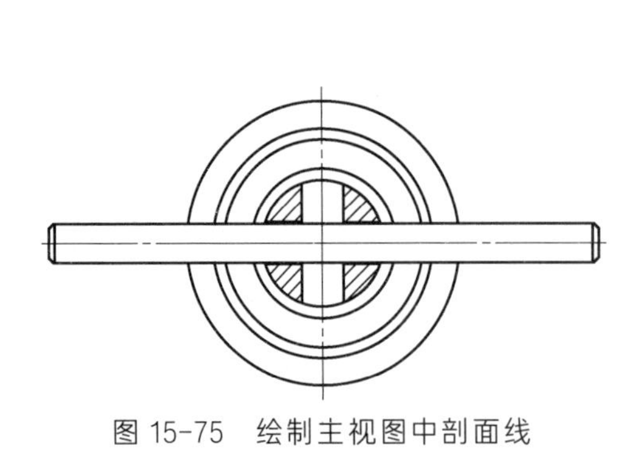

图 15-75　绘制主视图中剖面线

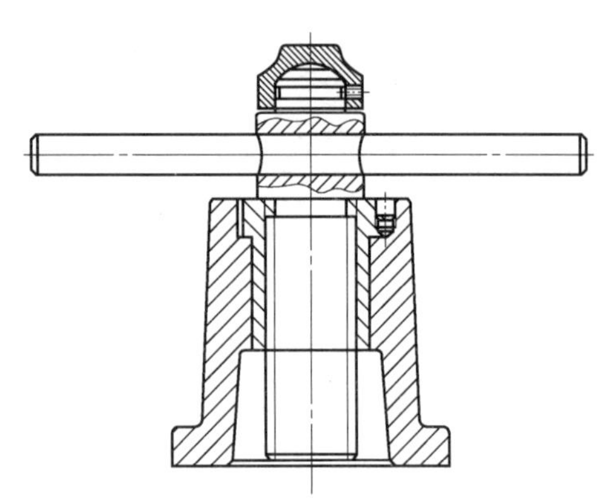

图 15-76　绘制俯视图中剖面线

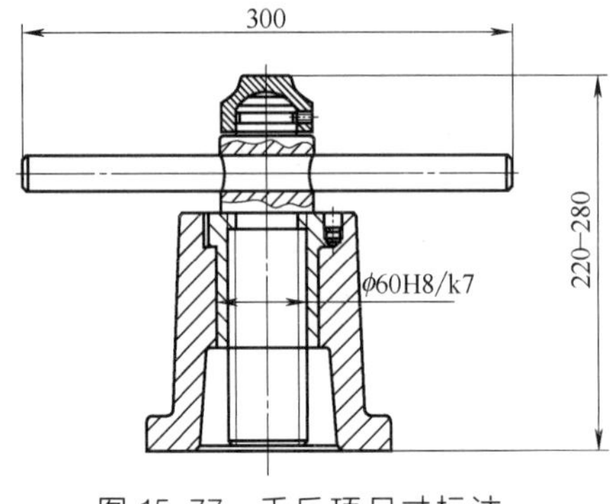

图 15-77　千斤顶尺寸标注

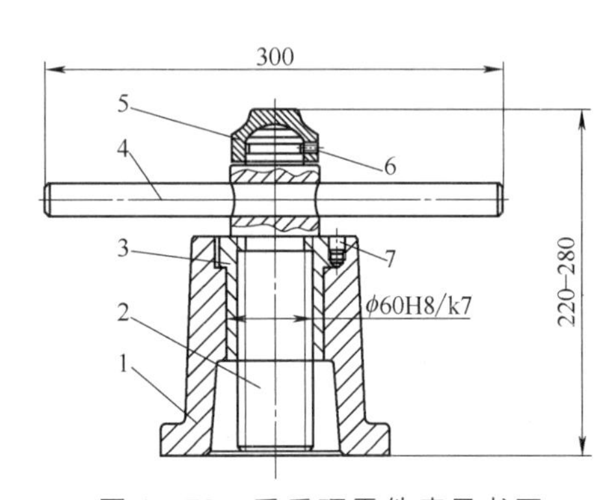

图 15-78　千斤顶零件序号书写

（8）填写标题栏及明细栏

如图 15-79 所示，图块插入明细表的表头，画出一个零件的明细表格，其余按照数量进行矩形阵列。

利用单行文本或多行文本命令填写标题栏的各栏内容。填写好的标题栏及明细栏如图 15-80 所示。

序号	代号	名称	数量	材料	备注

		比例		图号	
		材料		数量	
制图			(校名)		
审核			班号	学号	

图 15-79　插入明细栏表头

7	GB 73—85	螺钉M10×12	1		
6	GB 75—85	螺钉M8×12	1		
5	Q-05	顶垫	1	Q275	
4	Q-04	铰杆	1	35	
3	Q-03	螺套	1	ZCuAl10Fe3	
2	Q-02	螺杆	1	45	
1	Q-01	底座	1	HT200	
序号	代号	名称	数量	材料	备注

千斤顶		共 张	第 张	比例	1:1
		数 量		图号	
制图					
审核					

图 15-80　填写标题栏及明细栏

（9）输入技术要求

dtext 单行文本或 mtext 多行文本命令书写技术要求，技术要求应放在明细栏上方。

（10）检查所绘图形

检查各部分零件及图线线型，完成的千斤顶装配图，如图 15-81 所示。

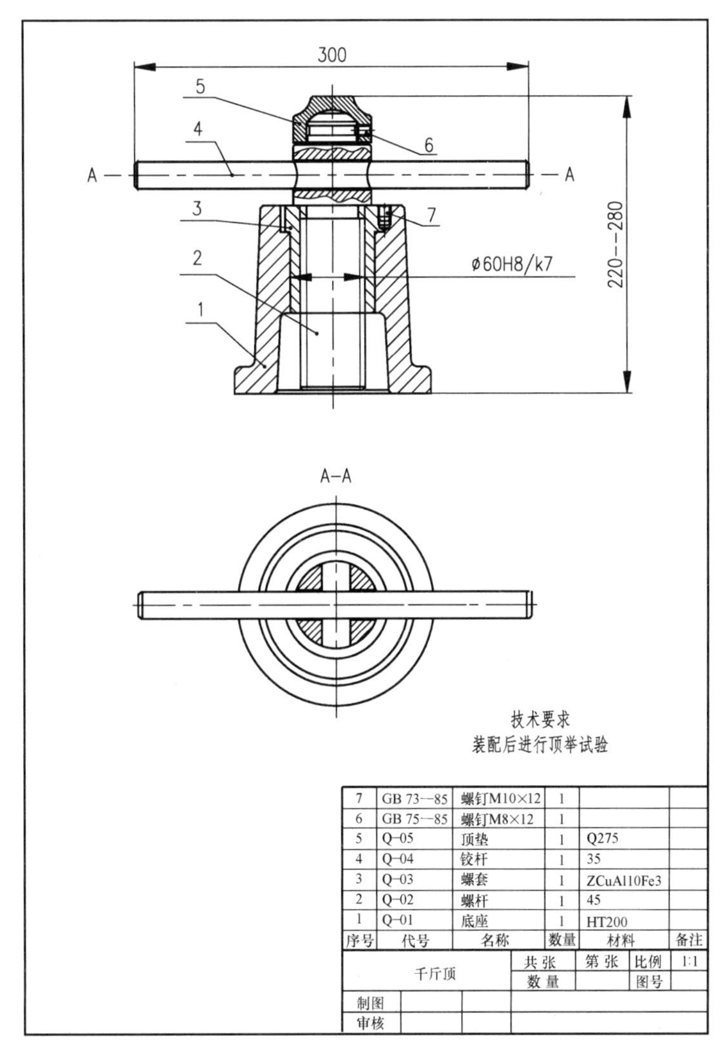

图 15-81 完成的千斤顶装配图

第16章

CAD 制图技术在化学工程设计中的应用

16.1 概述

随着 CAD 技术的迅速发展，中望 CAD 技术已经在我国各行各业广泛应用，化工行业也不例外，尤其是近几年在化工设计制图已有了长足发展。化工行业中的设计工作包含面比较广，流程相对复杂，非标设计较多，将 CAD 设计制图技术进行认真研究，并将其不断应用于化工设计，不断提高设计效率以及制图的规范化是一件非常有意义的事情。目前 CAD 主要应用于以下化工设计制图：化工工艺图、化工设备图、化工机器图等。

1）化工工艺图

化工工艺图是指以化工工艺人员为主导，根据所需生产的化工产品及其相关技术数据和资料，设计并绘制的反映工艺流程的图样。化工工艺设计人员以此向化工机械、土建、采暖通风、给排水、电气、自动控制及仪表专业人员提出要求，协调一致、密切配合，共同完成化工厂设计任务。化工工艺图主要包括化工工艺流程图、设备布置图、管路布置图。

2）化工设备图

化工设备是指那些用于化工产品生产过程中的合成、分离、干燥、结晶、过滤、吸收、澄清等生产单元的装置和设备，常用的典型化工设备有反应罐（釜）、塔器、换热器、贮罐（槽）等。化工设备图主要包括化工设备总图、装配图、部件图、零件图、各管口方位图、表格图、预焊接件图，作为施工设计文件的还有工程图、通用图、标准图等。

3）化工机器图

化工机器主要是指压缩机、离心机、鼓风机、泵和搅拌装置等机器。化工机器图除了在防腐方面有特殊要求之外，其图样基本上与通用机械设计常规表达范畴相同，在视图表达、尺寸标注、技术要求等方面与机械制图相同。

以下介绍中望 CAD 2024 版常用化工设计图形的制图方法及实例。绘制这些图形首要考虑的问题是将复杂的图形分解成简单的图形单元，然后分别绘制这些图形单元，再将这些图形单元进行复制、块插入、阵列等组合编辑操作，最后进行文字标注，直至完成整张图纸绘制工作。

16.2　化工工艺图绘制方法

化工工艺流程图的通用绘图方法如下。

（1）先将复杂的总图分解成简单的图形单元，分别对这些简单的图形单元绘制方法步骤进行详细研究，然后再将其装配到一个图幅中，最后完成组合、连接、标注等。

（2）各个图形单元绘制通常需要打开栅格捕捉，仔细设置栅格大小，使得绘制出来的各个图形大小比例合适、美观，大部分图形单元都有左右或上下对称关系。

（3）绘图命令通常有 line 线、arc 弧、rectangle 矩形、circle 圆、EL 椭圆、MT 或 DT 写文字、copy 复制、mirror 镜像等编辑命令；带尺寸的直线不能用栅格时，尽量打开正交或某种角度强迫（如键入<60），用鼠标导引，输入长度的方法解决。

（4）各图形单元的定位：可利用多重复制、块建立和插入等命令完成，注意摆放整齐，栅格捕捉尽量打开，个别图形过大过小可用 scale 命令适当缩放。

（5）绘制流程线：L 线、0 宽度 PL 线均可，注意三钮联动或过滤点技术应用；流程线长短调整可用 stretch 拉伸命令；流程线与各个图形单元连接经常用到线上点、中点、垂足点、象限点捕捉，请大家注意设置。

（6）比例缩放：用 scale 命令将完成的整个流程图缩放到图幅的 2/3 大小比较合适。

（7）流程线加粗：流程线粗细根据图形线条的复杂程度可以选用 0.75、0.6、0.5 三种线宽；用 pedit 命令或用程序变线宽，并注意连接光滑。

（8）加入箭头：将箭头制作成块插入，对粗实线端部箭头需要用冷热点将实线端部缩进，依据图形线条疏密可采用三种箭头尺寸：10-3-0，6-2-0，5-1.5-0（箭头长尾尖尺寸）。但一张图内尽量采用一种箭头大小。

（9）调整箭头：插入箭头后，可能它与粗实线端部重合而看不见箭头尖，用冷热点方法调整流程线长短即可。

（10）文字标注：图中的横写汉字用仿宋，西文用 romans 字体，字宽高比为 0.8，字高根据图号选用；注意竖写的汉字用@仿宋字体，并旋转 270°，宽高比要用 1.2。

（11）特殊文字：化学分子式或数字乘方的书写，主要利用文字堆叠方法，如 H_2SO_4 分子式，先用 MT 命令书写 H^2SO^4，再将^2，^4 分别选中，点击文字堆叠按钮 a/b，即可完成分子式效果；如果想书写 m^3 先书写 m3^，然后同理选中 3^进行堆叠处理即可。

（12）表格文字：首先利用直线、平行复制、阵列、修剪等命令按照尺寸绘制表格，然后利用 MT、DT 文字命令在其中一格进行书写，表格居中（居左）书写，应 mt↙，指定方框第一对角点后，键入“J↙，MC↙（ML↙）”，再指定方框另一对角点即可，这样书写的文字可居中（居左）；每一列写好第一行（居左注意空格），其余行采用阵列或多重复制的方法得到，再双击修改文字即可。

以下分别举例并按具体绘制步骤说明。

16.2.1　物料流程图

物料流程图如图 16-1 所示。

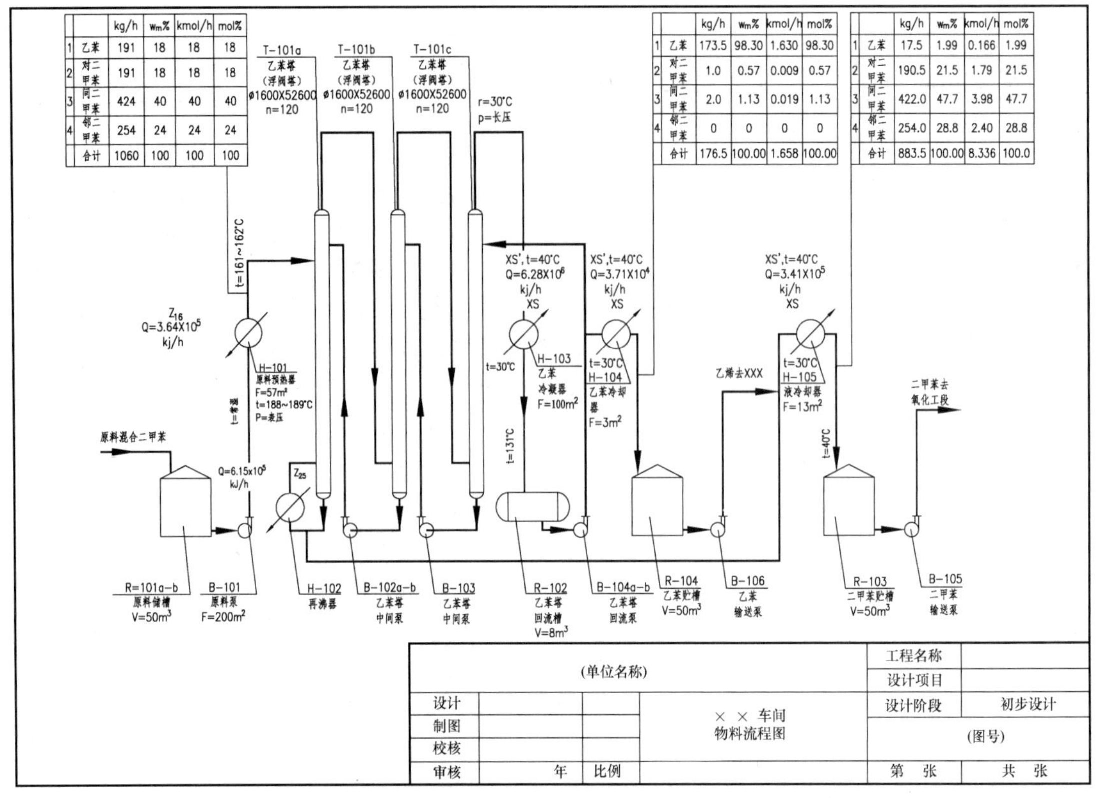

图 16-1 物料流程图

1）图形特征分析

通过对物料流程图的详细分析，可将该图分解为以图 16-2（a）至（g）简单图形单元。

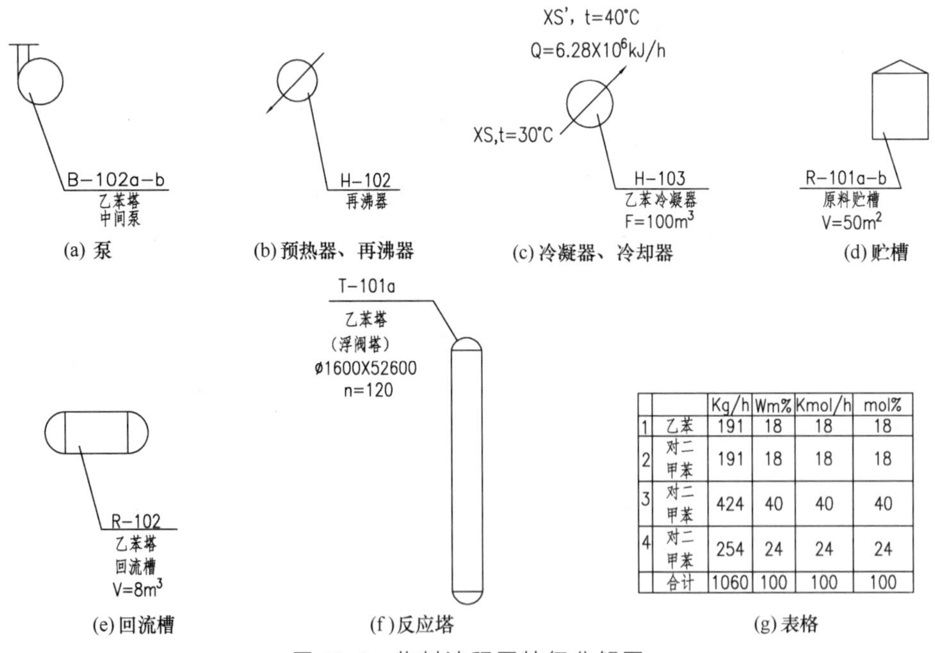

(a) 泵 (b) 预热器、再沸器 (c) 冷凝器、冷却器 (d) 贮槽

(e) 回流槽 (f) 反应塔 (g) 表格

图 16-2 物料流程图特征分解图

2）绘图思路与方法

各个图形单元及总图绘制方法及思路如下。

（1）图（a）利用 L 线和 C 圆绘制。注意泵底部左右对称，泵出口处左边一条线与圆的四分之一象限点相切。

（2）图（b）利用 L 线、PL 线、C 圆绘制。注意斜线为水平直线旋转 45°，箭头可以先水平绘制，然后旋转-135°。

（3）图（c）与图（b）完全一样，只需将水平箭头旋转 45°。

（4）图（d）用 L 线绘制，注意左右对称，上部斜线角度不大于 30°。

（5）图（e）用 L 线和 EL 椭圆绘制，封头半椭圆通过修剪得到。

（6）图（f）参考图（e）。

（7）图（g）表格用直线绘制，文字用 MT 命令书写，向方框内填充文字时，mt↙，指定方框第一对角点后，键入“J↙，MC↙”，再指定方框另一对角点即可，这样书写的文字可居中；每一列写好第一行，其余采用阵列复制的方法，再双击修改文字。

3）其余绘图方法与通用方法相同

16.2.2　物料平衡图

物料平衡图如图 16-3 所示。

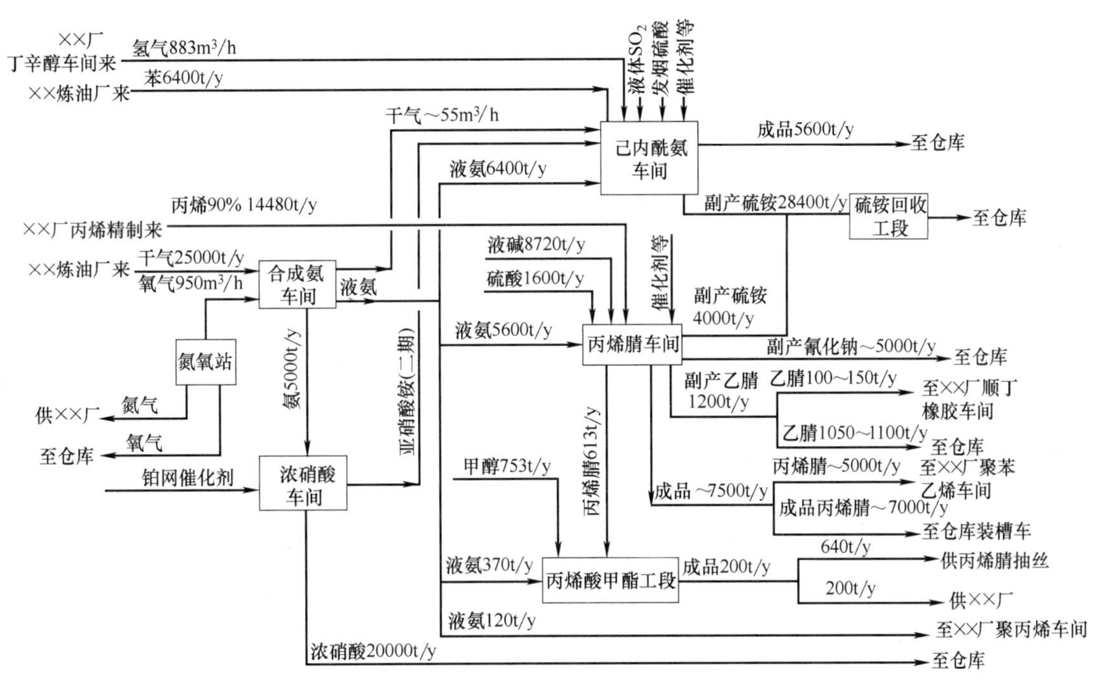

图 16-3　物料平衡图

1）图形特征分析

通过对物料平衡图的详细分析，可将该图分解为以下图（a）至图（c）简单图形单元，如图 16-4 所示。

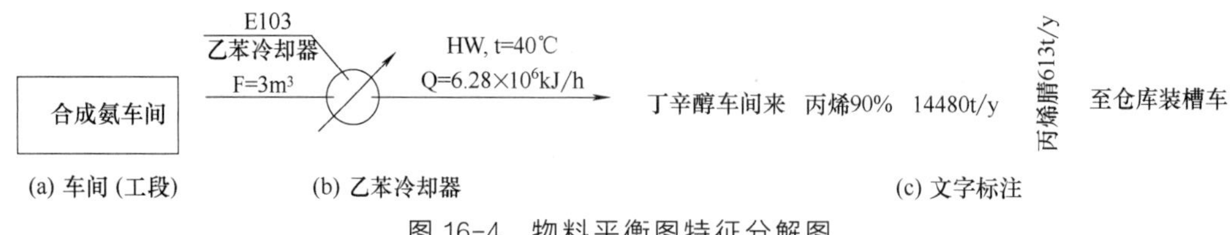

图 16-4 物料平衡图特征分解图

2）绘图思路与方法

各个图形单元及总图绘制方法与思路如下。

（1）图（a）是利用 rectangle 命令绘制出一个矩形框，线宽为 0。向方框内填充文字时参考图 16-2（g）；文字居中，注意行距。

（2）图（b）参考图 16-2（c）。

（3）图（c）为文字标注多个，可先将其在图面上写出一个，利用多重复制（注意位置捕捉点的选择），双击修改即可。注意%和 t/y，以及旋转 90°写文字。

（4）相交线打断：两条流程线相互穿过，需要打断其中一条，其方法是在二者交点处绘制定半径圆，用修剪的方法将需要打断的截断，再删除圆即可。

3）其余绘图方法与通用方法相同

16.2.3 带控制点的工艺流程图

1）图形特征分析

通过对带控制点的工艺流程图（见图 16-5）详细分析，可将该图分解为以图（a）至

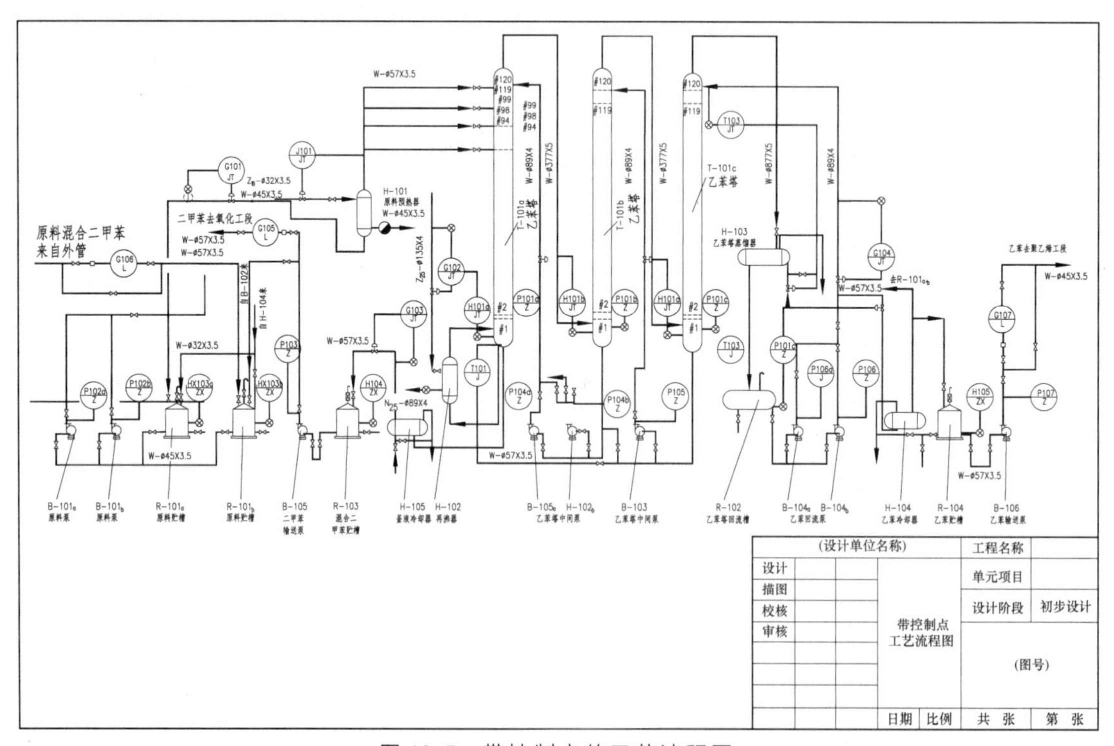

图 16-5 带控制点的工艺流程图

图（j）简单图形单元，如图 16-6 所示。

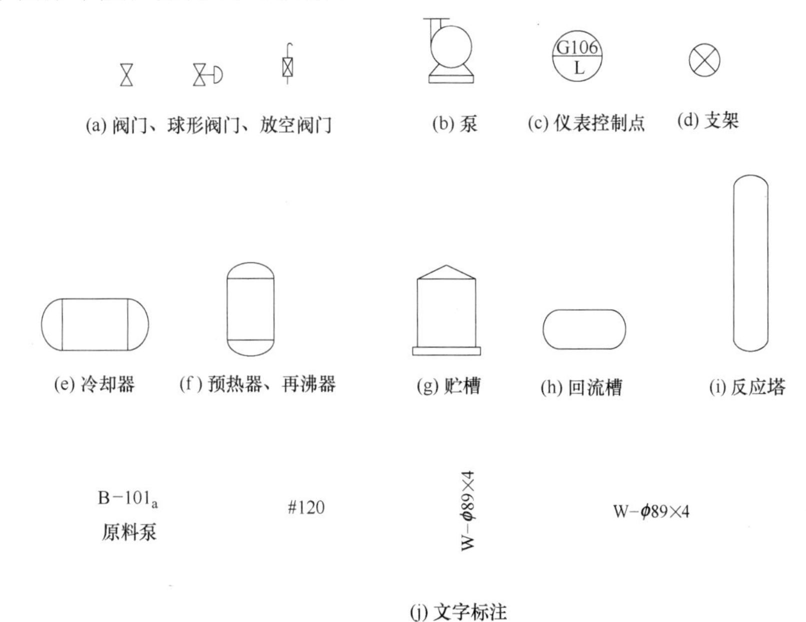

图 16-6　带控制点的工艺流程图特征分解图

2）绘图思路与方法

各个图形单元及总图绘制方法与思路如下。

（1）图（a）利用多边形或 L 线绘制正三角形，镜像或绘制完成普通阀门；球形阀门只需用圆弧 A 绘制半圆；放空阀用矩形、L 线、圆弧 A 绘制即可。

（2）图（b）参考图 16-2（a）。

（3）图（c）绘制 C 圆，L 线捕捉左右象限点绘制圆直径（有些控制点图形没有中间横线），用 MT 或 DT 写文字，对齐方式 MC，字体 romans，注意上下文字居中点为半径的 1/2 处，并做相应微调，不同的字体微调量不一样。

（4）图（d）用 C 圆和 L 线绘制，可先在圆的四分之一象限点处绘制直线，再把整个图形旋转 45°。

（5）图（e）参考图 16-2（e）。

（6）图（f）与图（e）完全一样，只需旋转 90 度。

（7）图（g）参考图 16-2（d）。

（8）图（h）参考图 16-2（e）。

（9）图（i）参考图 16-2（f）。

（10）图（j）为文字标注，写好每种类型的第一个，多重复制、双击修改内容，调整位置准确；当文字与流程线重叠不好放置的时候，可适当缩小文字。

（11）注意半圆填充、流程线打断、修剪等方法使用。

3）其余绘图方法与通用方法相同

16.2.4　管道仪表流程图

1）图形特征分析

通过对管道仪表流程图（见图 16-7）的详细分析，可将该图分解为以图（a）至图（h）简单图形单元，如图 16-8 所示。

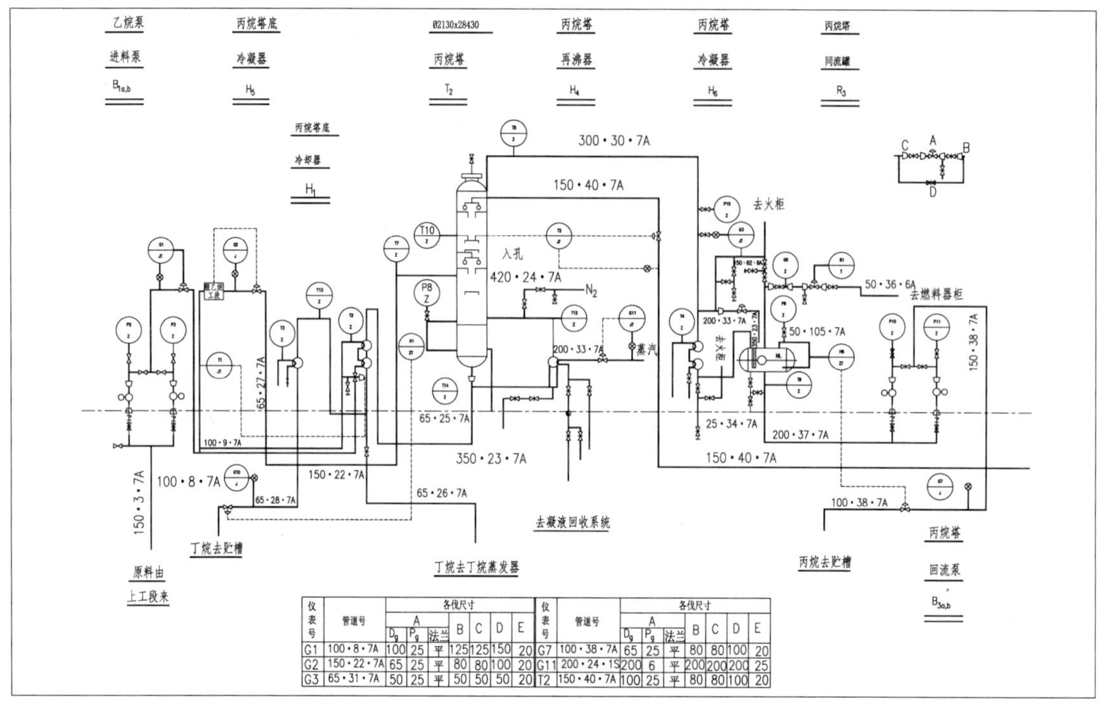

仪表号	管道号	各伐尺寸						
		A			B	C	D	E
		D_g	P_g	法兰				
G1	100 • 8 • 7A	100	25	平	125	125	150	20
G2	150 • 22 • 7A	65	25	平	80	80	100	20
G3	65 • 31 • 7A	50	25	平	50	50	50	20
G7	100 • 38 • 7A	65	25	平	80	80	100	20
G11	200 • 24 • 1S	200	6	平	200	200	200	25
T2	150 • 40 • 7A	100	25	平	80	80	100	20

图 16-7 管道仪表流程图

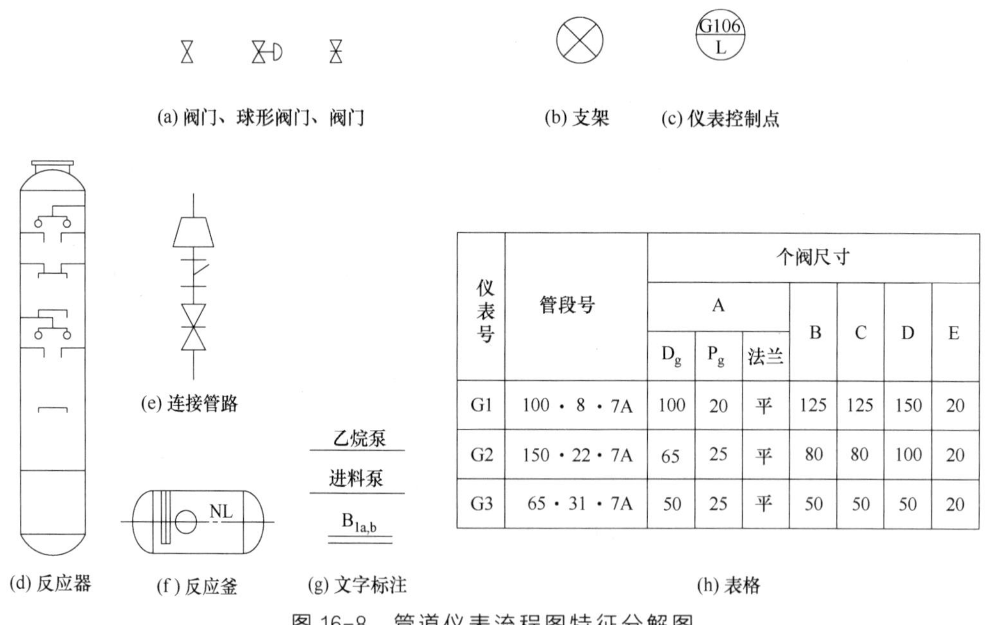

仪表号	管段号	个阀尺寸						
		A			B	C	D	E
		D_g	P_g	法兰				
G1	100 • 8 • 7A	100	20	平	125	125	150	20
G2	150 • 22 • 7A	65	25	平	80	80	100	20
G3	65 • 31 • 7A	50	25	平	50	50	50	20

(a) 阀门、球形阀门、阀门 (b) 支架 (c) 仪表控制点 (d) 反应器 (e) 连接管路 (f) 反应釜 (g) 文字标注 (h) 表格

图 16-8 管道仪表流程图特征分解图

2）绘图思路与方法

各个图形单元及总图绘制方法与思路如下。

（1）图（a）参考图 16-6（a）。

（2）图（b）参考图 16-6（d）。

（3）图（c）参考图 16-6（c）。

（4）图（d）用 L 线、C 圆和 EL 椭圆绘制，封头半椭圆通过修剪得到。

（5）图（e）用 L 线绘制，注意角度和部分对称。

（6）图（f）用 L 线、C 圆和 EL 椭圆绘制，封头半椭圆通过修剪得到。文字字体 romans，宽高比 0.8。

（7）图（g）MT 添加文字再加 L 线，汉字用仿宋、西文用 romans 字体，宽高比 0.8。下标的做法见图 16-6（j）。

（8）图（h）参见图 16-2（g）。

3）其余绘图方法与通用方法相同

16.3　化工设备图绘制方法

16.3.1　管口方位图

1）图形特征分析

通过对管口方位图（见图 16-9）的详细分析，可将该图分解为如下简单图形单元，如图 16-10 所示。

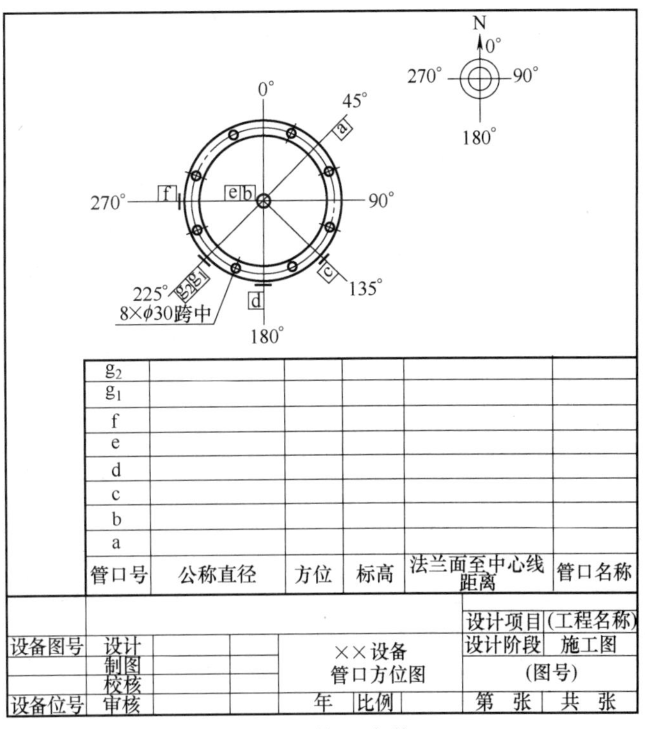

图 16-9　管口方位图

2）绘图思路与方法

各个图形单元及总图绘制方法与思路如下。

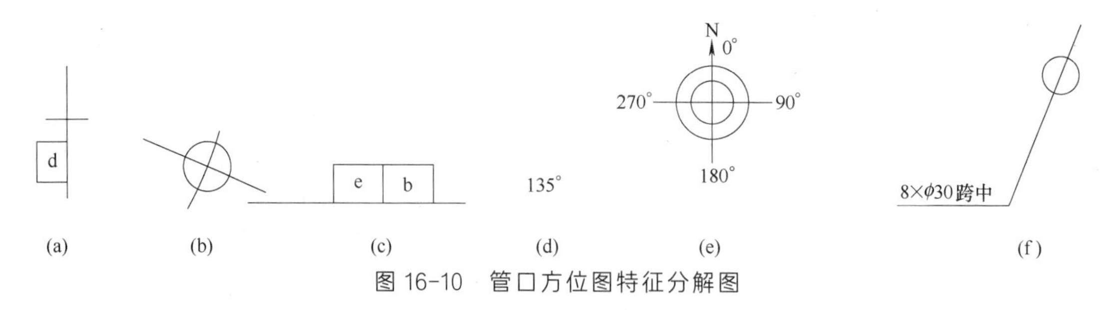

图 16-10　管口方位图特征分解图

（1）图（a）用矩形 rectang 命令，文字对齐方式 MC，字体 romans，宽高比 0.8；或从尺寸标注办法，设置标注样式的文字卡的“绘制文字边框”选项，并进一步编辑。

（2）图（b）用 C 圆绘制，用 Center 线型画中心线。

（3）图（c）参考图（a）。

（4）图（d）MT 写文字，“°”度的输入方法为“%%D”。

（5）图（e）用 C 圆绘制，用 Center 线型画中心线，箭头参见标准尺寸，字体 romans，宽高比 0.8，注意标注和对称。

（6）图（f）用不带箭头的引线标注，乘号使用 romans 字体中的大写字母 X。

3）其余绘图方法与通用方法相同

16.3.2　设备布置图

1）图形特征分析

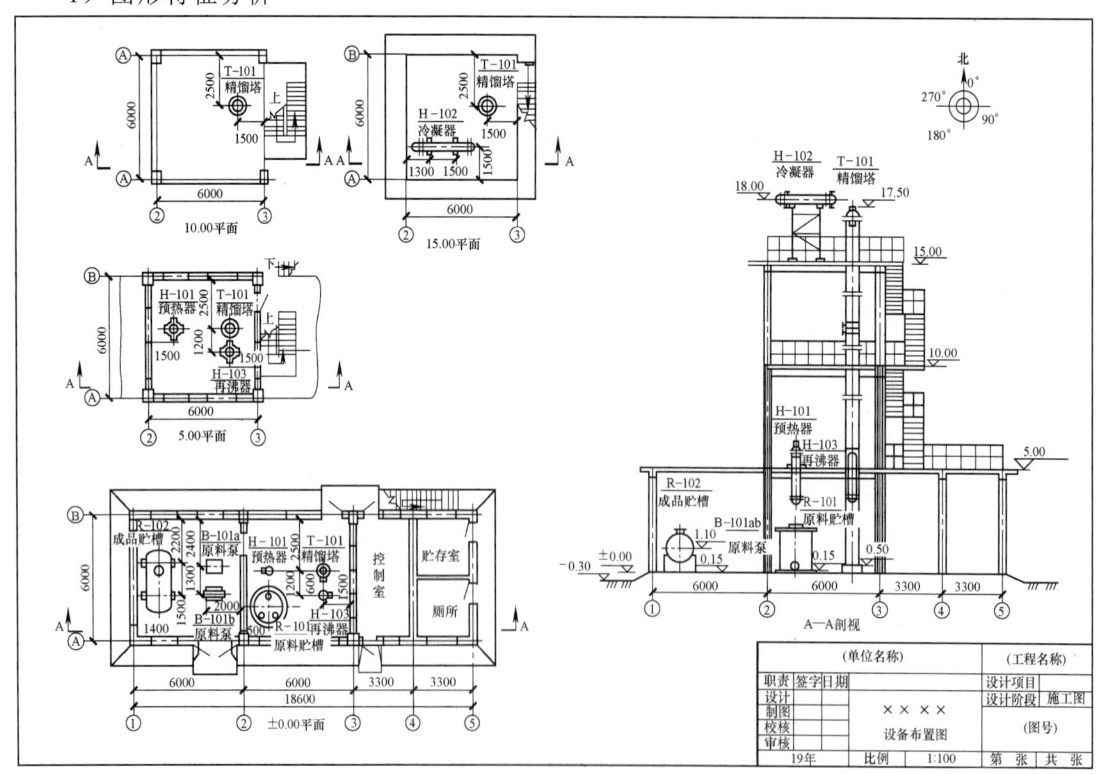

图 16-11　设备布置图

通过对设备布置图（见图16-11）的详细分析，可将该图分解为以下图（a）至图（m）简单图形单元，如图16-12所示。

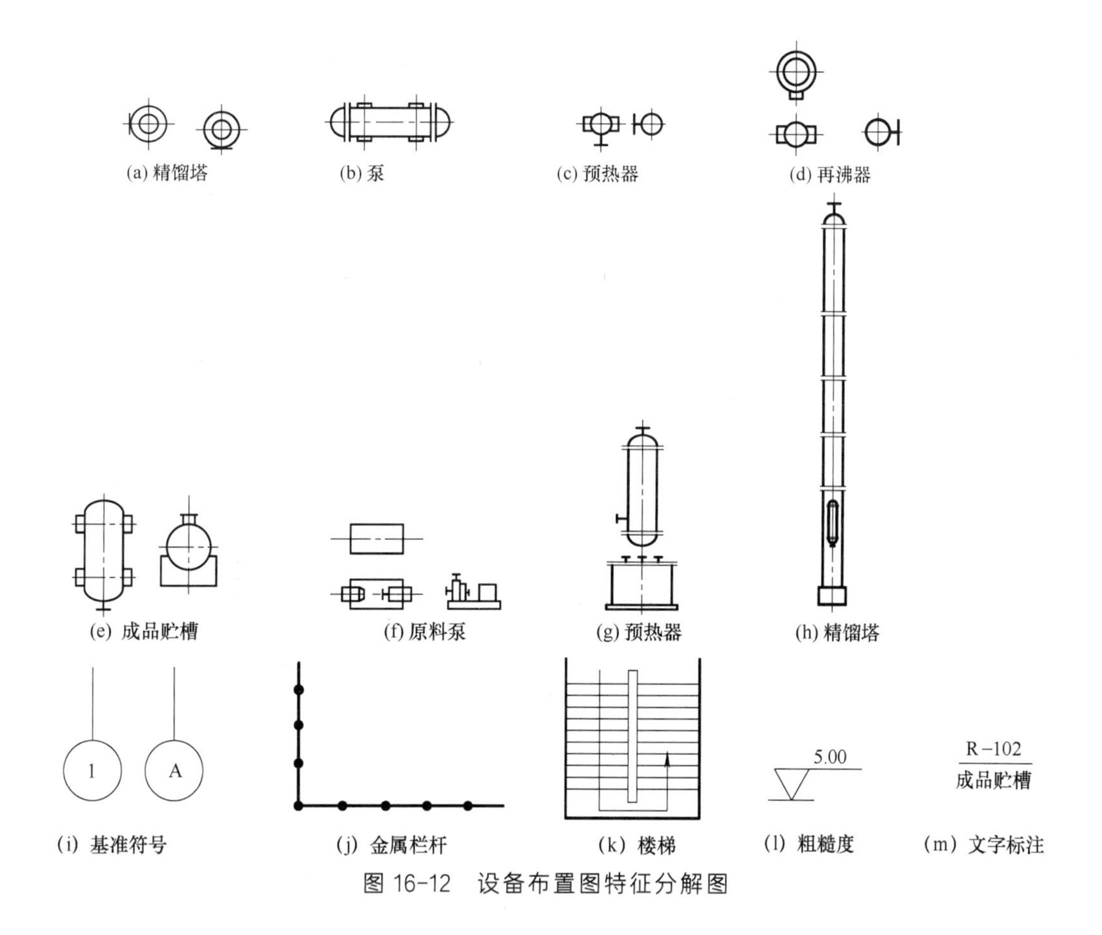

图16-12　设备布置图特征分解图

2）绘图思路与方法

各个图形单元及总图绘制方法与思路如下。

（1）图（a）利用C圆和L线绘制，注意对称。

（2）图（b）用L线和EL椭圆绘制，封头半椭圆通过修剪得到，注意对称。

（3）图（c）参考图（a）。

（4）图（d）参考图（a）。

（5）图（e）用L线和EL椭圆绘制，封头半椭圆通过修剪得到，注意对称。

（6）图（f）用L线绘制，注意对称。

（7）图（g）参考图（b）。

（8）图（h）参考图（b）。

（9）图（i）基准符号用 L 线和圆绘制，直线在圆的上部象限点；文字书写 MC方式。

（10）图（j）用L线和圆绘制，其中实心圆点是用donut命令，内径为0绘制的。

（11）图（k）用L线、矩形、平行复制命令，注意左右对称，箭头用PL线绘制。

（12）图（l）利用L线正三角形绘制，上线较长，下部有短线，字体使用romans，宽高比 0.8；注意位置适当居左。

（13）图（m）参考图 16-12 中图（g）。

3）其余绘图方法与通用方法相同

16.3.3 设备平面布置图

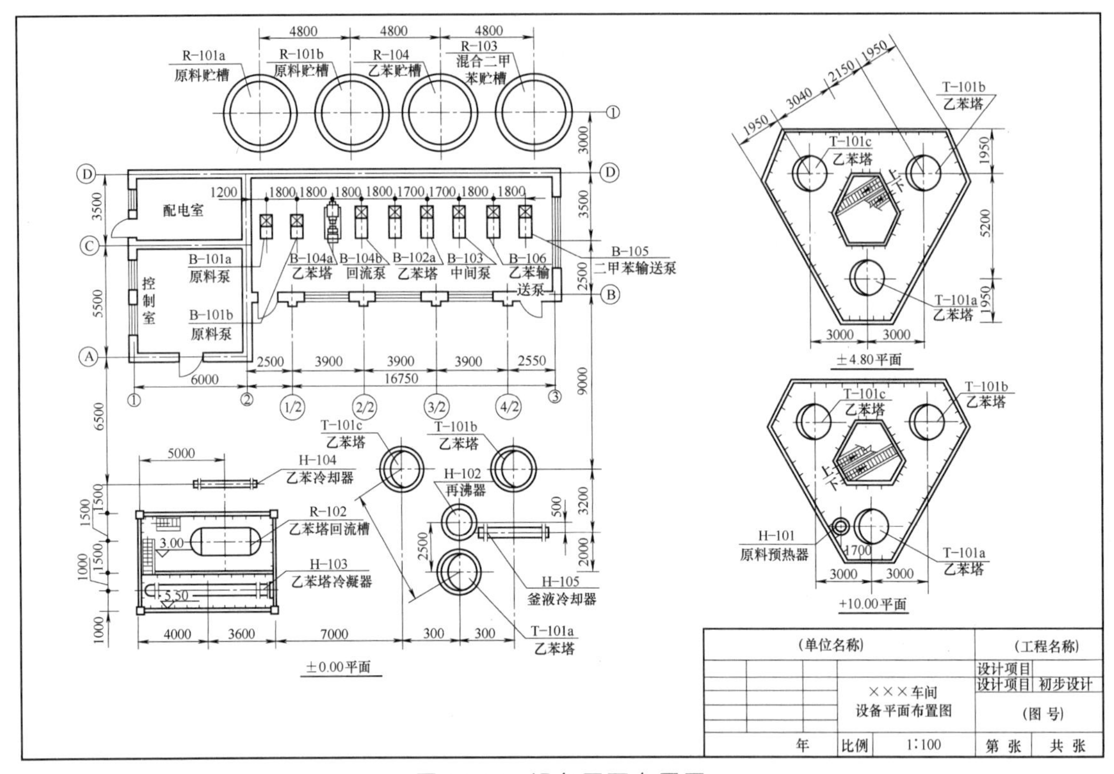

图 16-13　设备平面布置图

1）图形特征分析

通过对设备平面布置图（见图 16-13）的详细分析，可将该图分解为以下图（a）至图（g）简单图形单元，如图 16-14 所示。

2）绘图思路与方法

各个图形单元及总图绘制方法与思路如下。

（1）该图所有图形单元都有引线标注，做好第一个文字块，用多重复制或块绘制其余。

（2）图（a）用 L 线绘制十字线，用 C 圆绘制同心圆。

（3）图（b）利用 L 线绘制，注意图形左右对称，中心线线型，引线标注。

（4）图（c）利用 L 线、C 圆、A 弧绘制，修剪编辑，左右对称。

（5）图（d）用 L 线和 EL 椭圆绘制，封头半椭圆通过修剪得到。

（6）图（e）参考图（b）。

（7）图（f）参考图（d）。

（8）图（g）参考图 16-12（k）。

3）其余绘图方法与通用方法相同

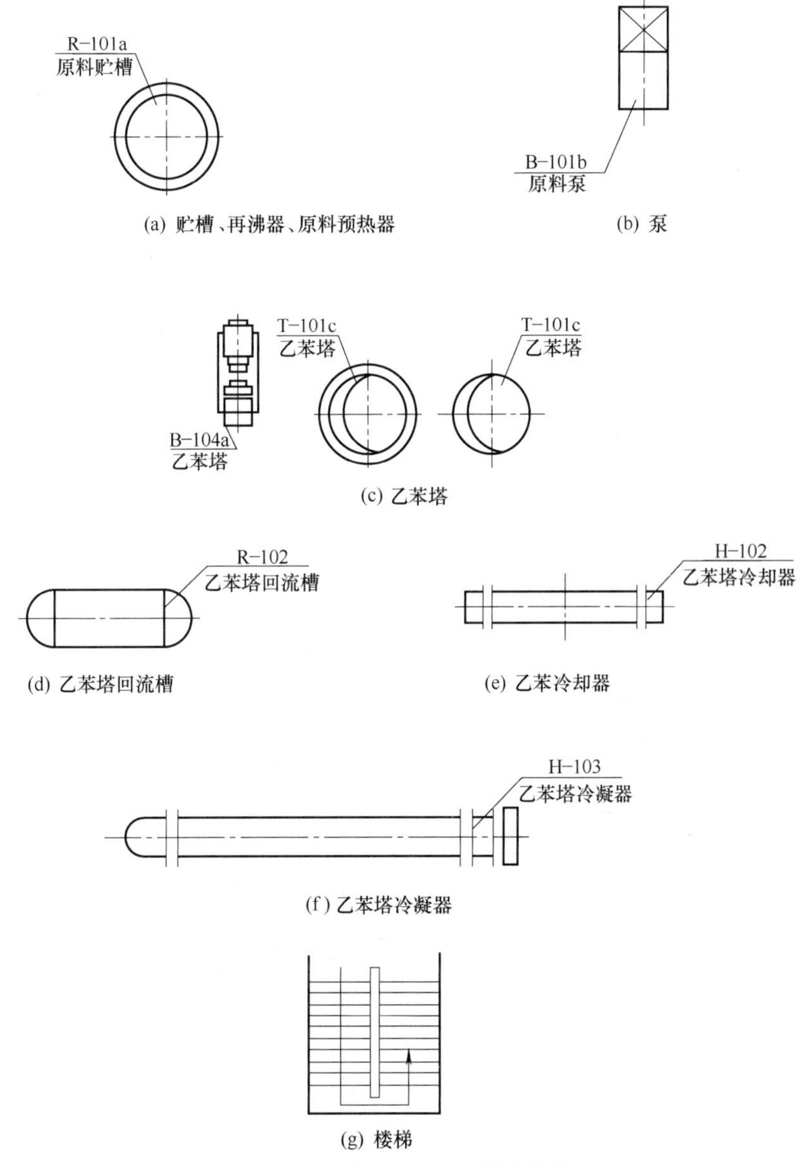

(a) 贮槽、再沸器、原料预热器 (b) 泵

(c) 乙苯塔

(d) 乙苯塔回流槽 (e) 乙苯冷却器

(f) 乙苯塔冷凝器

(g) 楼梯

图 16-14 设备平面布置特征分解图

16.3.4 管道布置图

1）图形特征分析

通过对管道布置图 16-15 的详细分析，可将该图分解为以下图（a）至图（k）简单图形单元，如图 16-16 所示。

2）绘图思路与方法

各个图形单元及总图绘制方法与思路如下。

（1）图（a）利用 C 圆和 L 线绘制，修剪编辑，角度 60°，注意上下左右对称。

（2）图（b）利用 L 线正三角形绘制，字体使用 romans，宽高比 0.8，注意文字位置。

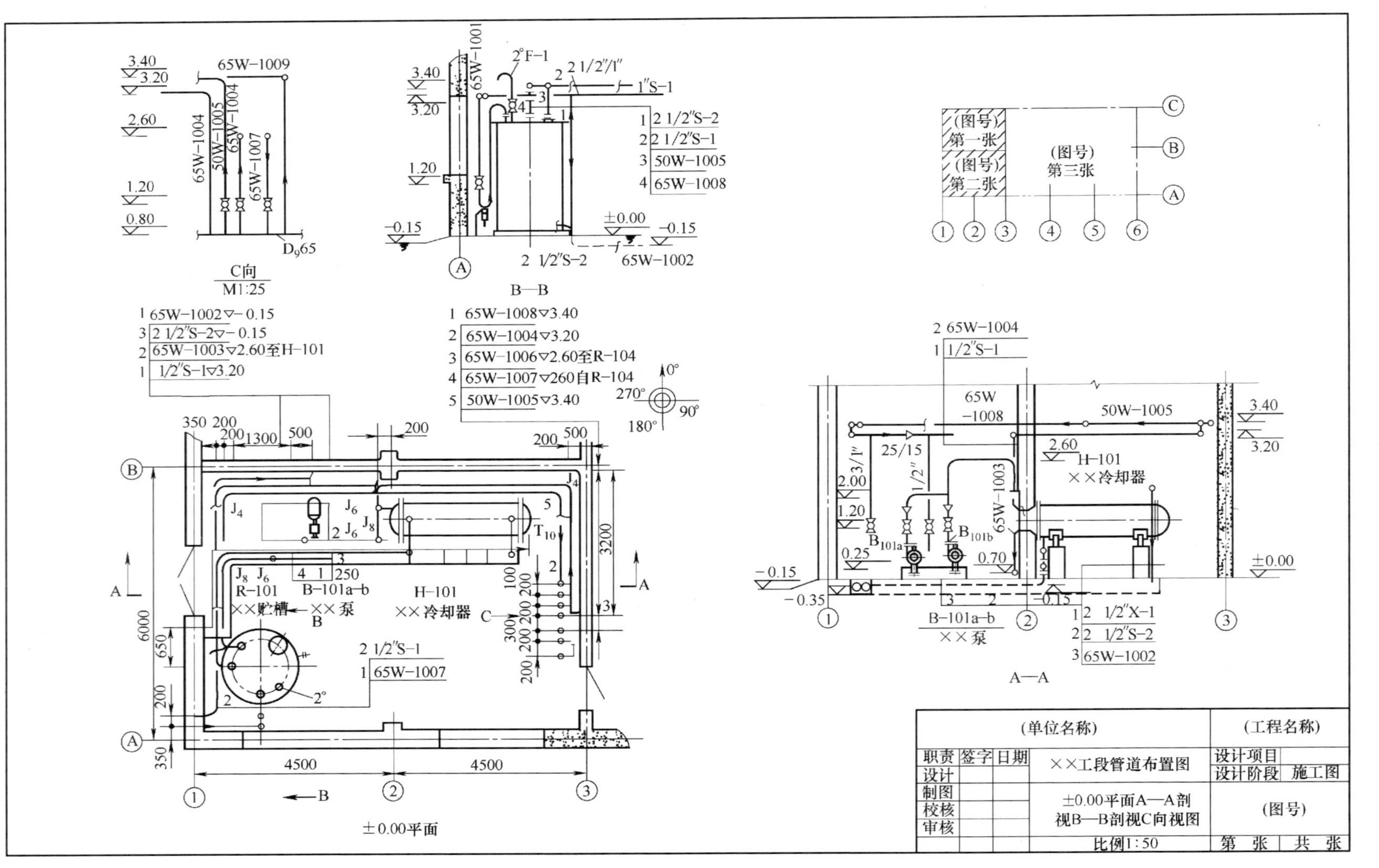
C向
M1:25
65W-1009
65W-1004
50W-1005
65W-1004
65W-1007
D_g65
B—B
65W-1001
2°F-1
2 1/2″/1″
1″S-1
1 2 1/2″S-2
2 2 1/2″S-1
3 50W-1005
4 65W-1008
2 1/2″S-2
65W-1002
(图号)
第一张
(图号)
第二张
(图号)
第三张
1 65W-1002▽-0.15
3 2 1/2″S-2▽-0.15
2 65W-1003▽2.60至H-101
1 1/2″S-1▽3.20
1 65W-1008▽3.40
2 65W-1004▽3.20
3 65W-1006▽2.60至R-104
4 65W-1007▽260自R-104
5 50W-1005▽3.40
R-101
××贮槽
B-101a-b
××泵
H-101
××冷却器
2 1/2″S-1
1 65W-1007
±0.00平面
2 65W-1004
1 1/2″S-1
65W
-1008
50W-1005
H-101
××冷却器
65W-1003
B-101a-b
××泵
1 2 1/2″X-1
2 2 1/2″S-2
3 65W-1002
A—A
(单位名称)
(工程名称)
职责 签字 日期
设计
制图
校核
审核
××工段管道布置图
±0.00平面A—A剖
视B—B剖视C向视图
比例1:50
设计项目
设计阶段 施工图
(图号)
第 张 共 张

图 16-15 管道布置图

（3）图（c）绘制 C 圆，圆心 MC 方式写字，字体 romans，宽高比 0.8。

（4）图（d）用 L 线和 C 圆绘制，修剪编辑，添加图（a）块和正三角形。

（5）图（e）用 L 线或 rectang 矩形绘制，修剪编辑，左右对称。

（6）图（f）用 L 线、C 圆、PL 箭头，字体 romans，宽高比 0.8。

（7）图（g）用 L 线绘制，添加箭头（参见下文箭头标准）和文字，字体 romans，宽高比 0.8，剖切线为粗实线。

（8）图（h）用 L 线绘制中心线，使用 C 圆绘制，注意圆的位置。

（9）图（i）用 L 线和 EL 椭圆绘制，封头半椭圆通过修剪得到，注意左右对称。

（10）图（j）用 L 线、EL 椭圆和 C 圆绘制，注意上下对称，封头半椭圆通过修剪得到。

（11）图（k）绘制 L 线，用 MT 或 DT 添加文字。其中“▽”可在 WORD 里找到（插入-特殊符号-▽）。其余平行复制或阵列得到，再修改文字即可。

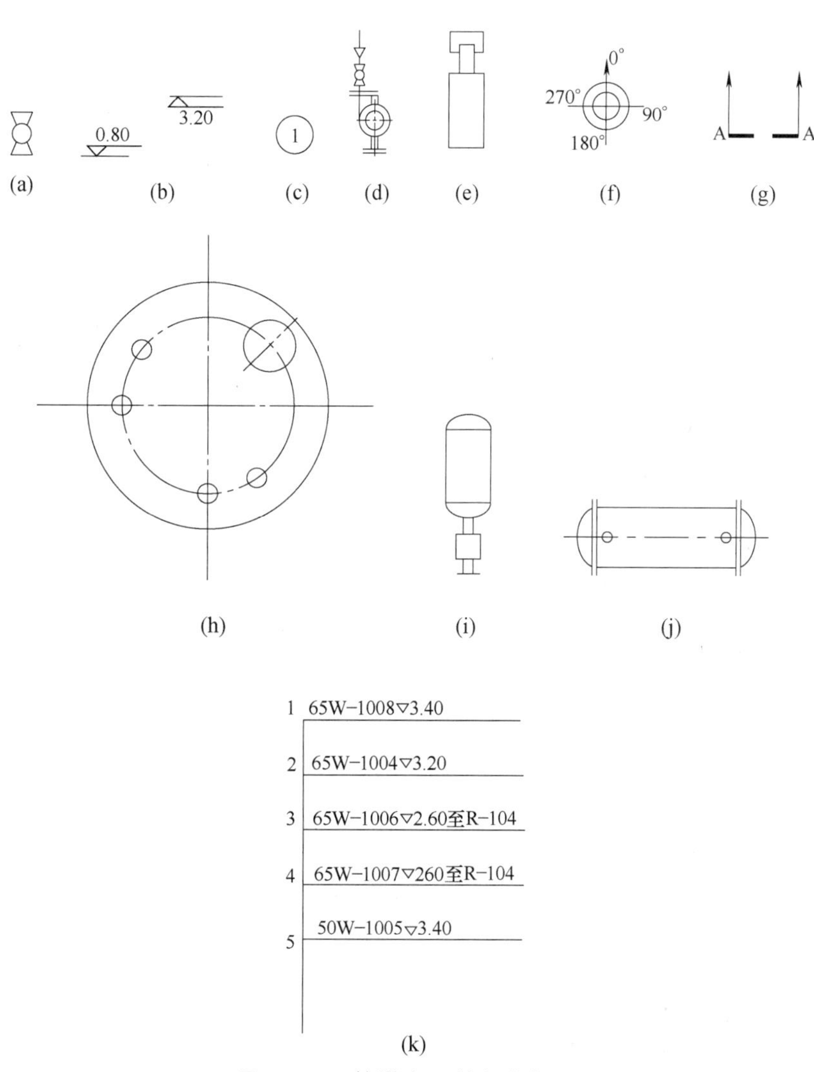

图 16-16　管道布置特征分解图

3）其余绘图方法与通用方法相同

16.3.5　设备支架图

1）图形特征分析

通过对设备支架图 16-17 的详细分析，可将该图分解为以下图（a）至图（d）简单图形单元，如图 16-18 所示。

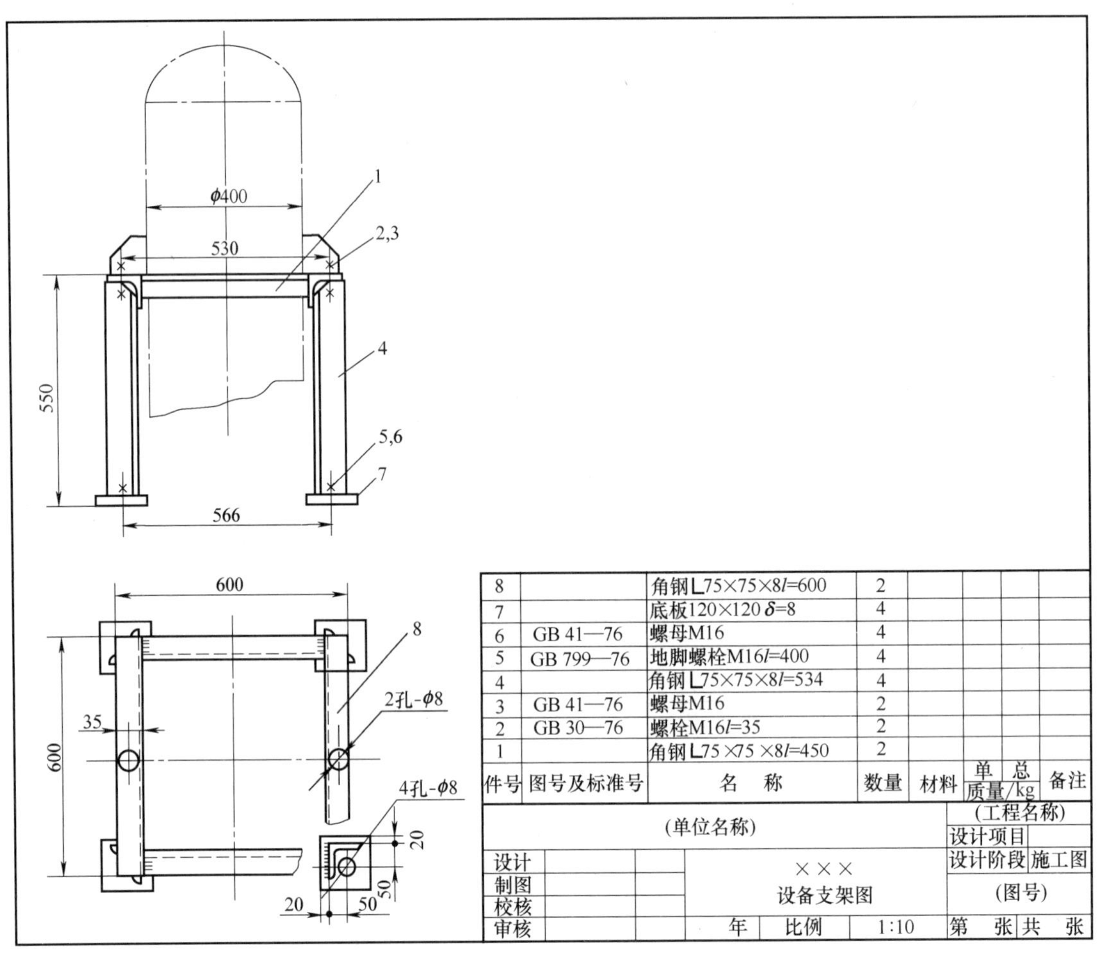

图 16-17　设备支架图

2）绘图思路与方法

分解为图（a）～图（d）。

（1）图（a）用 L 线绘制，倒圆角 fillet 编辑，注意图形的对称。

（2）图（b）参考图（a），剖面线用 hatch 命令，ANSI31 图案填充，注意比例。

（3）图（c）用 L 线和 C 圆绘制，虚线用 Hidden 线型绘制。

（4）图（d）用 L 线、C 圆绘制，中心线为 Center 线型。

所有图形需要注意尺寸。

3）其余绘图方法与通用方法相同

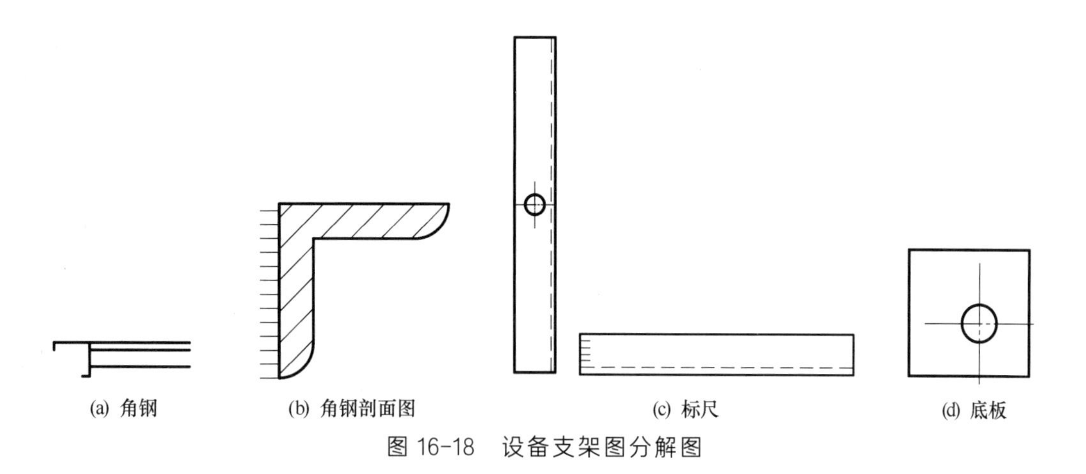

(a) 角钢　(b) 角钢剖面图　(c) 标尺　(d) 底板

图 16-18　设备支架图分解图

第17章

环境工程CAD图形绘制方法及实例

17.1 水处理工程图形绘制方法

水处理工程包括给水处理工程和污水处理工程。其工程对象在原水性质、浓度以及对处理后水质的要求方面有较大差异，给水处理和污水处理在工艺及其设备和管渠设置等方面各有特点。

1）给水处理

给水处理的任务是通过必要的处理方法改善水质，使之达到生活饮用或工业使用所需的水质标准。常用的处理方法有混凝、沉淀、过滤及消毒等。处理方法要根据水源水质和用户对水质的要求来确定。以上处理方法可单独使用，也可几种方法结合使用，从而形成不同的给水处理系统。

城市给水处理主要处理水中悬浮物和胶体杂质，以达到生活饮用水的标准。而工业给水处理则根据工业生产工艺、产品质量、设备材料以及对水质的要求来决定处理工艺。当水质要求不高于生活饮用水时，则采用城市给水处理方法；而当生活饮用水水质不能满足生产工艺要求时，则需要对水做进一步处理，如软化、除盐和制取纯水等。

2）污水处理

污水处理的任务是采用各种方法将污水中所含的污染物分离出来，或将其转化为无害和稳定的物质，从而使污水得以净化，符合国家排放标准。常用的处理方法按作用原理可分为物理处理、物化处理、生化处理等处理方法。由于生活污水和工业废水中的污染物多种多样，故对一种污水也往往需要通过几种处理方法组合的处理系统，才能满足处理要求。按处理程度划分，污水处理可分为一级、二级和三级。一级处理的内容是去除污水中呈悬浮状态的固体污染物质，常采用物理法；二级处理的内容是大幅度地去除污水中呈胶体和溶解态的可生物降解的有机物（BOD），常采用生化法。一、二级处理是城市污水处理常采用的方法，即常规处理。三级处理的内容在于进一步去除二级处理所未能去除的污染物质，如微生物未能降解的有机物及可导致水体富营养化（地表水体污染的一种自然现象）的可溶性氮、磷化合物等。三级处理所使用的处理方法常有：生化处理中的生物脱氮法，物化处理中的活性炭过滤、混凝沉淀以及电渗析等。

17.1.1 水处理工程流程图

水处理工程流程，必须根据水量、水质及去除的主要对象等因素，经过试验和调查研究加以确定。图17-1为某化工企业污水处理工程流程图，其主要构筑物是调节池、组合生化池及污泥浓缩池。

水处理流程图绘制思路与方法如下。

（1）F3打开对象捕捉，直线line、圆弧arc、圆circle等绘图命令与偏移offset、镜像mirror、修剪trim、图案填充hatch等编辑命令配合使用，分别绘制格栅井、调节池、泵、厌氧反应器、生物滤池、污泥浓缩池、污泥干化池等图形单元。注意：偏移、镜像与修剪命令可将图17-2（a）所示潜污泵、图17-2（b）所示风机的绘图过程简化；line命令绘制风机符号轴（图中为两个不同半径的圆）间皮带时需捕捉圆上切点；trim命令修剪掉多余部分线条；对于常用设备或建筑单元可采用block命令制作图形块以备随时调用。

line直线、pline多段线和偏移offset等命令绘制构筑物图形符号，如图17-3所示。

（2）在步骤（1）的基础上，F3打开对象捕捉，多段线pline命令以合适的线宽绘制流程线，将各个图形单元连接起来。

（3）多段线pline命令绘制一个标准的流程箭头；block命令制作为图块，接着insert命令插入各种方向流程箭头图块。

（4）采用属性块的方法绘制水处理流程图中标高符号。

① 首先line命令根据图中给定尺寸绘制高度符号。

② 定义属性文字的方法：点击下拉菜单中绘图\块\属性定义，弹出属性定义对话框。

a）在标签文本框中输入标签属性RA。

b）在提示文本框中输入提示属性“输入高度RA的值”。

c）在值文本框中输入数值属性。

d）在文本选区设置文字的大小、方向。

e）在对正下拉列表中选择对齐方式。

f）单击拾取点按钮，系统暂时隐去属性定义对话框，在已绘制的高度符号中选择插入点，弹出图块定义对话框，单击确定，退出对话框，完成属性定义。

③ 定义图块。

a）block命令进入图块定义对话框。

b）在图块名称对话框中输入块名“标高符号”。

c）点击拾取点按钮，图块对话框消失；在图形中选择图块的基点。

d）点击选取对象按钮，图块定义对话框消失，在图形中选择标高符号以及属性文字，返回图块定义对话框点击确定，完成图块定义。

④ 插入图块。

a）insert命令，弹出图块插入对话框。

b）名称下拉列表中选择要插入的图块名称。根据属性提示，输入相应的高度值。

c）确定插入图块的比例、角度。

d）单击确定按钮，退出图块插入对话框。

e）在图形上指定插入点。

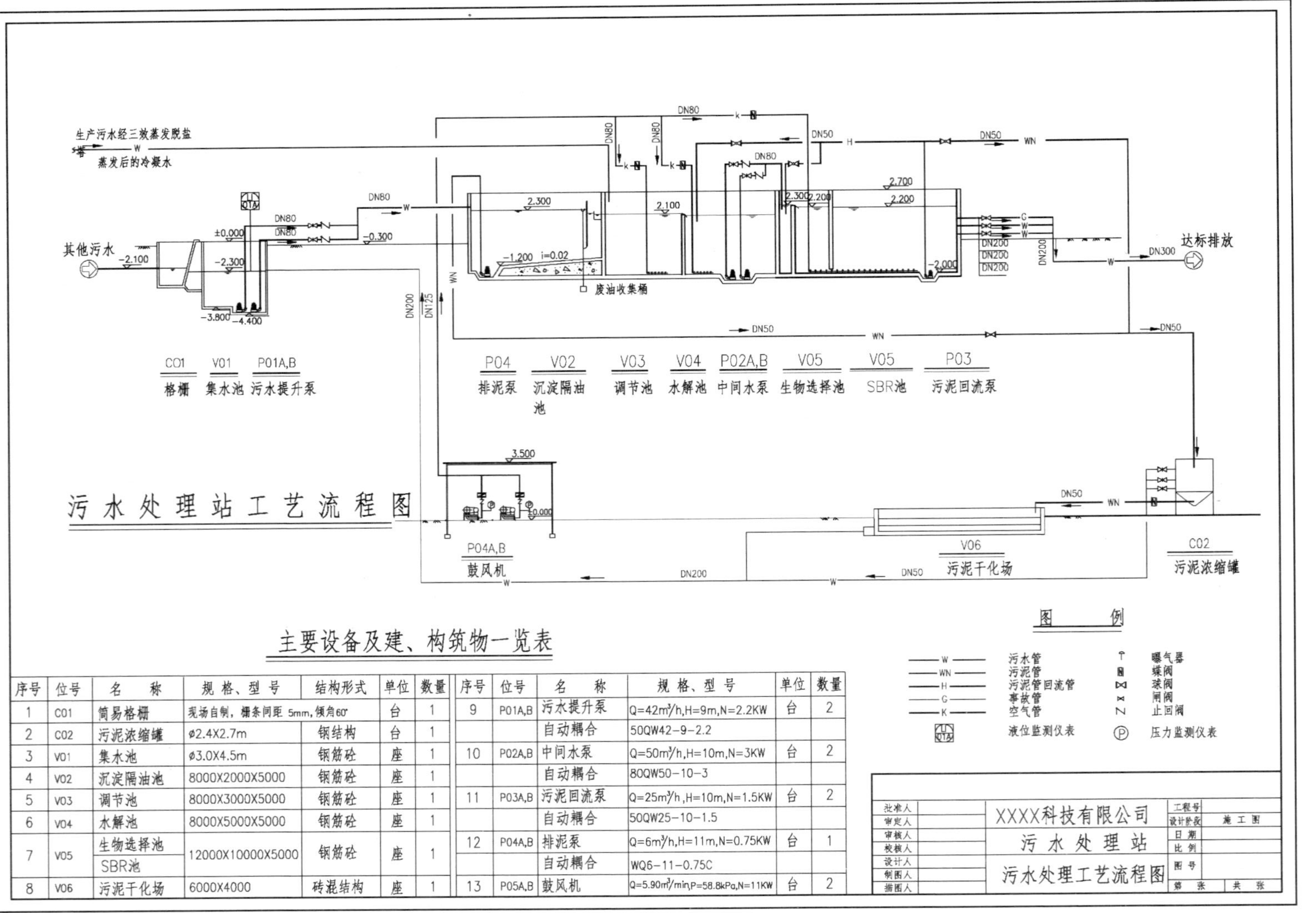

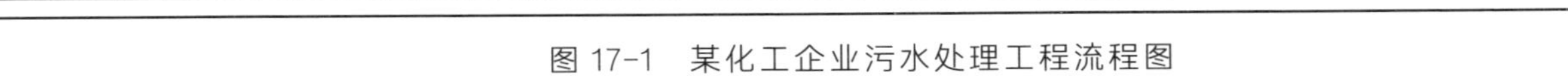
图 17-1 某化工企业污水处理工程流程图

f）图块插入完成后根据情况适当调整以适应图形要求（通常采用 explode 分解，lengthen 无边界延长等）。

g）反复使用图块插入命令，完成其他高度符号的绘制。

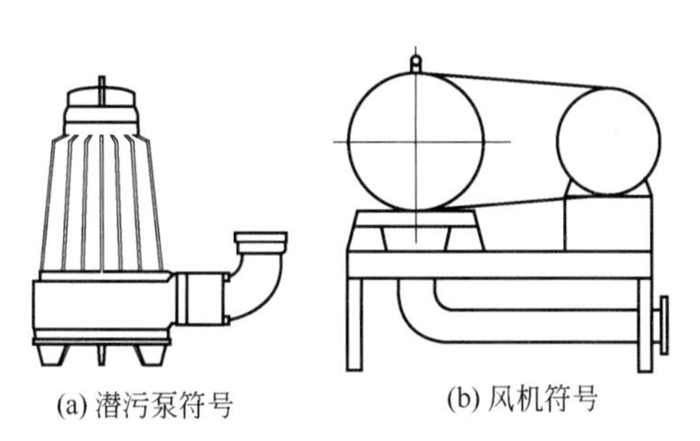

(a) 潜污泵符号　(b) 风机符号

图 17-2　水处理流程图常用设备图形符号

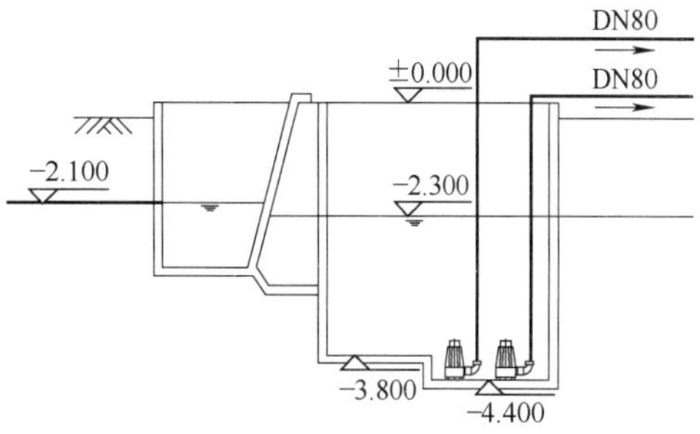

图 17-3　水处理流程图常用构筑物图形符号

（5）关于图中的圆形标号的绘制方法

① circle 命令绘制圆。

② 在此基础上，定义属性以及图块，因与标高符号定义相同，不再赘述。

③ 圆形标号中文字书写可采用 Autolisp 程序完成，以下为源程序代码：

```
    (defun c: xz(    )                                    ; 定义命令名称为 xz
    (setvar "osmode" 512)                                 ;设置捕捉方式
    (setq pn (getpoint "\nPlease select a circle:"))      ;捕捉圆上一点
    (setq pc(osnap pn "cen"))                             ;捕捉圆心
    (setq d (distance pc pn))                             ;求半径的长度
    (setq st (getstring "\nPlease input a string:"))      ;输入要标注的文字
    (command "text" "J" "mc" pc d 0 st)                   ;把文字标在圆心处
)
```

（6）图形中文字标注通常为仿宋体，宽高比建议采用 0.8，字高根据实际情况自行设定；text 或 mtext 命令书写。

17.1.2　水处理工程平面布置图

水处理工程总平面图的比例及布图方向均由工程规模确定，以能够清晰地表达工程总体平面布置为原则，常用设计比例可参考设计手册。图 17-4 为某化工企业水处理工程平面布置图。

水处理工程平面图制图要求和建筑总平面图一致，应包括坐标系统、构筑物、建筑物、主要辅助建筑物平面轮廓、风玫瑰、指北针等。必要时还应包括工程地形等高线、地表水体以及主要公路、铁路等；与该工程相关的主要管（渠）布置及相应的图例。总平面图标注应包括各个构筑物、建筑物名称，位置坐标，管道类别代号、编号和所有室内设计地面标高。

图 17-4 可分为两部分，分别为中部主体构筑物平面图 17-5 和左下部建筑物工房平面图 17-6，涉及矩形 rectangle，倒圆角 fillet，多边形 polygon 等绘图命令；修剪 trim，偏移 offset，多段线连接 pedit，阵列 array，旋转 rotate，镜像 mirror，有边界延伸 extend 等编辑命令。其中某些部分还采用 Auto lisp 程序来实现快捷绘图。

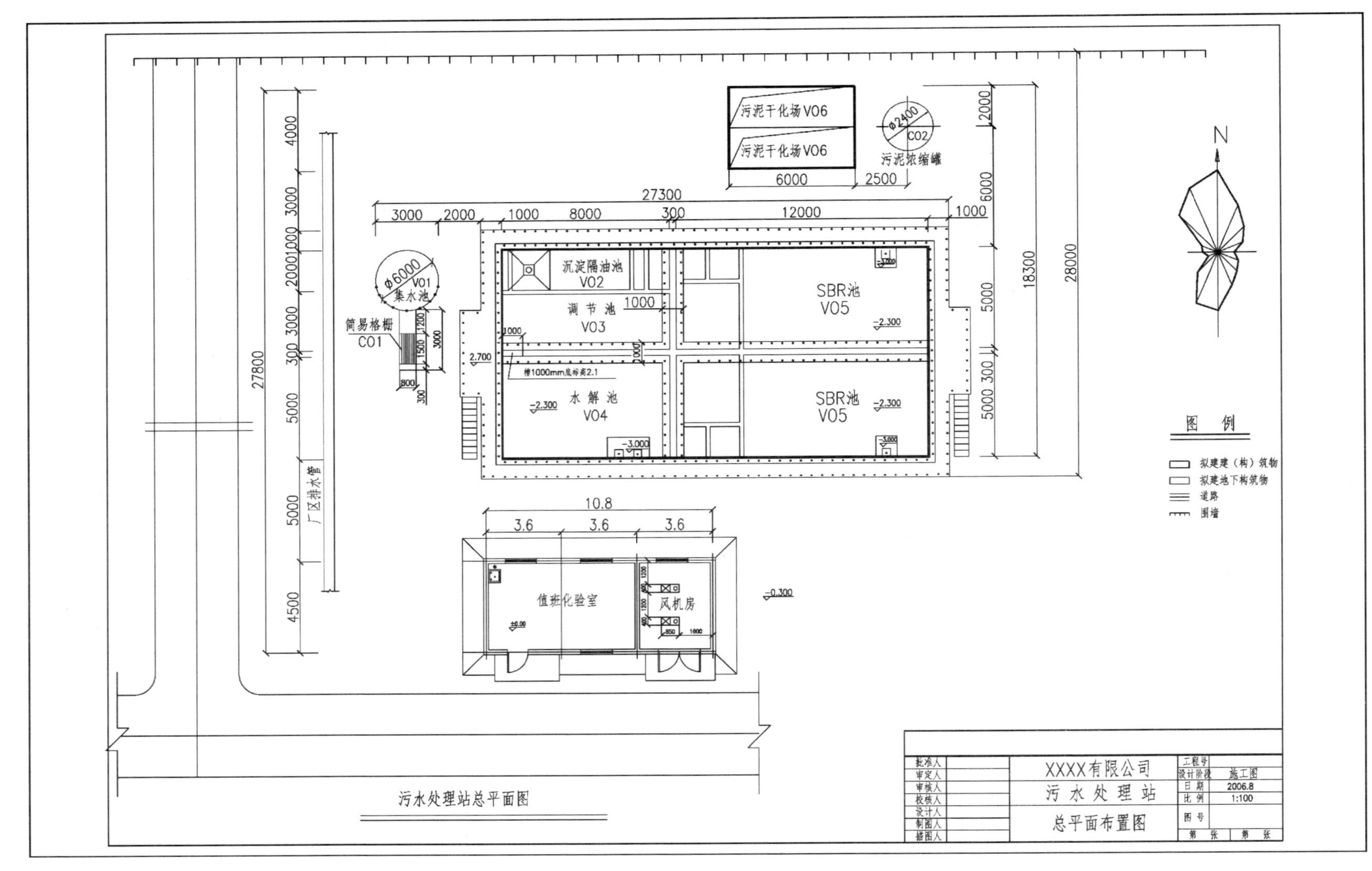

图 17-4 某化工企业水处理工程平面布置图

水处理工程平面布置图绘图思路与方法如下。

（1）图形绘制前准备

① 图层设置（layer 命令）。

a）粗轮廓线层，白色，线宽 0.5。

b）细线层，白色，线宽 0.2。

c）虚线层，黄色，线宽视需要而定。

d）中心线层，红色，线宽为 0.25。

e）标注和文字两个图层分别设置，天蓝色和粉色。

② 从工具条中调出标注。

③ 单击下拉菜单中格式\文字样式或者输入 style，进入文字样式管理器。在文字样式对话框中，新建两种字体样式，分别命名为 FS 和 XW；FS 代表仿宋字体，XW 代表 romans 字体，宽度比例推荐选用 0.8。

（2）主体构筑物平面图绘制

主体构筑物平面图的绘制如图 17-5 所示。

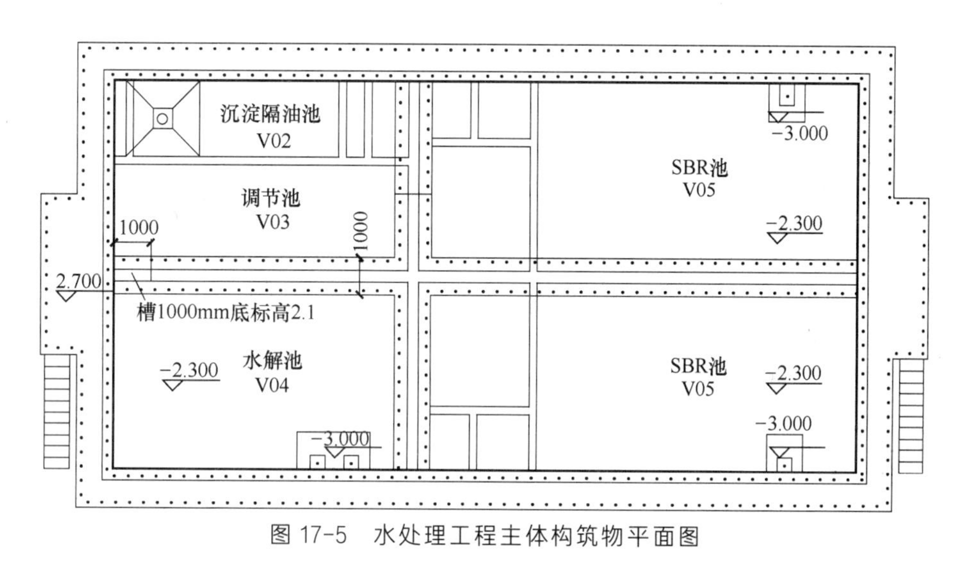

图 17-5　水处理工程主体构筑物平面图

① F3 打开对象捕捉，line 直线、多段线 pline、偏移 offset、修剪 trim、阵列 array 等绘图和编辑命令配合使用，绘制主体构筑物轮廓线及图示细线。

② ltscale 命令调节虚线和中心线线型比例；无边界延伸 lengthen 命令中 DY 动态调整虚线及中心线长度，直至合适。

③ 要熟练地运用相对坐标和极坐标；对象捕捉命令辅助绘图可精确定位。

④ 参照前文设置文字样式，text 或 mtext 命令书写。

（3）绘制工房平面图

工房平面图的绘制如图 17-6 所示。

① 直线 line、矩形 rectangle、偏移 offset、修剪 trim 等绘图和编辑命令，绘制代表工房的矩形以及内外墙线。

② F3 打开对象捕捉，圆弧 arc 与直线 line 命令绘制工房门窗。

③ 设置标注样式，对工房等设施进行尺寸标注；注意尺寸标注箭头为建筑标记。

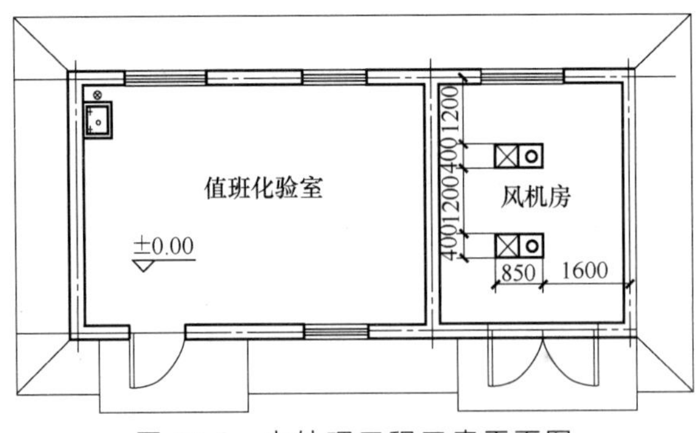

图 17-6 水处理工程工房平面图

17.1.3 水处理构筑物及设备工艺图

1）水处理构筑物工艺图

水处理设施种类繁多，而且其中很大一部分是构筑物。图 17-7 为水处理构筑物工艺图。这些构筑物多采用经验设计，无形中增加了绘图工作量。在这种情况下，可依靠设计者工作经验的积累，将以往绘制的各种常用非标设备图形进行保存，遇到相似设备时，将其调入稍加修改即可。

水处理构筑物工艺图绘图思路与方法如下。

① 绘制水处理构筑物工艺图，应先选择包含文字样式、标注比例、线型比例等的模板图。

② 直线 line、矩形 rectangle、偏移 offset、修剪 trim 等绘图和编辑命令，配合使用绘制构筑物平面图（位于投影位置的剖面图，如图 17-8 所示）；并根据构筑物工艺流程及形体特征，确定布图方向，选择剖切位置，进一步确定剖面图数量。

③ 直线 line、偏移 offset、修剪 trim 等绘图和编辑命令配合使用，根据要求绘制所需的剖视图；池壁钢筋混凝土材质填充图案分两次填充。图案填充 hatch 命令选择金属线 ANSI31 图案、混凝土 Ar-conc 图案两种分别进行填充；注意选择合适的比例和角度；分别如图 17-9～图 17-12 所示。

④ 参照前文方法对水处理构筑物工艺图中文字样式和尺寸标注样式进行设置，并在此基础上进行编号、列表、标注、书写文字。

⑤ 根据比例确定图纸布局，观察预览图并修改不恰当的填充比例、文字样式等。

2）水处理构筑物工艺图

水处理常用设备竖流式沉淀池工艺图如图 17-13 所示。

竖流式沉淀池工艺图绘图思路与方法如下。

图 17-13 所示竖流式沉淀池工艺图可分为图 17-14（剖面图），图 17-15，图 17-16（俯视图），图 17-17（局部放大图）三部分进行绘制。

（1）创建图层、线型、颜色

新建图形文件，点击图层管理器图标或者输入 layer 命令分别建立新的图层，进一步设置各个图层的颜色、线型与线宽。以下为各图层参考颜色设置。

① 文字层粉色。

② 轮廓线层白色。

③ 细线层白色。

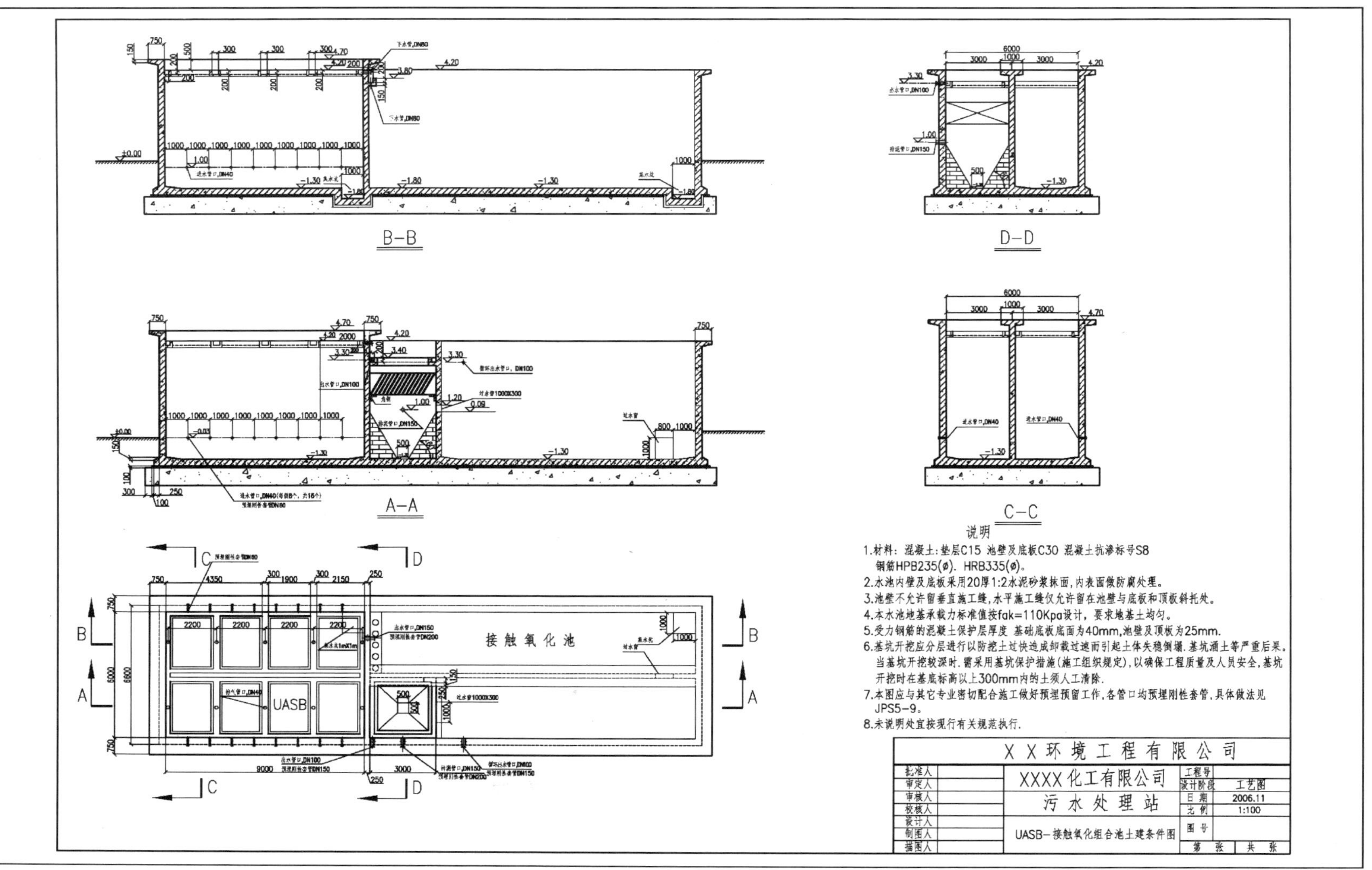

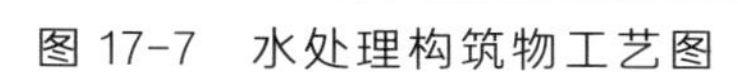
图 17-7　水处理构筑物工艺图

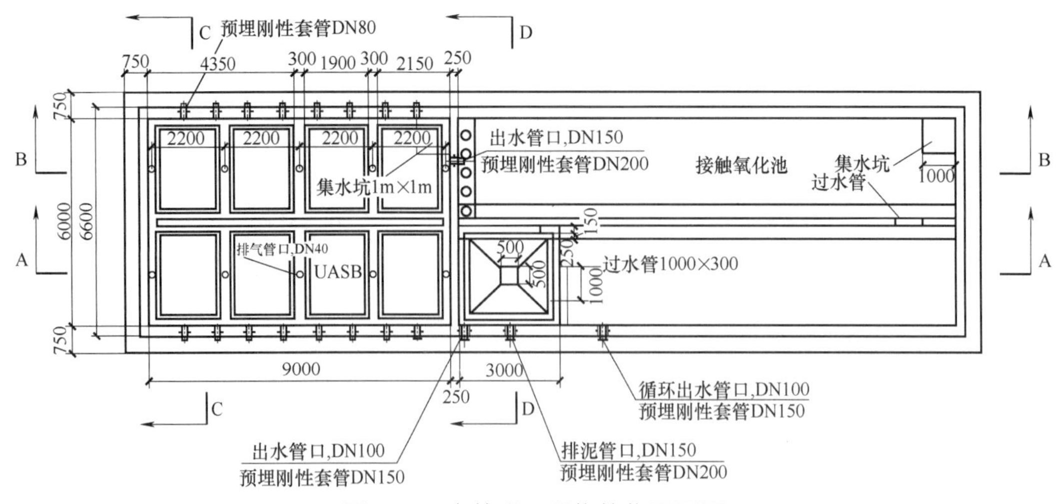

图 17-8 水处理工程构筑物平面图

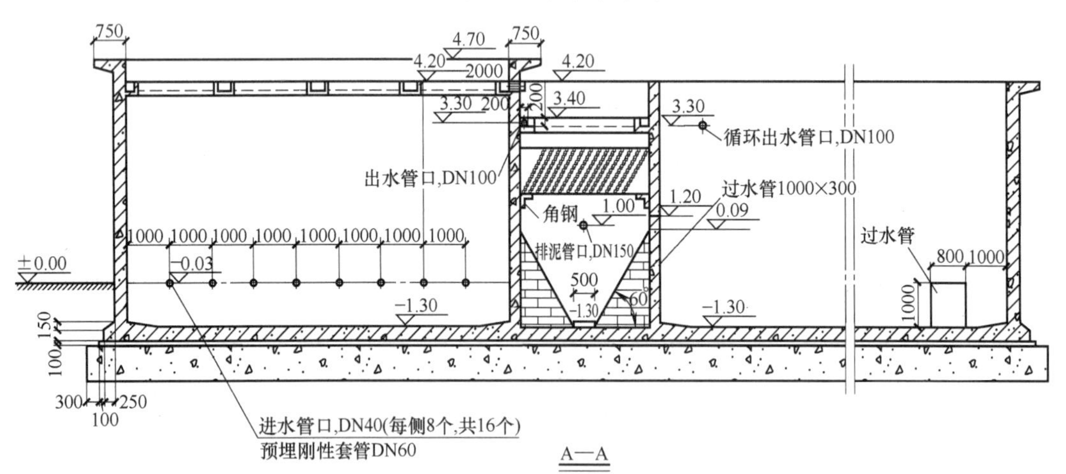

图 17-9 设备 A—A 剖面

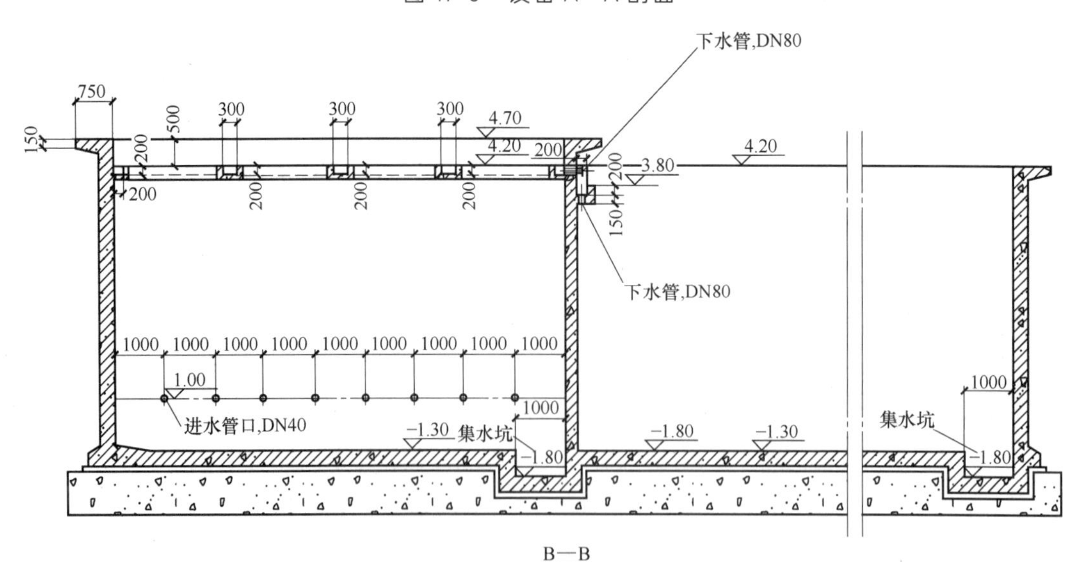

图 17-10 设备 B—B 剖面

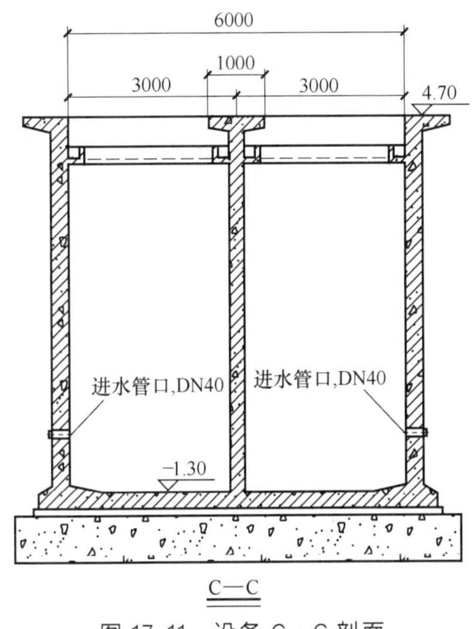

图 17-11　设备 C—C 剖面

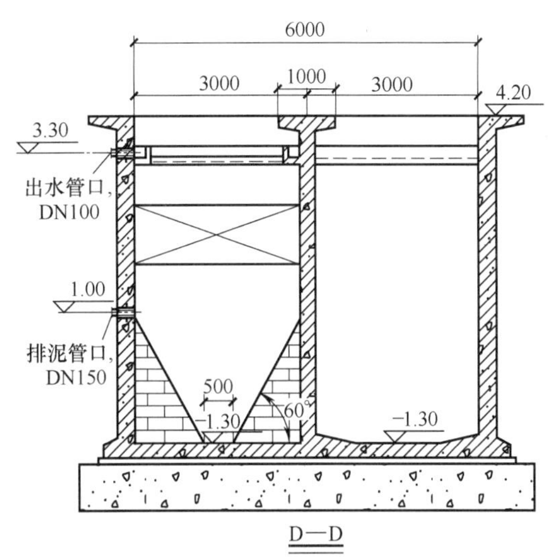

图 17-12　设备 D—D 剖面

④ 虚线层黄色。

⑤ 尺寸层天蓝。

⑥ 中心线层红色。

（2）创建图框和标题栏

根据国家标准要求，直线 line 或多段线 pline，结合偏移 offset、修剪 trim 与复制 copy 命令绘制图框及标题栏。

① F8 打开正交按钮，直线 line 命令，依据给定尺寸绘制边框线。

② 多段线 pline 依据给定尺寸绘制装订边框线，线宽 0.7；line 与 offset 命令绘制标题栏。

③ 修剪 trim 命令剪掉多余的线条。

④ mtext 命令在标题栏中书写文字；采用 copy[M]多重复制方式复制文字到合适位置，接着进行文字修改。

（3）创建图中表格

参照标题栏的绘制和填写方式，绘制和填写竖流式沉淀池工艺图中的表格。

（4）剖面图绘制方法

剖面图的绘制方法如图 17-15 所示。

① 在轮廓线层多段线 pline 绘制轮廓线。

② line 和 pline 命令绘制图中水平的直线，arc 圆弧绘制接管与池壁的相贯线，接着 trim 修剪命令剪掉多余线条。

③ offset 偏移命令，指定偏移距离以及方向，绘制图中其余水平线。

④ pline 命令绘制管道等其他轮廓线。

注意：斜线部分可采用极坐标方式绘制。确定起点，再指定角度，例如 55 度输入“<55”（即 X 轴逆时针方向 55 度），再输入长度值。图中重复或对称的部分，使用 insert 块插入和 mirror 镜像命令可简化绘图过程。

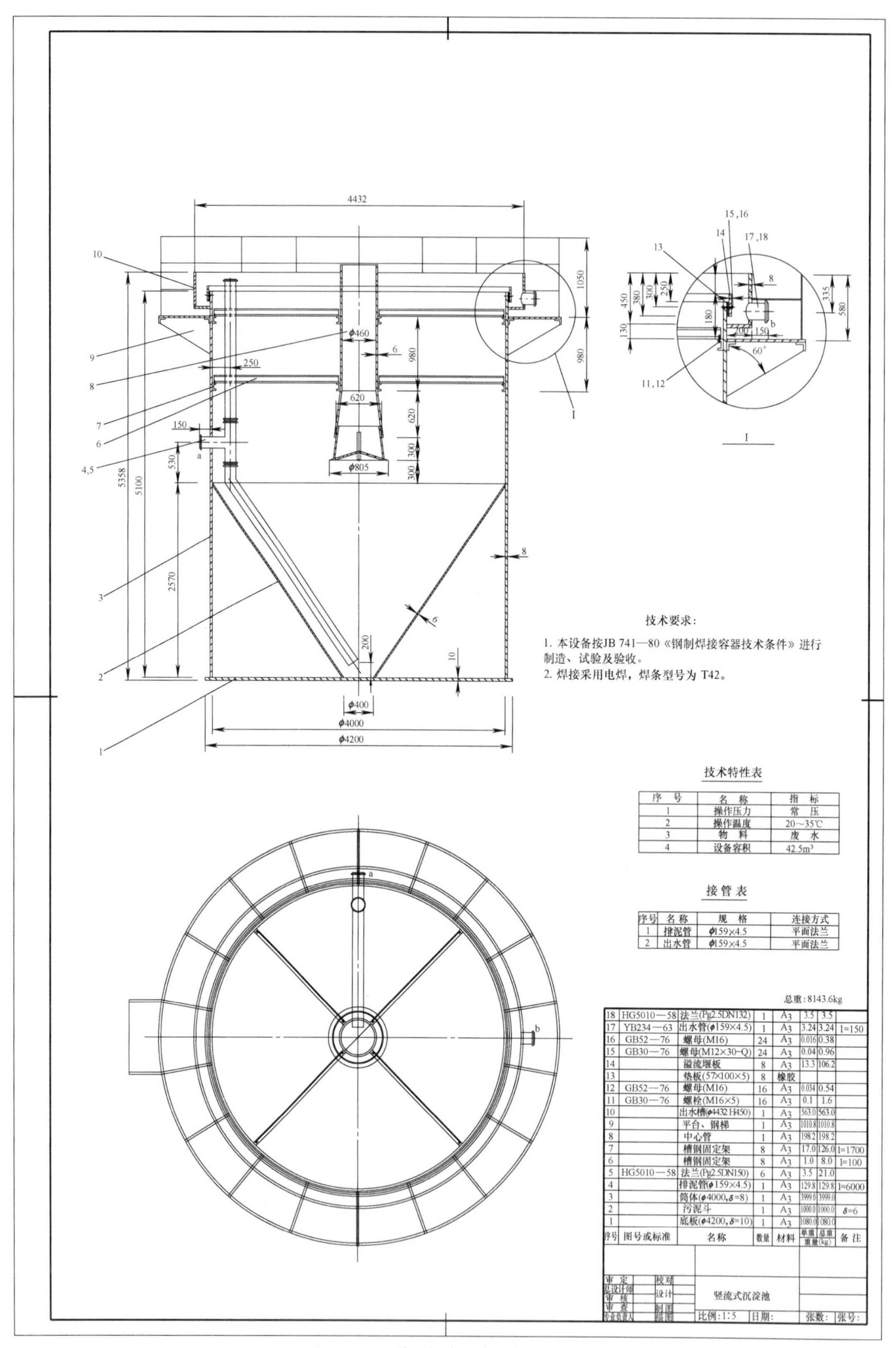

图 17-13 竖流式沉淀池工艺图

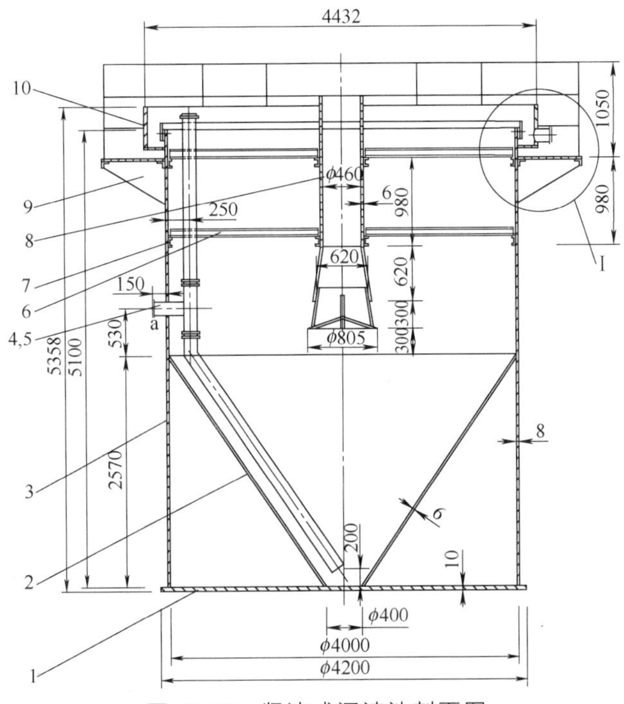

图 17-14 竖流式沉淀池剖面图

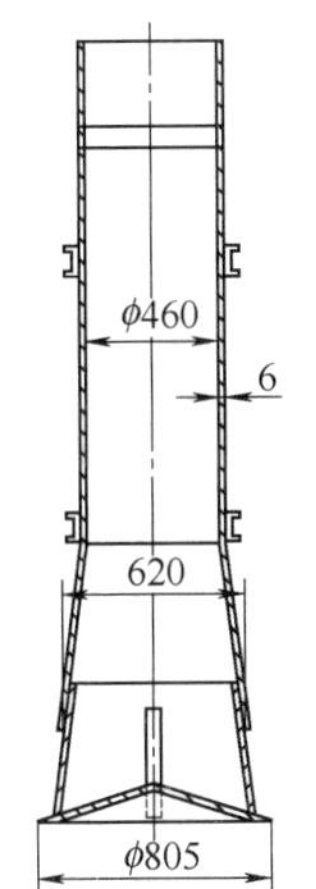

图 17-15 竖流式沉淀池中心管剖面图

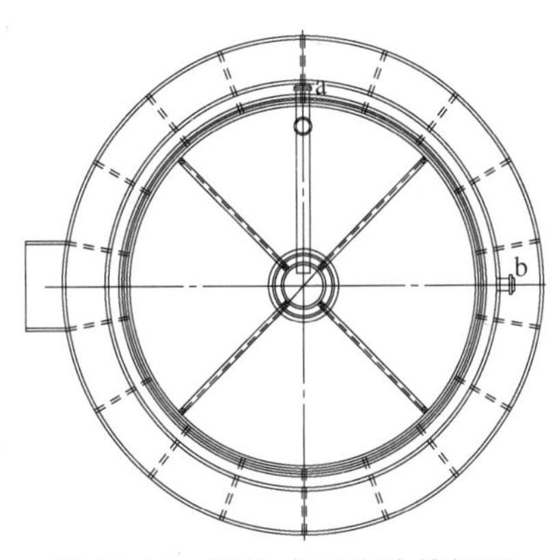

图 17-16 竖流式沉淀池俯视图

（5）绘制中心管

在图层名为“管道”的图层，绘制中心管。

① 直线 line 与偏移 offset 命令相结合，绘制中心管轮廓。

② 多段线 pline 命令，绘制中心管右侧轮廓图；图案填充 hatch 命令（图案为金属剖面线）进行管壁填充，如图 17-17 所示。

（6）绘制设备内部左侧的排泥管

在图层名为“管道”的图层，绘制排泥管。

多段线 pline 命令绘制一侧的管道线；在此基础上 offset 命令绘制另一侧管道线；block 命令将多段线 pline 绘制的法兰制作成图块；insert 命令依次调用，并由 trim 命令修剪完成。

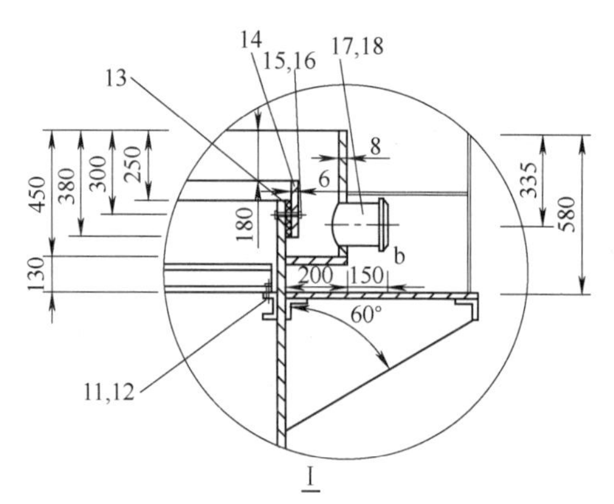

图 17-17　竖流式沉淀池局部放大图

（7）竖流式沉淀池俯视图绘制方法

竖流式沉淀池俯视图如图 17-16 所示。

① 图 17-16 主要由同心圆和辐射状筋板、角钢组成。

② 在轮廓线层中，圆 circle 和偏移 offset 命令绘制各同心圆。

③ 确定辐射状筋板、角钢的个数；line 直线绘制一条，在此基础上以同心圆心为基点，array 命令做 360°环形阵列。

④ block 命令将已绘制的法兰接管做成图块以便调用。

（8）绘制溢流堰及出水管部位的局部放大图

溢流堰及出水管部位尺寸较多，需要用局部放大表示，如图 17-17 所示。

绘制方法如下。

① copy 命令将选定的剖面图中相应部分图形复制到指定位置。

② scale 命令进行放大，比例的选择以能进行完整细节标注为宜，本图参考比例为 2。

③ circle 命令绘制一圆形，以此圆为剪切边，trim 命令对圆外多余图线进行修剪。

（9）文字标注

① 参照前文中文字样式的设置方法为图中设置合适字体，其中汉字采用仿宋体，字母或数字采用 romans 字体；宽度比例推荐采用 0.8。

② 依次指定字的起点、字高、旋转角度，dtext 或 mtext 命令书写竖流式沉淀池中文字。

（10）尺寸标注

① 参照前文尺寸样式设置方法，为竖流式沉淀池图形设置标注样式。在新建的总体标注样式下新建尺寸、角度、半径、直径四个子样式，在此基础上按相关要求设置各个选项卡。

② 调出尺寸标注工具条进行标注。

17.2　大气污染控制工程图绘制方法

17.2.1　碱洗塔总图

1）图形分析

该图形为“碱洗塔总图”（如图 17-18 所示）。

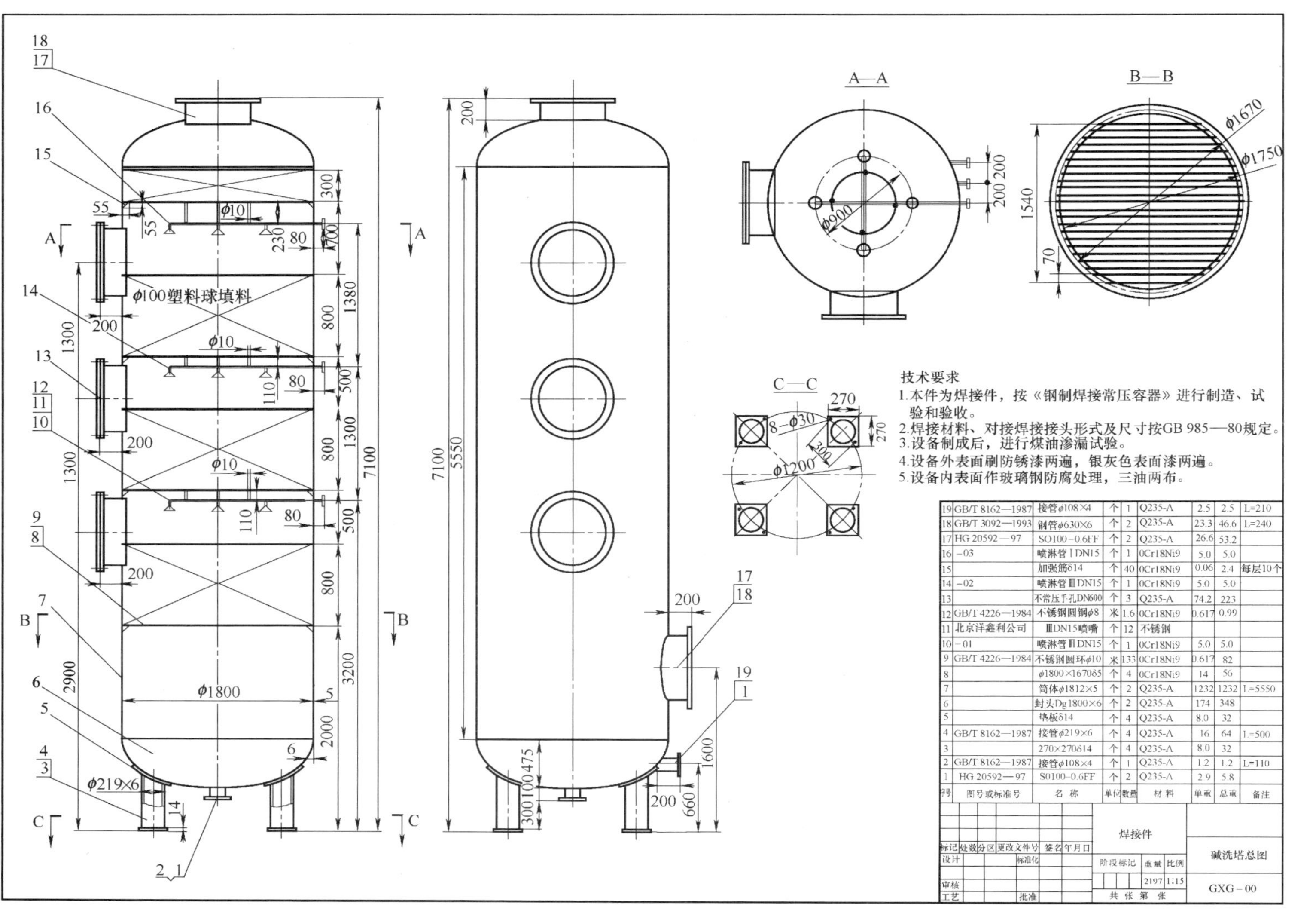
A—A
B—B
C—C
φ100塑料球填料
技术要求
1.本件为焊接件，按《钢制焊接常压容器》进行制造、试验和验收。
2.焊接材料、对接焊接接头形式及尺寸按GB 985—80规定。
3.设备制成后，进行煤油渗漏试验。
4.设备外表面刷防锈漆两遍，银灰色表面漆两遍。
5.设备内表面作玻璃钢防腐处理，三油两布。
焊接件
碱洗塔总图
GXG－00

图 17-18　碱洗塔总图

在大气污染控制技术中，吸收法是净化气态污染物的主要方法之一。碱洗塔正是利用碱吸收液来净化酸性气态污染物的设备。气体在塔内下进上出（液体则方向相反），在填料层充分接触吸收净化。

2）绘图思路与方法

（1）对照标题栏上方的材料表一一分析图形各部分组成构件。

（2）F3打开对象捕捉，直线line、圆circle、圆弧arc、矩形rectangle、椭圆ellipse等绘图命令，结合移动move、复制copy、偏移offset、阵列array、修剪trim、镜像mirror、填充hatch等编辑命令，依据碱洗塔总图中给定尺寸分别绘制“筒体”“封头”等外形轮廓。

注意：绘制椭圆封头时，以筒体矩形上边中点为椭圆中心。

（3）由于塔体为钢结构，存在钢板厚度，在设计时应根据实际情况确定厚度。本图厚度参照尺寸为5mm，并需要根据塔内壁绘制塔外壁。

注意：“explode”（分解）将多段线的矩形分解；“pedit”（多段线编辑）将筒体与封头闭合，使之为一个整体多段线，即塔内壁；“offset”（偏移）将塔内壁向外偏移5，即外塔壁。

（4）绘制人孔，材料表中标号为13；并block命令将其定义为图块。

注意：本图形中人孔参照尺寸，内径为600，外径630；外端连接两片法兰，单片厚度15，内径600，外径780；其他人孔需用insert命令做图块插入，以简化绘制过程。

（5）按照图中给定尺寸绘制填料、喷淋装置、底板、接管等其他部分。

（6）碱洗塔总图绘制完成后，F8打开正交按钮，在右侧复制一个塔体作为左视图，在此基础上对左视图进行修改。

注意：主视图与左视图上各部分装置，如人孔、法兰等，仍需满足视图之间的投影关系；左视图塔底右侧法兰孔为气体进口，法兰与筒体连接处相贯线，由arc圆弧命令绘制。

（7）“A—A”视图为俯视图；“B—B”视图为填料支撑结构，即篦子。

注意：绘制篦子俯视图时，应先绘制中心线处的钢筋，“δ5”表示厚度为5mm；接着以中心线处钢筋为对象，向上进行阵列，行参考间距为70；trim命令根据图样对钢筋多余部分进行修剪，并以中心线为镜像线进行上、下镜像。

（8）参照前文尺寸样式管理器中标注总体样式与子样式设置方法，根据碱洗塔总图进行尺寸标注。

注意：标注时须使用连续标注、基线标准，并认真检查以防止遗漏；引线说明部分，若在同侧则尽量保证上下对齐。

（9）mtext命令书写标题栏、材料表及文字说明部分，多复制的方法可简化文字书写过程。

（10）调整线性比例使虚线、中心线有较好的显示效果，调整各部图形在图框中的布局。

17.2.2 旋风除尘器设备装配图

1）图形分析

图17-19为旋风除尘器设备装配图，图17-20为旋风除尘器设备装配本体底部图，旋风除尘器可净化含尘废气，废气在除尘器内产生旋流，并在离心作用力下将固态颗粒物去除。

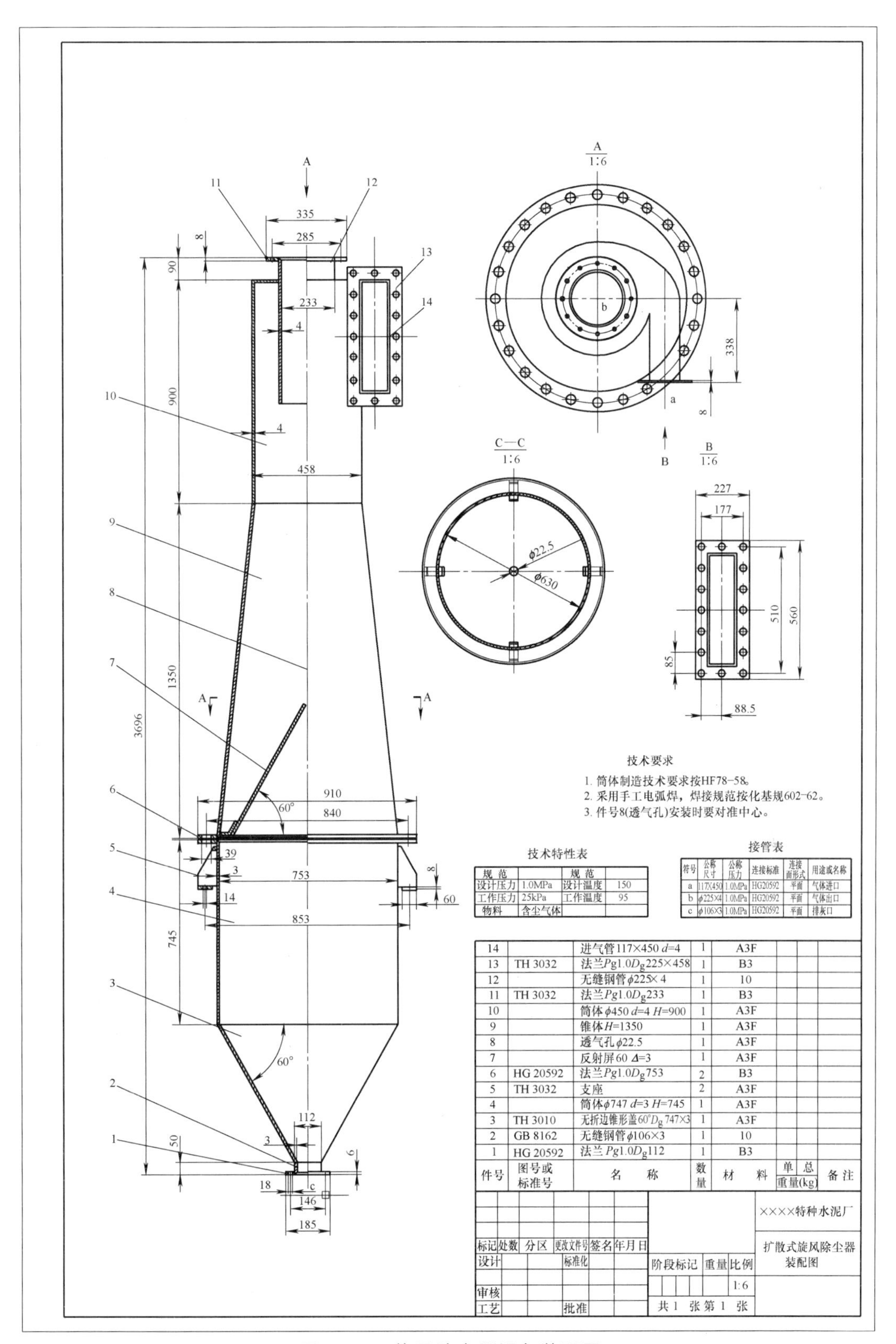

技术特性表

规范		规范	
设计压力	1.0MPa	设计温度	150
工作压力	25kPa	工作温度	95
物料	含尘气体		

接管表

符号	公称尺寸	公称压力	连接标准	连接面形式	用途或名称
a	117X450	1.0MPa	HG20592	平面	气体进口
b	ϕ225×4	1.0MPa	HG20592	平面	气体出口
c	ϕ106×3	1.0MPa	HG20592	平面	排灰口

件号	图号或标准号	名称	数量	材料	单重量(kg)	总重量(kg)	备注
14		进气管117×450 d=4	1	A3F			
13	TH 3032	法兰Pg1.0D_g225×458	1	B3			
12		无缝钢管ϕ225×4	1	10			
11	TH 3032	法兰Pg1.0D_g233	1	B3			
10		筒体ϕ450 d=4 H=900	1	A3F			
9		锥体H=1350	1	A3F			
8		透气孔ϕ22.5	1	A3F			
7		反射屏60 Δ=3	1	A3F			
6	HG 20592	法兰Pg1.0D_g753	2	B3			
5	TH 3032	支座	2	A3F			
4		筒体ϕ747 d=3 H=745	1	A3F			
3	TH 3010	无折边锥形盖60°D_g747×3	1	A3F			
2	GB 8162	无缝钢管ϕ106×3	1	10			
1	HG 20592	法兰Pg1.0D_g112	1	B3			

标记	处数	分区	更改文件号	签名	年月日	阶段标记	重量	比例	××××特种水泥厂
设计			标准化					1:6	扩散式旋风除尘器装配图
审核						共 1 张 第 1 张			
工艺			批准						

图 17-19　旋风除尘器设备装配图

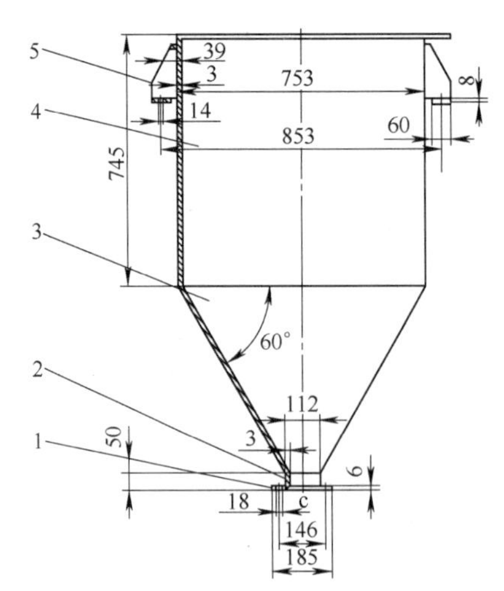

图 17-20　旋风除尘器设备装配本体底部图

2）绘图思路与方法

（1）按照材料表一一认识各部分构件。

（2）绘制除尘器本体的中心线。

（3）绘制除尘器外壳左半部分。

注意：可使用偏移 offset 命令，将最底部以中心线为对象，左右各偏移“185/2”“146/2”“112/2”“753/2”；之后再以底边为偏移对象向上偏移 50，与偏移“112/2”的线相交；以交点为第一点，以“@700<120”为第二点做直线，该直线与偏移“753/2”的线相交；以交点做水平线，再把该水平线向上偏移 745。

（4）按照步骤（3）的方法将除尘器左半部分绘制完毕后，用镜像 mirror 命令绘制出右半部分。

（5）用偏移 offset 命令将筒体向外偏移 3mm，以示筒体厚度；用图案填充 hatch 命令填充除尘器外壳左半部。

（6）比照图例用直线 line、矩形 rectang、圆弧 arc、多段线 pline、圆 circle 等绘图命令与偏移 offset、镜像 mirror、修剪 trim、图案填充 hatch 等编辑命令配合，绘制内部构件，其中进气法兰绘制好以后复制出来做详细标注。

（7）A 视图为该除尘器的俯视图，结合左边正视图的尺寸将其绘制。

（8）所有图形绘制完毕后进行尺寸标注，标题栏、材料表、技术说明等文字书写。

注意：尺寸标注文字使用 romans.shx 字体，标题栏、材料表、技术说明中的汉字使用仿宋_GB2312 字体。

（9）用 ltscale 命令调整中心线、虚线线型比例，并合理布置图形在图框中的布局。

17.2.3　花岗岩水浴脱硫除尘器图

1）图形分析

图 17-21 为花岗岩水浴脱硫除尘器图。该净化设施可净化含尘、含硫混合废气，废气在碱性水膜冲洗作用下，同时去除粉尘、SO_2，底部池子可存储冲洗碱液，并定期清淤、加碱，采用花岗岩材质可防腐、防磨。图 17-22 为花岗岩水浴脱硫除尘器水循环池，图 17-23 为烟气进口、出口图。

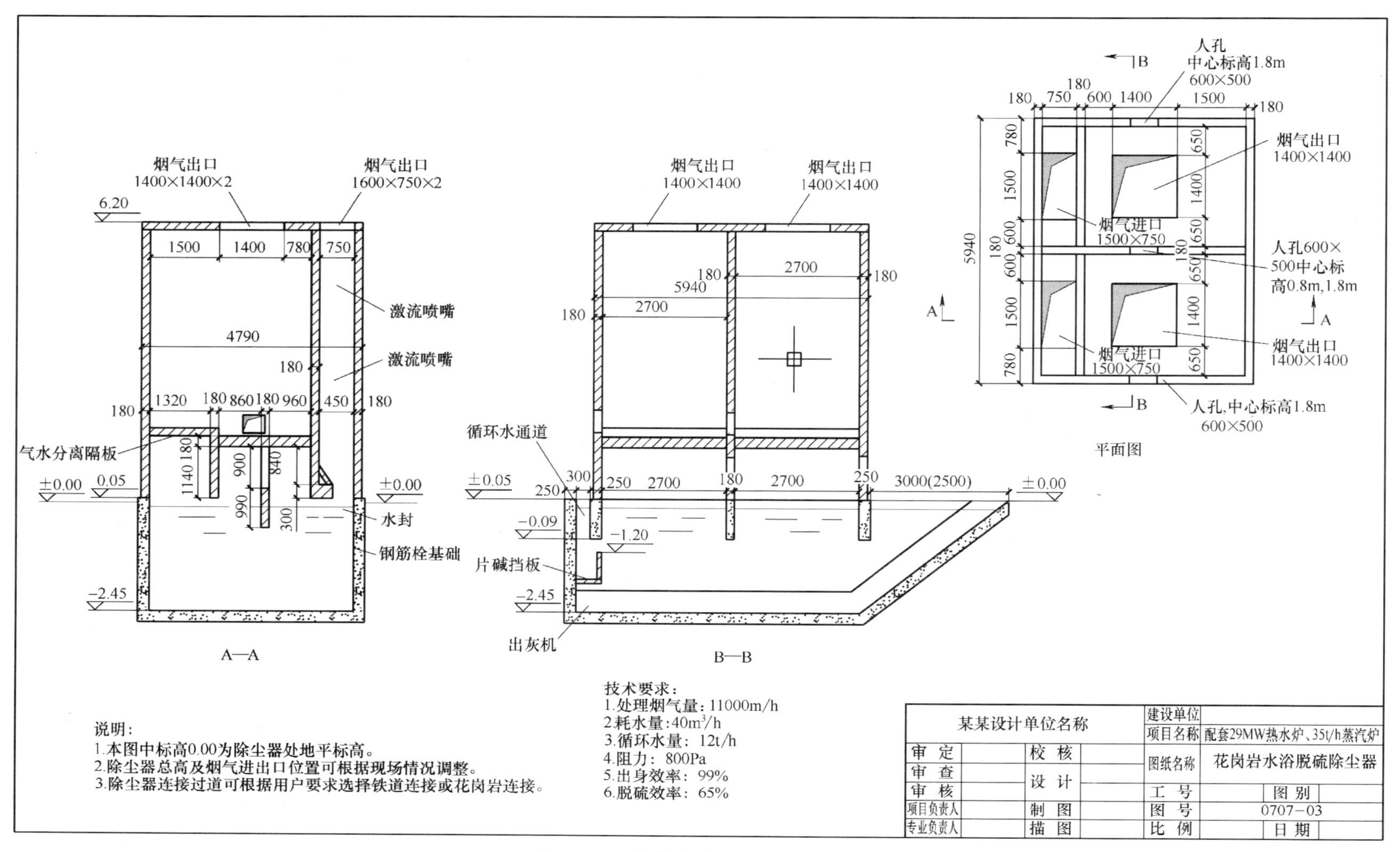

图 17-21　花岗岩水浴脱硫除尘器图

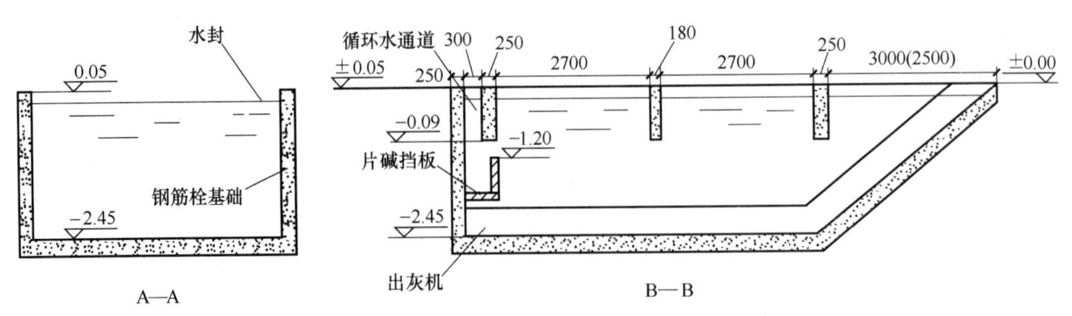

图 17-22　花岗岩水浴脱硫除尘器水循环池

2）绘图思路与方法

（1）按照材料表一一认识各部分构件。

（2）F3 打开对象捕捉，用直线 line 绘图命令与偏移 offset、修剪 trim、图案填充 hatch 等编辑命令，绘制循环水池基础，即钢筋砼基础。

注意："▽——"表示标高，默认单位为 m，可根据两个标高之间差值进行绘图；填充区域必须封闭，并选择正确的填充图案和填充比例；在选择填充区域时，须观察到所要填充部分的全部边界方可选择。

（3）绘制上半部分，材料为花岗岩。

注意：步骤同上，填充图案不同。

（4）用矩形 rectang、直线 line 命令、图案填充 hatch 命令绘制烟气进口、出口（如图 17-23 所示）。

注意：引线标注文字说明及尺寸时，在尺寸标注样式设置里把引线的箭头改为圆点。

（5）所有图形绘制完毕后进行尺寸标注，标题栏、材料表、技术说明等文字书写。

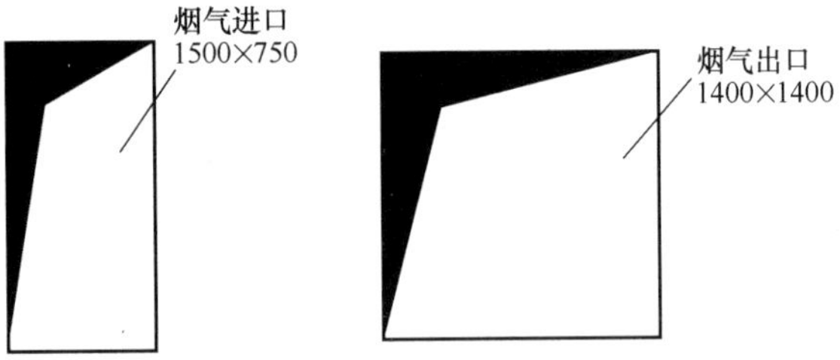

注意：尺寸标注文字使用 romans.shx 字体，标题栏、材料表、技术说明中的汉字使用仿宋_GB2312 字体。

烟气进口 1500×750　烟气出口 1400×1400

图 17-23　烟气进口、出口图

（6）对绘制图形在图框内进行合理布局，并认真检查图纸。

注意："A—A"与"B—B"应水平对齐。

17.3　噪声控制工程图绘制方法

1）图形分析

下面四个图（图 17-24～图 17-27）为热交换站噪声治理图的部分图。噪声源主要为水泵噪声以及蒸汽管道与阀门的噪声，控制措施是采用门窗隔声、设备减振、设置消声器来降低噪声级别。

2）绘图思路与方法

（1）F3 打开对象捕捉，由直线 line、矩形 rectang、圆弧 arc、多段线 pline 等绘图命令与偏移 offset、阵列 array、镜像 mirror、修剪 trim、图案填充 hatch 等编辑命令配合，绘制热交换站噪声治理平面图（一层）。

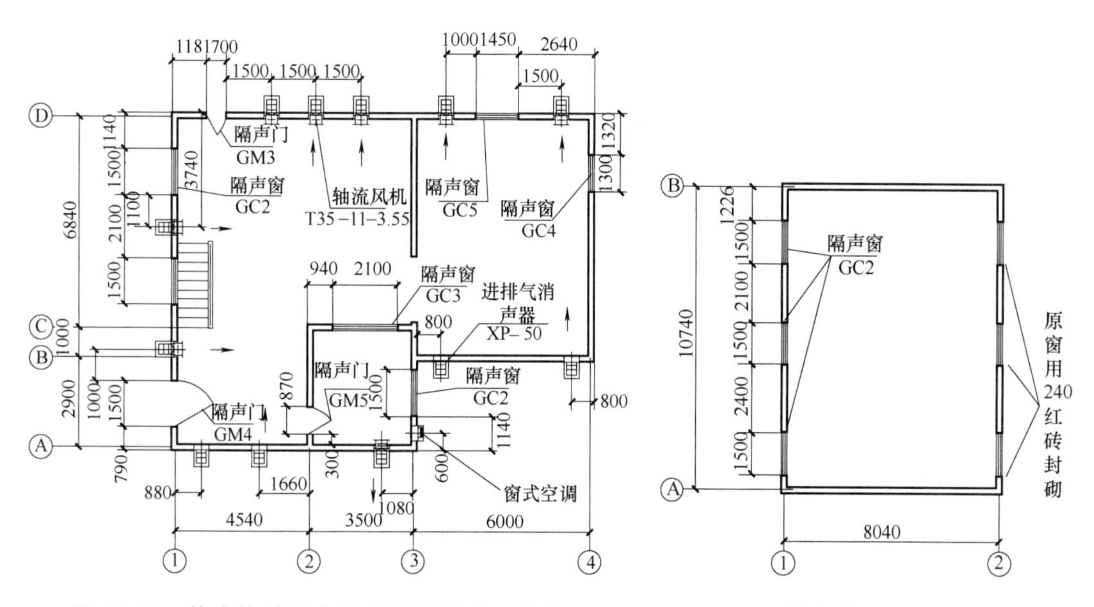

图 17-24　热交换站噪声治理平面图（一层）　　图 17-25　热交换站噪声治理平面图（二层）

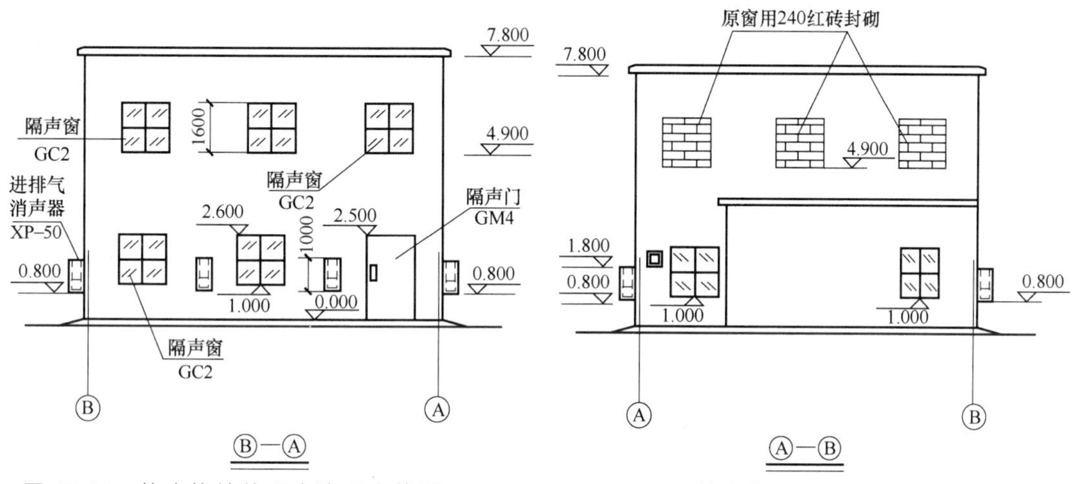

图 17-26　热交换站的噪声治理立体图 B—A　　图 17-27　热交换站噪声的治理立体图 A—B

注意：引线标注文字说明及尺寸时，在尺寸标注样式设置里把引线的箭头改为无。

（2）由直线 line、矩形 rectang 等绘图命令与镜像 mirror、修剪 trim 等编辑命令配合，绘制热交换站噪声治理平面图（二层）。

（3）由直线 line、矩形 rectang、多段线 pline 等绘图命令与偏移 offset、阵列 array、镜像 mirror、修剪 trim、图案填充 hatch 等编辑命令配合，绘制图 B—A 与图 A—B。

17.4　固体废弃物治理工程图绘制方法

1）图形分析

图 17-28 为热解焚烧法生活垃圾焚烧处理系统流程图，流程图不要求尺寸精确，可按照一定比例将各处理单元绘制清楚即可。

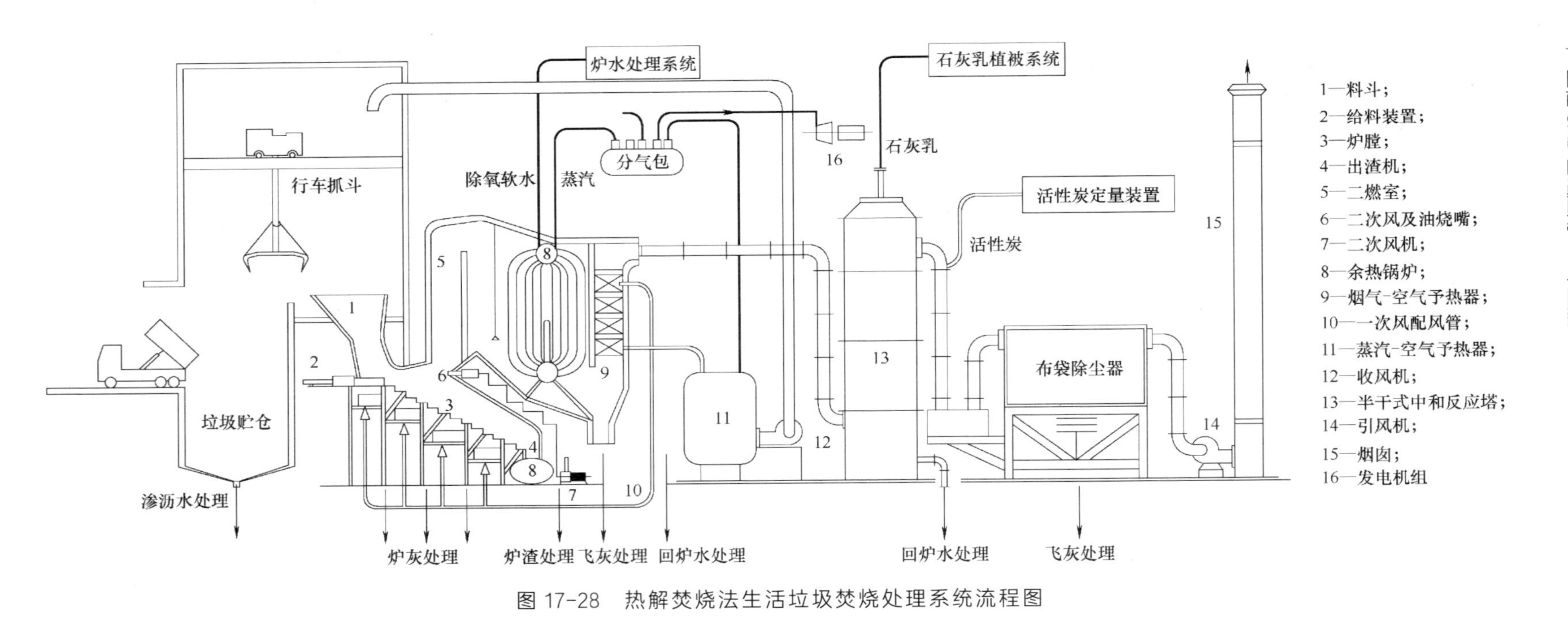

图 17-28 热解焚烧法生活垃圾焚烧处理系统流程图

2）绘图思路与方法

（1）照右侧设备表——认识各设备单元，由直线 line、矩形 rectang、圆弧 arc、圆 circle、多段线 pline 等绘图命令与偏移 offset、阵列 array、镜像 mirror、修剪 trim、图案填充 hatch 等编辑命令配合，按照序号顺序依次绘制。

注意：各部分的布置尽量紧凑、整齐、线条清晰；空心箭头，三角形、矩形构成；实心箭头，起点、端点宽度不同的多段线；绘制同类符号、箭头、文字、管道的大小样式应保持一致。

（2）绘制全部图形后，根据显示效果可进一步调整各单元比例大小。

注意：由于没有尺寸标注，可先绘制图形示意图，形状结构相同即可；各单元图形拼凑到一起时，可用“sc”（比例缩放）命令调整大小。

（3）认真检查图纸，以防止漏项或错误绘图。

附录 A

中望 CAD 快捷键

别名（快捷键）	执行指令	命令说明
符号键（CTRL 开头）		
CTRL+1	Properties	对象特性管理器
CTRL+2	Adcenter	设计中心
CTRL+3	Toolpalettes	工具选项板
CTRL+8 或 QC	QuickCalc	快速计算器
CTRL+9		快速命令条的显示/隐藏
CTRL+0	Cleanscreenoff/ Cleanscreenon	快速显示/隐藏工具栏和可固定窗口（命令窗口除外），使工作区最大化显示
控制键		
CTRL+A	AI_SELALL	全部选择
CTRL+C 或 CO/CP	Copyclip 或 Copy	复制
CTRL+D 或 F6	Coordinate	坐标(相对和绝对)
CTRL+E 或 F5	Isoplane	等轴测平面
CTRL+H 或 SET	Setvar	系统变量
CTRL+K	Hyperlink	超级链接
CTRL+N	New	新建
CTRL+O	Open	打开
CTRL+P	Print	打印
CTRL+Q 或 ALT+F4	Quit 或 Exit	退出
CTRL+S	Qsave 或 Save	保存
CTRL+T 或 F4	Tablet	数字化仪初始化
CTRL+V	Pasteclip	粘贴
CTRL+X	Cutclip	剪切
CTRL+Y	Redo	重做
CTRL+Z	Undo	放弃
组合键		
CTRL+SHIFT+A 或 G	Group	切换组

续表

别名（快捷键）	执行指令	命令说明
CTRL+SHIFT+C	Copybase	带基点复制
CTRL+SHIFT+S	Saveas	另存为
CTRL+SHIFT+V	Pasteblock	将 Windows 剪贴板中的数据作为块进行粘贴
CTRL+ENTER		要保存修改并退出多行文字编辑器
功能键		
F1	Help	帮助
F2	Pmthist	文本窗口
F3 或 CTRL+F/ OS	Osnap	对象捕捉
F7 或 CTRL+G		栅格开/关
F8 或 CTRL+L	Ortho	正交
F9	Snap	捕捉
F10		极轴
F11		对象捕捉追踪
F12		动态输入
换挡键		
CTRL+F6 或 CTRL+TAB	打开多个图形文件，切换图形	
ALT+F8	Vbarun	VBA 宏命令
ALT+F11	VBA	Visual Basic 编辑器
中望 CAD 命令及简化命令		
A	Arc	圆弧
B	Block	创建块
C	Circle	圆
D	Ddim	标注样式管理器
E	Erase	擦除
F	Fillet	圆角
G	GROUPUNNAME	匿名组
H 或 BH	Hatch 或 BHatch	图案填充
I	Ddinsert 或 Insert	插入块
L	Line	直线
M	Move	移动
O	Offset	偏移
P	Pan	实时平移
R	Redraw	更新显示
S	Stretch	拉伸

续表

别名（快捷键）	执行指令	命令说明
T	Mtext	多行文字
U	UNDO	撤销上一个命令
V	View	视图管理器
W	Wblock	写块
X	Explode	分解
Z	Zoom	缩放
3A	3darray	三维阵列
3F	3dface	三维面
3P	3dpoly	三维多段线
AA	Area	面积
AL	ALign	对齐
AP	APpload	加载应用程序
AR	ARray	阵列
BM	Blipmode	标记
BO 或 BPOLY	Boundary	边界
BR	Break	打断
CH	Change	修改属性
DI	Dist	测距
DN	Dxfin	加载 DXF 文件
DO	Donut	圆环
DT	DTEXT	单行文字
ED	Ddedit	编辑
EL	Ellipse	椭圆
EX	Extend	有边界延伸
FI	Filter	图形搜索定位
HE	Hatchedit	编辑填充图案
HI	Hide	消隐
IM	Image	图像管理器
IN	Intersect	交集
IO	Insertobj	OLE 对象
LA	Layer	图层特性管理器
LE	Qleader	快速引线
LI 或 LS	List	列表显示
LT	Linetype	线型管理器
LW	Lweight	线宽

续表

别名（快捷键）	执行指令	命令说明
MA	Matchprop	特性匹配
ME	Measure	定距等分
MI	Mirror	镜像
ML	Mline	多线
MS	Mspace	将图纸空间切换到模型空间
MT 或 T	Mtext 或 Mtext	多行文字
MV	Mview	控制图纸空间的视口的创建与显示
OO	Oops	取回由删除命令所删除的对象
OP	Options	选项
OR	Ortho	正交模式
OS	OSnap	对象捕捉设置
PA	Pastespec	选择性粘贴
PE	Pedit	编辑多段线
PL	Pline	多段线
PO	Point	单点或多点
PS	Pspace	切换模型空间视口到图纸空间
PU	Purge	清理
RA	Redrawall	重画
RE	Regen	重生成
RI	Reinit	重新加载或初始化程序文件
RO	Rotate	旋转
SC	Scale	实体缩放
SE	Settings	草图设置
SL	Slice	实体剖切
SN	Snap	限制光标间距移动
SO	Solid	二维填充
SP	Spell	检查拼写
ST	Style	文字样式
SU	Subtract	差集
TH	Thickness	设置三维厚度
TI	Tilemode	控制最后一个布局（图纸）空间和模型空间的切换
TM	Time	时间
TO	Toolbar	工具栏
TR	Trim	修剪
UC	Ucsman 或 Dducs	命名 UCS 及设置

续表

别名（快捷键）	执行指令	命令说明
UN	Ddunits	单位
VL	Vplayer	控制视口中的图层显示
VP	Ddvpoint	视点预置
VS	Vslide 或 Vsnapshot	观看快照
WE	Wedge	楔体
WI	Wmfin	输入 WMF
WO	Wmfout	输出 WMF
XL	Xline	构造线
XR	Xref	外部参照管理器
ATE	Ddatte 或 Attedit	编辑图块属性
ATT	Ddattdef 或 Attdef	定义属性
CHA	Chamfer	倒角
COL	Setcolor	选择颜色
DAL	Dimaligned	对齐标注
DAN	Dimangular	角度标注
DBA	Dimbaseline	基线标注
DCE	Dimcenter	圆心标记
DCO	Dimcontinue	连续标注
DDI	Dimdiameter	直径标注
DED	Dimedit	编辑标注
DIM	Dimension	访问标注模式
DIV	Divide	定数等分
DLI	Dimlinear	线性标注
DOR	Dimordinate	坐标标注
DOV	Dimoverride	标注替换
DRA	Dimradius	半径标注
DST	Dimstyle	标注样式
EXP	Export	输出
EXT	Extrude	面拉伸
IAD	Imageadjust	图像调整
IAT	Imageattach	附着图像
ICL	Imageclip	图像剪裁
IMP	Import	输入
INF	Interfere	干涉
LEAD	Leader	引线

续表

别名（快捷键）	执行指令	命令说明
LEN	Lengthen	无边界延伸
LTS	Ltscale	线型的比例系数
POL	Polygon	正多边形
PRE	Preview	打印预览
REA	Regenall	全部重生成
REC	Rectangle	矩形
REG	Region	面域
REV	Revolve	实体旋转
SCR	Script	运行脚本
SEC	Section	实体截面
SHA	Shade	着色
SPE	Splinedit	编辑样条曲线
SPL	Spline	样条曲线
TOL	Tolerance	几何公差
TOR	Torus	圆环体
UNI	Union	并集

熟记以上命令，将使您事半功倍，可最先掌握一个或者两个字母的命令，再逐渐扩展。这也是锻炼左手应用左手操作的机会。

附录B

工程 CAD 上机考试模拟试卷

上机模拟试卷一

第 1 单元　图形符号绘制

新建图形文件名 EWCAD1_1.DWG，完成如图所示图形符号，要求如下。

1．用 Grid 和 Snap 命令设置栅格，间距为 5 个单位。

2．以图中所示圆点（15，15）为基点，绘制图形其他部分。

3．用 Line 命令绘制所有的直线。

4．线宽采用默认设置。

5．用 Circle 命令绘制所有的圆。

6．用 Arc 命令绘制所有的圆弧。

将完成的图形以原文件名快速存盘。

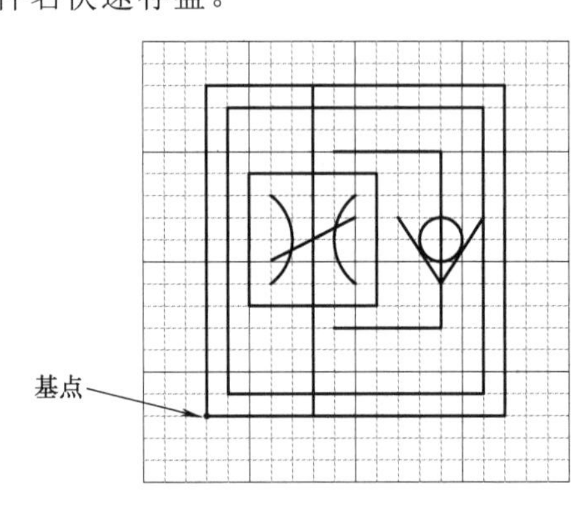

第 2 单元　图形环境设置

打开图形 EWCAD2_1.DWG，完成图形环境设置及图形绘制，要求如下。

1．设置图形单位，采用十进制长度单位（Decimal），精度为小数点后 4 位；采用十进制角度单位（Decimal degrees），精度为小数点后 2 位。

2．设置电子图幅，大小 A2(420×594)，左下角点为（0,0），将显示范围设置的和图形极限相同。

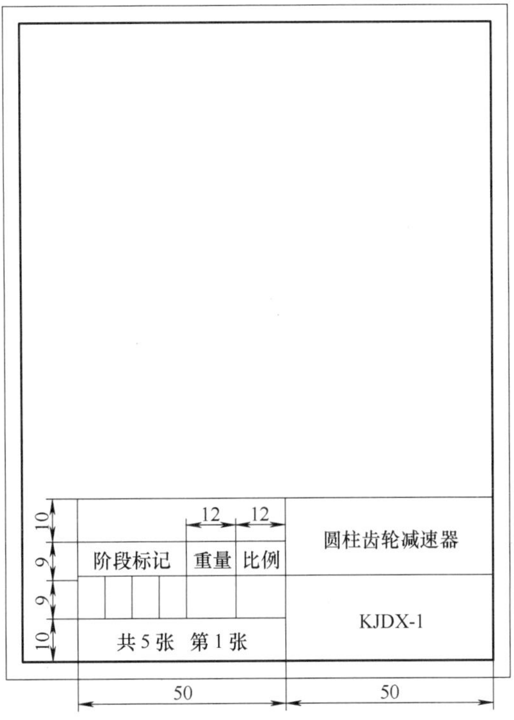

3．用图层命令设置：

（1）建立新层01，线型为Continuous，层色为白色；

（2）建立新层05，线型为Center，层色为红色；

（3）建立新层11，线型为Continuous，层色为洋红。

4．设置文字样式：

（1）定义字型KT，依据的字体为楷体，宽度系数为0.7，其余参数使用缺省值；

（2）定义字型XT，依据的字体为Romand，宽度系数为0.7，其余参数使用缺省值。

5．设置线性比例因子为1.4。

6．在01层用矩形命令绘制不带装订边的图框内外边框，内框线宽0.7，外框线宽0，用Line命令绘制图示表格。

7．用Mtext在11层填写文本，“KJDX-1”采用字型XT，其余采用字型KT，使文字在格中正中对齐；表格最右列文字高度为5，其余字高为3.5。

将完成的图形以原文件名快速存盘。

第3单元 图形编辑

打开EWCAD3_1.DWG图形文件，如图A所示，要求完成的图形如图B所示。

1．移动多义线①，参照图B。

2．将多义线②分解为直线。

3．参照图B将多义线②进行延伸。

4．参照图B旋转六边形③。

5．将六边形进行偏移，偏移距离为10。

6．参照图B拉伸图形的左半部分，距离50个单位。

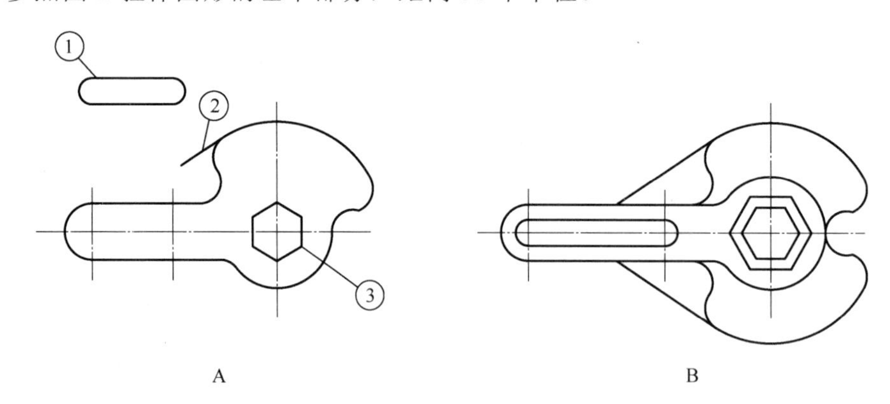

7．以水平中心线为镜像线，将图形镜像复制。

8．删除图中的①、②、③编号和蓝色的指引线及字母“A”。

将完成的图形以原文件名快速存盘。

第4单元　精确绘图

新建图形文件名EWCAD4_1.DWG，以（110,100）为基点，按照图中所给尺寸精确绘制图形（尺寸标注不画），要求如下。

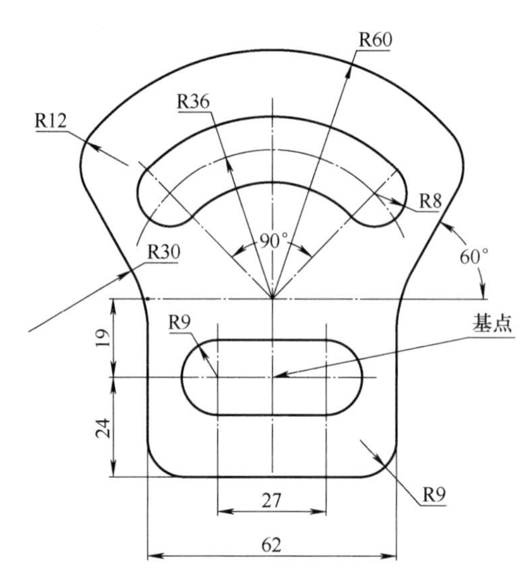

1．设置Limits电子图幅为（210×200）。

2．用图层命令设置：

（1）建立新层05，线型为Center，颜色为红色，绘制中心线；

（2）建立新层01，线型为Continuous，颜色为绿色，绘制轮廓线，图层线宽为0.5。

3．设置线型比例为0.5。

4．用Line命令绘制直线，用Circle命令绘制圆，可以使用辅助线（用后删去）和目标捕捉功能，直线、圆不应有重叠。

将完成的图形以原文件名快速存盘。

第5单元 尺寸标注

打开图形 EWCAD5_1.DWG，按图示要求进行尺寸标注，要求如下。

1．设置图层：层名 dim，线型 Continuous；颜色黄色，所有标注均在该层进行。

2．尺寸标注样式设置

（1）总体样式

① 尺寸标注样式 名称 EWCAD5_1。

② 标注线卡 尺寸线区：颜色随层。

尺寸界线区：颜色随层。

尺寸界线偏移区：原点 0，尺寸线 1。

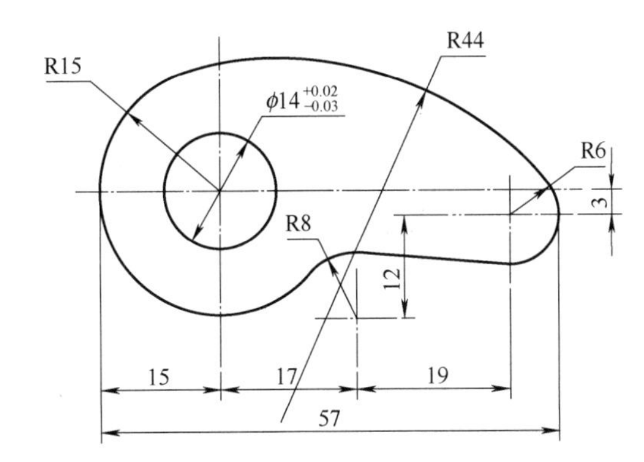

③ 符号和箭头卡 箭头区：起始箭头，实心闭合，箭头大小 2.5。

④ 文字卡 文字外观区：文字样式，字体 Romans.shx，宽度因子 0.8，

文字颜色随层，文字高度 2.5。

文字位置区：垂直上方，文字垂直偏移 1，水平居中。

文字方向区：在尺寸界线外，水平；在尺寸界线内：与直线对齐。

⑤ 调整卡 调整方式区：当箭头在外时，在尺寸界线之间绘制尺寸线。

⑥ 主单位卡 线性标注区：精度为 0。

（2）子样式

① 半径 调整卡 调整方式区：文字在外，箭头在内。

文字位置区：手工放置文字，忽略对齐方式。

② 直径 调整卡 调整方式区：文字在外，箭头在内。

文字位置区：手工放置文字，忽略对齐方式。

公差卡 公差格式区：极限偏差，精度 0.00，上偏差 0.02，下偏差 0.03，

垂直位置居中，高度比例，0.60。

3．其余卡设置一律采用缺省值，设置完成后，标注如图所示各种尺寸。

将完成的图形以原文件名快速存盘。

第6单元 图形打印输出

在图形输出时，用 PLOT 命令弹出对话框进行各种设置，请回答：

1．在屏幕上全部显示图形打印输出的效果，应选择________按钮。

A．预览设置　B．完全预览
C．打印预览　D．局部预览

2．用户自定义绘图输出比例应选择________按钮。
A．按图纸空间缩放　B．图形界限
C．“比例”下拉单里的“自定义”　D．布满图纸

3．“页面设置”区中“添加”将输出的长度单位设置为毫米，应打开________按钮。
A．英寸　B．厘米
C．毫米　D．英尺

4．在屏幕上全部显示图形打印输出的效果，应选择________按钮。
A．局部预览　B．打印预览
C．完全预览　D．预览设置

5．将图形缩小为原图的100倍输出到图纸上，打印比例应设置为________。
A．1（毫米）＝100（单位）　B．100（毫米）＝1（单位）
C．1（毫米）＝101（单位）　D．100（英寸）＝1（单位）

6．“打印选项”选项卡中，________用来控制图形打印线宽。
A．后台打印　B．打印对象线宽
C．按样式打印　D．将修改保存到布局

7．打印图形的某一部分应在________区域设置。
A．“打印范围”选项卡中“窗口”
B．“打印范围”选项卡中“图形界限”
C．“打印范围”选项卡中“范围”
D．“打印范围”选项卡中“显示”

8．确定图纸幅面，应选择哪一个按钮？________
A．图形界限　B．窗口
C．纸张　D．范围

9．确定单色打印，应在打印样式表中选择哪个选项？
A．Mcad.ctb　B．Fill.patterns.ctb
C．Grayscale.ctb　D．Monochrome.ctb

10．根据图纸的尺寸及图形的大小系统自动确定比例，选择________。
A．1∶2　B．1∶4
C．4∶1　D．按图纸空间缩放

第7单元　工程CAD软件操作基础知识

1．作图与文本窗口切换用________功能键。
A．F1　B．F2
C．F3　D．F4

2．打开坐标显示是________功能键。
A．F6　B．F7
C．F8　D．F9

3．镜像复制的命令简称是________。

A．MIRROR B．MI

C．M D．MA

4．字体名称是________文件。

A．固定的 B．人为的

C．可变的 D．与字体名称相同的

5．修剪命令的简称是________。

A．T B．TT

C．TR D．TRI

6．多个中心线绘制的过程中，其操作技巧是________。

A．用追踪 B．用相对坐标拷贝

C．用极坐标 D．用绝对坐标

7．倒斜角命令全称是________。

A．Fillet B．Copy

C．Chamfer D．Scale

8．精确绘图过程中，栅格捕捉还需要经常打开吗？________

A．需要 B．不需要

C．不知道 D．前3项都包括

9．文件块通常存在________。

A．图形中 B．硬盘上

C．U盘上 D．软盘上

10．打剖面线的命令全称是________。

A．BHTACH B．BAHTCH

C．BHATCH D．BHETCH

第8单元 工程CAD制图规则

1．CAD制图中，所用的图纸幅面形式为________。

A．带有装订边和不带装订边两种

B．必须带有装订边

C．根据需要，用户自定装订边宽度和其余周边宽度

D．不允许带有装订边

2．在CAD制图中，基本图纸幅面尺寸分为几种？

A．5种 B．4种

C．6种 D．7种

3．CAD制图规则中，关于图层管理说法正确的是________。

A．规定了15个层名，5个用户选用层名

B．规定了14个层名，4个用户选用层名

C．规定了13个层名，3个用户选用层名

D．规定了12个层名，2个用户选用层名

4．CAD制图中，A2图纸幅面的基本尺寸为________。

A．420×297 B．297×210

C．594×420　　D．841×594

5．带装订边的图纸幅面内框与外框的距离代号表达是用________。

A．a和c　　B．e和f

C．d和e　　D．c和d

6．CAD制图中，带有装订边A3 (420×297)图纸幅面________。

A．装订边及其余周边宽度均为10

B．根据需要，用户自定装订边宽度和其余周边宽度

C．装订边的宽度为25，其余周边宽度为5

D．装订边的宽度为25，其余周边宽度为10

7．CAD制图规定的基本线型和变形线型各有多少种？

A．13、2　　B．15、4

C．18、6　　D．20、5

8．CAD制图规则中，A3幅面的图纸里字体高度正确的是________。

A．字母与数字为3.5，汉子为5

B．字母与数字为3.5，汉子为7

C．字母与数字为5，　汉子为5

D．字母与数字为5，　汉子为7

9．CAD制图中，细实线通常选用________。

A．绿色　　B．白色

C．蓝色　　D．黄色

10．以下几种说法错误的是________。

A．米制参考分度主要用于对图纸比例尺寸提供参考

B．图纸分区主要用于对图纸上存放的图形、说明等内容起到对中作用

C．剪切符号主要用于CAD工程图纸的裁剪定位

D．对中符号用于对CAD图纸方位起到对中作用

上机模拟试卷二

第1单元　图形符号绘制

新建图形文件名为EWCAD1_2.DWG，完成如图所示图形符号，要求如下。

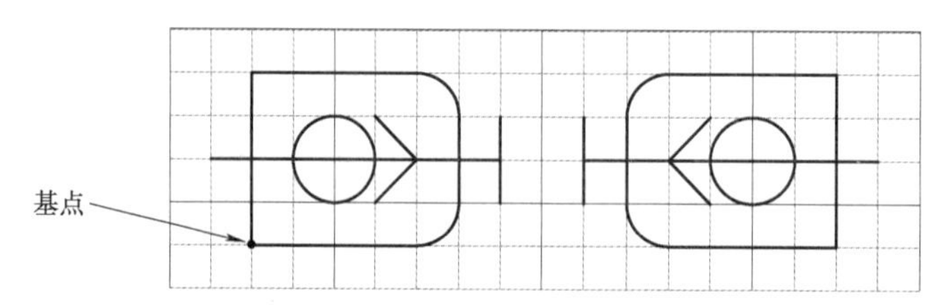

1．用Grid和Snap命令设置栅格，间距为5个单位。

2．以图中所示圆点（15，45）为基点，绘制图形其他部分。

3．用Line命令绘制所有的直线。

4．线宽采用默认设置。

5．用 Circle 命令绘制所有的圆。

将完成的图形以原文件名快速存盘。

第2单元　图形环境设置

新建图形文件名为 EWCAD2_2.DWG，完成图形环境设置及图形绘制，要求如下。

1．设置图形单位，采用十进制长度单位（Decimal），精度为小数点后3位；采用十进制角度单位（Decimal degrees），精度为小数点后2位。

2．设置电子图幅，大小 A3(297×420)，左下角点为（0,0），将显示范围设置的和图形极限相同。

3．用图层命令设置：

（1）建立新层 01，线型为 Continuous，层色为白色；

（2）建立新层 07，线型为 Center，层色为红色；

（3）建立新层 11，线型为 Continuous，层色为洋红。

4．设置文字样式：定义字型 XT，依据的字体为 Romanc，宽度系数为 0.7，其余参数使用缺省值。

5．在 01 层用矩形命令绘制带装订边的图框内外边框，内框线宽 0.7，外框线宽 0，用 Line 命令绘制图示表格，行高和列宽均为 8。

6．用 Mtext 在 11 层填写文本，使文字在格中正中对齐，字高为 5。

将完成的图形以原文件名快速存盘。

DN	25	25	30	35	62	42
D1	45	35	31	75	50	62
D2	35	59	48	53	23	42

第3单元　图形编辑

打开 EWCAD3_2.DWG 图形文件，如图 A 所示，要求完成的图形如图 B 所示。

1．删除六边形①。

2．参照图 B，移动图形②至中心线交点处。

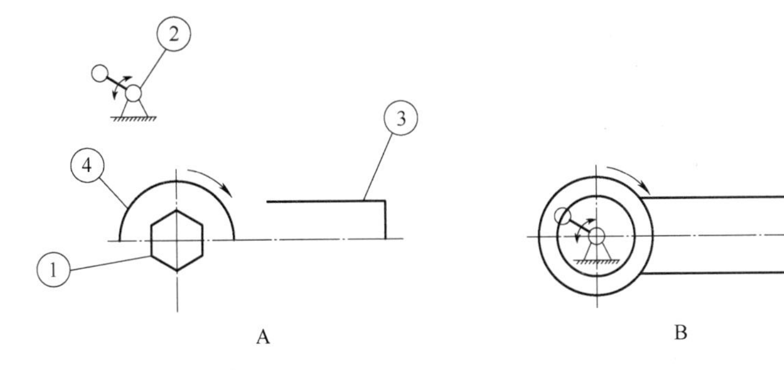

A　　B

3．将多义线③分解为直线。

4．参照图 B，将多义线③进行延伸。

5．将多义线③倒圆角，圆角半径为 2。

6．将圆弧④向内偏移，偏移距离为 2，参照图 B。

7．以水平中心线为镜像线，将图形镜像复制。

8．删除图中的①、②、③、④编号和蓝色的指引线及字母“A”。

将完成的图形以原文件名快速存盘。

第4单元　精确绘图

新建图形文件名EWCAD4_2.DWG，以（30,20）为基点，按照图中所给尺寸精确绘制图形（尺寸标注不画），要求如下。

1．设置Limits电子图幅为（80×100）。

2．用图层命令设置：

（1）建立新层05，线型为Center，
颜色为红色，绘制中心线；

（2）建立新层01，线型为Continuous，
颜色为绿色，绘制轮廓线，图层线宽为0.5；

（3）建立新层02，线型为Hidden，
颜色为黄色，绘制虚线；

（4）建立新层03，线型为Continuous，
颜色为白色，绘制样条曲线；

（5）建立新层10，线型为Continuous，
颜色为青色，绘制剖面线。

3．设置线型比例为0.3。

4．用Line命令绘制直线，用Circle命令绘制圆，可以使用辅助线（用后删去）和目标捕捉功能，直线、圆不应有重叠。

5．剖面线图案为ANSI31，角度为0，比例为0.25。

将完成的图形以原文件名快速存盘。

第5单元　尺寸标注

打开图形EWCAD5_2.DWG，按图示要求进行尺寸标注，要求如下。

1．设置图层：层名dim，线型Continuous；颜色黄色，所有标注均在该层进行。

2．尺寸标注样式设置

（1）总体样式

① 尺寸标注样式名称　EWCAD5_34；

② 标注线卡　尺寸线区：颜色随层。
尺寸界线区：颜色随层。
尺寸界线偏移区：原点0，尺寸线1。

③ 符号和箭头卡　箭头区：起始箭头，实心闭合，箭头大小3.5。

④ 文字卡　文字外观区：文字样式，字体Romans.shx，宽度因子0.8，
文字颜色随层，文字高度3.5。
文字位置区：垂直上方，文字垂直偏移1，水平居中。
文字方向区：在尺寸界线外，水平；在尺寸界线内，与直线对齐。

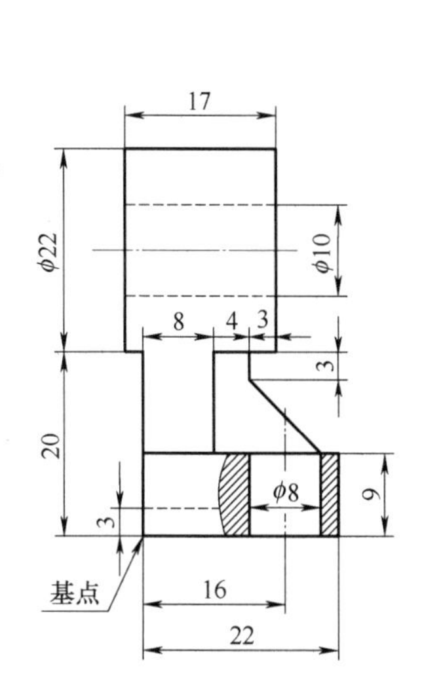

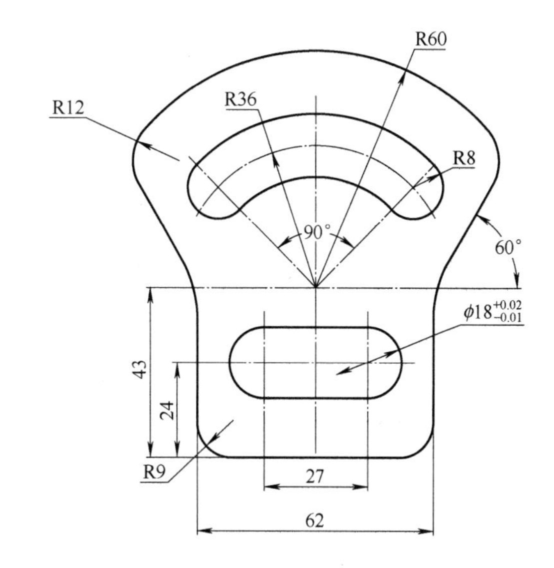

⑤ 调整卡　调整方式区：当箭头在外时，在尺寸界线之间绘制尺寸线。

⑥ 主单位卡　线性标注区：精度为0。

（2）子样式

① 角度　文字卡　在尺寸界线内：水平。

② 半径　调整卡　调整方式区：文字在外，箭头在内。

文字位置区：手工放置文字，忽略对齐方式。

③ 直径　调整卡　调整方式区：文字在外，箭头在内。

文字位置区：手工放置文字，忽略对齐方式。

公差卡　公差格式区：极限偏差，精度0.00，上偏差0.02，下偏差0.01，垂直位置居中，高度比例0.60。

3．其余卡设置一律采用缺省值，设置完成后，标注如图所示各种尺寸。

将完成的图形以原文件名快速存盘。

第6单元　图形打印输出

在图形输出时，用PLOT命令弹出对话框进行各种设置，请回答：

1．将图形打印在图纸中间位置选择________选项。

A．无偏移　　B．打印位置

C．居中打印　　D．按图纸空间居中

2．在屏幕上粗略地显示图形打印输出的效果，应选择哪一个按钮？________

A．局部预览　　B．完全预览

C．预览设置　　D．打印预览

3．图形输出的长度单位可设置为________按钮。

A．英尺或毫米　　B．厘米或英尺

C．英寸或毫米　　D．米或英寸

4．将整个图形以电子图幅大小输出应选择________按钮。

A．显示　　B．范围

C．图形界限　　D．窗口

5．设置图形打印方向应选择________选项区。

A．页面设置　　B．图形方向

C．打印选项　　D．打印区域

6．将图形缩小为原图的100倍输出到图纸上，打印比例应设置为________。

A．100（毫米）=1单位　　B．1（毫米）=101（单位）

C．100（英寸）=1单位　　D．1（毫米）=100（单位）

7．打印设备应在________的设置。

A．“打印机/绘图仪”选项区中“名称”

B．“页面设置”选项区中“添加”

C．“打印区域”选项区中“质量”

D．“页面设置”选项区中“名称”

8．确定图纸幅面大小，应选择打印设置选项中的________卡选择。

A．打印机/绘图仪　　B．页面设置

C．打印选项　　D．打印比例

9．单色打印应该在打印样式表中选择以下哪一项？________

A．zwcad.ctb　　B．无

C．Screening 100%.ctb　　D．monochrome.ctb

10．用A3激光打印机打印一张A2幅面图形全部，其打印比例最好设置为________。

A．1∶2　　B．1∶4

C．4∶1　　D．按图纸空间缩放

第7单元　工程CAD软件操作基础知识

1．一次启动CAD软件并在多个图形窗口工作是在下拉菜单的________位置切换。

A．文件　　B．绘图

C．窗口　　D．页卡

2．经常使用________方法输入命令。

A．下拉菜单　　B．工具条

C．键盘　　D．工具条和键盘

3．线宽显示按钮是在________位置。

A．下拉菜单区　　B．状态行

C．作图区　　D．对象特性工具栏

4．绘制水平中心线哪种方法合适？________

A．栅格显示　　B．栅格捕捉

C．正交按钮关闭　　D．永久捕捉打开

5．绘制椭圆有三种方法，最常用的是________方法。

A．1　　B．2

C．3　　D．4

6．层是CAD软件系统用来干什么的？

A．更换线宽　　B．管理图形

C．更换颜色　　D．更换线型

7．下边圆形阵列中哪一个不是其必要条件？

A．中心点和是否旋转

B．阵列实体和阵列实体个数

C．阵列角度和是否旋转

D．阵列实体个数和行距列距

8．拉伸命令所开虚线窗口内包含的实体是________。

A．不可动的　　B．可动的

C．不知道　　D．即可动又不可动

9．实线窗口选择实体的规则是________。

A．口边的算数　　B．口内口边算数

C．口内算数　　D．口外算数

10．如果希望在非封闭区域打剖面线，其操作技巧最好是________。

A．先打剖面线，后删除边界

B．先删除边界，后打剖面线

C．无所谓

D．不知道

第8单元　工程CAD制图规则

1．CAD制图中，所用的图纸幅面形式为________。

A．装订边可有可无

B．带有装订边和不带装订边两种

C．必须带有装订边

D．根据需要，用户自定装订边宽度和其余周边宽度

2．CAD制图中如果对图纸有加宽或加长要求，应按基本幅面短边长度的________倍增加。

A．整数倍　　B．0.5倍

C．3.8倍　　D．1.75倍

3．CAD制图中，图线颜色不合理的是：________。

A．粗实线为绿色　　B．细实线为白色

C．粗点画线为红色　　D．虚线为黄色

4．请选择正确的图纸分区代号________。

A．上下左右用ABCD表示

B．上下左右用阿拉伯数字表示

C．上下用ABCD、左右用阿拉伯数字表示

D．上下用阿拉伯数字、左右用ABCD表示

5．A1图纸内外框周边距离左侧是25，上、下、右侧的距离是________。

A．10　　B．5

C．25　　D．15

6．下面四个选项中是变形线型的是________。

A．实线　　　　B．规则连续波浪线

C．单点长画线　　　　D．间隔画线

7．以下几种说法正确的是________。

A．代号栏与标题栏中的图样代号和存储代号可以不一致

B．明细栏的项目及内容根据具体情况而定，一般配置在标题栏的下方

C．标题栏通常放在图纸幅面右下方,它决定着看图的方向

D．附加栏位于标题栏上方

8．在 CAD 制图中，基本图纸幅面尺寸分为几种？________

A．5 种　　　　B．6 种

C．7 种　　　　D．8 种

9．CAD 制图中，汉字标注通常采用________。

A．长仿宋体　　　　B．楷体

C．黑体　　　　D．单线宋体

10．CAD 制图中，A2 图纸幅面的基本尺寸为：________。

A．420×297　　　　B．297×210

C．420×594　　　　D．841×594

上机模拟试卷三

第 1 单元　图形符号绘制

新建图形文件名 EWCAD1_3DWG，完成如图所示图形符号，要求如下。

基本

1．用 Grid 和 Snap 命令设置栅格，间距为 5 个单位。

2．以图中所示圆点（15，60）为基点，绘制图形其他部分。

3．用 Line 命令绘制所有的直线。

4．线宽采用默认设置。

5．用 Arc 命令绘制所有的圆弧。

将完成的图形以原文件名快速存盘。

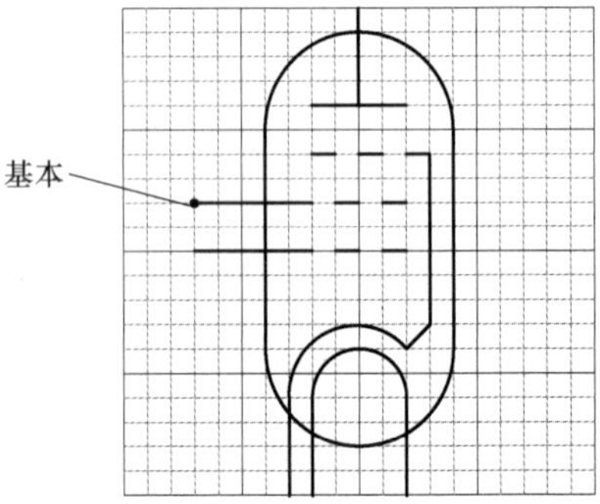

第 2 单元　图形环境设置

新建图形文件名 EWCAD2_3.DWG，完成图形环境设置及图形绘制，要求如下。

1．设置图形单位，采用十进制长度单位（Decimal），精度为小数点后 4 位；采用十进制角度单位（Decimal degrees），精度为小数点后 4 位。

2．设置电子图幅，大小 A2(420×594)，左下角点为（0,0），将显示范围设置的和图形极限相同。

3．用图层命令设置：

（1）建立新层 01，线型为 Continuous，层色为白色；

（2）建立新层04，线型为Dashed，层色为黄色；

（3）建立新层11，线型为Continuous，层色为洋红。

4．设置文字样式：

（1）定义字型 KT，依据的字体为楷体，宽度系数为0.8，其余参数使用缺省值；

（2）定义字型XT，依据的字体为Romans，宽度系数为0.8，其余参数使用缺省值。

5．设置线性比例因子为1.4。

6．在01层用矩形命令绘制带装订边的图框内外边框，内框线宽 0.7，外框线宽 0，用Line命令绘制图示表格。

7．用Mtext在11层填写文本，“100-3”采用 XT，其余采用字型 KT；“支架结构图”字高为5，其余字高为3.5；文字均在单元格中居中对齐。

将完成的图形以原文件名快速存盘。

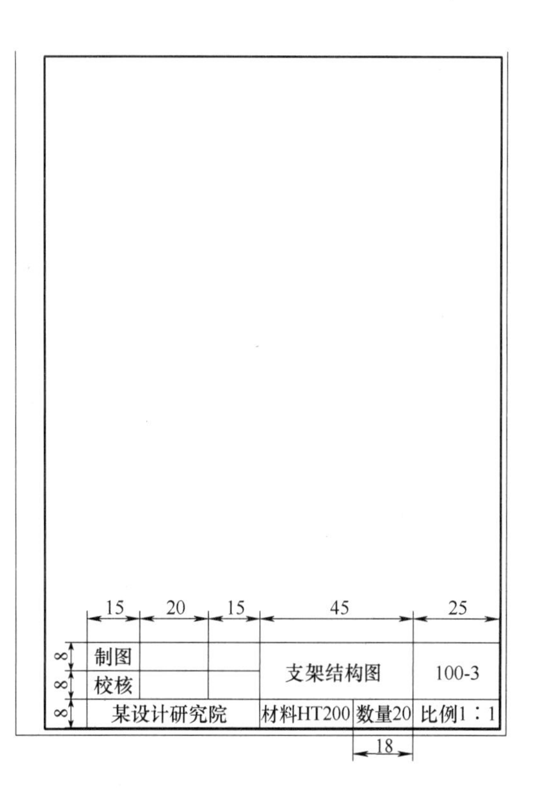

第3单元　图形编辑

打开EWCAD3_3.DWG图形文件，如图A所示，要求完成的图形如图B所示。

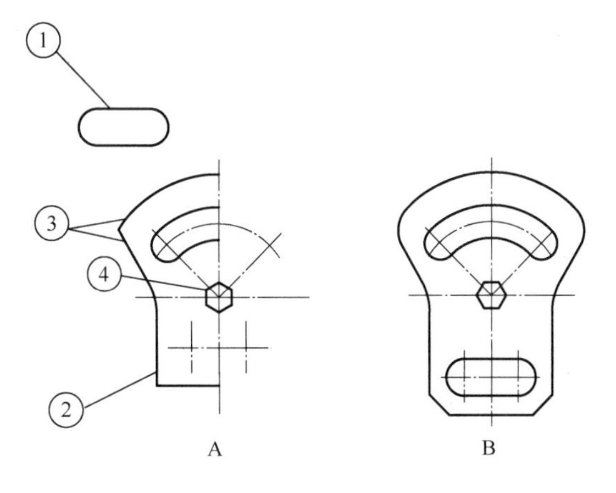

1．参照图B，移动多义线①。

2．将多义线②分解为直线。

3．将多义线②倒斜角，倒角距离均为10。

4．对③处进行倒圆角，半径为15。

5．参照图B旋转六边形④。

6．参照图B拉伸图形的下半部分，距离15。

7．以垂直中心线为镜像线，将图形镜像复制。

8．删除图中的①、②、③、④编号和蓝色的指引线及字母“A”。

将完成的图形以原文件名快速存盘。

第 4 单元　精确绘图

新建图形文件名 EWCAD4_3.DWG，以（30，40）为基点，按照图中所给尺寸精确绘制图形（尺寸标注不画），要求如下。

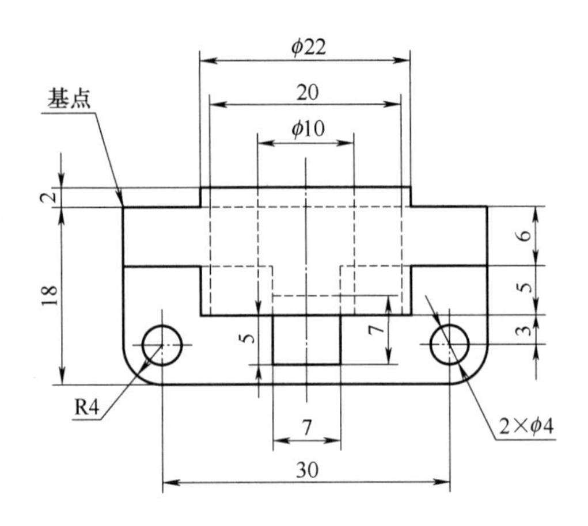

1．设置 Limits 电子图幅为（100×50）。

2．用图层命令设置：

（1）建立新层 05，线型为 Center，颜色为红色，绘制中心线；

（2）建立新层 01，线型为 Continuous，颜色为绿色，绘制轮廓线，图层线宽为 0.5；

（3）建立新层 02，线型为 Hidden，颜色为黄色，绘制虚线。

3．设置线型比例为 0.3。

4．用 Line 命令绘制直线，用 Circle 命令绘制圆，可以使用辅助线（用后删去）和目标捕捉功能，直线、圆不应有重叠。

将完成的图形以原文件名快速存盘。

第 5 单元　尺寸标注

打开图形 EWCAD5_3.DWG，按图示要求进行尺寸标注，要求如下。

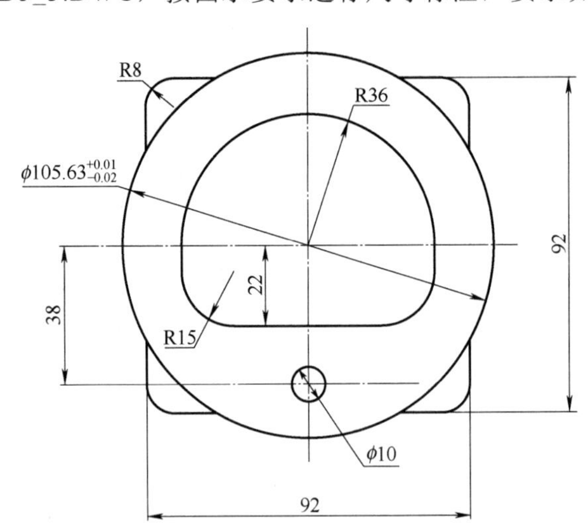

1．设置图层：层名 dim，线型 Continuous；颜色黄色，所有标注均在该层进行。

2．尺寸标注样式设置

（1）总体样式

① 尺寸标注样式名称　EWCAD5_3。

② 标注线卡　尺寸线区：颜色随层。
尺寸界线区：颜色随层。
尺寸界线偏移区：原点 0，尺寸线 1。
③ 符号和箭头卡　箭头区：起始箭头，实心闭合，箭头大小 3.5。
④ 文字卡　文字外观区：文字样式，字体 Romans.shx，宽度因子 0.8。
文字颜色随层，文字高度 3.5。
文字位置区：垂直上方，文字垂直偏移 1，水平居中。
文字方向区：在尺寸界线外，水平；在尺寸界线内，与直线对齐。
⑤ 调整卡　调整方式区：当箭头在外时，在尺寸界线之间绘制尺寸线。
⑥ 主单位卡　线性标注区：精度为 0。
（2）子样式
① 半径 调整卡　调整方式区：文字在外，箭头在内。
文字位置区：手工放置文字，忽略对齐方式。
② 直径 调整卡　调整方式区：文字在外，箭头在内。
文字位置区：手工放置文字，忽略对齐方式。
主单位卡　线性标注区：精度 0.00。
公差卡　公差格式区：极限偏差，精度 0.00，上偏差 0.01，下偏差 0.02，
垂直位置居中，高度比例 0.60。
3．其余卡设置一律采用缺省值，设置完成后，标注如图所示各种尺寸。
将完成的图形以原文件名快速存盘。

第6单元　图形打印输出

在图形输出时，用 PLOT 命令弹出对话框进行各种设置，请回答：
1．设置图形打印效果应选择________选项卡。
A．页面设置　　B．打印效果
C．打印设置　　D．打印特性
2．通过局部预览可以看到________。
A．图纸尺寸　　B．打印图形的一部分
C．与图纸尺寸相关的打印图形　　D．图纸的打印样式
3．打印图纸的电子图幅设置范围应选择________按钮。
A．显示　　B．范围
C．图形界限　　D．窗口
4．将输出的长度单位设置为厘米，应打开________按钮。
A．英寸　　B．厘米
C．毫米　　D．没有该按钮
5．设置图形在图纸上的位置，应在________选区。
A．打印区域　　B．打印范围
C．打印偏移　　D．打印位置
6．将横向图形相对于图纸输出方向旋转 90 度，应选择________按钮。
A．纵向　　B．横向

C．反向打印　　D．旋转

7．利用绘图界限确定图形打印输出的区域选择________按钮。

A．显示　　B．范围

C．图形界限　　D．窗口

8．相对于图纸的绘图方向，应在________设置。

A．打印区域　　B．打印偏移

C．图形方向　　D．打印比例

9．在黑白激光打印机上打印彩色模式的图形，图形线条颜色是________。

A．深浅不一致　　B．深浅一致

C．不存在这个问题　　D．不好设置

10．根据图纸的尺寸及图形的大小系统自动确定比例选择________。

A．1∶2　　B．1∶4

C．4∶1　　D．按图纸空间缩放

第7单元　工程CAD软件操作基础知识

1．启动CAD软件的操作是________CAD软件图标。

A．左键单击　　B．左键双击

C．右键单击　　D．右键单击

2．E回车的含义是________。

A．擦除　　B．复制

C．取消　　D．编辑

3．线宽显示按钮是在________位置。

A．下拉菜单区　　B．状态行

C．作图区　　D．对象特性工具栏

4．字体设置命令全拼是________。

A．Stlye　　B．Style

C．Tsyle　　D．Styel

5．栅格缺省两点距离是________毫米。

A．5　　B．12

C．10　　D．15

6．实体选择方式中，用鼠标在屏幕上从左向右开窗口，是________式样窗口。

A．虚线　　B．实线

C．虚实线　　D．什么也不是

7．实体缩放命令全称是________。

A．Move　　B．Line

C．Scale　　D．Stretch

8．绝对坐标的表示应该是________。

A．X，Y　　B．@X，Y

C．@长度<角度　　D．@ΔX，ΔY

9．制作本图块的命令全称是________。

A．B　　B．BLOCK

C．WB　　D．WBLOCK

10．圆形阵列过程中，如果不希望阵列后的实体旋转，其操作应该________。

A．复制时候旋转　　B．复制时候不旋转

C．可转可不转　　D．不知道

第8单元　工程CAD制图规则

1．带装订边的图纸幅面内框与外框的距离代号表达是用________。

A．d和e　　B．e和f

C．a和c　　D．c和d

2．CAD制图中如果对图纸有加宽或加长要求，应按基本幅面短边长度的________倍增加。

A．1.75倍　　B．0.5倍

C．3.8倍　　D．整数倍

3．CAD制图中，细实线的宽度一般不选择________。

A．0.25　　B．0.6

C．0.35　　D．0.5

4．CAD制图中，下列不正确的说法是________。

A．A0、A1幅面中汉字高度应为7

B．A2、A3、A4幅面中字母和数字高度应为3.5

C．所有图纸幅面汉字高度应为5；字母和数字高度应为3.5

D．A2、A3、A4幅面汉字高度应为5

5．在CAD制图中，基本图纸幅面尺寸分为________种。

A．4种　　B．5种

C．7种　　D．6种

6．CAD制图中，图样名称通常不采用________。

A．长仿宋体　　B．单线宋体

C．黑体　　D．楷体

7．CAD制图中，图线颜色不合理的是________。

A．细实线为绿色　　B．双折线为白色

C．粗点画线为红色　　D．虚线为黄色

8．CAD制图中，A3图纸幅面的基本尺寸为________。

A．420×297　　B．297×210

C．594×420　　D．841×594

9．以下几种说法错误的是________。

A．米制参考分度主要用于对图纸比例尺寸提供参考

B．图纸分区主要用于对图纸上存放的图形、说明等内容起到查找准确定位方便的作用

C．剪切符号主要用于CAD工程图纸的裁剪定

D．对中符号用来确定CAD工程视图方向

10. CAD 制图中，线宽设置合理的为________。

A. 粗线为 1，细线为 0.7

B. 粗线为 0.7，细线为 0.35

C. 粗线为 1.5，细线为 0.5

D. 粗线为 0.75，细线为 0.35

附录C

客观题参考答案

第2章

1. B 2. A 3. A 4. B 5. B 6. D 7. C 8. C 9. C 10. B 11. B 12. D
13. C 14. D 15. C 16. C 17. B 18. D 19. C 20. A 21. B 22. C 23. A
24. D 25. B 26. B

第3章

1. B 2. C 3. B 4. B 5. C 6. A 7. B 8. B 9. A 10. A 11. B 12. C
13. B 14. A 15. A 16. C 17. B 18. B

第4章

1. B 2. C 3. B 4. B 5. B 6. C 7. B 8. B 9. A 10. D 11. B 12. D
13. C 14. D 15. B 16. A

第5章

1. B 2. A 3. C 4. D 5. B 6. B 7. B 8. C 9. D 10. B 11. B 12. B
13. C 14. C 15. C 16. C 17. B 18. A 19. B 20. B

第6章

1. D 2. B 3. A 4. B 5. C 6. B 7. B 8. B 9. B 10. C 11. D 12. D
13. A 14. C 15. D 16. A 17. B 18. B 19. A

第7章

1. B 2. D 3. B 4. A 5. D 6. B 7. D 8. A 9. D 10. D 11. F 12. F
13. B 14. B 15. B 16. C 17. B 18. B 19. C 20. A

第8章

1. D 2. C 3. D 4. A 5. D 6. B 7. A 8. A 9. D 10. C 11. B 12. A
13. D 14. A 15. D 16. C 17. B 18. B 19. C 20. B

第9章

1. B 2. B 3. B 4. B 5. A 6. D 7. B 8. A 9. C 10. D 11. B 12. A
13. A 14. A 15. C 16. D 17. C 18. B 19. C 20. C 21. B 22. C 23. C
24. B 25. B 26. B 27. D

第10章

1. A 2. D 3. C 4. B 5. A 6. A 7. D 8. C 9. C 10. A 11. B 12. D
13. C 14. D 15. B 16. C 17. A 18. A

第11章

1. A 2. C 3. A 4. D 5. B 6. D 7. C 8. D 9. C 10. D 11. A 12. A

13. C　14. B　15. B　16. A　17. D　18. B　19. C　20. C　21. D　22. A　23. B

上机模拟试卷一

	1	2	3	4	5	6	7	8	9	10
第 6 单元	A	C	C	B	A	D	A	C	D	D
第 7 单元	B	A	B	A	C	B	C	B	B	C
第 8 单元	A	B	C	C	A	C	B	A	B	D

上机模拟试卷二

	1	2	3	4	5	6	7	8	9	10
第 6 单元	C	D	C	C	B	D	A	A	D	C
第 7 单元	C	D	B	B	A	B	D	B	C	A
第 8 单元	B	A	C	D	A	B	C	B	A	C

上机模拟试卷三

	1	2	3	4	5	6	7	8	9	10
第 6 单元	C	B	B	D	C	A	C	B	A	D
第 7 单元	B	A	B	B	C	B	C	A	B	B
第 8 单元	C	D	B	B	B	A	C	A	D	B